R 錦囊妙計
第二版

R Cookbook
Proven Recipes for Data Analysis, Statistics, and Graphicse

J.D. Long and Paul Teetor　著

張靜雯　譯

O'REILLY®

目錄

歡迎閱讀
R 錦囊妙計第二版

R 是一個用於統計、圖形和統計程式設計的強大工具。每天有成千上萬的人使用它進行重要的統計分析。它也是一個自由、開源的系統，是許多聰明、勤奮工作者集體智慧結晶。目前 R 已有超過 10,000 個可用的附加套件，R 是目前所有商業統計軟體的強勁競爭對手。

但剛開始接觸 R 可能有時也會令人感到無所適從。因為，即使是簡單的任務，R 並未直觀地呈現如何完成任務。一旦您跨越學習門檻，就能輕易地完成簡單的任務。不過，學習 "如何" 使用 R 的過程，有時可能會讓人抓狂。

這本書內容盡是引導讀者如何使用（how-to）R 的實務錦囊，每一個錦囊能解決一個特定的問題。錦囊也包括對解決方案的快速介紹，然後進行解決方案的細節討論，讓您瞭解它是如何運作。我們知道這些錦囊是實用的，而且在實務上是可行的，因為我們自己也經常使用它們。

錦囊的範圍很廣。從基本任務開始，然後介紹資料的輸入和輸出、一般統計、繪圖和線性回歸分析等。任何與 R 有關的重要工作都涉及以上大部分或全部領域。

如果您是初學者，那麼這本書會讓您起步更快。如果您已是一個中級使用者的程度，這本書將有助於擴展您的視野和強化您的記憶（"例如：我要如何再做一次 Kolmogorvo-Smirnov 檢定？"）。

這本書不是關於 R 的指導手冊，儘管您會透過學習錦囊學到一些東西。這也不是一本 R 參考手冊，但它確實包含了很多有用的資訊。它不是一本關於 R 語言程式設計的書，儘管許多錦囊都能應用在撰寫實務上的 R 腳本。

最後，這本書不是統計學入門書。本書中許多錦囊都假設您熟悉基本的統計程序，並且只想知道 R 中如何完成這些統計運算功能。

實務錦囊

本書中大多數錦囊都使用一個或兩個 R 函式來解決特定的問題。需要提醒各位的是，我們不詳細描述函式的所有功能；相反地，我們只提供足夠解決指定問題的描述。幾乎每個提及的函式都有超出書中描述之外的更多功能，而且，其中一些功能還很驚人。我們強烈建議您閱讀函式的說明頁面，您將會學到一些有價值的內容。

每個錦囊的設計，都是為讀者提供一種解決特定問題的方法。當然，每個問題都可能有幾種合理的解決方案。如果我們知道同一個問題存在多個解法時，我們通常選擇最簡單的那一個。對於任何您想進行的任務，您都可能自行發現更多備選解決方案。此時，請記得這是一本錦囊，不是經典大全。

特別是，R 有成千上萬個可下載的附加套件，其中許多實現了可互相替代的演算法和統計方法。本書專注於基礎發行版本的核心功能和幾個重要的套件組成的 *tidyverse*。

tidyverse 的發起者和核心維護者 Hadley Wickham 用最簡潔的方法定義了 tidyverse （*http://bit.ly/2Rh2tq1*）：

> tidyverse 是一組和諧工作的套件，因為它們共用了資料表示方法和 API 設計。 tidyverse 套件被設計成只需要一個命令，就能輕鬆安裝和載入核心套件。 若想瞭解 tidyverse 中的所有套件以及它們可如何被組合使用，請見 *R for Data Science*（*http://r4ds.had.co.nz*）。

專業術語說明

每個錦囊的目標都是如何快速地解決一個問題，為避免冗長乏味的論述，我們有時會用雖然正確但不精準的術語簡化描述。以*泛型函式*（*generic function*）為例，我們將 print(*x*) 和 plot(*x*) 稱為泛型函式，因為它們能適當地處理多種類型的 *x*，所以函式適用於多種型態的 *x*。電腦科學家們會對我們的術語表達頗有微詞，因為嚴格地來說，這些不僅僅是"函式";它們同時也是動態調度的多型方法。但是,如果我們仔細分析每一個這樣的技術細節,關鍵的解決方案將被淹沒在技術細節中。所以我們選擇稱它們為函式,以確保易讀性。

另一個例子取自統計學,是關於統計假設檢定在語義上複雜性。堅持使用嚴格的機率論術語將會模糊檢定於實務應用的焦點;因此,在描述每一個統計檢定時,我們會使用更加口語化的語言。請參閱第 9 章的介紹,瞭解更多關於錦囊中呈現假設檢定的方式。

我們的目標是淺顯易讀,而不是形式化的寫作,讓更多的讀者瞭解 R 的強大功能。我們的術語偶爾是非正式的,希望各領域的專家們能夠諒解。

軟體和平台說明

雖然 R 的基礎發行版本會頻繁且依預排計劃一直更新,但是語言定義和核心實現卻是相當穩定的。這本書中的錦囊應該與任何最近發佈的基礎發行版本都能相容。

有些錦囊在不同平台上會有使用上的差異,我們已經仔細地標注了這些差異。這些有差異的錦囊主要是處理軟體問題錦囊,比如安裝和設定。據我們所知,所有其他的錦囊都同時適用於 R 的所有三個主要平台:Windows、macOS 和 Linux/Unix。

其他資源

如果您想要更深入地挖掘 R 相關資訊,這裡有一些進一步閱讀的建議:

網路

所有關於 R 的內容都源自於 R 專案網站(*http://www.r-project.org*)。在那裡,您可以下載關於 R 的資源,例如平台、附加元件套件、文件、原始程式碼以及許多其他資源。

除了 R 專案網站之外,我們建議使用 R 專用的搜尋引擎,比如 Sasha Goodman 建立的 RSeek(*http://rseek.org*)。當然,您也可以使用一般的搜尋引擎,比如 Google,只是"R"關鍵字搜尋會帶出太多無關的東西。有關搜尋網路的更多資訊,請參見錦囊 1.11。

閱讀部落格是學習 R 的好方法,也是跟上最新發展的好方法。令人驚訝的是,這樣的部落格有很多,所以我們推薦以下兩個部落格:Tal Galili 建立的 R-bloggers(*http://www.r-bloggers.com/*)和 PlanetR(*http://planetr.stderr.org/*)。透過訂閱他們的 RSS feed,您將收到來自許多網站有趣又實用的文章通知。

R 軟體書籍

關於學習和使用 R 的書有很多很多，這裡列出了一些我們覺得有用的書。注意，R 專案網站包含一個 R 軟體書籍的參考列表（*http://www.r-project.org/doc/bib/R-books.html*）。

Hadley Wickham 和 Garrett Grolemund 編寫的《*R for Data Science*》（*https://oreil.ly/2IIWxCs*）（O'Reilly）一書，是一本對 tidyverse 套件的優秀介紹書籍，特別是在資料分析和統計方面，它也有線上的版本（*http://r4ds.had.co.nz*）。繁體中文版《*R 資料科學*》由碁峰資訊出版。

我們發現 Winston Chang 所著的《*R Graphics Cookbook*》第二版（*https://oreil.ly/2IhNUQj*）（O'Reilly），對於建立圖形是必不可少的一本參考。而 Hadley Wickham 的《*ggplot2: Elegant Graphics for Data Analysis*》（Springer）是我們在本書中使用的圖形套件 ggplot2 的權威參考文獻。

建議任何想在 R 中做圖形工作的人都參考 Paul Murrell 的《*R graphics*》（Chapman & Hall/CRC）。

Joseph Adler 所著《*R in a Nutshell*》（*https://oreil.ly/2wUtwyf*）（O'Reilly），是一個快速指引參考書，建議準備一本在身邊，它涵蓋的主題比本書更多。

有關 R 語言程式設計方面，經常會有新書出版。入門介紹部份我們建議參考 Garrett Grolemund 的《*Hands On Programming with R*》（*https://oreil.ly/2wWPHUd*）（O'Reilly）， 或 Normal Matloff 撰寫的《*The Art of R Programming*》（No Starch Press）。Hadley Wickham 的《*Advanced R*》（Chapman & Hall/CRC）有出版紙本書籍，也有線上免費版本（*http://adv-r.had.co.nz/*），是一本對進階 R 主題的深度研究著作。Colin Gillespie 和 Robin Lovelace 的《*Efficient R Programming*》（*https://oreil.ly/2wXxK80*）（O'Reilly），是學習 R 程式設計更深層次概念的另一本好指南。

William Venables 和 Brian Ripley 合著的《*Modern Applied Statistics with S*》第四版（Springer），書中使用 R 來說明許多進階統計技術。本書的函式和資料集合可在 MASS 套件中找到，該套件包含在 R 的標準發行中。

認真的怪才們可以從 R Core Team 下載 R 語言定義（R Language Definition）（*http://bit.ly/2FaBgAz*）。雖然這個定義還在持續發展中，不過它已能回答關於許多 R 語言的詳細問題。

統計書籍

若是要學習統計學，一個很好的選擇是 John Verzani 的《*Using R for Introductory Statisticsg*》（Chapman & Hall/CRC）。它同時教您統計學和 R，給您應用統計學方法所必需的電腦技能。

您需要一本好的統計學教科書或參考書來準確地理解 R 中所做的統計檢定。市面上有太多的好書——多到我們不知道要推薦哪一本。

越來越多的統計作者使用 R 來展示他們的統計方法。如果您從事專業領域的工作，那麼您可能會在 R 專案網站的書籍的參考列表（*http://www.r-project.org/doc/bib/R-books.html*）中找到一本有用且相關的書。

本書編排慣例

下列為本書的編排慣例：

斜體字（*Italic*）

　　用來表示新術語、URL、電子郵件信箱、檔案名稱與附加檔名。中文以楷體表示。

定寬字（`Constant width`）

　　用來表示樣式碼或在段落中表示如變數或函式名稱、資料庫、資料型別、環境變數、敘述與關鍵字等程式元素。

定寬粗體字（**`Constant width bold`**）

　　用來表示應由使用者輸入的指令或其他文本。

定寬斜體字（*`Constant width italic`*）

　　用來表示應由使用者提供或取決於情境的值。

　　用來表示技巧或建議。

　　用來表示一般性的註記。

　　用來表示警告或注意事項。

使用範例程式

本書的補充資料（範例程式碼、練習程式等）可以在此處下載：

http://rc2e.com/

本書的目的是協助您完成工作。書中的範例程式碼，您都可以引用到自己的程式和文件中。除非您要公開重現絕大部份的程式碼內容，否則無需向我們提出引用許可。舉例來說，自行撰寫程式並引用本書的程式碼片段，並不需要授權。但如果想要將 O'Reilly 書籍的範例製成光碟來銷售或散佈，就絕對需要我們的授權。引用本書的內容與範例程式碼來回答問題不需要取得授權許可，但是將本書中的大量程式碼納入自己的產品文件，則需要取得授權。

雖然沒有強制要求，但如果您在引用時能標明出處，我們會非常感激。出處一般包含書名、作者、出版社和 ISBN。例如：*"R Cookbook,* 2nd ed. by J.D. Long and Paul Teetor. Copyright 2019 J.D. Long and Paul Teetor, 978-1-492-04068-2"。

若您覺得自己使用範例程式的程度已超出上述的允許範圍，歡迎隨時與我們聯繫：*permissions@oreilly.com*。

致謝

我們誠摯感謝 R 社群，尤其是 R 核心團隊偉大的無私奉獻，統計學界從中受益匪淺。R Studio Community Discussion 的參與者在如何解釋許多事情的想法上非常有幫助。R Studio 的工作人員和主管在許多方面都給予了我們大大小小的支援，我們欠他們一份人情，感謝他們為 R 社群所做的一切。

我們要感謝這本書的技術評論人員：David Curran、Justin Shea 以及 MAJ Dusty Turner。他們的意見對於提高本書的品質、準確性和實用性至關重要。我們的編輯 Melissa Potter 和 Rachel Monaghan 提供了超乎想像的幫助，他們經常阻止我們公開展示自己的無知。所有技術作者羨慕都我們的產品編輯是由 Kristen Brown 擔任，因為她不僅速度快，而且對 Markdown 和 Git 也很熟練。

Paul 感謝他的家人在創作這本書的過程中給予的支援和耐心。

J.D. 要感謝他的妻子 Mary Beth 和女兒 Ada，感謝她們耐心地讓他每天清晨和週末都埋頭在筆記型電腦前寫這本書。

## 第一章

開始使用 R 與輔助資源

本章為其他章節的基礎,主要解釋如何下載與執行 R 軟體。

更重要的是,本章也為讀者介紹如何找到問題的答案。R 社群提供豐富的文件與協助; 在學習過程中,您並不孤單。在此列出常見的輔助資源:

本機安裝文件

當您在電腦上安裝 R 時,還會安裝大量文件。您可以瀏覽本機文件(錦囊 1.7)並搜 尋它(錦囊 1.9)。我們常常在網路上搜尋答案,卻發現答案都在已安裝的文件中。

任務視界

任務視界(task view)(*http://cran.r-project.org/web/views*)描述各種為支援某個領域 的統計工作而設計的套件,例如:計量經濟學、醫療影像、心理計量學,或是空間 統計等。每個任務視界是由該領域的專家撰寫或維護。共有超過 35 個不同領域的任 務視界,所以您可能找到一個或多個有興趣的領域。我建議初學者至少找一個領域 的任務視界,並詳細閱讀其內容,進而瞭解 R 軟體的功能應用(錦囊 1.12)。

套件文件

大多數套件都包含實用的文件,主要涵蓋套件內容概述和指南,在 R 社群中稱為小 品文(*vignettes*)。這些說明文件與套件一起保存在套件儲存庫中,比如 CRAN 網站 (*http://cran.r-project.org/*)上,當您安裝某個套件時,它會自動地被安裝到您的電 腦上。

問答（*Q&A*）網站

在 Q&A 網站，任何人都可以張貼問題，而知識淵博的網友會回應建議。讀者可針對不同的回答投票；所以，經過一段時間後，將會產生最好的答案。此外，所有資訊都會被標注並歸檔，以供日後搜尋之用。這類型網站的運作模式是介於電子郵件列表與社群網路之間，Stack Overflow 網站（*http://stackoverflow.com/*）是一個典型的例子。

網路

網路上充滿著關於 R 軟體的資訊，有一些 R 專用的工具可供搜尋（錦囊 1.11）。網路是不斷變化的，所以要注意尋找新的、更好的的方法來組織和搜尋關於 R 的資訊。

電子郵件列表

志願者們慷慨地奉獻很多時間來回答初學者的問題，這些問題被張貼在 R 的電子郵件列表中。這些郵件內容已被歸檔，因此您可以在存檔中搜尋問題的答案（錦囊 1.13）。

1.1 下載和安裝 R

問題

您想在電腦上安裝 R 軟體。

解決方案

Windows 和 macOS 使用者可以從 CRAN（Comprehensive R Archive Network）下載 R 軟體。Linux 和 Unix 使用者可以使用套件管理工具安裝 R 套件。

Windows 系統

1. 在瀏覽器中打開 *http://www.r-project.org/*。

2. 點擊 "CRAN"，您會看到一個按國家組織排序的鏡像網站列表。

3. 選擇一個離您所在地較近的網站，或者選擇最上面的 "0-Cloud" 網站（*https://cloud.r-project.org/*），這適用大多數位置。

4. 按 "Download and Install R" 下的 "Download R for Windows"。

5. 點擊 "base"。

6. 點選連結下載最新版本的 R（一個副檔名為 *.exe* 的檔案）。

7. 下載完成後，雙擊 *.exe* 檔案，並回答安裝過程中的例行性問題，以完成安裝。

macOS 系統

1. 在瀏覽器中打開 *http://www.r-project.org/*。

2. 點擊 "CRAN"，您會看到一個按國家組織排序的鏡像網站列表。

3. 選擇一個離您所在地較近的網站，或者選擇最上面的 "0-Cloud" 網站（*https://cloud.r-project.org/*），這適用大多數位置。

4. 點擊 "Download R for (Mac) OS X"

5. 在 "Latest release:," 下，點擊 R 軟體的最新版本 *.pkg* 檔案，以下載該檔。

6. 下載完成後，雙擊 *.pkg* 檔案，並回答安裝過程中的例行性問題，以完成安裝。

Linux 或 Unix 系統

關於主要的 Linux 發行版本，各有對應的 R 軟體安裝套件。表 1-1 為幾個發行版本的例子：

表 1-1　Linux 發行版本

發行版本	套件名稱
Ubuntu 或 Debian	r-base
Red Hat 或 Fedora	R.i386
SUSE	R-base

使用系統的套件管理器下載和安裝套件，通常您會需要 root 密碼或 sudo 權限；如果沒有的話，請聯絡系統管理員執行安裝。

討論

在 Windows 或 macOS 系統安裝 R 軟體的過程很簡單，因為 R 軟體已為這兩個平台預先建立二進制執行版本（prebuilt binaries）。您只需要遵循安裝指示進行。CRAN 網頁也提供有關安裝的資源連結，例如：常見問題與特殊情況（如："R 軟體可以在 Windows Vista/7/8/Server 2008 執行嗎？"）的實用資訊。

在 Linux 或 Unix 上安裝 R 軟體的最佳方法是使用 Linux 發行套件管理器將 R 軟體作為套件安裝。套件發行大大簡化了初始安裝和後續更新所需工作。

在 Ubuntu 或 Debian 上，使用 apt-get 下載並安裝 R 軟體，請在 sudo 下執行以獲得必要的權限：

```
$ sudo apt-get install r-base
```

在 Red Hat 或 Fedora 上，請使用 yum：

```
$ sudo yum install R.i386
```

大多數 Linux 平台也有圖形化的套件管理器，您發現它更好用。

除了基本套件之外，我們還建議安裝文件套件。我們喜歡安裝 r-base-html（因為我們偏好瀏覽超連結文件）以及 r-doc-html，透過以下指令在本機安裝重要的 R 軟體手冊：

```
$ sudo apt-get install r-base-html r-doc-html
```

有些 Linux repository 也包含預建的 R 套件副本。我不喜歡從那裡下載，而寧可直接從 CRAN 下載安裝，通常能取得官方最新版本。

極少數情況下，您才需要從頭進行編譯安裝 R 軟體。通常是因為您的 Unix 版本不明確或不支援；或者您有效能或設定的特殊考量。在 Linux 或 Unix 系統上編譯安裝的程序相當標準。首先，從您的 CRAN 鏡像站首頁下載檔名為 *R-3.5.1.tar.gz* 的壓縮檔；但需注意的是，目前 "*3.5.1*" 可能已被更新版本號取代。其次，將檔案解壓縮後，找到名為 *INSTALL* 的檔案，按其指示進行安裝即可。

參見

Joseph Adler 所著《*R in a Nutshell*》（O'Reilly）一書中包含下載和安裝 R 軟體的更多細節，包括構建 Windows 和 macOS 版本的說明。CRAN 上的 "R Installation and Administration"（*http://bit.ly/2XSeJQw*）也許是最完整的指南，它描述如何在各種平台上構建和安裝 R 軟體。

這個錦囊是關於安裝基本套件的。有關從 CRAN 安裝附加組件套件（add-on），請參閱錦囊 3.10。

1.2 安裝 RStudio

問題

您需要比預設 R 軟體更全面的整合式開發環境（IDE）。換句話說，您希望安裝 RStudio Desktop。

解決方案

在過去的幾年裡，RStudio 已經成為 R 最廣泛使用的 IDE。我們認為除非特殊理由，否則所有的 R 相關工作都應該在 RStudio Desktop IDE 中完成。RStudio 生產多種產品，包括 RStudio Desktop、RStudio Server 和 RStudio Shiny Server，這裡僅舉出寥寥少數例子。對於本書，我們將使用術語 *RStudio* 來表示 RStudio Desktop，儘管大多數概念也同時適用於 RStudio Server。

若要安裝 RStudio，請至 RStudio 網站（*https://www.rstudio.com/products/rstudio/download/*）為您的平台下載最新的安裝程式。

RStudio Desktop 的開源許可授權為可以免費下載和使用。

討論

本書使用 RStudio 1.2.x 版和 R 軟體 3.5.x 版編寫和構建。RStudio 的新版本每幾個月發佈一次，所以一定要定期更新。注意，RStudio 與任何版本的 R 軟體都可以共用，所以更新 RStudio 的最新版本**不**會升級您的 R 軟體，R 軟體必須單獨升級。

在 RStudio 中操作 R 和在內建的 R 使用者介面中略有不同。對於本書，我們選擇所有範例都使用 RStudio。

1.3 啟動 RStudio

問題

您想在電腦上執行 RStudio。

解決方案

R 和 RStudio 的新使用者常犯的一個錯誤是，在他們打算啟動 RStudio 時意外地啟動了 R。確保您正在啟動 RStudio 最簡單的方法是在您的桌面上搜尋 RStudio，然後使用您的作業系統提供的方法把圖示固定在某個容易找到的地方：

Windows

按一下螢幕左下角的 "開始" 功能表。在搜尋框中，鍵入 **RStudio**。

macOS

在您的 launchpad 上找找看 RStudio 應用程式，或按 Cmd-space（Cmd 是 command 鍵或 ⌘ 鍵），並在 Spotlight 搜尋中輸入 **RStudio**。

Ubuntu

按 Alt-F1 並鍵入 **RStudio** 來搜尋 RStudio。

討論

R 和 RStudio 很容易混淆，因為圖示看起來很相似，如圖 1-1 所示。

圖 1-1　macOS 中的 R 和 RStudio 圖示

如果按一下 R 的圖示，您將看到類似於圖 1-2 的介面，這是 Mac 上的基本 R 介面，但肯定不是 RStudio。

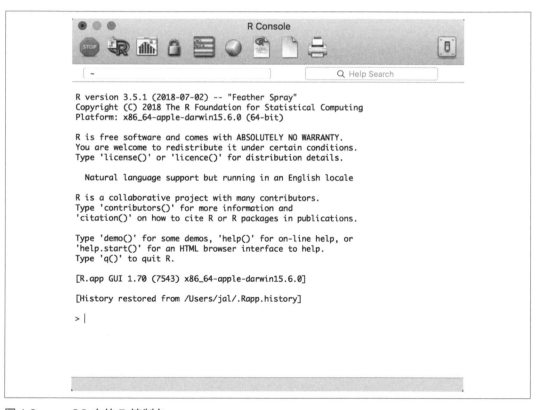

圖 1-2　macOS 中的 R 控制台

啟動 RStudio 時，它的預設行為將重新打開您在 RStudio 中進行的最後一個項目。

1.4 輸入命令

問題

您已啟動了 RStudio，現在要做些什麼呢？

解決方案

當您啟動 RStudio 時，左邊的主視窗是一個 R 的 session。在那個視窗裡，您可以互動式地直接向 R 輸入命令。

討論

R 的提示符號為 >。首先讓我們試著做些小嘗試，把 R 當作一個大計算器：輸入一個運算式，然後 R 將對運算式求值並列印結果：

```
> 1 + 1
[1] 2
>
```

電腦將 1 和 1 相加，並顯示結果 2。

在結果 2 前面的 [1] 可能會讓人混淆。對於 R 來說，結果是一個 vector，儘管它只有一個元素。R 將值標記為 [1]，表示這是 vector 的第一個元素…這並不奇怪，因為它是該 vector 唯一的元素。

R 會持續地提示您輸入，直到您鍵入一個完整的運算式。運算式 max(1,3,5) 是一個完整的運算式，因此 R 停止讀取輸入，並計算它的值：

```
> max(1, 3, 5)
[1] 5
>
```

相反地，max(1,3, 是一個不完整的運算式，因此 R 提示您輸入更多內容。提示符從大於（>）變為加（+），讓您知道 R 期望多得到更多輸入：

```
> max(1, 3,
+ 5)
[1] 5
>
```

鍵入命令很容易出錯，而重新鍵入命令是乏味和令人沮喪的。所以 R 提供命令列編輯，使工作更簡單。它定義了一些快速鍵，可以讓您輕鬆地回顧、修正和重新執行命令。典型的命令列互動行為是這樣的：

1. 輸入帶有拼寫錯誤的 R 運算式。

2. R 抱怨您的錯誤。

3. 您按向上方向鍵來回到錯誤的行。

4. 使用左右方向鍵將游標移回錯誤處。

5. 使用 Delete 鍵刪除違規字元。

6. 輸入修正後的字元，將它們插入命令列。

7. 按 Enter 鍵重新執行更正後的命令。

這只是最基本的互動行為，R 支援一般常用的回顧和編輯命令列按鍵，如表 1-2 所示。

表 1-2　R 命令快速鍵

標記按鍵	Ctrl 組合鍵	效果
向上鍵	Ctrl-P	透過命令的歷史記錄，回顧以前的命令。
向下鍵	Ctrl-N	向下瀏覽命令的歷史記錄。
退格	Ctrl-H	刪除游標左側的字元。
刪除（Del）	Ctrl-D	刪除游標右側的字元。
Home	Ctrl-A	將游標移到行首。
End	Ctrl-E	將游標移到行尾。
向右鍵	Ctrl-F	將游標右移（向前）移動一個字元。
向左鍵	Ctrl-B	將游標向左（向後）移動一個字元。
	Ctrl-K	刪除從游標位置到行尾的所有內容。
	Ctrl-U	清除整道該死的命令，重新開始。
Tab		（在某些平台上）自動完成名稱。

在大多數作業系統上，還可以使用滑鼠選取命令，然後使用常用的複製和貼上命令將文字黏貼到新的命令列中。

參見

請參考錦囊 2.12。在 Windows 主功能表中，選擇 Help → Console，可查看命令列編輯完整按鍵列表。

1.5 退出 RStudio

問題

您想要退出 RStudio。

解決方案

Windows 和大多數 Linux 發行版本

從主功能表中選擇 File → Quit Session，或者點擊視窗框右上角的 X。

macOS

從主功能表中選擇 File → Quit Session，或者按下 Cmd-Q，或者點擊視窗框左上角的紅色圓圈。

在所有平台上，還可以使用 q 函式（即 *quit* 中的 *q*）來終止 R 和 RStudio：

```
q()
```

請注意空括號，括號是函式呼叫必備的。

討論

每當退出時，R 通常會詢問是否要保存工作區。您有三種選擇：

- 保存工作區並退出。
- 不要保存您的工作區，但是無論如何都要退出。
- 取消，返回到命令提示符號而不是退出。

如果保存工作區，R 將工作區寫入當前工作目錄中一個名為 *.RData* 的檔案。保存工作區可以保存您建立的任何 R 物件。下次在相同目錄中啟動 R 時，工作區將自動載入。保存您的工作區將覆蓋以前保存的工作區（如果有的話），所以如果您不喜歡您的更改，請不要保存（例如，如果您不小心從工作區中刪除了關鍵資料）。

我們建議在退出時不要保存工作區，而是自行手動保存專案、script 和資料。我們還建議您使用功能表 Tool → Global Options 中找到的全域設定選項，關閉 RStudio 中保存和自動恢復工作區的提示對話框，如圖 1-3 所示。這樣，當您退出 R 和 RStudio 時，就不會提示您保存工作區。但是請記住，任何建立但沒有保存到磁碟的物件都將丟失！

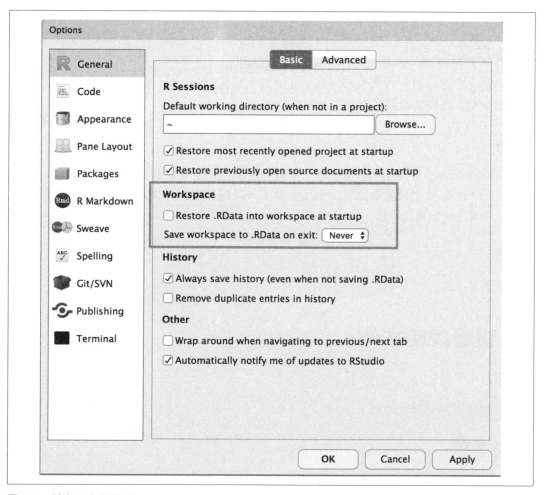

圖 1-3　儲存工作區選項

參見

有關當前工作目錄的更多資訊，請參見錦囊 3.1；關於保存工作區的更多資訊，請參見錦囊 3.3。也見《*R in a Nutshell*》一書的第 2 章。

1.6 中斷 R 的執行

問題

您希望中斷長時間執行的計算並在不退出 RStudio 的情況下返回命令提示符號。

解決方案

按下鍵盤上的 Esc 鍵，或者點擊 RStudio 中的 Session 功能表，選擇 "Interrupt R"，或是按一下程式碼控制台視窗中的停止圖示。

討論

中斷 R 意味著告訴 R 停止執行當前命令，但不刪除記憶體中的變數或完全關閉 RStudio。也就是說，中斷 R 會使變數處於不確定的狀態，此時計算的進度決定了變數的狀態，所以請在中斷之後檢查工作區。

參見

請參考錦囊 1.5。

1.7 查看說明文件

問題

您希望閱讀 R 所提供的文件。

解決方案

使用 help.start 函式檢視說明文件的目錄：

```
help.start()
```

這樣可以連結到所有已安裝的文件。在 RStudio 中，說明將顯示在幫助窗格中，該窗格預設位於螢幕的右側。

在 RStudio 中，您還可以按一下 Help → R Help 以獲得包含 R 和 RStudio 的說明選項的清單。

討論

R 的基本發行就包含了豐富的文件——實際上真的有數千頁那麼多。當您安裝其他套件時，這些套件的文件也會安裝在您的電腦上。

透過 `help.start` 函式可以輕鬆瀏覽這些文件，它會打開頂層目錄。圖 1-4 顯示了 `help.start` 在 RStudio 的幫助窗格中的顯示。

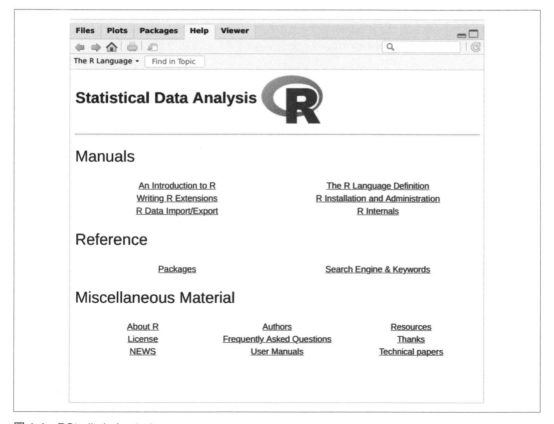

圖 1-4　RStudio help.start

在 Reference 標題下方有兩個特別實用的連結：

Packages

> 按一下此處查看所有已安裝套件的列表——包括基本套件和附加安裝套件。按一下套件名可以查看它的函式和資料集合清單。

Search Engine & Keywords

> 點擊這裡進入一個簡單的搜尋引擎，它允許您透過關鍵字或短語搜尋文件。還有一個按主題排序的常見關鍵字清單；按一下其中一個主題，就可以查看相關頁面。

透過 help.start 存取的文件，是 Base R 文件，Base R 文件是當初您安裝 R 時一起安裝的文件。至於 RStudio 的說明文件，可以使用功能表 Help → R Help 選項存取。

參見

本機文件的來源是從 *http://www.rproject.org* 複製過來的，網站可能已經有了更新的文件。

1.8 取得函式的資訊

問題

您想瞭解更多關於某個安裝在電腦上的函式資訊。

解決方案

使用 help 來顯示函式的文件：

```
help(functionname)
```

使用 args 快速取得某個函式的引數資訊：

```
args(functionname)
```

使用 example 查看函式使用範例：

```
example(functionname)
```

討論

我們在這本書中介紹了許多 R 函式，這些函式都有我們無法在書中逐一描述的額外功能。如果您對某個函式感興趣，我們強烈建議您閱讀該函式的說明頁面，您或許會從中發掘更多有幫助的功能。

假設您想瞭解更多關於 mean 函式的資訊，像下面這樣使用 help 函式即可查詢該函式：

```
help(mean)
```

這將在 RStudio 的幫助窗格中打開 mean 函式的說明頁面。使用 help 命令的捷徑是輸入 ? 後面跟著函式名即可：

```
?mean
```

有時候，您只是想快速地查看一下函式的引數：有哪些引數，它們的順序是什麼？在這種情況，請使用 args 函式：

```
args(mean)
#> function (x, ...)
#> NULL

args(sd)
#> function (x, na.rm = FALSE)
#> NULL
```

args 的第一行輸出是該函式的概要（synopsis）。對於 mean，其概要顯示它有一個名為 x 的引數，這個引數是一個數值 vector。對於 sd 函式，概要中顯示了相同的 vector x，以及一個可選參數 na.rm（可以忽略輸出的第二行，它通常是 NULL）。在 RStudio 中，當您輸入一個函式名時，您將看到一個浮動工具提示出現在游標上，提示中出現 args 的輸出，如圖 1-5 所示。

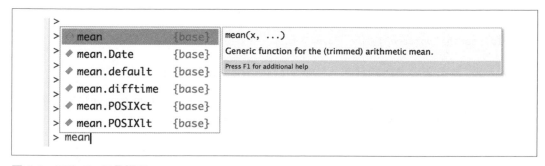

圖 1-5　RStudio 工具提示

大多數函式說明文件都在末尾放入範例程式碼。R 的一個很酷的特性是,您可以請求它執行範例,從中看到函式的功能的一些示範。例如,mean 函式的說明文件中,包含了一些範例,但是您不需要自己鍵入這些範例,只需使用 example 函式來觀看它們的執行:

```
example(mean)
#>
#> mean> x <- c(0:10, 50)
#>
#> mean> xm <- mean(x)
#>
#> mean> c(xm, mean(x, trim = 0.10))
#> [1] 8.75 5.50
```

example(mean) 之後的一切都是由 R 生成的,R 執行說明頁面中的範例並顯示其結果。

參見

請參見錦囊 1.9 中的函式搜尋,和錦囊 3.6 中更多關於搜尋路徑的討論。

1.9 搜尋說明文件

問題

您想要瞭解關於安裝在電腦上的函式的更多資訊,但是 help 函式回報說它無法找到任何此類函式的說明文件。

或者,您希望在已安裝的說明文件中使用關鍵字搜尋。

解決方案

使用 help.search 來搜尋您電腦上的 R 說明文件:

```
help.search("pattern")
```

通常 pattern 是指函式名或關鍵字。注意,它必須用引號括起來。

為了方便起見,還可以使用兩個問號呼叫搜尋(在這種情況下不需要引號)。注意,按名稱搜尋函式時使用一個問號,而搜尋文字則使用兩個問號:

```
> ??pattern
```

討論

在搜尋說明文件的過程中，您偶爾會遇到 R 無法找出任何相關資訊的情況，如下所示：

```
help(adf.test)
#> No documentation for 'adf.test' in specified packages and libraries:
#> you could try '??adf.test'
```

如果您十分**確定**函式已安裝在您的電腦上，那麼看到這個結果可能會令人沮喪。因為這個問題是含有該函式的套件目前沒有被載入，而您也不知道哪個套件包含該函式。這是個令人無可奈何的問題（catch-22）（錯誤訊息表示套件並不存在目前的搜尋路徑中，R 也無法找到其相關說明文件；細節請參考錦囊 3.6）。

解決方法是搜尋所有已安裝的套件，也就是錯誤訊息中所提的使用 help.search 函式：

```
help.search("adf.test")
```

搜尋將產生所有包含該函式的套件清單：

```
Help files with alias or concept or title matching 'adf.test' using
regular expression matching:

tseries::adf.test        Augmented Dickey-Fuller Test

Type '?PKG::FOO' to inspect entry 'PKG::FOO TITLE'.
```

前面的輸出表明 tseries 套件包含 adf.test 函式。您可以直接告訴 help 哪個套件包含這個函式，來查看它的文件：

```
help(adf.test, package = "tseries")
```

或者您可以用雙冒號符號，要求 R 查看一個特定的套件：

```
?tseries::adf.test
```

您可以透過使用關鍵字來擴大您的搜尋範圍。然後，R 將找出包含關鍵字的任何已安裝文件。假設您想找到所有提到 Augmented Dickey–Fuller（ADF）測試的函式。您可以搜尋部份字串：

```
help.search("dickey-fuller")
```

參見

錦囊 1.7 中可以看到如何透過文件瀏覽器使用本機搜尋引擎；有關搜尋路徑的更多資訊請參見錦囊 3.6；有關函式的說明，請參見錦囊 1.8。

1.10 獲取套件的說明

問題

您想瞭解更多關於安裝在電腦上的套件資訊。

解決方案

使用 help 函式並指定一個套件名（不加函式名稱）：

```
help(package = "packagename")
```

討論

有時您會想知道套件有哪些內容（函式和資料集合）。例如，特別是在剛下載並安裝一個新套件之後。只要指定了套件名稱，help 函式就可以提供內容和其他資訊。

下面的 help 呼叫會顯示 tseries 套件的資訊，該標準套件在基本發行版本中：

```
help(package = "tseries")
```

套件的資訊最前面是一段描述，接著是函式和資料集合的索引。在 RStudio 中，HTML 格式的說明頁面將在 IDE 的說明視窗中打開。

有些套件還會附帶一些小品文（vignette），它們是一些額外的文件，如介紹、指南或參考卡片等。當您安裝套件時，它們會被視為套件說明文件的一部分安裝在您的電腦上。各套件的說明頁面底部，會顯示其小品文列表。

使用 vignette 函式，您可以看到電腦上所有小品文的列表：

```
vignette()
```

在 RStudio 中呼叫 vignette 函式，將打開一個分頁，列出安裝在電腦上的每個套件，其中包括小品文名稱和描述。

您可以指定套件名稱,來查看特定套件的小品文:

```
vignette(package = "packagename")
```

每個小品文都有一個自己的名稱,您可以使用它來查看:

```
vignette("vignettename")
```

參見

有關套件中某個特定函式的說明,請參閱錦囊 1.8。

1.11 搜尋及取得網路上的協助

問題

您需要在網路上搜尋關於 R 的資訊與相關問題答案。

解決方案

若是在 R 內部,請使用 RSiteSearch 函式搜尋關鍵字或短語:

```
RSiteSearch("key phrase")
```

若是在瀏覽器內,請嘗試使用以下網站進行搜尋:

RSeek(*http://rseek.org*)

這是一個 Google 自訂搜尋引擎,專門搜尋與 R 有關的網站。

Stack Overflow(*http://stackoverflow.com/*)

Stack Overflow 是 Stack Exchange 旗下一個可搜尋的問答網站,它主要針對程式設計問題,比如資料結構、編碼和圖形。在您有任何語法問題時,Stack Overflow 是個很好的 "第一站"。

Cross Validated(*http://stats.stackexchange.com/*)

Cross Validated 是 Stack Exchange 旗下的一個網站,專注於統計、電腦學習和資料分析,而不是程式設計。想問該使用哪種統計方法這類的問題時,這是一個很好的地方。

RStudio Community（ *https://community.rstudio.com/* ）

　　RStudio Community 是 RStudio 的一個論壇，主題包括 R、RStudio 和相關技術。它是一個 RStudio 的網站，所以 RStudio 的工作人員和經常使用這個軟體的人經常來到這個論壇。由於 Stack Overflow 上比較適合問語法的問題，所以對於一般性問題和可能不適合在 Stack Overflow 的問題來說，這是一個很好的地方。

討論

RSiteSearch 函式將打開一個瀏覽器視窗，並導向 R Project 網站（ *http://search.r-project. org/* ）上的搜尋引擎。在那裡，您可以進行您的搜尋。例如，這個呼叫將開始搜尋 "canonical correlation"（典型相關性）：

```
RSiteSearch("canonical correlation")
```

這讓使用者在不離開 R 環境的情況下，快速進行網站搜尋。然而，搜尋範圍僅限於 R 說明文件與電子郵件列表的歷史檔案。

RSeek（ *http://rseek.org* ）提供了更廣泛的搜尋。它的優點是，它利用了 Google 搜尋引擎的強大功能，加上只搜尋 R 相關的網站，消除了一般 Google 搜尋的無關結果。RSeek 的美妙之處在於，它以一種實用的方式呈現結果。

圖 1-6 顯示了利用 RSeek 搜尋 "correlation" 的結果。請注意，頂部的分頁彙整了不同類型的內容，這些分頁如下：

- 所有的結果
- 套件
- 書
- 支持
- 文章
- 初學者指南

圖 1-6　RSeek

Stack Overflow（*http://stackoverflow.com/*）是一個問答網站，這代表任何人都可以上去問問題，有經驗的使用者將提供答案——通常每個問題都有多個答案，讀者對答案進行投票，所以好的答案往往排在首位。這網站建立了一個豐富的問答對話資料庫，這些對話是可搜尋的。Stack Overflow 是問題導向的網站，主題偏向於 R 的程式設計方面。

Stack Overflow 上有許多種程式語言的問題；因此，當在其搜尋框中輸入一個術語時，請在其前面加上 "[r]" 以將搜尋重點放在標記為 R 的問題上。例如，搜尋 "[r] standard error" 將只會搜出標記為 R 的問題，避免搜出 Python 和 C++ 問題。

Stack Overflow 還包括一個 R 語言的 wiki 頁面（*https://stackoverflow.com/tags/r/info*），它提供了一個優秀的由社群管理的線上 R 資源列表。

Stack Exchange（Stack Overflow 的母公司）有一個用於統計分析的問答區，名為 Cross Validated（*https://stats.stackexchange.com/*）。這個問答區更關注在統計而不是程式設計上，所以當您在尋找與統計相關而與 R 無關的答案時，可以使用它。

RStudio 也有自己的討論版（*https://community.rstudio.com/*）。這是一個很好的地方，可以問一些一般性的問題，也可以問一些概念性的問題，這些問題在 Stack Overflow 上可能不太適用。

參見

如果您透過搜尋找到了一個實用的套件，請使用錦囊 3.10 安裝該套件到您的電腦上。

1.12 查找相關函式和套件

問題

在 R 的 10,000 多個套件中，您不知道哪些套件對您有用。

解決方案

- 要找到在某個特定領域使用的套件，請訪問 CRAN 的任務視界（*http://cran.r-project.org/web/views/*）。選擇想要領域的任務視界，那裡會提供相關套件的連結和描述。或者訪問 RSeek（*http://rseek.org*），用關鍵字搜尋，按一下任務視界分頁，並選擇一個適用的任務視界。

- 訪問 crantastic 網站（*http://crantastic.org/*）並用關鍵字搜尋套件。

- 要查找相關函式，請訪問 RSeek 網站（*http://rseek.org*），用名稱或關鍵字搜尋，然後按一下 Functions 分頁。

討論

有個 R 初學者常感到困惑的問題：我知道 R 軟體能夠解決我所遭遇的問題，但到底哪個套件與函數較有用？在電子郵件列表中常見到這類型的問題：「是否有任何 R 軟體套件能解決 X 問題？」。那是因為 R 軟體有太多套件處理同樣或類似的功能，讓人面對諸多 R 套件而不知所措。

在撰寫本書時，有超過 10,000 個套件可以從 CRAN 免費下載。每個套件都有一個摘要頁面，包括簡短的描述和到套件說明文件的連結。當您找到了一個感興趣的套件時，您通常會按一下 "Reference manual"（參考手冊）連結，來查看 PDF 文件中的完整詳細資訊（摘要頁面還包含安裝套件的下載連結，但很少用這種方式安裝套件；安裝請參考錦囊 3.10）。

有時候您僅對某個領域感興趣，例如貝氏統計分析（Bayesian analysis）、計量經濟學、最佳化或者繪圖等。CRAN 網站收集一系列的**任務視界**頁面，介紹實用的相關套件。任務視界是個很好的起點，因為它提供您各領域常用的套件概觀，進而讓您瞭解哪些套件可供應用。您可以連結至任務視界列表頁面（*https://cran.r-project.org/web/views/*）查看；或按照「解決方案」中所介紹的方式進行搜尋。CRAN 的任務視界列出了廣泛的各種領域，並列出用於每個領域的套件。例如，適用於高效能計算、遺傳學、時間序列和社會科學的任務視界，這裡僅舉這幾個例子。

假設您碰巧知道一個有用套件的名稱——比如，在網路上看到有人提到的某個套件名稱。CRAN 有一個按字母名稱排序的套件清單（*http://cran.r-project.org/web/packages/*），清單包含套件摘要頁面的連結。

參見

您可以下載並安裝一個名為 sos 的 R 套件，它提供了另一種搜尋套件的強大方法；請參見 *http://cran.r-project.org/web/packages/sos/vignettes/sos.pdf*。

1.13 搜尋電子郵件列表

問題

您有一個問題，您想要搜尋電子郵件列表以前的存檔，以查看您的問題之前是否有人回答過了。

解決方案

在瀏覽器中打開 Nabble 網站（*http://r.789695.n4.nabble.com/*）。用您問題的關鍵字或其他搜尋詞進行搜尋，搜尋的結果將顯示相關的電子郵件列表。

討論

這個錦囊實際上只是錦囊 1.11 的一個應用而已，但這是一個重要的應用，因為在向電子郵件列表提出新問題之前，您應該搜尋電子郵件列表存檔，因為您的問題以前可能已經有人回答過了。

參見

CRAN 有一個用於搜尋網路的資源列表；請看 *http://cran.r-project.org/search.html*。

1.14 向 Stack Overflow 或其他社群提交問題

問題

您有一個問題在網路上找不到答案，所以您想向 R 社群提交一個問題。

解決方案

線上提問的第一步是建立一個可重現問題的範例。在網上尋求說明時，最關鍵的部分是讓別人可以執行範例程式碼並查看您的確切問題。一個良好的問題由三個部份組成：

範例資料

　　您可以提供模擬資料，也可以提供一些實際資料。

範例程式碼

　　這段程式碼用來說明了您做過的嘗試，或得到的錯誤。

描述

　　這是解釋您現有的情況、您想要做什麼、您嘗試過但沒有成功的事情。

在後面的 "討論" 小節中會有關於撰寫可複製問題的範例的一些細節，一旦您有了一個可複製問題的範例，您可以把您的問題發佈到 Stack Overflow（*https://stackoverflow.com/questions/ask*）。確保在 ask 頁面的 Tags 中加入 r 標記。

如果您的問題更一般或與概念相關，而不是特定的語法，RStudio 的另一個 RStudio Community 論壇（*https://community.rstudio.com/*）可能會更適合。注意，該網站被分成多個主題，所以選擇最適合您的問題的主題類別。

或者您可以把您的問題提交給 R 電子郵件列表（但是請不要同時提交給多個網站、電子郵件列表和 Stack Overflow，因為這被認為是無禮的交叉發佈）。

電子郵件列表介紹網頁（*http://www.r-project.org/mail.html*）包含使用 R-help 電子郵件列表的一般資訊和說明。一般流程如下：

1. 訂閱主要電子郵件列表 R-help（*http://bit.ly/2Xd4wB2*）。

2. 仔細、正確地寫下您的問題，並包括您的可複製問題的範例。

3. 請將您的問題發送到 *r-help@r-project.org*。

討論

R-help 電子郵件列表、Stack Overflow 和 RStudio 社群網站都是很好的資源，但是在使用它們之前，請先閱讀說明網頁、閱讀說明文件、搜尋 R-help 電子郵件列表存檔和搜尋網路上的相關資訊。基本上您大部份的問題很可能已經有答案了。別騙自己了：很少有問題是獨一無二的。如果您已經用盡了所有其他的選擇，也許才是提交一個好問題的時機。

可複製問題的範例是求得良好幫助的關鍵，這種範例該包含的第一個部份是範例資料，一個得到資料的好方法是使用幾個 R 函式來模擬資料。下面的範例建立了一個名為 `example_df` 的資料幀，該資料幀有三列，每一列都有不同的資料類型：

```
set.seed(42)
n <- 4
example_df <- data.frame(
  some_reals = rnorm(n),
  some_letters = sample(LETTERS, n, replace = TRUE),
  some_ints = sample(1:10, n, replace = TRUE)
)
example_df
#>   some_reals some_letters some_ints
#> 1      1.371            R        10
#> 2     -0.565            S         3
#> 3      0.363            L         5
#> 4      0.633            S        10
```

注意，本範例在開頭的地方使用了 `set.seed` 命令。這是為了確保每次執行這段程式碼時，答案都是相同的。n 值是要建立的範例資料行數。請盡可能簡化範例資料來說明問題。

另一種建立模擬資料的方法是使用 R 內建的範例資料。例如，資料集合 mtcars 包含一個資料幀，這個資料幀內包含 32 筆不同車型記錄：

```
data(mtcars)
head(mtcars)
#>                    mpg cyl disp  hp drat    wt qsec vs am gear carb
#> Mazda RX4         21.0   6  160 110 3.90 2.62 16.5  0  1    4    4
#> Mazda RX4 Wag     21.0   6  160 110 3.90 2.88 17.0  0  1    4    4
#> Datsun 710        22.8   4  108  93 3.85 2.32 18.6  1  1    4    1
#> Hornet 4 Drive    21.4   6  258 110 3.08 3.21 19.4  1  0    3    1
#> Hornet Sportabout 18.7   8  360 175 3.15 3.44 17.0  0  0    3    2
#> Valiant           18.1   6  225 105 2.76 3.46 20.2  1  0    3    1
```

如果您的範例只能用您自己的資料才能複製問題，那麼可以使用 dput 將您自己的資料放入一個字串中，以便在範例中使用。我們將使用 mtcars 資料集合中的兩列來說明這種方法：

```
dput(head(mtcars, 2))
#> structure(list(mpg = c(21, 21), cyl = c(6, 6), disp = c(160,
#> 160), hp = c(110, 110), drat = c(3.9, 3.9), wt = c(2.62, 2.875
#> ), qsec = c(16.46, 17.02), vs = c(0, 0), am = c(1, 1), gear = c(4,
#> 4), carb = c(4, 4)), row.names = c("Mazda RX4", "Mazda RX4 Wag"
#> ), class = "data.frame")
```

您可以將產出結果 structure，直接加入到您的問題中：

```
example_df <- structure(list(mpg = c(21, 21), cyl = c(6, 6), disp = c(160,
160), hp = c(110, 110), drat = c(3.9, 3.9), wt = c(2.62, 2.875
), qsec = c(16.46, 17.02), vs = c(0, 0), am = c(1, 1), gear = c(4,
4), carb = c(4, 4)), row.names = c("Mazda RX4", "Mazda RX4 Wag"
), class = "data.frame")

example_df
#>                mpg cyl disp  hp drat   wt qsec vs am gear carb
#> Mazda RX4       21   6  160 110  3.9 2.62 16.5  0  1    4    4
#> Mazda RX4 Wag   21   6  160 110  3.9 2.88 17.0  0  1    4    4
```

一個好的問題範例的第二部分是範例程式碼。程式碼範例應該盡可能簡單，並說明您正在嘗試做什麼或已經嘗試過什麼。它應該**不是**一個很大的程式碼區塊，裡面包括一些雜七雜八的事情，請將範例簡化為最少的程式碼。如果使用任何套件，請確保在程式碼開頭包含 library 呼叫。此外，不要在問題中摻雜任何可能對執行程式碼的人有害的內容，比如 rm(list=ls())，它會刪除記憶體中的所有 R 物件。對想要幫助您的人要有同理心，要意識到他們自願花時間來幫助您，並且可能會在他們用來做自己工作的同一台電腦上執行您的程式碼。

若要測試問題範例，請打開一個新的 R session 並嘗試執行問題範例。在您完成了程式碼的撰寫後，就可以向潛在的回答者提供更多的資訊了。用簡單的文字描述您想做什麼、您做過什麼、您的問題。盡可能簡明扼要。和範例程式碼一樣，您的目標是盡可能有效率地與閱讀您問題的人進行溝通。您可能會發現在描述中包含您正在執行的 R 的哪個版本以及執行的平台（Windows、Mac、Linux）會很有幫助，您可以使用 sessionInfo 命令輕鬆獲得該資訊。

如果您打算把您的問題提交到 R 電子郵件列表，您應該要先知道實際上電子郵件列表有許多個。R-help 是一般問題的主要列表。還有許多特定關注小組（SIG）電子郵件列表專門用於特定領域，如遺傳學、金融學、R 軟體開發，甚至 R 相關工作，您可以在 *https://stat.ethz.ch/mailman/listinfo* 看到完整列表。如果您的問題是特定於某個領域的，那麼選擇一個適當的列表，可以得到更好的答案。然而，與 R-help 一樣，在提交您的問題之前，請仔細搜尋 SIG 列表存檔。

參見

我們建議您在提交任何問題之前閱讀 Eric Raymond 和 Rick Moen 合著的傑出文章 "How to Ask Questions the Smart Way"（*http://www.catb.org/~esr/faqs/smartquestions.html*）。我是認真的，請閱讀它。

Stack Overflow 有一篇很棒的文章說明了建立可複製問題範例的詳細資訊，您可以在 *https://stackoverflow.com/q/5963269/37751* 找到它。

Jenny Bryan 有一個很棒的 R 套件，名為 reprex，它有助於建立一個良好的可複製問題範例，並提供了輔助說明函式，用於為 Stack Overflow 等網站編寫標記文本（markdown text）。您可以在她的網站上找到這個套件（*https://github.com/tidyverse/reprex*）。

## 第二章

基礎知識

本章的錦囊主題介於解決問題和教學指南之間。是的，它們能解決常見的問題，同時解決方案也展示了大多數 R 程式碼（本書中的程式碼也包括在其中）中使用的常見技術和慣用術語。如果您是 R 的新手，我們建議您通讀這一章來熟悉這些用語。

2.1 在螢幕上列印東西

問題

要顯示變數或運算式的值。

解決方案

如果您單純在命令提示符中輸入變數名或運算式，R 將列印它的值。使用 print 函式來列印任何物件的值。使用 cat 函式生成客製化格式的輸出。

討論

讓 R 列印東西很容易 —— 只要在命令提示符處輸入：

```
pi
#> [1] 3.14
sqrt(2)
#> [1] 1.41
```

當您輸入如下方的運算式時，R 會對運算式進行運算，然後在背後呼叫 print 函式。所以前面的例子和這個是一樣的：

```
print(pi)
#> [1] 3.14
print(sqrt(2))
#> [1] 1.41
```

print 的美妙之處在於，它知道如何格式化列印任何 R 值，包括結構化的值，如矩陣（matrix）和串列（list）：

```
print(matrix(c(1, 2, 3, 4), 2, 2))
#>      [,1] [,2]
#> [1,]    1    3
#> [2,]    2    4
print(list("a", "b", "c"))
#> [[1]]
#> [1] "a"
#>
#> [[2]]
#> [1] "b"
#>
#> [[3]]
#> [1] "c"
```

這很有用，因為您總是能使用 print 函式查看您的資料，即使對於複雜的資料結構，也不需要編寫特殊的列印邏輯。

但 print 函式有一個明顯的限制：它一次只列印一個物件。試圖 print 多個物件，將會得到這個令人一怔的錯誤訊息：

```
print("The zero occurs at", 2 * pi, "radians.")
#> Error in print.default("The zero occurs at", 2 * pi, "radians."):
#>     invalid 'quote' argument
```

print 多個物件的唯一方法是一次列印一個，但像這樣的寫法又不會是您想要的：

```
print("The zero occurs at")
#> [1] "The zero occurs at"
print(2 * pi)
#> [1] 6.28
print("radians")
#> [1] "radians"
```

cat 函式是 print 的另一種選擇，它允許您將多個物件結合成一個連續的輸出：

```
cat("The zero occurs at", 2 * pi, "radians.", "\n")
#> The zero occurs at 6.28 radians.
```

注意，cat 預設情況下會在每個元件的輸出間放置一個空格，您必須使用分行符號（\n）來換行。

cat 函式也可以列印簡單的 vector：

```
fib <- c(0, 1, 1, 2, 3, 5, 8, 13, 21, 34)
cat("The first few Fibonacci numbers are:", fib, "...\n")
#> The first few Fibonacci numbers are: 0 1 1 2 3 5 8 13 21 34 ...
```

使用 cat 可以對輸出進行更多的控制，在它 R Script 中生成給其他人使用的輸出時特別有用。然而，一個嚴重的限制是它不能印出複合資料結構，比如矩陣和串列。試著 cat 它們只會產生另一個錯誤訊息：

```
cat(list("a", "b", "c"))
#> Error in cat(list("a", "b", "c")): argument 1 (type 'list') cannot
#>     be handled by 'cat'
```

參見

控制輸出格式見錦囊 4.2。

2.2 設定變數值

問題

您希望將值保存在變數中。

解決方案

使用運算子（<-），而且不需要先宣告變數：

```
x <- 3
```

討論

只把 R 當成計算機般使用無法滿足您的需求，很快您就會想要定義變數並在其中保存值。這可以減少打字，節省時間，並使您的工作更有效率。

不需要在 R 中宣告或建立變數，只需為名稱做給值動作，R 就會建立變數：

```
x <- 3
y <- 4
z <- sqrt(x^2 + y^2)
print(z)
#> [1] 5
```

注意，賦值運算子由一個小於字元（<）和一個連字號（-）組成，它們之間沒有空格。

當您像這樣在命令提示符號中定義一個變數時，該變數將被保存在您的工作區中。工作區保存在電腦的主記憶體中，也可以保存到磁碟上。這個變數定義將保留在工作區中，直到您刪除它。

R 是一個動態型別語言（*dynamically typed language*），這代表我們可以隨意改變變數的資料類型。我們可以將 x 設定為數值變數，就像剛才顯示的那樣，然後馬上用字串值覆蓋它。R 具有這樣的彈性：

```
x <- 3
print(x)
#> [1] 3

x <- c("fee", "fie", "foe", "fum")
print(x)
#> [1] "fee" "fie" "foe" "fum"
```

有時候，在一些 R 函式中，您會看到特別不一樣的賦值運算子：

```
x <<- 3
```

這賦值運算子會強制賦值給全域變數而不是區域變數。但是，這個有點超出了本討論的範圍。

本著充分揭露資訊的精神，我們將說明 R 另外兩種形式的賦值述句。一個等號（=）可以當成賦值運算子使用。右向設定運算子（->）可用於任何可以使用左向設定運算子（<-）的地方（但參數是相反的）：

```
foo <- 3
print(foo)
#> [1] 3

5 -> fum
print(fum)
#> [1] 5
```

我們建議您避免使用這兩種賦值述句，因等號賦值很容易與等號判斷混淆。右向賦值在某些情況可能很有用，但對於不習慣看到它的人來說，可能會感到困惑。

參見

參見錦囊 2.4、2.14 和 3.3，也可參見 assign 函式的說明頁面。

2.3 列出變數

問題

您想知道工作區中定義了哪些變數和函式。

解決方案

請使用 ls 函式，使用 ls.str 取得關於每個變數的更多細節。您還可以在 RStudio 的 Environment 窗格中看到您的變數和函式，如圖 2-1 所示。

討論

ls 函式顯示工作區中物件的名稱：

```
x <- 10
y <- 50
z <- c("three", "blind", "mice")
f <- function(n, p) sqrt(p * (1 - p) / n)
ls()
#> [1] "f" "x" "y" "z"
```

注意，ls 回傳一個字串 vector，其中每個字串都是一個變數或函式的名稱。當您的工作區為空時，ls 回傳一個空 vector，不過，以下這個情況將產生令人困惑的輸出：

```
ls()
#> character(0)
```

這是 R 表示 ls 回傳一個零長度字串 vector 的奇特方式；也就是說，它回傳一個空 vector，因為工作區中沒有定義任何東西。

如果您想要的不僅僅是列出所有變數名稱,請嘗試使用 ls.str;因為它還會告訴您關於每個變數的一些資訊:

```
x <- 10
y <- 50
z <- c("three", "blind", "mice")
f <- function(n, p) sqrt(p * (1 - p) / n)
ls.str()
#> f : function (n, p)
#> x :   num 10
#> y :   num 50
#> z :   chr [1:3] "three" "blind" "mice"
```

這個函式被稱為 ls.str,是因為它先列出了您的變數,並對這些變數套用 str 函式,於是就可以顯示出它們的結構(請參閱錦囊 12.13)。

通常,ls 不回傳任何以點(.)開頭的名稱,這些以點開頭的名稱被認為是使用者通常不感興趣的變數,所以是被隱藏的(這和 Unix 的慣例一樣,不列出名稱以點開頭的檔案)。透過設定 all.names 參數為 TRUE,可以強制 ls 列出所有內容:

```
ls()
#> [1] "f" "x" "y" "z"
ls(all.names = TRUE)
#> [1] ".Random.seed" "f"            "x"            "y"
#> [5] "z"
```

RStudio 中的 Environment 窗格也會隱藏名稱以點開頭的物件。

參見

刪除變數見錦囊 2.4,檢查變數見錦囊 12.13。

2.4 刪除變數

問題

您希望從工作區中刪除不需要的變數或函式,或者刪除工作區中全部內容。

解決方案

使用 rm 函式。

討論

在使用 R 的過程中，您的工作空間可能很快就會變得雜亂。rm 函式能從工作區永久刪除一個或多個物件：

```
x <- 2 * pi
x
#> [1] 6.28
rm(x)
x
#> Error in eval(expr, envir, enclos): object 'x' not found
```

請注意，這個指令執行後無法「還原」；也就是說，一旦變數被刪除後，它就沒有了。

若有需要，您可以同時刪除多個變數：

```
rm(x, y, z)
```

您甚至可以一次刪除整個工作區中的所有內容，rm 函式有一個 list 引數，用來設定要刪除的變數名稱組成的 vector。還記得前面介紹過，ls 函式回傳一個變數名稱 vector；因此，您可以結合 rm 和 ls 來刪除所有內容：

```
ls()
#> [1] "f" "x" "y" "z"
rm(list = ls())
ls()
#> character(0)
```

刪除變數另外一個方法是，按下 RStudio 中 Environment 窗格頂部的掃把圖示，如圖 2-1 所示。

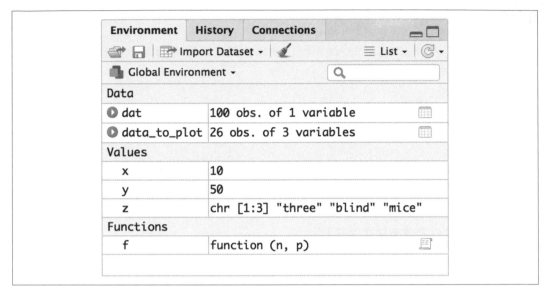

圖 2-1　RStudio 中 Environment 窗格

永遠不要將 rm(list=ls()) 放入與他人共用的程式碼中,例如放入函式庫
函式或發送到電子郵件串列或 Stack Overflow 的範例程式碼。刪除別人
工作空間中的所有變數不僅不禮貌,而且會讓您非常不受歡迎。

參見

請參考錦囊 2.3。

2.5 建立 vector

問題

您想要建立一個 vector。

解決方案

使用 c(...) 運算子從給定值建構一個 vector。

討論

vector 是 R 的一個核心元件，而不僅僅是一個資料結構而已。vector 可以包含數字、字串或邏輯值，但不能混合使用。

c(...) 運算子是用來建立一個由簡單元素組成的 vector。

```
c(1, 1, 2, 3, 5, 8, 13, 21)
#> [1]  1  1  2  3  5  8 13 21
c(1 * pi, 2 * pi, 3 * pi, 4 * pi)
#> [1]  3.14  6.28  9.42 12.57
c("My", "twitter", "handle", "is", "@cmastication")
#> [1] "My"            "twitter"       "handle"        "is"
#> [5] "@cmastication"
c(TRUE, TRUE, FALSE, TRUE)
#> [1]  TRUE  TRUE FALSE  TRUE
```

如果指定給 c(...) 的引數是多個 vector，那麼 c(...) 運算子會將引數 vector 壓扁，並且合併成為一個 vector：

```
v1 <- c(1, 2, 3)
v2 <- c(4, 5, 6)
c(v1, v2)
#> [1] 1 2 3 4 5 6
```

vector 中不能混和不同資料型態，例如混合數值和字串等資料類型。如果您用混合元素去建立一個 vector，R 會為您去試著轉換資料型態：

```
v1 <- c(1, 2, 3)
v3 <- c("A", "B", "C")
c(v1, v3)
#> [1] "1" "2" "3" "A" "B" "C"
```

這一段程式碼中，我們嘗試用數值和字串建立一個 vector。在建立 vector 之前，R 將所有數值轉換為字串，從而使資料元素相容。注意，R 做這個動作時不會輸出警告或抱怨訊息。

從技術上講，只有當兩個資料元素具有相同的**模式**（*mode*）時，它們才能在一個 vector 中共存。3.1415 的模式為 numeric，"foo" 的模式為 character：

```
mode(3.1415)
#> [1] "numeric"
mode("foo")
#> [1] "character"
```

這些模式是不相容的，R 將 3.1415 轉換為 character 模式，使其與 "foo" 相容。

```
c(3.1415, "foo")
#> [1] "3.1415" "foo"
mode(c(3.1415, "foo"))
#> [1] "character"
```

 c 是一個泛型運算子，這代表它可以處理許多種資料類型，而不僅僅是 vector。但是，它可能無法完全符合您的期望，所以請檢查它的行為後，才將其應用於其他資料類型和物件。

參見

有關 vector 和其他資料結構的更多資訊，請參見第 5 章的介紹。

2.6 計算基本統計量

問題

您希望計算基本統計量，如：平均數、中位數、標準差、變異數、相關係數或共變異數。

解決方案

使用下列函式進行計算，其中 x 和 y 是 vector：

- mean(x)
- median(x)
- sd(x)
- var(x)
- cor(x, y)
- cov(x, y)

討論

第一次使用 R 時，您很有可能一開始就打開文件並搜尋名為 "Procedures for Calculating Standard Deviation"（計算標準差的流程）的資料，所以這樣一個重要的話題似乎需要用整整一章來說明才是。

但，其實沒那麼複雜。

標準差等基本統計量是用簡單的函式來計算的。通常，函式引數是一個數值 vector，函式回傳計算得到的統計量：

```
x <- c(0, 1, 1, 2, 3, 5, 8, 13, 21, 34)
mean(x)
#> [1] 8.8
median(x)
#> [1] 4
sd(x)
#> [1] 11
var(x)
#> [1] 122
```

sd 函式計算樣本標準差，var 計算樣本變異數。

cor 和 cov 函式可以分別計算兩個 vector 之間的相關係數和共變異數：

```
x <- c(0, 1, 1, 2, 3, 5, 8, 13, 21, 34)
y <- log(x + 1)
cor(x, y)
#> [1] 0.907
cov(x, y)
#> [1] 11.5
```

這些函式都對引數中不可用的值（NA）很挑剔，只要 vector 引數中有一個 NA 值，也會導致這些函式回傳 NA，甚至完全停止，並產生一個模糊的錯誤：

```
x <- c(0, 1, 1, 2, 3, NA)
mean(x)
#> [1] NA
sd(x)
#> [1] NA
```

R 這麼謹慎是令人討厭，但這是一個適當的態度。此時，您必須仔細考慮您的情況，在您的資料中的 NA 是否會使統計量無效？如果是，那麼 R 是對的。如果不是，可以透過設定 na.rm=TRUE，告訴 R 忽略 NA 值：

```
x <- c(0, 1, 1, 2, 3, NA)
sd(x, na.rm = TRUE)
#> [1] 1.14
```

在較老版本的 R 中,mean 和 sd 在處理資料幀上是很聰明的,它們可以理解資料幀的每一欄都是一個不同的變數,因此它們可分欄計算每一欄的統計值。但現在的版本已經不能了,因此,您可能在網路上或較老的書籍(如本書的第一版)中讀到舊版的行為。現在,若想將函式套用到資料幀的每一欄上,我們需要使用輔助函式。tidyverse 輔助函式家族中,要做這些事的輔助函式位於 purrr 套件中。與其他 tidyverse 套件一樣,當執行 library(tidyverse) 時,將載入 purrr 套件,在這個套件中我們要使用的函式是 map_dbl:

```
data(cars)

map_dbl(cars, mean)
#> speed  dist
#>  15.4  43.0
map_dbl(cars, sd)
#> speed  dist
#>  5.29 25.77
map_dbl(cars, median)
#> speed  dist
#>    15    36
```

注意,在本例中,mean 和 sd 各回傳兩個值,這些值都是由資料幀中對應欄產生(從技術上講,它們回傳的是由兩個元素組成的 vector,其 names 屬性即資料幀中的欄名)。

var 函式可以在映射函式或輔助函式的情況下,讀懂資料幀的結構。它會計算資料幀各欄之間的共變異數,回傳共變異數矩陣:

```
var(cars)
#>       speed dist
#> speed    28  110
#> dist    110  664
```

同樣,假設 x 代表資料幀或矩陣,則使用 cor(x) 會回傳相關係數矩陣,cov(x) 回傳共變異數矩陣:

```
cor(cars)
#>       speed  dist
#> speed 1.000 0.807
#> dist  0.807 1.000
cov(cars)
```

```
#>      speed dist
#> speed   28  110
#> dist   110  664
```

參見

參見錦囊 2.14、錦囊 5.27 和錦囊 9.17。

2.7 建立數列

問題

您想要建立一個數值數列。

解決方案

使用一個 *n:m* 運算式建立簡單數列 *n*、*n*+1、*n*+2、…、*m*：

```
1:5
#> [1] 1 2 3 4 5
```

使用 seq 函式，可產生數字間隔不為 1 的數列：

```
seq(from = 1, to = 5, by = 2)
#> [1] 1 3 5
```

使用 rep 函式，可以建立由重複數值構成的數列：

```
rep(1, times = 5)
#> [1] 1 1 1 1 1
```

討論

冒號運算子（*n:m*）建立包含 *n*、*n*+1、*n*+2、…、*m* 的 vector 序列：

```
0:9
#>  [1] 0 1 2 3 4 5 6 7 8 9
10:19
#>  [1] 10 11 12 13 14 15 16 17 18 19
9:0
#> [1] 9 8 7 6 5 4 3 2 1 0
```

R 巧妙地處理最後一個運算式（`9:0`）。因為 9 比 0 大，所以它會以遞減的順序產生數列。您也可以直接將冒號運算式合併管道（pipe）使用，一起將資料傳遞給另一個函式：

```
10:20 %>% mean()
```

冒號運算子適用於產生增量為 1 的數列，但 seq 函式也構建序列，而且支援可選的第三個引數，這個引數用於指定增量值：

```
seq(from = 0, to = 20)
#> [1]  0  1  2  3  4  5  6  7  8  9 10 11 12 13 14 15 16 17 18 19 20
seq(from = 0, to = 20, by = 2)
#>  [1]  0  2  4  6  8 10 12 14 16 18 20
seq(from = 0, to = 20, by = 5)
#> [1]  0  5 10 15 20
```

或者，您可以指定輸出數列的長度，然後 R 將自動計算增量：

```
seq(from = 0, to = 20, length.out = 5)
#> [1]  0  5 10 15 20
seq(from = 0, to = 100, length.out = 5)
#> [1]   0  25  50  75 100
```

增量不需要是整數；R 也可以建立以分數遞增的數列：

```
seq(from = 1.0, to = 2.0, length.out = 5)
#> [1] 1.00 1.25 1.50 1.75 2.00
```

特殊情況下，若需要建立內含重複值的 "數列"，應該使用 rep 函式，這個函式會重複它的第一個參數：

```
rep(pi, times = 5)
#> [1] 3.14 3.14 3.14 3.14 3.14
```

參見

建立由 Date 物件組成的數列，請參閱錦囊 7.13。

2.8 比較 vector

問題

您想比較兩個 vector，或者您想比較整個 vector 和一個常量。

解決方案

比較運算子（==、!=、<、>、<=、>=）可以執行兩個 vector 中各元素的比較。它們還可以將 vector 的元素與常量進行比較，產出的結果是邏輯值構成的 vector，其中每個值都是一個元素比較的結果。

討論

R 有兩個邏輯值，TRUE 和 FALSE。在其他程式設計語言中，這些值通常稱為**布林**（*Boolean*）值。

比較運算子的功能是比較兩個值，根據比較結果回傳 TRUE 或 FALSE：

```
a <- 3
a == pi # 測試是否相等
#> [1] FALSE
a != pi # 測試是否不相等
#> [1] TRUE
a < pi
#> [1] TRUE
a > pi
#> [1] FALSE
a <= pi
#> [1] TRUE
a >= pi
#> [1] FALSE
```

藉由一次比較整個 vector，您可體驗 R 的厲害之處。R 將執行元素對元素的比較，並回傳一個邏輯值 vector，其中每個值都是一個元素比較的結果：

```
v <- c(3, pi, 4)
w <- c(pi, pi, pi)
v == w # 比較兩個 3 維 vector
#> [1] FALSE  TRUE FALSE
v != w
#> [1]  TRUE FALSE  TRUE
v < w
#> [1]  TRUE FALSE FALSE
v <= w
#> [1]  TRUE  TRUE FALSE
v > w
#> [1] FALSE FALSE  TRUE
v >= w
#> [1] FALSE  TRUE  TRUE
```

您還可以將 vector 與單個常量進行比較，在這種情況下，R 將複製該常量，使其擴展到 vector 的長度，然後再執行元素的比較。前面的例子可以這樣簡化：

```
v <- c(3, pi, 4)
v == pi # 比較一個擁有三個元素的 vector 與一個數值常量
#> [1] FALSE  TRUE FALSE
v != pi
#> [1]  TRUE FALSE  TRUE
```

這是錦囊 5.3 裡討論的循環規則中的一個應用。

在比較兩個 vector 之後，通常您會想知道比較結果中是否有**任何一個**為真，或者是否**所有**結果皆為真。any 和 all 函式此時派上用場，它們兩個都會去檢查由邏輯值組成的 vector，如果 vector 中的任何元素為 TRUE，則 any 函式回傳 TRUE。如果 vector 中的所有元素都為 TRUE，則 all 函式回傳 TRUE：

```
v <- c(3, pi, 4)
any(v == pi) # 如果 v 中任何元素與 pi 中的相同，則回傳 TRUE
#> [1] TRUE
all(v == 0) # 若 v 中所有元素為 0，則回傳 TRUE
#> [1] FALSE
```

參見

請參考錦囊 2.9。

2.9 選擇 vector 元素

問題

您想要從一個 vector 中取得一個或多個元素。

解決方案

請選擇適合的索引（indexing）技術：

- 使用中括號根據 vector 元素的位置選擇 vector 元素，例如 v[3] 代表 v vector 中的第三個元素。

- 使用負索引來排除不要的元素。

- 使用索引組成的 vector 來選擇多個元素值。

- 使用邏輯 vector，根據條件選擇元素。

- 使用名稱取得已命名元素。

討論

從 vector 中選擇元素是 R 的另一個強大特性，基本的元素選取和其他許多程式設計語言一樣處理——使用中括號和一個簡單的索引：

```
fib <- c(0, 1, 1, 2, 3, 5, 8, 13, 21, 34)
fib
#> [1]  0  1  1  2  3  5  8 13 21 34
fib[1]
#> [1] 0
fib[2]
#> [1] 1
fib[3]
#> [1] 1
fib[4]
#> [1] 2
fib[5]
#> [1] 3
```

注意，第一個元素的索引為 1，而不是像其他一些程式設計語言索引從 0 開始。

vector 索引有一個很酷的功能，您可以一次選擇多個元素。索引本身可以是一個 vector，該索引 vector 的每個元素可從資料 vector 中取得一個元素：

```
fib[1:3] # 選取元素 1 到 3
#> [1] 0 1 1
fib[4:9] # 選取元素 4 到 9
#> [1]  2  3  5  8 13 21
```

1:3 的索引表示選擇元素 1、2 和 3，如上方程式執行結果所示。然而，索引 vector 不一定是一個簡單的序列。您可以選擇資料 vector 中的任何元素——就像在下方範例中，它選擇元素 1、2、4 和 8：

```
fib[c(1, 2, 4, 8)]
#> [1]  0  1  2 13
```

R 會將負索引理解為排除某些元素值。例如，-1 的索引表示排除第一個值並回傳所有其他值：

```
fib[-1] # 忽略第一個元素
#> [1]  1  1  2  3  5  8 13 21 34
```

您還可以進一步應用這個方法，搭配索引 vector 來排除整個段負索引元素：

```
fib[1:3] # 和之前一樣
#> [1] 0 1 1
fib[-(1:3)] # 將索引加上負號，改為排除元素
#> [1]  2  3  5  8 13 21 34
```

另外還有一種索引技術，是使用邏輯 vector 從資料 vector 中選取元素。當邏輯 vector 的元素為 TRUE 時，即選取相對位置的元素：

```
fib < 10 # 當 fib 小於 10 時，這個 vector 中的值為 True
#>  [1]  TRUE  TRUE  TRUE  TRUE  TRUE  TRUE  TRUE FALSE FALSE FALSE
fib[fib < 10] # 使用 vector 選取小於 10 的元素
#> [1] 0 1 1 2 3 5 8
fib %% 2 == 0 # 當 fib 是偶數時，這個 vector 中的值為 True
#>  [1]  TRUE FALSE FALSE  TRUE FALSE FALSE  TRUE FALSE FALSE  TRUE
fib[fib %% 2 == 0] # 使用 vector 選取偶數元素
#> [1]  0  2  8 34
```

一般來說，邏輯 vector 的長度應該與資料 vector 的長度相同，因此要取得或排除哪個元素就很清楚（如果長度不同，則需要用上錦囊 5.3 中討論的循環規則）。

vector 比較、邏輯運算子和 vector 索引可以組合使用，您可以用很少的 R 程式碼執行強大的選取工作。

例如，您可以選取所有大於中位數的元素：

```
v <- c(3, 6, 1, 9, 11, 16, 0, 3, 1, 45, 2, 8, 9, 6, -4)
v[ v > median(v)]
#> [1]  9 11 16 45  8  9
```

或選擇最高 5% 與最低 5% 的所有元素：

```
v[ (v < quantile(v, 0.05)) | (v > quantile(v, 0.95)) ]
#> [1] 45 -4
```

前面的範例中使用了 | 運算子，它在索引時表示 "或者（or）" 的意思。如果您需要 "並且（and）"，可以使用 & 運算子。

您還可以選擇所有超過平均數 ±1 個標準差的元素：

```
v[ abs(v - mean(v)) > sd(v)]
#> [1] 45 -4
```

或選取所有不是 NA 也不是 NULL 的元素：

```
v <- c(1, 2, 3, NA, 5)
v[!is.na(v) & !is.null(v)]
#> [1] 1 2 3 5
```

最後一個索引功能是允許您按名稱選擇元素。它假設 vector 有一個 names 屬性，為每個元素定義一個名稱，您可準備一個字串 vector，為屬性定義名稱：

```
years <- c(1960, 1964, 1976, 1994)
names(years) <- c("Kennedy", "Johnson", "Carter", "Clinton")
years
#> Kennedy Johnson  Carter Clinton
#>    1960    1964    1976    1994
```

名稱定義好了以後，就可以透過名稱引用各個元素：

```
years["Carter"]
#> Carter
#>   1976
years["Clinton"]
#> Clinton
#>    1994
```

這種索引功能也可用名稱 vector 進行索引；R 回傳被指名的每個元素：

```
years[c("Carter", "Clinton")]
#>  Carter Clinton
#>    1976    1994
```

參見

有關循環規則的更多資訊，請參見錦囊 5.3。

2.10 執行 vector 數學運算

問題

您想一次對整個 vector 做數學運算。

解決方案

一般的算術運算子皆可對整個 vector 執行元素級的操作。許多函式也可以對整個 vector 動作,並將結果以一個 vector 回傳。

討論

vector 運算是 R 的一大優勢,所有的基本算術運算子都可以應用在 vector 上。它們在元素的層級運作;也就是將運算子作用在兩個 vector 對應的元素上:

```
v <- c(11, 12, 13, 14, 15)
w <- c(1, 2, 3, 4, 5)
v + w
#> [1] 12 14 16 18 20
v - w
#> [1] 10 10 10 10 10
v * w
#> [1] 11 24 39 56 75
v / w
#> [1] 11.00  6.00  4.33  3.50  3.00
w^v
#> [1] 1.00e+00 4.10e+03 1.59e+06 2.68e+08 3.05e+10
```

注意這個範例產出的 vector 的長度等於原始 vector 的長度。長度相同的原因是,結果 vector 中每個元素都來自輸入的 vector。

如果一個運算元是 vector,另一個是常量,則在每個 vector 元素和常量之間執行操作:

```
w
#> [1] 1 2 3 4 5
w + 2
#> [1] 3 4 5 6 7
w - 2
#> [1] -1  0  1  2  3
w * 2
#> [1]  2  4  6  8 10
w / 2
#> [1] 0.5 1.0 1.5 2.0 2.5
2^w
#> [1]  2  4  8 16 32
```

例如,可僅用一個運算式,就可將整個 vector 的內容減去平均數,使得整個 vector 重新調整對齊位置:

```
w
#> [1] 1 2 3 4 5
mean(w)
#> [1] 3
w - mean(w)
#> [1] -2 -1  0  1  2
```

同樣地,您也只需使用一個運算式,就算出一個 vector 的標準分數(z-score)——減去平均值並除以標準差:

```
w
#> [1] 1 2 3 4 5
sd(w)
#> [1] 1.58
(w - mean(w)) / sd(w)
#> [1] -1.265 -0.632  0.000  0.632  1.265
```

然而,vector 級運算的能力不僅限於基本算術計算,而是遍布在整個 R 語言中,有許多函式都能套用在整個 vector 上。例如,函式 sqrt 和 log 可套用在 vector 的每個元素並將結果以一個 vector 回傳:

```
w <- 1:5
w
#> [1] 1 2 3 4 5
sqrt(w)
#> [1] 1.00 1.41 1.73 2.00 2.24
log(w)
#> [1] 0.000 0.693 1.099 1.386 1.609
sin(w)
#> [1]  0.841  0.909  0.141 -0.757 -0.959
```

vector 運算有兩個很大的優點。第一個也是最明顯的優點是運算的方便性。在其他語言中需要以迴圈處理的運算,在 R 中只需一行程式碼。第二個優點是速度,大多數 vector 化運算是直接以 C 程式碼實作的,C 程式碼比您編寫的等效 R 程式碼快得多。

參見

在 vector 和常量之間執行運算是循環規則的一種特例;請參考錦囊 5.3。

2.11 正確處理運算子優先權

問題

您的 R 運算式產生了一個奇怪的結果，您想知道是否因為運算子優先權導致這個問題。

解決方案

運算子的完整列表如表 2-1 所示，按優先權從高到低順序排列。優先權相等的運算子從左到右計算，除非另有指定。

表 2-1　運算子優先權

運算子	意義	參閱
[[[	索引	錦囊 2.9
:: :::	存取名稱空間（環境）中的變數	
$ @	元件擷取，位置選取	
^	指數（從右到左）	
- +	一元正負號	
:	建立數列	錦囊 2.7、錦囊 7.13
%any%（包括 %>%）	特殊運算子	討論（這個錦囊）
/	乘、除	討論（這個錦囊）
+ -	加、減	
= != < > <= >=	比較運算子	錦囊 2.8
!	邏輯否定	
& &&	邏輯 "且" 與短版的邏輯 "且"	
	||	邏輯 "或" 與短版的邏輯 "或"	
~	公式	錦囊 11.1
-> ->>	向右賦值	錦囊 2.2
=	賦值（從右到左）	錦囊 2.2
<- <<-	賦值（從右到左）	錦囊 2.2
?	取得協助（Help）	錦囊 1.8

在這裡請先忽略這些運算子都做了什麼，或者它們代表什麼。這裡的列表只是想讓您瞭解不同的運算子具有不同的優先權。

討論

在 R 中運算子的優先權錯誤是一個常見的問題。我們當然經常遇到這種情況。我們理所當然地會認為運算式 `0:n-1` 將建立一個從 0 到 *n*-1 的整數數列，但事實並非如此：

```
n <- 10
0:n - 1
#> [1] -1 0 1 2 3 4 5 6 7 8 9
```

它建立了從 –1 到 *n*-1 的序列，因為 R 將其理解為 `(0:n)-1`。

您可能不認識表中的 ***%any%*** 符號。R 將百分比符號之間（**%...%**）的任何文字認為是一個二元運算子（binary operator）。以下幾個已預先定義過的運算子：

% %

> 餘數計算

%/%

> 整數除法

%*%

> 矩陣乘積

%in%

> 如果左側運算元出現在右側運算元中，則回傳 TRUE；否則回傳 FALSE

%>%

> 將左邊的結果傳遞到右邊

您還可以使用 **%...%** 標記法定義新的二元運算子；請參考錦囊 12.17。這個錦囊的重點是所有這些運算子都具有相同的優先權。

參見

有關 vector 運算的更多資訊見錦囊 2.10，關於矩陣運算的更多資訊見錦囊 5.15，定義自己的運算子的錦囊 12.17。參見 R 說明頁面中的算術和語法主題，以及《*R in a Nutshell*》一書的第 5 章和第 6 章（*https://oreil.ly/2wUtwyf*）。

2.12 自動完成

問題

您已經厭倦了一直要輸入一長串的命令，特別是厭倦了一次又一次地輸入相同的命令。

解決方案

打開一個編輯器視窗（editor window），在那裡累積要重複使用的 R 命令。然後，直接從該視窗執行這些命令。對於簡短或只用一次的命令，仍在終端機視窗輸入。

完成之後，可以將累積的程式碼區塊儲存到一個 Script 檔案中，以供以後使用。

討論

典型的初學者在終端機視窗中輸入一個運算式，然後查看發生了什麼。當他感覺越來越順手的時候，他會輸入越來越複雜的運算式。然後他開始輸入多行運算式。很快，他就會一遍又一遍地輸入相同（或只有一點小變化）的多行運算式，以便執行他越來越複雜的計算。

有經驗的使用者通常不會重新輸入複雜的運算式，她可能會輸入一兩次相同的運算式，但當她意識到運算式是實用的和可重複用的時候，她就會將其複製並貼上到編輯器視窗中。之後，為了執行程式碼片段，她在編輯器視窗中選擇程式碼片段，並要求 R 執行它，而不是重新輸入它。當她的程式碼片段演變成長程式碼區塊時，這種技術更顯強大。

在 RStudio 中，IDE 有一些快捷方法可輔助這種工作風格。Windows 和 Linux 系統電腦使用的按鍵與 Mac 電腦略有不同：Windows/Linux 使用 *Ctrl* 和 *Alt* 組合鍵，而 Mac 使用 *Cmd* 和 *Opt*。

打開編輯器視窗

在主功能表中，選擇 File → New File，然後選擇要建立的檔案類型 —— 在本例中是一個 R Script。或者，如果您知道您想要一個 R Script，您可以按 Shift-Ctrl-N（Windows）或 Shift-Cmd-N（Mac）。

執行編輯器視窗的一行

將游標定位在該行上，然後按 Ctrl-Enter（Windows）或 Cmd-Enter（Mac）執行。

執行編輯器視窗中的數行

用滑鼠選取行；然後按 Ctrl-Enter（Windows）或 Cmd-Enter（Mac）執行它們。

執行編輯器視窗的全部內容

按 Ctrl-Alt-R（Windows）或 Cmd-Opt-R（Mac）執行整個編輯器視窗，或者從選單中，按一下 Code → Run Region → Run All。

透過選擇 Tool → Keyboard Shortcuts Help 功能表項目，您可以在 RStudio 中找到這些快速鍵和更多其他快速鍵。

只需要複製和貼上，就可從終端機視窗複製幾行到編輯器視窗中。當您退出 RStudio 時，它會詢問您是否要保存新 Script。您可以保存它以備將來再利用，也可以選擇放棄它。

2.13 建立函式呼叫管道

問題

在程式碼中建立許多中間變數是很冗長乏味的事，若改用巢式呼叫 R 函式，又會導致程式碼可讀性降低。

解決方案

使用管道運算子（%>%）使運算式更容易讀和寫。管道運算子由 Stefan Bache 建立，位於 magrittr 套件中，也廣泛地被使用在許多 tidyverse 函式中。

使用管道運算子將多個函式組合成一個沒有中間變數的函式"管道"：

```
library(tidyverse)
data(mpg)

mpg %>%
  filter(cty > 21) %>%
  head(3) %>%
  print()
#> # A tibble: 3 x 11
#>   manufacturer model  displ  year   cyl trans drv     cty   hwy fl    class
#>   <chr>        <chr>  <dbl> <int> <int> <chr> <chr> <int> <int> <chr> <chr>
#> 1 chevrolet    malibu   2.4  2008     4 auto~ f        22    30 r     mids~
#> 2 honda        civic    1.6  1999     4 manu~ f        28    33 r     subc~
#> 3 honda        civic    1.6  1999     4 auto~ f        24    32 r     subc~
```

使用管道比使用中間變數來得更乾淨、更容易閱讀：

```
temp1 <- filter(mpg, cty > 21)
temp2 <- head(temp1, 3)
print(temp2)
#> # A tibble: 3 x 11
#>   manufacturer model  displ  year   cyl trans drv     cty   hwy fl    class
#>   <chr>        <chr>  <dbl> <int> <int> <chr> <chr> <int> <int> <chr> <chr>
#> 1 chevrolet    malibu   2.4  2008     4 auto~ f        22    30 r     mids~
#> 2 honda        civic    1.6  1999     4 manu~ f        28    33 r     subc~
#> 3 honda        civic    1.6  1999     4 auto~ f        24    32 r     subc~
```

討論

管道運算子沒有為 R 提供任何新功能，但是它可以極大地提高程式碼的可讀性。它接收運算子左邊的函式或物件的輸出，並將其作為第一個參數傳遞給右邊的函式。這樣寫：

```
x %>% head()
```

功能與以下程式碼相同：

```
head(x)
```

在兩種情況下 x 都是 head 的參數。我們也可以提供額外的參數，但是 x 始終是第一個參數。以下兩行程式碼在功能上也是相同的：

```
x %>% head(n = 10)
```

```
head(x, n = 10)
```

在此處看起來差異可能不大，但在更複雜的程式中，就會漸漸看到它的好處。如果我們有一個工作流程，我們想使用 filter 來過濾我們的資料，再用 select 來選取特定的變數，然後 ggplot 來建立一個簡單的圖表，若我們使用中間變數的話：

```
library(tidyverse)

filtered_mpg <- filter(mpg, cty > 21)
selected_mpg <- select(filtered_mpg, cty, hwy)
ggplot(selected_mpg, aes(cty, hwy)) + geom_point()
```

這種漸進式的處理方法相當易讀，但建立了許多中間資料幀，而且必須要求使用者跟蹤許多物件的狀態，這可能會增加使用者的負荷。但是程式碼確實可生成所需的圖形。

另一種方法是巢式呼叫函式：

```
ggplot(select(filter(mpg, cty > 21), cty, hwy), aes(cty, hwy)) + geom_point()
```

雖然這非常簡潔，只用一行就解決，但是這段程式碼需要更多的心力來閱讀和理解。對使用者來說不好讀懂的程式碼可能會導致潛在的錯誤，而且在將來也更難維護。所以，我們可以使用管道：

```
mpg %>%
   filter(cty > 21) %>%
   select(cty, hwy) %>%
   ggplot(aes(cty, hwy)) + geom_point()
```

前面的程式碼從 mpg 資料集合開始，並將其傳輸到 filter 函式，該函式只保存城市 mpg 值（cty）大於 21 的記錄。這些結果透過管道導入 select 命令，該命令只保留代表欄的變數 cty 和 hwy，然後透過管道導入 ggplot 命令，生成圖 2-2 中的點圖。

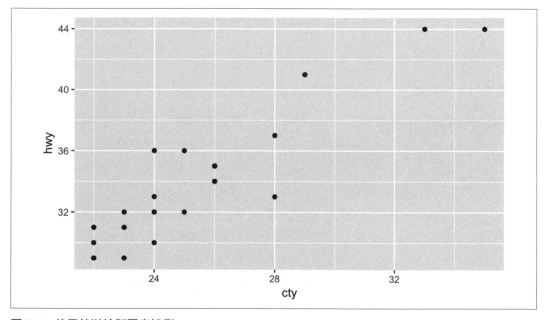

圖 2-2　使用管道繪製圖表範例

如果您想讓進入目標函式（右側）的參數位於第一個參數之外的其他位置，請使用點（.）運算子。因此：

```
iris %>% head(3)
```

與下面的寫法相同：

```
iris %>% head(3, x = .)
```

然而，在第二個範例中，我們使用點運算子將 iris 資料幀傳遞到第二個具名引數中。這對於移動輸入的資料幀到函式第一個參數之外的位置非常方便。

在本書中，我們使用管道將多個步驟的資料傳遞組合在一起。我們通常在每個管道之後用分行符號將程式碼換行，然後將第二行以下的程式碼縮排。這使得程式碼很容易看出是同一資料管道動作的一部分。

2.14 避免一些常見的錯誤

問題

您希望避免新手使用者所犯的一些常見錯誤，甚至有經驗的使用者所犯的一些常見錯誤！

討論

若要給自己製造麻煩，不乏一些簡單的方法。

使用函式時忘記括號

在名稱後面加上括號來呼叫 R 函式。例如，呼叫 ls 函式：

```
ls()
```

但是，如果沒有括號，R 就不會執行函式。相反地，它只會顯示函式定義，而這不是您想要的：

```
ls

# > function (name, pos = -1L, envir = as.environment(pos), all.names = FALSE,
# >     pattern, sorted = TRUE)
# > {
# >     if (!missing(name)) {
# >         pos <- tryCatch(name, error = function(e) e)
# >         if (inherits(pos, "error")) {
# >             name <- substitute(name)
# >             if (!is.character(name))
# >                 name <- deparse(name)
# > # etc.
```

將 "<-" 打錯為 "<（空格）-"

賦值運算子是 <-，在 < 和 - 之間沒有空格：

```
x <- pi # 指定 x 值為 3.1415926...
```

如果您不小心在 < 和 - 之間插入空格，意思就完全改變了：

```
x < -pi # 我們將 x 與 -pi 進行比較，而不是對 x 賦值！
#> [1] FALSE
```

這樣會變成一個比較（<）x 與 -pi（負 π）的運算，而且它不會改變 x 值。如果您很幸運，x 處於未定義的狀態，R 會產生錯誤訊息警告您有問題：

```
x < -pi
#> Error in eval(expr, envir, enclos): object 'x' not found
```

如果 x 是已定義，R 將執行比較並印出結果邏輯值，即 TRUE 或 FALSE。這應該會提醒您出了什麼問題，因為比較通常不會印出任何東西：

```
x <- 0 # 指定 x 為 0
x < -pi # 輸入錯誤（因多加空格，而執行比較）
#> [1] FALSE
```

運算式錯誤地跨行

R 讀取您的輸入，直到您完成一個完整的運算式，不管需要多少行輸入。它使用 + 提示符提示您輸入其他內容，直到您滿意為止。這個例子將一個運算式分成兩行：

```
total <- 1 + 2 + 3 + # 在下一行繼續輸入
  4 + 5
print(total)
#> [1] 15
```

問題在於跨行輸入的過程中，R 誤認為前一行的表達式已完成，這種情況很容易發生：

```
total <- 1 + 2 + 3 # R 誤認為表達式已完成
+ 4 + 5 # 此行是個新的表達式，R 輸出其結果
#> [1] 9
print(total)
#> [1] 6
```

其中，有兩條線索可讓您注意到有地方出錯了：第一是 R 用一個正常的提示符提示您（>），而不是延續提示符（+）；第二，它印出的值是 4 + 5。

這個常見的錯誤對於新的使用者來說只是一個頭痛的問題。然而，對於專業的程式設計師來說，它卻是一場噩夢，因為它會在 R Script 中種下難以發現的 bug。

誤將 = 用做 ==

使用雙等號運算子（==）的功能是進行比較。如果您不小心使用了單等號運算子（=），您將不可逆地覆蓋您的變數值：

```
v <- 1 # 將 1 賦值給 v
v == 0 # 比較 v 是否等於 0
#> [1] FALSE
v = 0 # 將 0 賦值給 v，覆蓋原來的內容
print(v)
#> [1] 0
```

想做 1:(n+1) 時，寫成寫 1:n+1

您可能認為 1:n+1 代表是數字 1、2、…、n、$n+1$ 的數列。它不是，它是 1、2、…、n 數列，再幫每個元素加 1，最後得到 2、3、…、n、$n+1$ 數列。這是因為 R 將 1:n+1 解釋為 (1:n)+1。這裡請使用括號來得到您真正想要的：

```
n <- 5
1:n + 1
#> [1] 2 3 4 5 6
1:(n + 1)
#> [1] 1 2 3 4 5 6
```

循環規則導致的錯誤

當兩個 vector 長度相同時，vector 算術和 vector 比較運算可以正常運作。然而，當運算元是長度不同的 vector 時，結果可能令人困惑。請理解和記住循環規則來防止這種問題（請參閱錦囊 5.3）。

已安裝套件，但未使用 library 或 require 來載入套件

安裝一個套件是使用它的第一步，但是安裝之後還需要一個步驟。使用 library 或 require 載入套件到您的搜尋路徑。在此之前，R 不會識別套件中的函式或資料集合（見錦囊 3.8）：

```
x <- rnorm(100)
n <- 5
truehist(x, n)
#> Error in truehist(x, n): could not find function "truehist"
```

此時，如果先載入函式庫，然後執行程式碼，就會順利得到如圖 2-3 所示的圖表：

```
library(MASS) # 將 MASS 套件載入到 R
truehist(x, n)
```

我們通常使用 `library`，而不是 `require`。原因是，如果建立一個需要使用 `library` 的 R Script，但所需的套件還沒有安裝，R 將回傳一個錯誤。相反地，如果套件沒有安裝，`require` 只回傳 FALSE。

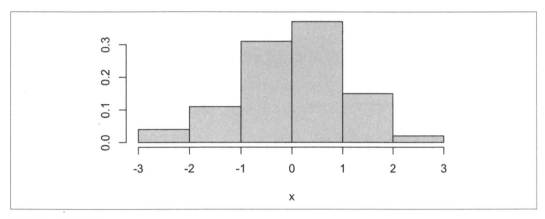

圖 2-3　範例圖表

誤將 lst[[n]] 寫成 lst[n]，或反過來

如果變數 `lst` 中包含一個串列，則可以透過兩種方式對其進行索引：`lst[[n]]` 是取得串列的第 *n* 個元素，而 `lst[n]` 則回傳一個串列，這個串列裡只有一個元素，就是第 *n* 個元素，這兩者差異很大，請參考錦囊 5.7。

誤將 & 寫成 &&，或反過來；或將 | 寫成 ||

在含有邏輯值 TRUE 和 FALSE 的邏輯運算式中，請使用 & 和 |，請參考錦囊 2.9。

在 `if` 和 `while` 述句內部使用控制流運算式，請使用 && 和 ||。

習慣了其他程式設計語言的程式設計師可能會直覺地到處使用 && 和 ||，因為 "它們執行速度更快"。但是使用在由邏輯值組成 vector 時，這些運算子會產出特別的結果，所以要避免使用它們，除非您確定它們能做您想做的事情。

將多個參數傳遞給一個單參數函式

您認為 mean(9,10,11) 的結果是多少？不，它不是 10，它的執行結果是 9。mean 函式計算的是第一個參數的平均數，第二個和第三個參數被認為是其他位置參數。若要將多個項目傳遞到一個參數中，我們應將它們放入一個 vector 中，並使用 c 運算子。mean(c(9,10,11)) 將回傳 10，一如您可能期望的那樣。

有一些函式像 mean 一樣只對一個引數做動作。其他函式如 max 和 min，接受多個引數並且會對所有參數做動作，請確認您要用的是哪種函式。

認為 max 和 pmax 相似，或 min 和 pmin 相似

max 和 min 函式接收多個引數並回傳單一個值：即它們所有引數的最大值或最小值。

pmax 和 pmin 函式接收多個引數，但是會回傳一個 vector，vector 中的值是從引數中獲取的元素。有關更多資訊，請參見錦囊 12.8。

誤用不能處理資料幀的函式

有些函式能聰明地處理資料幀，它們將自己套用於資料幀的各個欄，為每個欄計算結果。遺憾的是，並不是所有的函式都那麼出色。這包括 mean，median，max，min 函式。它們將把每一欄中的每個值合併在一起，然後根據這些合併後的值計算結果，或者可能只回傳一個錯誤訊息。請分辨哪些函式適用資料幀，哪些不適用。如果有疑問，請閱讀該函式的文件。

在 Windows 路徑中使用反斜線（\）

將檔案路徑複製貼上到 R Script 中是很常見的，但是如果您在 Windows 上使用 R，則需要小心。Windows 檔案資源管理器可能會顯示您的路徑是 *C:\temp\my_file.csv*，但如果您試圖告訴 R 讀取該檔，您將得到一個謎樣的錯誤訊息：

```
Error: '\m' is an unrecognized escape in character string starting "'.\temp\m"
```

這是因為 R 將反斜線視為特殊字元。您可以使用斜線（/）或雙反斜線（\\）來解決這個問題：

```
read_csv(`./temp/my_file.csv`)
read_csv(`.\\temp\\my_file.csv`)
```

這個問題只存在 Windows 上，因為 Mac 和 Linux 都使用斜線作為路徑分隔符號。

在搜尋答案之前，就將問題提交到 Stack Overflow 或電子郵件串列中

不要浪費您的時間，也不要浪費別人的時間。在向電子郵件串列或 Stack Overflow 發送問題之前，請先做功課並搜尋歷史存檔，您的問題很有可能有人回答過了。如果是這樣，您將在討論串中看到問題的答案；請參考錦囊 1.13。

參見

參見錦囊 1.13、2.9、3.8、5.3、5.7 和 12.8。

## 第三章

R 軟體導覽

首先，R 和 RStudio 都是大型的軟體；不可避免地，您將花費時間來進行大型軟體的設定、客製化、更新，讓它可以在您的電腦上順利運作。本章將幫助您完成這些任務。這一章裡沒有數值、統計或圖形，這一章主要都是在處理 R 和 RStudio 軟體。

3.1 獲取並設定工作目錄

問題

您想要更改工作目錄，或者想知道目前工作目錄在何處。

解決方案

RStudio

在 "Files" 窗格中選定一個目錄，然後從 Files 窗格中選擇 More → Set As Working Directory，如圖 3-1 所示。

終端機

使用 getwd 取得目前工作目錄，使用 setwd 更改工作目錄：

```
getwd()
#> [1] "/Volumes/SecondDrive/jal/DocumentsPersonal/R-Cookbook"

setwd("~/Documents/MyDirectory")
```

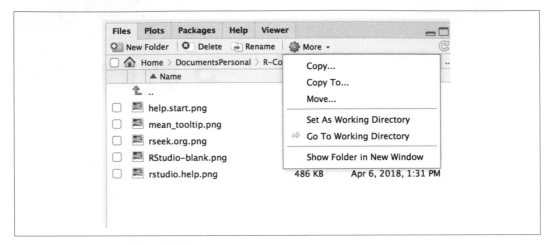

圖 3-1　RStudio：設定為工作目錄

討論

工作目錄非常重要，因為它是所有檔案輸入和輸出的預設位置，包括讀取和寫入資料檔案、打開和保存 script 檔案以及保存工作區影像。在您打開一個檔案時沒有指定絕對路徑的話，R 將假定該檔案的位置位於您的工作目錄中。

如果使用 RStudio 專案，預設工作目錄將是專案的主目錄。有關建立 RStudio 專案的更多資訊，請參見錦囊 3.2。

參見

有關在 Windows 中處理檔案名，請參閱錦囊 4.5。

3.2 建立新的 RStudio 專案

問題

您希望建立一個新的 RStudio 專案來保存與特定專案相關的所有檔案。

解決方案

按下 File → New Project 選項，如圖 3-2。

圖 3-2　建立一個新專案

這將打開 New Project 對話方塊，並讓您選擇要建立的專案類型，如圖 3-3 所示。

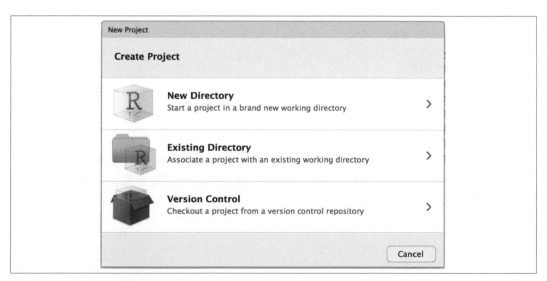

圖 3.3　New Project 對話方塊

討論

專案是 RStudio 特有的強大概念,它可以幫助您做到以下的事:

- 將工作目錄設定為專案目錄。

- 在 RStudio 中保存視窗狀態,這樣當您回傳到某專案時,視窗狀態都與當初離開時一樣,也包括打開上次保存專案時已開啟的所有檔案。

- 保存 RStudio 專案設定。

為了要保存專案設定,RStudio 建立一個副檔名為 *.Rproj* 的專案檔案在專案目錄中。如果在 RStudio 中打開該專案檔案,就能快速打開整個專案。此外,RStudio 建立了一個名為 *.Rproj.user* 的隱藏目錄,用來存放與您的專案相關的暫存檔案。

任何時候只要是想在 R 中處理一些重要的事情,我們都建議建立一個 RStudio 專案。專案幫助您保持井然有序,使您的專案工作流程更加順利。

3.3 儲存工作區

問題

您希望將工作區以及所有變數和函式保存在記憶體中。

解決方案

呼叫 save.image 函式:

```
save.image()
```

討論

工作區包含 R 變數和函式,並且在 R 啟動時建立它們。工作區保存在電腦的主記憶體中,並一直持續到您退出 R 為止。您可以在 Environment 分頁中輕鬆地查看 RStudio 工作區的相關內容,如圖 3-4 所示。

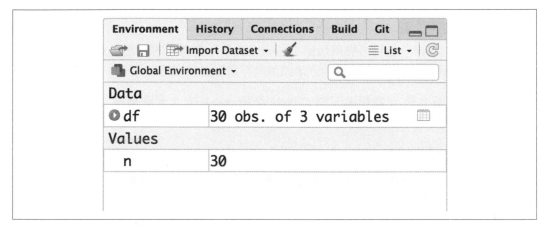

圖 3-4　RStudio Environment 窗格

然而，有時您可能想在不退出 R 的情況下保存您的工作區，因為您知道當您關閉您的筆記型電腦以將其帶回家時，有機率發生不幸的事情。這種時候，請您使用 `save.image` 函式。

工作區被寫到工作目錄中一個名為 .RData 的檔案中。當 R 啟動時，它會找尋該檔案，如果找到該檔案，它將利用該檔案初始化工作區。

遺憾的是，工作區不包括打開的圖形：也就是說，當您退出 R 時，螢幕上的那個很酷的圖形就會消失。工作區也不包括視窗的位置或 RStudio 設定，這就是為什麼我們建議先建立 RStudio 專案才開始編寫您的 R script，如此一來，在下次開啟專案時，您就可以再度得到您所建立的所有內容。

參見

設定工作目錄見錦囊 3.1。

3.4 查看命令歷史記錄

問題

您希望看到您最近的命令記錄。

解決方案

根據您要完成的任務,您可以使用幾種不同的方法來存取先前的命令歷史記錄。如果您在 RStudio 終端機窗格中,可以按向上箭頭滾動存取過去使用過的命令。

如果您想查看過去命令的列表,您可以執行 history 函式,或者訪問 RStudio 中的 History 窗格來查看您最近的輸入:

```
history()
```

在 RStudio 中,在終端機輸入 **history()** 只會啟動 history 窗格(圖 3-5)。您用游標按一下窗格,讓它出現。

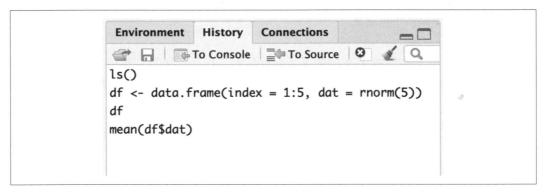

圖 3 - 5 RStudio History 窗格

討論

使用 history 函式可顯示您最近使用過的命令。在 RStudio 中,history 命令將啟動 History 窗格。如果您在 RStudio 外執行 R,history 只會顯示最近的 25 行,但是您可以這樣做來顯示更多行:

```
history(100)      # 顯示最近 100 個命令
history(Inf)      # 顯示儲存在歷史記錄中的所有內容
```

在 RStudio 中,History 分頁會按時間順序顯示過去使用過的命令詳盡清單,最新的命令位於清單底部。您可以用游標選取某個過去的命令,然後按一下 "To Console" 或 "To Source",將該命令分別複製到終端機或程式碼編輯器中。若您進行的工作是互動式資料分析(interactive data analysis),想要將過去的一些步驟保存到程式碼檔案中供日後使用時,這將非常方便。

在終端機中,您只需按向上箭頭即可向前滾動記錄,以查看歷史記錄,這個動作將使之前輸入的命令再度出現,每次一行。

如果您已經從 R 或 RStudio 退出,您仍然可以看到您的命令歷史記錄。R 將歷史記錄保存在工作目錄中一個名為 *.Rhistory* 的檔案。可用文字編輯器打開該文件,然後滾動到底部;您將看到最近輸入的命令。

3.5 保存前一個命令的結果

問題

您在 R 中輸入一個運算式,也得到了計算結果,但忘記把結果儲存成一個變數。

解決方案

一個名為 `.Last.value` 的特殊變數,它保存最近計算的運算式的值。在您輸入任何其他東西之前,可將其儲存到一個變數中。

討論

輸入一個很長運算式或呼叫一個需要長時間執行的函式,然後忘記保存結果,是令人沮喪的一件事。幸運的是,您不需要重新輸入運算式或再次呼叫函式——因為結果保存在 `.Last.value` 變數中:

```
aVeryLongRunningFunction()   # 糟了!忘了儲存結果!
x <- .Last.value             # 這樣就可以將結果找回來
```

注意:`.Last.value` 在每次輸入另一個運算式後都會被覆蓋,因此請立即擷取該值。如果來不及在計算另一個運算式之前做這個動作,那一切就太晚了!

參見

請參閱錦囊 3.4 以回頭查看您的命令歷史記錄。

3.6 用搜尋路徑顯示已載入的套件

問題

您希望看到當前已載入到 R 中的套件列表。

解決方案

呼叫不帶引數的 search 函式：

```
search()
```

討論

搜尋路徑是當前已載入記憶體，而且在可用狀態的套件列表。儘管您的電腦上可能安裝了許多套件，但在某個特定當下，其實只有少數套件真正被載入 R 直譯器，所以您可能想知道現在已載入套件有哪些。

在沒有給任何引數時，search 函式會回傳已載入套件的列表，它產生這樣的輸出：

```
search()
#>  [1] ".GlobalEnv"        "package:knitr"     "package:forcats"
#>  [4] "package:stringr"   "package:dplyr"     "package:purrr"
#>  [7] "package:readr"     "package:tidyr"     "package:tibble"
#> [10] "package:ggplot2"   "package:tidyverse" "package:stats"
#> [13] "package:graphics"  "package:grDevices" "package:utils"
#> [16] "package:datasets"  "package:methods"   "Autoloads"
#> [19] "package:base"
```

您的電腦可能會回傳與此處不同的結果，這取決於電腦安裝過什麼。search 的回傳值是一個字串組成的 vector。第一個字串是 ".GlobalEnv"，它指向您的工作區。大多數字串的形式都是 "package:*packagename*"，這表示一個名為 *packagename* 的套件目前已載入到 R 中。在前面的例子中，可以看到有許多 tidyverse 套件被載入，包括 purrr、ggplot2、tibble 等。

R 使用搜尋路徑找尋函式，當您輸入一個函式名時，R 按照顯示的套件順序循序地搜尋套件路徑，直到它在某個載入的套件中找到該函式。如果找到這個函式，R 就執行它。否則，它將印出一條錯誤訊息並停止（其實還有一點附註：搜尋路徑下可以包含環境，而不僅僅是套件，而且，一個搜尋演算法若是由套件中的物件啟動時，演算法的動作是不同的；相關詳細資訊，請參見 *https://cran.r-project.org/doc/manuals/Rlang.pdf*）。

由於您的工作區（.GlobalEnv）位於列表的第一個位置，所以 R 在搜尋任何套件之前都要在工作區中查找函式。如果您的工作區和套件都包含同名函式，則工作區將 "mask（遮蓋）" 該函式；這代表 R 在找到函式後停止搜尋，所以就永遠不會看到套件函式。如果您有想覆寫套件函式的意圖，這對您來說是件好事；如果您仍然想訪問套件中的那個函式，這就變成件壞事了。如果您發現自己的命運很不幸，因為您（或您載入的某個套件）覆寫了現有載入套件中的函式（或其他物件），那麼您可以使用完整的載入名稱格式 *environment::name* 從指定的套件環境中呼叫物件。例如，如果您想呼叫 dplyr 套件的 count 函式，您可以使用 dplyr::count 來達成。即使沒有載入套件，也可以使用完整的名稱來呼叫函式，因此，如果安裝了 dplyr 但沒有載入，仍然可以呼叫 dplyr::count。

> 這種完整的 *packagename::function* 寫法在網路上的範例中越來越常見，雖然清楚地定義了函式的來源，但同時它也使範例程式碼變得非常冗長。

注意，R 只會載入包含在搜尋路徑中的套件。因此，如果您安裝了一個套件，但是沒有使用 library(*packagename*) 載入它的話，那麼 R 將不會將該套件添加到搜尋路徑中。

R 也會使用同樣的搜尋路徑，去找尋 R 資料集合（不是檔案）或任何其他物件。

Unix 和 Mac 使用者：不要將 R 搜尋路徑與 Unix 搜尋路徑（PATH 環境變數）搞混了。它們在概念上是相似的，但卻是兩個完全不同的東西。R 搜尋路徑是 R 的內部路徑，功能是讓 R 用來定位函式和資料集合，而 Unix 搜尋路徑用於定位可執行程式。

參見

將套件載入 R 的方法見錦囊 3.8，查看已安裝套件的列表的方法見錦囊 3.7（不只是看載入的套件而已）。

3.7 查看已安裝套件列表

問題

您想知道您的電腦上安裝了哪些套件。

解決方案

請不帶引數呼叫 `library` 函式，會列出基本清單。請使用 `installed.packages` 函式查看關於套件的更詳細資訊。

討論

不帶參數的 `library` 函式用於印出已安裝套件的列表：

```
library()
```

印出的列表有可能很長。在 RStudio 中，這個列表顯示在編輯器視窗的新分頁中。

您可以透過 `installed.packages` 函式獲得更多詳細資訊，它會回傳關於電腦上目前套件的資訊矩陣。每一行對應一個已安裝的套件。這些資訊包含套件名稱、函式庫路徑和版本等資訊。這些資訊取自 R 的已安裝套件的內部資料庫。

要從這個矩陣中提取有用的資訊，請使用一般的索引方法。下面的程式碼片段呼叫 `installed.packages` 並取出前 5 個套件的 **Package** 和 **Version** 欄，您可看到這 5 個套件的安裝版本：

```
installed.packages()[1:5, c("Package", "Version")]
#>           Package       Version
#> abind     "abind"       "1.4-5"
#> ade4      "ade4"        "1.7-13"
#> adegenet  "adegenet"    "2.1.1"
#> analogsea "analogsea"   "0.6.6.9110"
#> ape       "ape"         "5.3"
```

參見

請參閱錦囊 3.8 將套件載入記憶體。

3.8 使用套件中的函式

問題

目前安裝在您的電腦上的套件若不是安裝隨附的標準套件，就是您下載的套件。但是，當您嘗試使用套件中的函式時，R 卻找不到它們。

解決方案

使用 library 函式或 require 函式將套件載入到 R：

```
library(packagename)
```

討論

在安裝時 R 會隨附幾個標準套件，但在當您啟動 R 軟體時，這些套件並不會全部自動載入。同樣地，您可以從 CRAN 或 GitHub 下載並安裝許多有用的套件，但當您執行 R 時，它們並不會自動載入。舉例來說，MASS 套件是 R 的隨附安裝套件，但是您使用這個套件中的 lda 函式時，可能會得到這個錯誤訊息：

```
lda(x)
#> Error in lda(x): could not find function "lda"
```

這是 R 在抱怨當前載入記憶體的套件中找不到 lda 函式。

當您使用 library 函式或 require 函式時，R 才將套件載入到記憶體中，此時套件的內容才變得可用：

```
my_model <-
  lda(cty ~ displ + year, data = mpg)
#> Error in lda(cty ~ displ + year, data = mpg): could not find function "lda"

library(MASS)                        # 載入 MASS 函式庫到記憶體中
#>
#> Attaching package: 'MASS'
#> The following object is masked from 'package:dplyr':
#>
#>     select
my_model <-
  lda(cty ~ displ + year, data = mpg)  # Now R can find the function
```

在呼叫 library 之前，R 不認得 lda 函式名稱。在呼叫 library 之後，套件內容變成可用，這時才能呼叫 lda 函式。

注意，套件名稱前後不用加引號。

require 函式與 library 幾乎相同，但是它有兩個特性在編寫 script 非常有用。如果套件已成功載入，則回傳 TRUE，否則回傳 FALSE。如果載入失敗，它只會生成一個警告——不像 library 那樣會生成一個錯誤。

這兩個函式都有一個關鍵特性：它們不會重新載入已經載入的套件，因此對同一個套件呼叫兩次是無傷大雅的。這對於編寫 script 尤其有用。script 可以盡情載入所需的套件，同時也明白載入的套件不會被重新載入。

detach 函式用於卸載當前已載入的套件：

```
detach(package:MASS)
```

注意，套件名稱必須指定，如 package:MASS。

其中一個需要卸載套件的原因，是它包含了某個函式，該函式的名稱與搜尋清單中優先序較低位置的套件函式名稱發生了衝突。當發生這樣的衝突時，我們說優先序較高的函式 mask（遮蓋）較低的函式，發生 mask 時您無法"看到"較低的函式，因為當 R 找到較高的函式時，它就停止搜尋了。因此，卸載優先序較高的套件就會露出較低的名稱。

參見

請參考錦囊 3.6。

3.9 存取內建資料集合

問題

您希望使用一個 R 的內建資料集合，或者希望存取另一個套件附帶的資料集合。

解決方案

由於 datasets 套件位於搜尋路徑中，因此您隨時可以使用 R 標準內建資料集合。如果您已經載入了任何其他套件，那麼與這些載入套件一起提供的資料集合也將出現在您的搜尋路徑中。

若要存取其他套件中的資料集合，請使用 data 函式，同時給出資料集合名稱和套件名稱：

```
data(dsname, package = "pkgname")
```

討論

R 內建許多資料集合，而其他套件，如 dplyr 和 ggplot2，也提供說明檔中的範例所使用的範例資料。當您學習 R 時，這些資料集合是很實用的，因為它們提供可用於實驗的資料。

許多資料集合儲存在一個名為 datasets 的套件中（這再直覺不過了），它與 R 軟體一起發佈。例如，可以使用內建的 pressure 資料集合：

```
head(pressure)
#>   temperature pressure
#> 1           0   0.0002
#> 2          20   0.0012
#> 3          40   0.0060
#> 4          60   0.0300
#> 5          80   0.0900
#> 6         100   0.2700
```

如果您想瞭解更多關於 pressure 資料集合的話，請使用 help 函式來瞭解它：

```
help(pressure)        # 叫出 pressure 資料集合說明頁面
```

不帶參數呼叫 data 函式，可以看到 datasets 的目錄：

```
data()                # 叫出 datasets 內容列表
```

任何 R 套件都可以引入包含在 datasets 中的資料集合，比方說 MASS 套件，就含有許多有趣的資料集合。使用 data 函式時，若指定 package 引數，就可從特定套件載入資料集合。MASS 套件中包含一個名為 Cars93 的資料集合，您可以透過以下方式將其載入到記憶體中：

```
data(Cars93, package = "MASS")
```

呼 叫 data 後，就 可 以 得 到 Cars93 資 料 集 合；然 後 您 就 可 以 接 續 著 執 行 summary(Cars93)、head(Cars93) 等函式。

將套件附加到搜尋路徑列表時（例如，透過呼叫 library(MASS)）時，您不需要呼叫 data 函式。當您做加入的動作時，它的資料集合就自動變得可用了。

呼叫 data 時，只指定 package 一個引數，且不指定資料集合名稱的話，就可以查看一個套件中有哪些資料集合可用（例如您想看 MASS 中包含哪些資料集合）：

```
data(package = "pkgname")
```

參見

請參見錦囊 3.6 以瞭解搜尋路徑，和錦囊 3.8 瞭解更多關於套件和 `library` 函式的資訊。

3.10 從 CRAN 安裝套件

問題

您在 CRAN 上找到了一個套件，現在想要在電腦上安裝它。

解決方案

R 程式碼

使用 `install.packages` 函式，將套件的名稱放在引號中：

```
install.packages("packagename")
```

RStudio

RStudio 中的 Packages 窗格可幫助您輕鬆安裝新的 R 套件，在此窗格中列出了安裝在您的電腦上的所有套件，以及描述和版本資訊。要從 CRAN 載入一個新套件，按一下 Packages 窗格頂部附近的 Install 按鈕，如圖 3-6 所示。

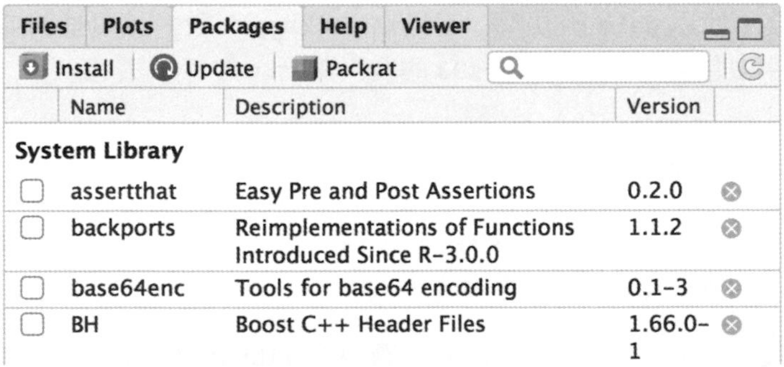

圖 3-6　RStudio Packages 窗格

討論

在本機安裝套件是使用套件的第一步,如果您在 RStudio 之外安裝套件,安裝程式可能會請您選擇鏡像網站,以便從鏡像網站下載套件檔案,然後它將顯示一個 CRAN 鏡像網站列表。在 CRAN 鏡像網站最上方的是 0-Cloud 網站。0-Cloud 網站通常是最好的選擇,因為它將您連接到 RStudio 贊助的全球鏡像網站的 *content delivery network*(CDN)。如果您想選擇一個不同的鏡像網站,請選擇一個在地理位置接近您的。

官方的 CRAN 伺服器是一台相對陽春的機器,由奧地利維也納 WU Wien 統計與數學學院負責維運。如果每個使用者都從官方伺服器下載,它會不堪重負,所以全球有很多鏡像網站。在 RStudio 中,預設的 CRAN 伺服器設定為 RStudio CRAN 鏡像網站。所有 R 使用者都可以訪問 RStudio CRAN 鏡像網站,不僅僅是執行 RStudio IDE 的使用者。

如果新套件依賴一個尚未在本機安裝的其他套件,那麼 R 安裝程式將自動下載並安裝這些所需的套件。這是一個很大的優點,可以將您從辨識和解決這些依賴關係的無趣工作中解放。

當您在 Linux 或 Unix 上安裝時,有一個特殊的考慮點,就是您可以選擇在系統範圍的函式庫或您的個人函式庫中安裝該套件。系統範圍的函式庫中的套件是每個人都可使用的;您的個人函式庫中的套件(通常)僅供您使用。因此,一個知名的、經過良好測試的套件可能比較適合進入系統範圍的函式庫,而一個不知名的或未經測試的套件可能比較適合進入您的個人函式庫。

在預設情況下,`install.packages` 會假設您執行的是系統範圍的安裝。如果您沒有足夠的使用者許可權來安裝系統範圍的函式庫,R 將詢問您是否願意將套件安裝在使用者函式庫中。R 建議的預設值通常是一個不錯的選擇。但是,如果希望控制函式庫位置的路徑,可以使用 `install.packages` 的 `lib` 引數。

```
install.packages("packagename", lib = "~/lib/R")
```

或者您可以按照錦囊 3.12 中描述的那樣更改預設的 CRAN 伺服器。

參見

要找到相關套件的方法,請參閱錦囊 1.12,安裝後套件的使用,請參閱錦囊 3.8。

也參閱錦囊 3.12。

3.11 從 GitHub 安裝套件

問題

您發現了一個有趣的套件,您想試試。但是,作者還沒有在 CRAN 上發佈這個套件,而是在 GitHub 上發佈,現在您想直接從 GitHub 安裝套件。

解決方案

請先確保您已經安裝並載入了 devtools 套件:

```
install.packages("devtools")
library(devtools)
```

然後使用 install_github 和 GitHub repository 的名稱直接從 GitHub 安裝。例如,要安裝 Thomas Lin Pederson 的 tidygraph 套件,您可執行以下操作:

```
install_github("thomasp85/tidygraph")
```

討論

devtools 套件包含一些輔助函式,這些函式用於安裝遠端 repository(如 GitHub)上的 R 套件。如果一個套件被構建為一個 R 套件,然後託管在 GitHub 上,您可以使用 install_github 函式來安裝這個套件,方法是將 GitHub 使用者名稱和 repository 名稱作為字串引數傳遞給該函式。您可以從 GitHub URL 或 GitHub 頁面上方知道 GitHub 使用者名稱和 repository 的名稱,如圖 3-7 所示。

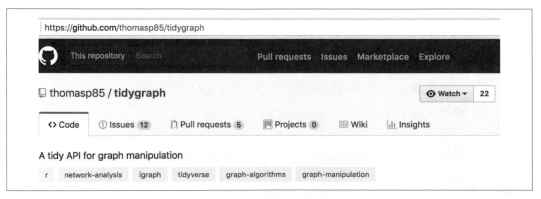

圖 3-7　一個 GitHub 頁面範例

3.12 設定或更改預設 CRAN 鏡像網站

問題

您想下載套件,而且想要設定或更改預設的 CRAN 鏡像網站。

解決方案

在 RStudio 中,您可以從圖 3-8 所示的 RStudio 偏好設定功能表中,更改預設的 CRAN 鏡像網站。

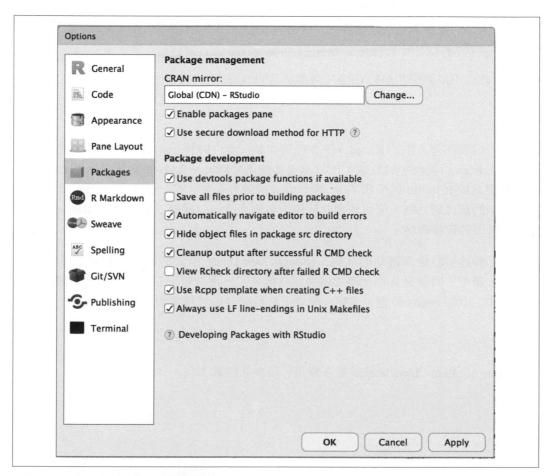

圖 3-8　RStudio 的套件偏好設定頁面

如果您不是在 RStudio 中執行 R 的話，可以使用以下方法更改 CRAN 鏡像網站。這個解決方案假設您有一個 *.Rprofile*，如錦囊 3.16 所述：

1. 呼叫 chooseCRANmirror 函式：

   ```
   chooseCRANmirror()
   ```

   R 將顯示 CRAN 鏡像網站的清單。

2. 從列表中選擇要用的 CRAN 鏡像網站並按 OK。

3. 要獲得鏡像網站的 URL，請查看 repos 選項的第一個元素：

   ```
   options("repos")[[1]][1]
   ```

4. 如果獲得的鏡像網站就是您要的，請將以下這一行添加到您的 *.Rprofile* 檔案。

   ```
   options(repos = c(CRAN = "http://cran.rstudio.com"))
   ```

   或者您也可以使用其他的 CRAN 鏡像網站的 URL。

討論

當您在安裝套件時，由於 RStudio 不會在每次載入套件時提示選擇鏡像網站，它只是使用 Preferences 功能表中的設定；所以每次都使用相同的 CRAN 鏡像網站（即最接近您的鏡像網站或 RStudio 鏡像網站）。當您想更換鏡像網站，換一個離您更近或者由您的雇主控制的鏡像網站時，便可使用此解決方案來更改，以便每次啟動 R 或 RStudio 時都使用您想要的鏡像網站。

repos 選項是預設鏡像網站的名稱。chooseCRANmirror 函式的功能是根據您的選擇設定 repos 選項。問題是 R 退出時這個設定就無效了，沒有留下永久的預設值。請改變您的 *.Rprofile* 中的 repos 設定，這樣一來每次 R 啟動時就能恢復設定。

參見

有關 *.Rprofile* 和 options 函式的更多資訊，請參見錦囊 3.16。

3.13 執行 script

問題

您在文字檔中儲存了一系列 R 命令,現在您要執行它們。

解決方案

使用 source 函式要求 R 去讀取文字檔並執行其內容:

```
source("myScript.R")
```

討論

當您有一段很長或經常使用的 R 程式碼時,請將其儲存到文字檔中。這樣您就可以輕鬆地重新執行程式碼,而不必重新輸入程式碼。使用 source 函式來讀取和執行程式碼,就像在 R 終端機中輸入程式碼一樣。

現在讓我們假設文件 *hello.R* 裡面的程式碼,會印出大家都熟悉的問候語:

```
print("Hello, World!")
```

然後將該檔案傳入 source:

```
source("hello.R")
#> [1] "Hello, World!"
```

設定 echo=TRUE 的話,將在執行 script 中的某行之前先印出該行,而且在行開頭顯示 R 提示符號:

```
source("hello.R", echo = TRUE)
#>
#> > print("Hello, World!")
#> [1] "Hello, World!"
```

參見

若是要在 GUI 中執行 R 程式碼,請參閱錦囊 2.12。

3.14 在批次檔中執行

問題

您正在編寫一個命令 script，例如 Unix 或 macOS 中的 shell script 或 Windows 中的 BAT script。現在，您想在這個 script 中執行一個 R script。

解決方案

用 CMD BATCH 子命令執行 R 程式，要指定 script 名和輸出檔案名：

```
R CMD BATCH scriptfile outputfile
```

如果希望將輸出送到 stdout，或需要向 script 傳遞命令列參數，請考慮改用 Rscript 命令：

```
Rscript scriptfile arg1 arg2 arg3
```

討論

R 程式通常是一個互動式程式，它顯示提示符號請使用者輸入，然後顯示執行結果。有時候，您希望以批次處理檔執行 R，在批次處理檔中讀取 R script 命令。這在 shell script 中特別實用，例如導入統計分析的 R script。

CMD BATCH 子命令將 R 程式放入整批處理模式，從 *scriptfile* 讀取 R 程式，並將結果寫到 *outputfile*。此處，不會有使用者互動。

您可能會使用命令列選項來調整 R 的批次處理行為。例如，使用 --quiet 讓使用者看不見啟動訊息，否則會使輸出變得混亂：

```
R CMD BATCH --quiet myScript.R results.out
```

在批次處理模式下的其他有用選項包括：

--slave

　　和 --quiet 類似，但是它會抑制輸入所產生的訊息，使得 R 執行時更加安靜。

--no-restore

　　在啟動時，不要恢復 R 工作區。如果您的 script 希望 R 以一個空工作區開始，那麼這個選項非常重要。

`--no-save`

> 退出時，不要保存 R 工作區。否則，R 將保存其工作區並覆蓋工作目錄中的 *.RData* 檔。

`--no-init-file`

> 不要讀取任何 *.Rprofile* 或 *~/.Rprofile* 檔案。

一般狀況下，CMD BATCH 子命令在 script 執行結束時，會呼叫 proc.time。如果您不喜歡這樣，那麼在 script 的末尾呼叫 q 函式，並使用引數 runLast=FALSE，這樣就不會呼叫 proc.time。

CMD BATCH 子命令有兩個限制：總是輸出到一個檔案，另外是無法簡單地將命令列參數傳遞給 script。如果這種限制造成您的問題，請考慮使用 R 內建的 Rscript 程式。它第一個命令列參數是 script 名，其餘的參數則傳遞給該 script：

```
Rscript scriptfile.R arg1 arg2 arg3
```

在該 script 檔案中，您可以呼叫 commandArgs 來存取命令列參數，它以字串 vector 的形式回傳參數給您：

```
argv <- commandArgs(TRUE)
```

Rscript 程式也可以使用 CMD BATCH 相同的命令列選項，一如剛才描述過的命令列選項。

Rscript 的輸出被寫到 stdout，這一點 R 當然是從呼叫 shell script 繼承來的。您可以使用一般的重新指向規則將輸出指定向到檔案：

```
Rscript --slave scriptfile.R arg1 arg2 arg3 >results.out
```

arith.R 是一個小的 R script，它接受兩個命令列參數，並對它們執行四個算術操作：

```
argv <- commandArgs(TRUE)
x <- as.numeric(argv[1])
y <- as.numeric(argv[2])

cat("x =", x, "\n")
cat("y =", y, "\n")
cat("x + y = ", x + y, "\n")
cat("x - y = ", x - y, "\n")
cat("x * y = ", x * y, "\n")
cat("x / y = ", x / y, "\n")
```

呼叫執行 *arith.R* 的 script 如下：

```
Rscript arith.R 2 3.1415
```

產生如下輸出：

```
x = 2
y = 3.1415
x + y = 5.1415
x - y = -1.1415
x * y = 6.283
x / y = 0.6366385
```

在 Linux、Unix 或 Mac 上，您可以在檔案頭的首行放置 #!，後面接著指到 Rscript 程式的路徑，就可以直接在此 script 檔案中撰寫 R script。假設您系統上的 Rscript 安裝路徑在 */usr/bin/Rscript* 的話，就將以下這一行添加到 *arith.R* 使其成為一個自包含 script（self-contained script）：

```
#!/usr/bin/Rscript --slave

argv <- commandArgs(TRUE)
x <- as.numeric(argv[1])
.
.（繼續寫下去）
.
```

為了要執行這個 script 檔案，請在 shell 提示符號後，將我們的 script 檔案標記為可執行：

```
chmod +x arith.R
```

現在，我們可以直接呼叫該 script 檔案，而不再需要在前面使用 Rscript 了：

```
arith.R 2 3.1415
```

參見

若要從 R 中執行 R script 檔案，請參閱錦囊 3.13。

3.15 找到 R 主目錄

問題

您需要知道 R 主目錄,這是保存設定和安裝檔案的位置。

解決方案

R 建立一個名為 R_HOME 的環境變數,您可以使用 Sys.getenv 取得該環境變數值:

```
Sys.getenv("R_HOME")
#> [1] "/Library/Frameworks/R.framework/Resources"
```

討論

大多數使用者永遠不需要知道 R 主目錄是什麼,但是系統管理員或高級使用者必須知道它,以便檢查或更改 R 安裝檔。

當 R 啟動時,它會在作業系統中定義一個環境(*environment*)變數(不是 R 的變數),這個環境變數名為 R_HOME,它的內容是指到 R 主目錄的路徑。Sys.getenv 函式可以查看系統環境變數值。下面是不同平台的範例,執行的結果確切數值在您自己的電腦上會不同:

- 在 Windows 上:

  ```
  > Sys.getenv("R_HOME")
  [1] "C:/PROGRA~1/R/R-34~1.4"
  ```

- 在 macOS:

  ```
  > Sys.getenv("R_HOME")
  [1] "/Library/Frameworks/R.framework/Resources"
  ```

- 在 Linux 或 Unix 上:

  ```
  > Sys.getenv("R_HOME")
  [1] "/usr/lib/R"
  ```

Windows 的結果看起來很奇怪,因為 R 回應了一種舊式、DOS 風格壓縮路徑名。完整的、易讀的路徑應該是 C:\Program Files\R\R-3.4.4。

在 Unix 和 macOS 上，可以從 shell 執行 R 程式，並使用 RHOME 子命令來顯示主目錄：

```
R RHOME
# /usr/lib/R
```

注意，Unix 和 macOS 上的 R 主目錄中含有安裝檔，但不一定包含 R 執行檔。R 執行檔位於 */usr/bin*，而 R 的主目錄是 */usr/lib/R*。

3.16 自訂 R 啟動狀態

問題

您希望更改設定選項或預先載入套件等動作，客製化自己的 R session。

解決方案

建立一個名為 *.Rprofile* 的 script 檔案來客製化您的 R session。R 在啟動時將執行 *.Rprofile* script。*.Rprofile* 檔案的位置會因為您的平臺而有所不同：

macOS、Linux 和 Unix

　　將檔保存在主目錄中（*~/.Rprofile*）。

Windows

　　將該檔保存在 *Documents*（我的文件）目錄中。

討論

當 R 啟動時會執行 *.Rprofile* script 檔案，藉由變更這個 script 檔案，您就可調整 R 設定選項。

您可以建立一個名為 *.Rprofile* 的 script 檔案，並將它放在主目錄（macOS、Linux、Unix）中或 *Documents* 目錄中（Windows）。在 script 檔案中可以呼叫函式來客製化 session，例如下面這行簡單的 script 設定了兩個環境變數，並將終端機提示符號設定為 R>：

```
Sys.setenv(DB_USERID = "my_id")
Sys.setenv(DB_PASSWORD = "My_Password!")
options(prompt = "R> ")
```

.Rprofile 在一個簡單的環境中執行，所以它所能做的是有限制的。例如，嘗試打開圖形視窗將會失敗，因為 **graphics** 套件沒有載入。此外，您不應該企圖執行長時間的計算。

您可以在特定的專案目錄中放置 *.Rprofile*，就可以自訂該專案的啟動設定。當 R 在該目錄中啟動時，它會讀取自身目錄下的 *.Rprofile* 檔案；這讓您有機會進行專案的客製化（例如，將終端機提示符號設定為專案名稱）。但是，如果 R 找到一個本機 *.Rprofile*，那麼它將執行本機檔案，**而不是**去讀取全域 *.Rprofile* 檔案。這可能會造成一些困擾，但也很容易解決：只需在本機 *.Rprofile* 中去 **source** 全域 *.Rprofile* 檔案即可。如下方程式，假設在 Unix 系統上，存在這個本機 *.Rprofile*，那在這個檔案開頭處將先執行全域 *.Rprofile*，然後才開始執行它的本機設定：

```
source("~/.Rprofile")
#
# ... 後面都是本機 .Rprofile 的內容 ...
#
```

有一些客製化是透過呼叫 **options** 函式來達成的，**options** 函式的功能是設定 R 組態選項。這樣的選項有很多，**options** 的 R help 頁面列出了所有的選項：

```
help(options)
```

以下是一些例子：

browser="*path*"
　　預設 HTML 瀏覽器路徑

digits=*n*
　　當列印數值時，建議列印的數位個數

editor="*path*"
　　預設文字編輯器

prompt="*string*"
　　輸入提示符號

repos="*url*"
　　套件的預設 repository URL

warn=*n*

> 控制警告訊息的顯示

可複製性

我們常會在 script 中反覆使用某些套件（例如，tidyverse 套件）。這會讓您很想在您的 *.Rprofile* 中載入這些套件，讓它們一直保持可用的狀態，又不需要您輸入任何東西。事實上，這本書的第一版就建議讀者這麼做。然而，在您的 *.Rprofile* 中載入套件的缺點，是它會影響可複製性。如果其他人（或您自己使用另一台電腦）試圖執行您的 script，他們可能不會知道您原本是在 *.Rprofile* 中載入套件，他們或許會無法執行您的 script（這取決於*他們*所載入的套件有哪些）。因此，雖然在 *.Rprofile* 中載入套件有它的方便性存在，但如果您在 R script 中明確地呼叫 library(*packagename*)，那麼您將更順利地與合作者（以及您未來的自己）進行合作。

可複製性的另一個問題，是發生在使用者改變 *.Rprofile* 中 R 的預設行為時。其中一個例子是設定 options(stringsAsFactors = FALSE)。這個設定很吸引人，因為許多使用者更喜歡這種設定。但是，如果有人在沒有設定此選項的情況下執行 script，他們將得到截然不同的執行結果，或者根本無法執行 script，造成相當大的痛苦。

原則上，您放在 *.Rprofile* 的內容應該是：

- 改變 R 的外觀和感覺的設定（例如，digits）。
- 只和您的本機環境有關的設定（例如，browser）。
- 適合放在您的 script 之外的設定（例如，資料庫密碼）。
- 其他不會改變您的分析工作結果的設定。

啟動順序

下面概述了 R 啟動時發生了什麼事（請用 help(Startup) 查看完整細節）：

1. **R 執行 *Rprofile.site* script 檔案**。這是網站層級 script，允許系統管理員使用當地語系化覆蓋預設選項。該 script 的完整路徑是 *R_HOME/etc/Rprofile.site*（*R_HOME* 代表 R home 目錄；參見錦囊 3.15）。

   R 的發佈不包含 *Rprofile.site* 檔案。而是在需要時，由系統管理員建立一個。

2. **R 執行工作目錄中的 *.Rprofile* script；如果該檔不存在，執行 R 主目錄中 *.Rprofile* script**。這是使用者為自己客製化 R 的機會。主目錄中的 *.Rprofile* script 用於全域客製化。層級較低目錄中的 *.Rprofile* script 可以在 R 啟動時執行特定的客製化——例如，在專案特定目錄中的 *.Rprofile*，可在專案啟動時客製化 R。

3. **如果 *.RData* 存在於工作目錄中，R 會載入儲存在 *.RData* 中的工作區**。R 在退出時將您的工作區保存在一個名為 *.RData* 的檔案中。所以再度啟動時，它會從該檔重新載入工作區，恢復對區域變數和函式的存取。您可以透過 RStudio 中的選單 Tool → Global Options 禁用此行為。我們建議您禁用此選項，並始終手動保存和載入您的工作。

4. **如果您定義了 .First 函式，R 會執行該函式**。.First 函式是使用者或專案去定義啟動初始化程式碼的地方。您可以在 *.Rprofile* 中或在您的工作區中定義它。

5. **R 執行 .First.sys 函式**。此步驟會載入預設套件，這個函式是 R 內部函式，使用者或管理者通常都不會去改變該函式。

注意，直到最後一步之前都未載入套件，直到 R 執行 .First.sys 時才載入。在載入之前，只載入基本套件。這一點很重要，因為這代表前面的步驟都不能假定基礎套件之外的套件是可用的。這也解釋了為什麼在您的 *.Rprofile* script 中試圖打開圖形視窗將會失敗：因為圖形套件根本還沒有載入。

參見

查看 Startup（help(Startup)）和 options（help(options)）的 R 說明頁面。有關載入套件的更多資訊，請參見錦囊 3.8。

3.17 在雲端使用 R 和 RStudio

問題

您希望在雲端環境中執行 R 和 RStudio。

解決方案

若想在雲端中使用 R，最直接的方法是使用 RStudio.cloud web 服務。若要使用該服務，請將 web 瀏覽器打開至 *http://rstudio.cloud* 並註冊帳戶，或者使用 Google 或 GitHub 帳戶登錄。

討論

登錄之後，按一下 New Project 在新工作區中開始一個新的 RStudio session，接著您將看到熟悉的 RStudio 介面，如圖 3-9 所示。

您的工作在您登出後將會被繼續保存。雖然有保存的機制，但在編寫 RStudio 時請您仍要記住一點，雲端服務正處於 alpha 測試階段，可能不是 100% 穩定。與任何系統上一樣，確保您所有工作都有備份是一個好主意。一個常見的工作模式是把 RStudio. cloud 中的專案，儲存到 GitHub repository，並經常把 RStudio.cloud 的變更推送更改到 GitHub。在本書的寫作過程中，很多人都使用這個工作模式。

Git 和 GitHub 的使用超出了本書的討論範圍，但是如果您有興趣瞭解更多，我們強烈推薦 Jenny Bryan 的網路書籍《*Happy Git and GitHub for the useR*》（*http://happygitwithr. com/*）。

由於目前 RStudio.cloud 的發布處於 alpha 狀態，所以 RStudio.cloud 將每個 session 的記憶體限制為 1GB，磁碟空間限制為 3GB，因此它是一個很好的學習和教學平台，但可能還不夠讓您把它當成一個足以構建商業資料科學的實驗室。RStudio 表示，隨著平台的成熟，它將提供更強大的處理能力和儲存能力，作為付費服務的一部分。

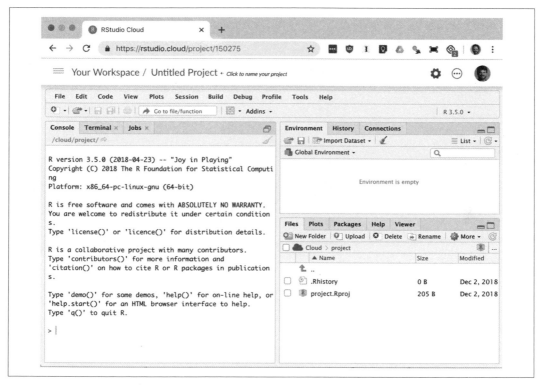

圖 3-9　RStudio.cloud

如果您需要的計算能力比 RStudio.cloud 目前能提供的更多，而您也願意為這些服務付費的話，那麼 Amazon Web Services（AWS）（*https://amzn.to/2wUEhQV*）和 Google Cloud Platform（*http://bit.ly/2WHWGzW*）也提供雲端的 RStudio 產品。還有其他支持 Docker 的雲端平台，例如 Digital Ocean（*https://do.co/2WJ43C1*）也是一個 RStudio 雲端託管的選擇。

## 第四章

輸入和輸出

所有的統計工作都是從準備資料開始的,而大多數資料都被困在檔案和資料庫中,處理輸入的資料可能是實現任何重要統計工作的第一步。

所有統計工作都以向客戶報告數字結束,即使客戶這個角色也可能由您本人擔任。格式化和生成輸出可能是您工作的重點。

一般的 R 使用者可以透過使用基本的 readr 套件函式來解決輸入問題,如使用 read_csv 來讀取 CSV 檔案、read_delim 來讀取更複雜的表格資料。這些套件可以搭配 print、cat、format 來生成簡單的報告。

強烈建議需要大量輸入 / 輸出(I/O)的使用者閱讀 CRAN 上的 R Data Import/Export guide(*http://cran.r-project.org/doc/manuals/R-data.pdf*)。這份資料包含如何從資料來源(如試算表、二進位檔案、其他統計系統和關聯式資料庫)讀取資料的重要資訊。

4.1 從鍵盤輸入資料

問題

您有少量的資料——但又因為太少,建立輸入檔案的又嫌負擔太大,您只想要將資料直接輸入工作區。

解決方案

對於非常小的資料集合,請以文字形式輸入資料到 c 函式,讓它幫您建構 vector:

```
scores <- c(61, 66, 90, 88, 100)
```

討論

當要解決的問題很簡單時,您可能會不想大費周章地在 R 外部建立及讀取檔案。您只想想將資料直接輸入到 R 中就好。這個問題最簡單的解法是透過使用 c 函式建立 vector,一如解決方案中的說明般。

您也可以將每個變數(欄)以 vector 輸入以建立資料幀:

```
points <- data.frame(
  label = c("Low", "Mid", "High"),
  lbound = c(0, 0.67,   1.64),
  ubound = c(0.67, 1.64,   2.33)
)
```

參見

若您想將另一個應用程式中的資料剪下和貼上到 R 中,請務必查看 data pasta(*https://github.com/MilesMcBain/datapasta*),它提供 RStudio 一個附加套件,這個套件可以更容易地將資料貼上到 script 中。

4.2 列印更少(或更多)的數字

問題

您的輸出包含太多或太少的數字,您想要列印更少數字,或更多數字。

解決方案

對於 print,可使用 digits 參數控制列印的位數。

對於 cat,可使用 format 函式(此函式擁有 digits 參數)來改變輸出的數字格式。

討論

R 通常將浮點輸出格式化為 7 位，這適用於大多數情況。但是當您的空間很小，而又有很多數字要列印時，這個設定就會變得很惱人。如果您的數字中只有幾個有效數字，而 R 仍然輸出 7 位數，那就完全沒有意義了。

print 函式允許您使用 digits 參數來更改列印數字的數量：

```
print(pi, digits = 4)
#> [1] 3.142
print(100 * pi, digits = 4)
#> [1] 314.2
```

cat 函式不能直接控制格式。相反地，在呼叫 cat 之前，先使用 format 函式來格式好要列印的數字：

```
cat(pi, "\n")
#> 3.14
cat(format(pi, digits = 4), "\n")
#> 3.142
```

我們用的是 R，所以 print 和 format 的格式化能力，是遍及整個 vector：

```
print(pnorm(-3:3), digits = 2)
#> [1] 0.0013 0.0228 0.1587 0.5000 0.8413 0.9772 0.9987
format(pnorm(-3:3), digits = 2)
#> [1] "0.0013" "0.0228" "0.1587" "0.5000" "0.8413" "0.9772" "0.9987"
```

注意，無論是 print 還是 format 進行元素格式化的邏輯都是一致的，這個邏輯就是先找到格式化最小數字位數需要幾位有效位數，然後對同一 vector 中所有數字格式化，使其具有相同的寬度（儘管不一定和指定的位數相同）。這個功能對於格式化整個表格非常實用：

```
q <- seq(from = 0, to = 3, by = 0.5)
tbl <- data.frame(Quant = q,
                  Lower = pnorm(-q),
                  Upper = pnorm(q))
tbl                                    # 未格式化過的輸出
#>   Quant   Lower Upper
#> 1   0.0 0.50000 0.500
#> 2   0.5 0.30854 0.691
#> 3   1.0 0.15866 0.841
#> 4   1.5 0.06681 0.933
#> 5   2.0 0.02275 0.977
```

```
#> 6   2.5 0.00621 0.994
#> 7   3.0 0.00135 0.999
print(tbl, digits = 2)              # 格式化過的輸出：數字比較少
#>   Quant  Lower Upper
#> 1   0.0 0.5000  0.50
#> 2   0.5 0.3085  0.69
#> 3   1.0 0.1587  0.84
#> 4   1.5 0.0668  0.93
#> 5   2.0 0.0228  0.98
#> 6   2.5 0.0062  0.99
#> 7   3.0 0.0013  1.00
```

可以看到，當對整個 vector 或欄進行格式化時，vector 或欄中的每個元素的格式都是相同的。

您還可以透過使用 options 函式來更改 digits 的預設值，進而改變所有輸出的預設格式：

```
pi
#> [1] 3.14
options(digits = 15)
pi
#> [1] 3.14159265358979
```

但根據我們的經驗，這麼做是一個糟糕的選擇，因為它還會連帶改變 R 內建函式的輸出，而這種改變可能會令人不太愉快。

參見

其他具有格式化數字位數的函式還有 sprintf 和 formatC；詳情請參閱它們的說明文件。

4.3 將輸出重新定向到檔案

問題

您希望將 R 的輸出指定到檔案，而不是輸出到終端機。

解決方案

您可以使用 cat 函式的 file 參數重新指定 cat 函式的輸出：

```
cat("The answer is", answer, "\n", file = "filename.txt")
```

使用 sink 函式重定向 print 和 cat 的*所有*輸出。呼叫 sink 時使用 *filename* 引數，就會開始將所有終端機輸出重定向到該引數指定的檔案。完成後，使用無參數的 sink 呼叫就會關閉檔案，恢復輸出到終端機：

```
sink("filename")          # 開始將輸出寫到檔案

# ... 其他 session 工作 ...

sink()                    # 將輸出回復到終端機
```

討論

一般來說 print 和 cat 函式會把它們的輸出寫到您的終端機。如果您為 cat 函式指定一個檔案引數（該引數可以是檔案名稱，也可以是連接）的話，則 cat 函式會把輸出寫入到該檔案。print 函式不能重定向自己的輸出，但是 sink 函式可以強制所有輸出到一個檔案中。sink 的一個常見用途是擷取所有 R script 的輸出：

```
sink("script_output.txt")  # 將輸出重定向到檔案
source("script.R")         # 執行 script，並擷取其輸出
sink()                     # 繼續將輸出寫入終端機
```

如果您反覆將多個 cat 輸出指向同一個檔案，請確保設定 append=TRUE。否則，每次呼叫 cat 都會覆蓋原來的檔案內容：

```
cat(data, file = "analysisReport.out")
cat(results, file = "analysisRepart.out", append = TRUE)
cat(conclusion, file = "analysisReport.out", append = TRUE)
```

像這樣寫定檔案名稱是一個冗長且容易出錯的動作。您注意到檔案名稱在第二行拼錯了嗎？與其一遍一遍地寫編碼檔案名稱，不如打開檔案的連接並將輸出寫入連接：

```
con <- file("analysisReport.out", "w")
cat(data, file = con)
cat(results, file = con)
cat(conclusion, file = con)
close(con)
```

（改用連接後不需要再指定 append=TRUE，因為 append 本來就是預設值。）這種技術在
R Script 中特別有價值，因為它使您的程式碼更可靠，更易於維護。

4.4 列出檔案

問題

您需要工作目錄中檔案的清單，並且以一個 vector 回傳。

解決方案

list.files 函式顯示工作目錄的內容：

```
list.files()
#>  [1] "_book"                "_bookdown_files"
#>  [3] "_bookdown.yml"        "_common.R"
#>  [5] "_main.log"            "_main.rds"
#>  [7] "_output.yml"          "01_GettingStarted_cache"
#>  [9] "01_GettingStarted.md" "01_GettingStarted.Rmd"
#> # etc.
```

討論

這個函式能非常方便地獲取子目錄中所有檔案的名稱。您可以使用它回憶有哪些檔案，
或者更有將檔案列表作為輸入到另一個工作流程中，比如導入資料檔案。

您可以將一個路徑或一個正規表達式樣式傳給 list.files，以顯示一個特定的路徑檔
案，或匹配符合特定的正規表達式的檔案：

```
list.files(path = 'data/') # 顯示目錄中的檔案
#>  [1] "ac.rdata"              "adf.rdata"
#>  [3] "anova.rdata"           "anova2.rdata"
#>  [5] "bad.rdata"             "batches.rdata"
#>  [7] "bnd_cmty.Rdata"        "compositePerf-2010.csv"
#>  [9] "conf.rdata"            "daily.prod.rdata"
#> [11] "data1.csv"             "data2.csv"
#> [13] "datafile_missing.tsv"  "datafile.csv"
#> [15] "datafile.fwf"          "datafile.qsv"
#> [17] "datafile.ssv"          "datafile.tsv"
#> [19] "datafile1.ssv"         "df_decay.rdata"
#> [21] "df_squared.rdata"      "diffs.rdata"
#> [23] "example1_headless.csv" "example1.csv"
```

```
#> [25] "excel_table_data.xlsx"  "get_USDA_NASS_data.R"
#> [27] "ibm.rdata"              "iris_excel.xlsx"
#> [29] "lab_df.rdata"           "movies.sas7bdat"
#> [31] "nacho_data.csv"         "NearestPoint.R"
#> [33] "not_a_csv.txt"          "opt.rdata"
#> [35] "outcome.rdata"          "pca.rdata"
#> [37] "pred.rdata"             "pred2.rdata"
#> [39] "sat.rdata"              "singles.txt"
#> [41] "state_corn_yield.rds"   "student_data.rdata"
#> [43] "suburbs.txt"            "tab1.csv"
#> [45] "tls.rdata"              "triples.txt"
#> [47] "ts_acf.rdata"           "workers.rdata"
#> [49] "world_series.csv"       "xy.rdata"
#> [51] "yield.Rdata"            "z.RData"
list.files(path = 'data/', pattern = '\\.csv')
#> [1] "compositePerf-2010.csv" "data1.csv"
#> [3] "data2.csv"              "datafile.csv"
#> [5] "example1_headless.csv"  "example1.csv"
#> [7] "nacho_data.csv"         "tab1.csv"
#> [9] "world_series.csv"
```

若要查看子目錄中的所有檔案，也沒有問題：

```
list.files(recursive = T)
```

`list.files` 有一個可能的 "陷阱"，是它會忽略隱藏的檔案——通常，隱藏的檔案的名稱以一個點開頭。如果您沒有看到您期望看到的檔案，請嘗試設定 all.files=TRUE：

```
list.files(path = 'data/', all.files = TRUE)
#>  [1] "."                      ".."
#>  [3] ".DS_Store"              ".hidden_file.txt"
#>  [5] "ac.rdata"               "adf.rdata"
#>  [7] "anova.rdata"            "anova2.rdata"
#>  [9] "bad.rdata"              "batches.rdata"
#> [11] "bnd_cmty.Rdata"         "compositePerf-2010.csv"
#> [13] "conf.rdata"             "daily.prod.rdata"
#> [15] "data1.csv"              "data2.csv"
#> [17] "datafile_missing.tsv"   "datafile.csv"
#> [19] "datafile.fwf"           "datafile.qsv"
#> [21] "datafile.ssv"           "datafile.tsv"
#> [23] "datafile1.ssv"          "df_decay.rdata"
#> [25] "df_squared.rdata"       "diffs.rdata"
#> [27] "example1_headless.csv"  "example1.csv"
#> [29] "excel_table_data.xlsx"  "get_USDA_NASS_data.R"
#> [31] "ibm.rdata"              "iris_excel.xlsx"
#> [33] "lab_df.rdata"           "movies.sas7bdat"
```

```
#> [35] "nacho_data.csv"        "NearestPoint.R"
#> [37] "not_a_csv.txt"         "opt.rdata"
#> [39] "outcome.rdata"         "pca.rdata"
#> [41] "pred.rdata"            "pred2.rdata"
#> [43] "sat.rdata"             "singles.txt"
#> [45] "state_corn_yield.rds"  "student_data.rdata"
#> [47] "suburbs.txt"           "tab1.csv"
#> [49] "tls.rdata"             "triples.txt"
#> [51] "ts_acf.rdata"          "workers.rdata"
#> [53] "world_series.csv"      "xy.rdata"
#> [55] "yield.Rdata"           "z.RData"
```

如果只想查看目錄中有哪些檔案，而不需要在過程中使用檔案名稱，最簡單的方法是打開 RStudio 右下角的 Files 窗格。但是請記住，RStudio Files 窗格也隱藏以點開頭的文件，如圖 4-1 所示。

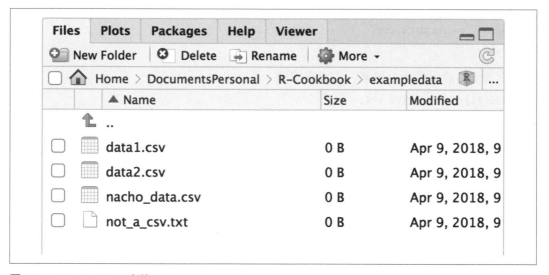

圖 4-1　RStudio Files 窗格

參見

還有其他好用的函式，幫助您在 R 中的檔案處理；請見 help(files)。

4.5 處理 Windows 中 "無法打開文件" 問題

問題

您正在 Windows 上執行 R，並且正在使用諸如 *C:\data\sample.txt* 等檔案名稱。R 回報它無法打開檔案，但您知道該檔案確實存在。

解決方案

這個麻煩是由檔案路徑中的反斜線造成。您可以從以下兩種方法擇一來解決這個問題：

- 將反斜線改為正斜線：`"C:/data/sample.txt"`。

- 將反斜線改雙反斜線：`"C:\\data\\sample.txt"`。

討論

當您在 R 中打開一個檔案時，檔案名稱是以字串指定的，該名稱字串包含反斜線（\）時就會出現問題，因為反斜線在字串中有特殊的含義。您可能會得到這樣的結果：

```
samp <- read_csv("C:\Data\sample-data.csv")
#> Error: '\D' is an unrecognized escape in character string starting ""C:\D"
```

R 會將反斜線後面的字元進行轉義，然後刪除反斜線。這樣的動作結束後，就留下了一個無意義的檔案路徑，例如本例中的路徑變成 `C:Datasample-data.csv`。

簡單的解決方案是使用正斜線而不是反斜線。R 會對正斜線進行特別的動作，同時 Windows 會把正斜線當成反斜線使用。所以能解決問題：

```
samp <- read_csv("C:/Data/sample-data.csv")
```

另一種解決方案是將反斜線加倍，此時 R 會用一個反斜線替換兩個連續的反斜線：

```
samp <- read_csv("C:\\Data\\sample-data.csv")
```

4.6 讀取固定寬度記錄

問題

您正想從固定寬度記錄的檔案中讀取資料：這種資料記錄有固定的邊界。

解決方案

使用 readr 套件（tidyverse 的一部分）中的 **read_fwf** 函式。主要參數是檔案名稱和欄位的描述：

```
library(tidyverse)
records <- read_fwf("myfile.txt",
                    fwf_cols(col1 = 10,
                             col2 = 7))
records
```

這種呼叫形式中，使用 **fwf_cols** 參數將欄名和寬度傳遞給函式。還可以透過其他方式傳遞欄參數，下面將對此進行討論。

討論

對於將資料讀入 R，我們強烈推薦 readr 套件。雖然有一些基本的 R 函式用於讀取文字檔案，但是 readr 改進了這些基本函式，而且具有更好的性能、更好的預設值和更大的靈活性。

假設我們想讀取整個檔案的固定寬度記錄，例如下面的 *fixed-width.txt*：

```
Fisher     R.A.       1890 1962
Pearson    Karl       1857 1936
Cox        Gertrude   1900 1978
Yates      Frank      1902 1994
Smith      Kirstine   1878 1939
```

我們需要知道欄的寬度。在本例中，欄為：

- 姓，10 個字元
- 名字，10 個字元
- 出生年份，5 個字元
- 死亡年份，5 個字元

使用 **read_fwf** 時，有五種不同的方法去定義欄。選擇一個適合您且最容易使用（或記住）的：

- 如果欄與欄之間有空格，可以使用 **fwf_empty** 選項，這個選項的功能是嘗試猜測列的寬度：

```
file <- "./data/datafile.fwf"
t1 <- read_fwf(file,
          fwf_empty(file,
          col_names = c("last", "first", "birth", "death")))
#> Parsed with column specification:
#> cols(
#>   last = col_character(),
#>   first = col_character(),
#>   birth = col_double(),
#>   death = col_double()
#> )
```

- 您可以透過 **fwf_widths** 函式定義一個說明寬度的 vector，此 vector 中的第一個 vector 是寬度，其後是欄名稱 vector：

```
t2 <- read_fwf(file, fwf_widths(c(10, 10, 5, 4),
                          c("last", "first", "birth", "death")))
#> Parsed with column specification:
#> cols(
#>   last = col_character(),
#>   first = col_character(),
#>   birth = col_double(),
#>   death = col_double()
#> )
```

- 可以用 **fwf_cols** 函式定義欄，參數是欄名與欄寬：

```
t3 <-
  read_fwf("./data/datafile.fwf",
          fwf_cols(
            last = 10,
            first = 10,
            birth = 5,
            death = 5
          ))
#> Parsed with column specification:
#> cols(
#>   last = col_character(),
#>   first = col_character(),
#>   birth = col_double(),
#>   death = col_double()
#> )
```

- 可以在 **fwf_cols** 中定義起始位置和結束位置：

```
t4 <- read_fwf(file, fwf_cols(
  last = c(1, 10),
```

```
  first = c(11, 20),
  birth = c(21, 25),
  death = c(26, 30)
))
#> Parsed with column specification:
#> cols(
#>   last = col_character(),
#>   first = col_character(),
#>   birth = col_double(),
#>   death = col_double()
#> )
```

- 您還可以使用一個起始位置 vector、一個結束位置 vector 和一個欄名 vector 來定義欄，使用

```
t5 <- read_fwf(file, fwf_positions(
  c(1, 11, 21, 26),
  c(10, 20, 25, 30),
  c("first", "last", "birth", "death")
))
#> Parsed with column specification:
#> cols(
#>   first = col_character(),
#>   last = col_character(),
#>   birth = col_double(),
#>   death = col_double()
#> )
```

函式會回傳一個 *tibble*，這是 tidyverse 風格的資料幀。和 tidyverse 套件一樣，read_fwf 具有很好的預設設定，這使得它比一些基本的 R 函式更適合導入資料。例如，read_fwf 預設字元欄位匯入後會成為字元，而不是成為因數 factor，這可以為使用者避免很多痛苦和驚慌。

參見

有關讀取文字檔案的更多討論，請參見錦囊 4.7。

4.7 讀取表格式資料檔案

問題

您希望讀取一個文字檔案，此檔案中以空白分隔資料表資料。

解決方案

使用從 readr 套件中的 read_table2 函式回傳一個 tibble：

```
library(tidyverse)

tab1 <- read_table2("./data/datafile.tsv")
#> Parsed with column specification:
#> cols(
#>   last = col_character(),
#>   first = col_character(),
#>   birth = col_double(),
#>   death = col_double()
#> )
tab1
#> # A tibble: 5 x 4
#>   last    first    birth death
#>   <chr>   <chr>    <dbl> <dbl>
#> 1 Fisher  R.A.      1890  1962
#> 2 Pearson Karl      1857  1936
#> 3 Cox     Gertrude  1900  1978
#> 4 Yates   Frank     1902  1994
#> 5 Smith   Kirstine  1878  1939
```

討論

表格式資料檔案非常常見。它們是一種簡單格式的文字檔案：

- 每一行中只有一條記錄。

- 在每個記錄中，欄位（項）由空白分隔符號分隔，例如空白或 tab。

- 每個記錄包含相同數量的欄位。

這種格式比固定寬度格式更自由，因為欄位不必按位置對齊。下面是錦囊 4.6 中的資料檔案，改以表格格式呈現，欄位之間使用 tab 分隔：

```
last    first    birth    death
Fisher  R.A.     1890     1962
Pearson Karl     1857     1936
Cox Gertrude     1900     1978
Yates   Frank    1902     1994
Smith   Kirstine 1878     1939
```

read_table2 函式的設計目的是對資料進行一些良好的猜測。它假定您的資料在第一行中有欄名，它猜測您使用哪一個分隔符號，並根據資料集合中的前 1,000 條記錄決定您的欄型態。接下來是一個使用空格分隔資料的範例。

原始檔案是這樣的：

```
last first birth death
Fisher R.A. 1890 1962
Pearson Karl 1857 1936
Cox Gertrude 1900 1978
Yates Frank 1902 1994
Smith Kirstine 1878 1939
```

read_table2 做出了一些合理的猜測：

```
t <- read_table2("./data/datafile1.ssv")
#> Parsed with column specification:
#> cols(
#>   last = col_character(),
#>   first = col_character(),
#>   birth = col_double(),
#>   death = col_double()
#> )
print(t)
#> # A tibble: 5 x 4
#>   last    first     birth death
#>   <chr>   <chr>     <dbl> <dbl>
#> 1 Fisher  R.A.       1890  1962
#> 2 Pearson Karl       1857  1936
#> 3 Cox     Gertrude   1900  1978
#> 4 Yates   Frank      1902  1994
#> 5 Smith   Kirstine   1878  1939
```

在一般情況 read_table2 通常會猜對。但與其他 readr 導入函式一樣，可以手動指定參數覆蓋預設值：

```
t <-
  read_table2(
    "./data/datafile1.ssv",
    col_types = c(
      col_character(),
      col_character(),
      col_integer(),
      col_integer()
    )
  )
```

如果任何欄位包含字串 "NA"，那麼 read_table2 假定該值遺失，並將其轉換為 NA。不過，您的原始資料檔案可能已使用不同的字串來表示遺失的值，在這種情況下使用 na 參數。例如，依 SAS 中的規則，遺失的值由一個點（．）表示。我們可以使用 na="." 選項，讀取這樣的文字檔案。如果我們有一個名為 *datafile_missing.tsv* 的檔案，其最後一行中的遺失值用 . 表示：

```
last     first      birth    death
Fisher   R.A.       1890     1962
Pearson  Karl       1857     1936
Cox      Gertrude   1900     1978
Yates    Frank      1902     1994
Smith    Kirstine   1878     1939
Cox      David      1924     .
```

我們可以這樣匯入資料：

```
t <- read_table2("./data/datafile_missing.tsv", na = ".")
#> Parsed with column specification:
#> cols(
#>   last = col_character(),
#>   first = col_character(),
#>   birth = col_double(),
#>   death = col_double()
#> )
t
#> # A tibble: 6 x 4
#>   last    first      birth death
#>   <chr>   <chr>      <dbl> <dbl>
#> 1 Fisher  R.A.       1890  1962
#> 2 Pearson Karl       1857  1936
#> 3 Cox     Gertrude   1900  1978
#> 4 Yates   Frank      1902  1994
#> 5 Smith   Kirstine   1878  1939
#> 6 Cox     David      1924    NA
```

我們非常喜歡這種能描述自己內容（*self-describe*）的資料檔案（電腦科學家會說這個檔案包含它自己的描述資料（metadata））。read_table2 函式預設假設檔案的第一行是包含欄名的標題行。如果檔案沒有欄名，可以使用參數 col_names = FALSE 關閉該選項。

read_table2 支援的另一種描述資料是注釋行。使用 comment 參數，您可以告訴 read_table2 用哪個字元區標示了注釋行。下面的檔案頂部有一行注釋，注釋以 # 開始：

```
# The following is a list of statisticians
last first birth death
Fisher R.A. 1890 1962
Pearson Karl 1857 1936
Cox Gertrude 1900 1978
Yates Frank 1902 1994
Smith Kirstine 1878 1939
```

所以我們可以用下面的方法匯入該檔：

```
t <- read_table2("./data/datafile.ssv", comment = '#')
#> Parsed with column specification:
#> cols(
#>   last = col_character(),
#>   first = col_character(),
#>   birth = col_double(),
#>   death = col_double()
#> )
t
#> # A tibble: 5 x 4
#>   last    first    birth death
#>   <chr>   <chr>    <dbl> <dbl>
#> 1 Fisher  R.A.      1890  1962
#> 2 Pearson Karl      1857  1936
#> 3 Cox     Gertrude  1900  1978
#> 4 Yates   Frank     1902  1994
#> 5 Smith   Kirstine  1878  1939
```

read_table2 有許多參數來控制它如何讀取和解釋輸入檔案。有關詳細資訊，請參見說明頁面（?read_table2）或 readr 小品文（vignette("readr")）。如果您想知道 read_table 和 read_table2 之間的區別，可以在說明檔案中找到，但是簡單的答案是 read_table 在檔案結構和行長度上的容忍度稍低。

參見

如果資料以逗號分隔，請參閱錦囊 4.8 以讀取 CSV 文件。

4.8 讀取 CSV 文件

問題

您希望從逗號分隔（CSV）檔案中讀取資料。

解決方案

從 readr 套件中的 read_csv 函式，是讀取 CSV 檔案的一種快速（而且說明文件中說它也是一種有趣）的方法。如果您的 CSV 檔案有標題列，請這樣使用：

```
library(tidyverse)

tbl <- read_csv("datafile.csv")
```

如果您的 CSV 檔案不包含標題列，那麼請將 col_names 選項設定為 FALSE：

```
tbl <- read_csv("datafile.csv",  col_names = FALSE)
```

討論

CSV 檔案格式很受歡迎，因為許多程式可以以這種格式導入和匯出資料。這包括 R、Excel、其他試算表程式、許多資料庫管理器和大多數統計套裝軟體。CSV 檔案是一個表格資料的平面檔案，其中檔案中的每一列都是一資料，每一列都包含用逗號分隔的資料項目。以下是一個非常簡單的 CSV 檔案，有三列三欄。第一列是包含欄名的標題列，同樣用逗號分隔：

```
label,lbound,ubound
low,0,0.674
mid,0.674,1.64
high,1.64,2.33
```

read_csv 函式能讀取資料並建立一個 tibble。該函式假設您的檔案有一個標題列，除非另有說明：

```
tbl <- read_csv("./data/example1.csv")
#> Parsed with column specification:
#> cols(
#>   label = col_character(),
#>   lbound = col_double(),
#>   ubound = col_double()
#> )
tbl
#> # A tibble: 3 x 3
#>   label lbound ubound
#>   <chr> <dbl>  <dbl>
#> 1 low    0      0.674
#> 2 mid    0.674  1.64
#> 3 high   1.64   2.33
```

請注意，read_csv 從 tibble 的標題列獲取名。如果檔案不包含標頭檔案，則需指定 col_names=FALSE，此時 R 將為我們合成欄名（本例中 X1、X2、X3）：

```
tbl <- read_csv("./data/example1.csv", col_names = FALSE)
#> Parsed with column specification:
#> cols(
#>   X1 = col_character(),
#>   X2 = col_character(),
#>   X3 = col_character()
#> )
tbl
#> # A tibble: 4 x 3
#>   X1    X2     X3
#>   <chr> <chr>  <chr>
#> 1 label lbound ubound
#> 2 low   0      0.674
#> 3 mid   0.674  1.64
#> 4 high  1.64   2.33
```

有時將描述資料放入檔案中很方便。如果這個描述資料是以一個慣用字元開始，比如一個井號（#），我們可以使用 comment=FALSE 參數來忽略描述資料列。

read_csv 函式有許多實用的附加功能。其中一些選項及其預設值包括：

na = c("", "NA")
　　指定遺失或 NA 值要用什麼字元代表

comment = ""
　　指定注釋或描述資料要用什麼字元開始，程式會忽略哪些列

trim_ws = TRUE
　　指定是否在開始和 / 或結束處刪除空格

skip = 0
　　指定從檔案開頭開始要跳過多少列

guess_max = min(1000, n_max)
　　指定決定輸入列類型時要考慮的列數

所有可用選項的詳細資訊，請參見 R 說明頁面 help(read_csv)。

如果您的資料檔案使用分號（;）作為分隔符號，並使用逗號作為小數點，這在北美以外是很常見的，那麼您應該使用函式 read_csv2，這函式正是針對這種情況而生。

參見

請參考錦囊 4.9。也參見 readr:vignette(readr) 小品文。

4.9 寫入 CSV 文件

問題

您希望使用逗號分隔格式將矩陣或資料幀儲存在檔案中。

解決方案

來自 tidyverse 的 readr 套件中的 write_csv 函式可以將資料寫入 CSV 檔案：

```
library(tidyverse)

write_csv(df, path = "outfile.csv")
```

討論

write_csv 函式的作用是：將表格資料以 CSV 格式寫入 ASCII 檔案。每一列資料在檔案中建立一列，用逗號分隔資料欄位（,）。範例利用之前在錦囊 4.7 中建立的資料幀 tab1：

```
library(tidyverse)

write_csv(tab1, "./data/tab1.csv")
```

本範例在 *data* 目錄中建立了一個名為 *tab1.csv* 的檔案。它是當前工作目錄的子目錄。檔案內容是這樣的：

```
last,first,birth,death
Fisher,R.A.,1890,1962
Pearson,Karl,1857,1936
Cox,Gertrude,1900,1978
Yates,Frank,1902,1994
Smith,Kirstine,1878,1939
```

write_csv 有一些非常適合大部份情況的預設參數。如果您想調整輸出,這裡有一些參數可以改變,下面也列出它們的預設值:

col_names = TRUE
> 指示第一列是否包含欄名。

col_types = NULL
> write_csv 將查看前 1,000 列(可以使用 guess_max 進行更改),並有根據地猜測列使用什麼資料類型。如果希望手動指定欄的類型,可以透過將欄類型 vector 傳遞給參數 col_types 來實現。

na = c("", "NA")
> 指定用來表示遺失值或 NA 值的值。

comment = ""
> 指定要忽略注釋或描述資料,以哪個字元開頭。

trim_ws = TRUE
> 指定是否刪除在欄位的開始和 / 或結束處的空格。

skip = 0
> 指定在檔案開頭跳過多少列數。

guess_max = min(1000, n_max)
> 指定猜測欄類型時要考慮的列數。

參見

有關當前工作目錄,請參見錦囊 3.1。將資料儲存到檔案的其他方法,請參見錦囊 4.18。有關讀取和寫入文字檔案的更多資訊,請參見 readr 的小品文: vignette(readr)。

4.10 從 Web 讀取表格或 CSV 資料

問題

您希望直接從 web 將資料讀入 R 工作區。

解決方案

使用 readr 套件的 read_csv 或 read_table2 函式，引數改用 URL 而不是檔案名稱，此時函式將直接從遠端伺服器讀取：

```
library(tidyverse)

berkley <- read_csv('http://bit.ly/barkley18', comment = '#')
#> Parsed with column specification:
#> cols(
#>   Name = col_character(),
#>   Location = col_character(),
#>   Time = col_time(format = "")
#> )
```

您還可以使用 URL 打開一個連接，然後從連接中讀取，這對於複雜的檔案來說可能是更好的選擇。

討論

網路是資料的金礦。您可以將資料下載到一個檔案中，然後將該檔案讀入 R，但是直接從 web 上讀取。將 URL 提供給 read_csv、read_table2 或在 readr 套件中的 read 函式（視資料格式而定）。資料將被下載並解析，這做法簡單又可靠。

除了改用 URL 之外，這個錦囊中介紹的使用方法，就如同讀取 CSV 檔案（請參閱錦囊 4.8）或讀取複雜檔案（錦囊 4.15）一樣，所以那些錦囊中的所有注意事項也適用於這裡。

記住，URL 也適用於 FTP 伺服器，而不僅僅是 HTTP 伺服器。這代表 R 還可以使用 URL 從 FTP 網站讀取資料：

```
tbl <- read_table2("ftp://ftp.example.com/download/data.txt")
```

參見

見錦囊 4.8 和錦囊 4.15。

4.11 從 Excel 中讀取數據

問題

您希望從 Excel 檔案中讀取資料。

解決方案

使用 openxlsx 套件使讀取 Excel 文件變得容易：

```
library(openxlsx)
df1 <- read.xlsx(xlsxFile = "file.xlsx",
                 sheet = 'sheet_name')
```

討論

對於在 R 中讀取和編寫 Excel 檔案來說，openxlsx 是一個很好的選擇。如果我們的目標是讀取一張試算表，那麼使用 read.xlsx 函式會讓事情變得簡單。我們只需要傳入一個檔案名稱，如果需要，還需要導入試算表的名稱：

```
library(openxlsx)

df1 <- read.xlsx(xlsxFile = "data/iris_excel.xlsx",
                 sheet = 'iris_data')
head(df1, 3)
#>   Sepal.Length Sepal.Width Petal.Length Petal.Width Species
#> 1          5.1         3.5          1.4         0.2  setosa
#> 2          4.9         3.0          1.4         0.2  setosa
#> 3          4.7         3.2          1.3         0.2  setosa
```

而且 openxlsx 還能支援更複雜的工作流程。

一種常見的用法，是從 Excel 檔案中讀取一個具名的試算表，並將其資料讀入 R 資料幀。這可能會碰到比較棘手的情況，因為我們正在讀取的試算表中，可能有些值是從該試算表之外來的，但是我們卻只想讀取該試算表範圍內的值。我們可以使用 openxlsx 套件中的函式來找到試算表，然後將該儲存格範圍讀入資料幀。

首先，我們載入整個活頁簿到 R：

```
library(openxlsx)
wb <- loadWorkbook("data/excel_table_data.xlsx")
```

然後，我們可以使用 getTables 函式獲得 input_data 試算表中所有 Excel 表的名稱和範圍，並選擇我們想要用的那張表。在本例中，我們要用的 Excel 表格名為 example_table：

```
tables <- getTables(wb, 'input_data')
table_range_str <- names(tables[tables == 'example_table'])
table_range_refs <- strsplit(table_range_str, ':')[[1]]

# 使用 regex，以列為單位做擷取
table_range_row_num <- gsub("[^0-9.]", "", table_range_refs)

# 以欄為單位做擷取
table_range_col_num <- convertFromExcelRef(table_range_refs)
```

現在 vector table_range_row_num 包含該具名試算表的欄，而 table_range_row_num 包含具名試算表的列。然後我們可以使用 read.xlsx 函式取得入我們需要的列和欄：

```
df <- read.xlsx(
  xlsxFile = "data/excel_table_data.xlsx",
  sheet = 'input_data',
  cols = table_range_col_num[1]:table_range_col_num[2],
  rows = table_range_row_num[1]:table_range_row_num[2]
)
```

雖然乍看之下很複雜，但是當與使用複雜結構 Excel 檔案的分析人員共用資料時，這種設計模式可以省去很多麻煩。

參見

安裝 openxlsx 後，執行 vignette('Introduction', package='openxlsx')，您就可以看到 openxlsx 的小品文。

readxl 套件（*https://readxl.tidyverse.org/*）是 tidyverse 的一部分，提供快速、簡單的 Excel 檔案讀取。但是，readxl 目前不支援具名 Excel 表。

writexl 套件（*http://bit.ly/2F90oYs*）是一個用於編寫 Excel 檔案的快速羽量級（無依賴關係）套件（在錦囊 4.12 中討論）。

4.12 寫資料幀到 Excel

問題

要將 R 資料幀寫入 Excel 檔案。

解決方案

openxlsx 套件使得編寫 Excel 文件相對容易,雖然在 openxlsx 有很多用法,但是一個典型的用法是指定一個 Excel 檔案名稱和一個試算表名稱:

```
library(openxlsx)
write.xlsx(df,
           sheetName = "some_sheet",
           file = "out_file.xlsx")
```

討論

openxlsx 套件提供大量的用法,在各個面向控制 Excel 物件模型。例如,我們可以使用它來設定儲存格顏色、定義命名範圍和設定儲存格大綱。它還有一些輔助函式,比如 write.xlsx 使簡單的任務變成超級容易。

當日常業務使用到 Excel 時,將所有輸入資料統一儲存到 Excel 檔案中的具名試算表是一個很好的主意,這使得存取資料更容易,也更不容易出錯。但是,如果使用 openxlsx 來覆蓋其中一個試算表時,若新資料表包含的列數少於它所替換的列數,則可能會面臨風險,造成新資料和舊資料連接在一起,而您可能會誤用舊的資料而導致錯誤。解決方案是先刪除現有的試算表,然後將新資料放回相同的位置,並為新資料指定其試算表的名稱。為此,我們需要使用更高級的 Excel 操作函式 openxlsx。

首先使用 loadWorkbook 將 Excel 活頁簿完整讀入 R:

```
library(openxlsx)

wb <- loadWorkbook("data/excel_table_data.xlsx")
```

在刪除表之前,我們想先取得表的起始列和欄:

```
tables <- getTables(wb, 'input_data')
table_range_str <- names(tables[tables == 'example_table'])
table_range_refs <- strsplit(table_range_str, ':')[[1]]
```

```
# 使用 regex，以列為單位做擷取
table_row_num <- gsub("[^0-9.]", "", table_range_refs)[[1]]

# 以欄為單位做擷取
table_col_num <- convertFromExcelRef(table_range_refs)[[1]]
```

然後我們可以使用 removeTable 函式來刪除現有的 Excel 表格：

```
removeTable(wb = wb,
            sheet = 'input_data',
            table = 'example_table')
```

現在我們可以使用 writeDataTable 將 iris 資料幀（R 內建的）寫回 R 的活頁簿物件中：

```
writeDataTable(
  wb = wb,
  sheet = 'input_data',
  x = iris,
  startCol = table_col_num,
  startRow = table_row_num,
  tableStyle = "TableStyleLight9",
  tableName = 'example_table'
)
```

此時儲存活頁簿，我們的資料表就會被更新啦。不過，在活頁簿中儲存一些描述資料是一個好主意，以便讓其他人確切地知道資料是何時被更改過。我們可以使用 writeData 函式實作這一點，然後將活頁簿儲存到一個檔案中並覆蓋原始檔案。在本例中，我們將描述資料文字放在 B:5 儲存格中，然後將活頁簿儲存到檔案中，覆蓋原始的：

```
writeData(
  wb = wb,
  sheet = 'input_data',
  x = paste('example_table data refreshed on:', Sys.time()),
  startCol = 2,
  startRow = 5
)

# 接著儲存活頁簿
saveWorkbook(wb = wb,
             file = "data/excel_table_data.xlsx",
             overwrite = TRUE)
```

得到的 Excel 試算表如圖 4-2 所示。

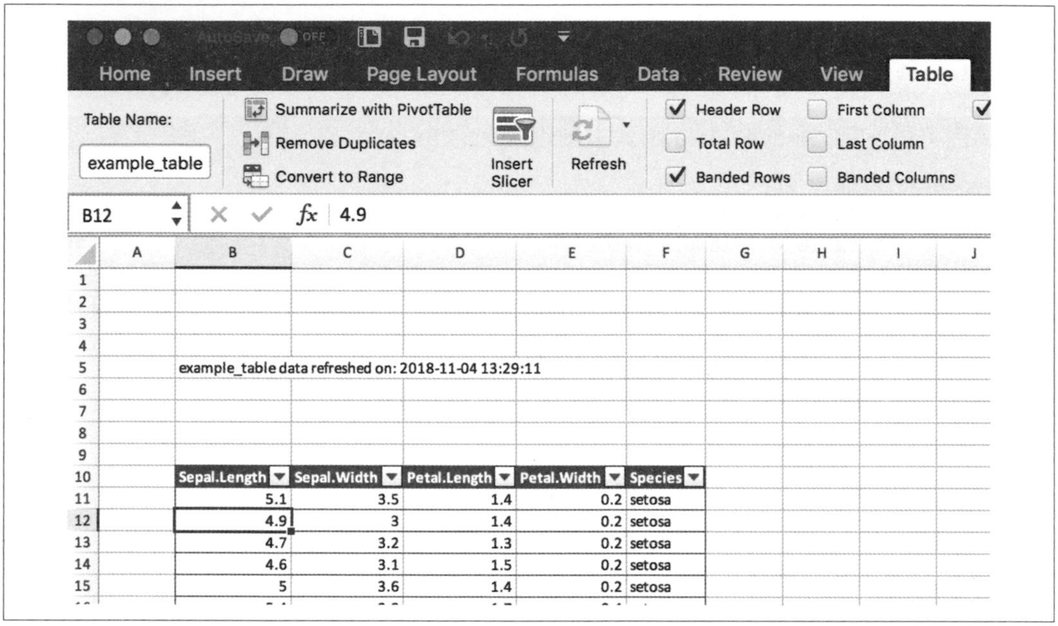

圖 4-2　Excel 試算表與描述資料

參見

安裝 openxlsx 並執行 vignette('Introduction', package='openxlsx')，您可以看到 openxlsx 的小品文。

readxl 套件（*https://readxl.tidyverse.org/*）是 tidyverse 的一部分，提供快速、簡單的 Excel 檔案讀取（在錦囊 4.11）。

writexl 套件（*http://bit.ly/2F90oYs*）是一個用於編寫 Excel 檔案的快速羽量級（無依賴關係）套件。

4.13 從 SAS 檔案讀取資料

問題

您希望將統計分析軟體（Statistical Analysis Software，SAS）資料集合讀入 R 資料幀。

解決方案

使用 sas7bdat 套件支援讀取 *.sas7bdat* 文件到 R：

```
library(haven)

sas_movie_data <- read_sas("data/movies.sas7bdat")
```

討論

SAS V7 以後的版本都支援 *.sas7bdat* 檔案格式。haven 套件中的 read_sas 函式支援讀取 *.sas7bdat* 檔案格式，包括變數標籤。如果您的 SAS 檔案有變數標籤，當它們被導入 R 時，它們將儲存在資料幀的 label 屬性中，而且預設情況下不會印出這些標籤。在 RStudio 中打開資料幀，或者對在每一欄呼叫 attributes Base R 函式，都可以看到標籤：

```
sapply(sas_movie_data, attributes)
#> $Movie
#> $Movie$label
#> [1] "Movie"
#>
#>
#> $Type
#> $Type$label
#> [1] "Type"
#>
#>
#> $Rating
#> $Rating$label
#> [1] "Rating"
#>
#>
#> $Year
#> $Year$label
#> [1] "Year"
#>
#>
#> $Domestic__
#> $Domestic__$label
#> [1] "Domestic $"
#>
#> $Domestic__$format.sas
#> [1] "F"
#>
```

```
#>
#> $Worldwide__
#> $Worldwide__$label
#> [1] "Worldwide $"
#>
#> $Worldwide__$format.sas
#> [1] "F"
#>
#>
#> $Director
#> $Director$label
#> [1] "Director"
```

參見

對於大型檔案，sas7bdat 套件的速度比 haven 慢得多，但是它對檔案屬性的支援比較完整。如果 SAS 描述資料對您很重要，那麼您應該研究 sas7bdat::read.sas7bdat。

4.14 從 HTML 表格讀取數據

問題

您希望從 web 上的 HTML 表格讀取資料。

解決方案

使用 rvest 套件中的 read_html 和 html_table 函式。若要讀取網頁上的所有表格，請執行以下操作：

```
library(rvest)
library(tidyverse)

all_tables <-
  read_html("url") %>%
  html_table(fill = TRUE, header = TRUE)
```

注意，rvest 套件是在執行 install.packages('tidyverse') 時安裝的，但它不是核心的 tidyverse 套件。因此，必須手動載入套件。

討論

Web 頁面可以包含數個 HTML 表格。呼叫 read_html(*url*) 然後用管道連結 html_table，即可逐一讀取頁面上的表格，並以一個 list 回傳所有表格，這個用法在探索一個未知的頁面時很實用，但是如果只需要一個特定的表，就會很麻煩。在這種情況下，使用 extract2(*n*) 以選擇第 *n* 個表格。

例如，下面範例我們將從一篇 Wikipedia 文章中擷取所有表格：

```
library(rvest)

all_tables <-
  read_html("https://en.wikipedia.org/wiki/Aviation_accidents_and_incidents") %>%
  html_table(fill = TRUE, header = TRUE)
```

其中 read_html 將 HTML 文件中的所有表格放入輸出的 list 中。要從 list 中擷取單個表，可以使用 magrittr 套件中的 extract2 函式：

```
out_table <-
  all_tables %>%
  magrittr::extract2(2)

head(out_table)
#>   Year Deaths[53] # of incidents[54]
#> 1 2018      1,040            113[55]
#> 2 2017        399                101
#> 3 2016        629                102
#> 4 2015        898                123
#> 5 2014      1,328                122
#> 6 2013        459                138
```

html_table 的兩個常見參數是：fill=TRUE，表示要用 NA 填充遺失的值。header=TRUE，表示首列包含欄名稱。

下面的例子從 Wikipedia 的 "World population（世界人口）" 頁面載入所有表：

```
url <- 'http://en.wikipedia.org/wiki/World_population'
tbls <- read_html(url) %>%
  html_table(fill = TRUE, header = TRUE)
```

結果，這個頁面包含 23 個表格（或者 html_table 認為可能是表格的東西）：

```
length(tbls)
#> [1] 23
```

在這個例子中，我們只想要第 6 個表（它按人口數量排列國家），所以我們可以使用括號存取該元素——tbls[[6]]——或者我們可以將它接管道到 extract2 函式（magrittr 套件）：

```
library(magrittr)
tbl <- tbls %>%
  extract2(6)

head(tbl, 2)
#>   Rank Country / Territory      Population          Date % of world population
#> 1    1      China[note 4] 1,397,280,000 May 11, 2019                    18.1%
#> 2    2              India 1,347,050,000 May 11, 2019                    17.5%
#>   Source
#> 1   [84]
#> 2   [85]
```

extract2 函式是 "支援管道" 版本，使用 R 的 [[i]] 語法：它會取出一個 list 中的元素。而 extract 函式類似於 R 的 [i]，它將元素 i 從原始列表回傳，放入到長度為 1 的 list 中。

在該表格中，第 2 和第 3 欄分別是國家名稱和人口：

```
tbl[, c(2, 3)]
#>    Country / Territory    Population
#> 1        China[note 4] 1,397,280,000
#> 2                India 1,347,050,000
#> 3        United States   329,181,000
#> 4            Indonesia   265,015,300
#> 5             Pakistan   212,742,631
#> 6               Brazil   209,889,000
#> 7              Nigeria   188,500,000
#> 8           Bangladesh   166,532,000
#> 9       Russia[note 5]   146,877,088
#> 10               Japan   126,440,000
```

馬上，我們一眼就看到資料的問題：China（中國）和 Russia（俄羅斯）的名字後面有 [note 4] 和 [note 5]。在 Wikipedia 網站上，這些都是註腳參照，但現在對於我們來說只是一些無用的文字。更加雪上加霜的是，那些人口數字中還嵌入了逗號，因此不能輕易地將它們轉換為數字。所有這些問題都可以透過一些字串處理來解決，但是每個問題都至少在處理過程中增加了一個步驟。

這說明了讀取 HTML 表格的主要障礙。HTML 的設計精神是向人們呈現資訊，而不是向電腦顯示資訊。當您從一個 HTML 頁面上取得資訊時，您得到的東西對人們有用，但對電腦卻是有點困擾。如果您有選擇，那麼請選擇為電腦設計的資料表示方法，如 XML、JSON 或 CSV。

> read_html(*url*) 和 html_table 函式是 rvest 套件的一部分，這個套件很大很複雜（確實也需要那麼複雜）。任何時候，當您從一個專為人類讀者而非電腦設計的網站上擷取資料時，您都需要進行後續處理來清理一些零碎資料。

參見

有關下載和安裝諸如 rvest 套件之類的套件，請參閱錦囊 3.10。

4.15 讀取複雜結構檔案

問題

您想從複雜或不規則結構的檔案中讀取資料。

解決方案

使用 readLines 函式讀取單獨的列；然後將它們處理為字串來擷取資料項目。

或者，使用 scan 函式來讀取單個 token，並使用參數 what 來描述檔案中的 token 串流。該函式可以將 token 轉換為資料，然後再將這些資料組裝成記錄。

討論

如果我們所有的資料檔案都是整齊的表格，並使用乾淨的分隔，那麼生活就會變得簡單而美好。我們可以使用 readr 套件中的函式之一讀取這些檔案，然後繼續後面的工作。

不幸的是，我們並不是生活在一個童話的國度中。

您總會遇到一種令人害怕的檔案格式，而您的工作是要將該檔案的內容讀入 R。

read.table 和 read.csv 函式使用時有檔案種類限制,所以可能幫不上忙。但是,readLines 和 scan 函式在這裡就非常實用,因為它們允許您處理檔案的各個列甚至 token。

readLines 函式非常簡單。它從檔案中讀取列並以字串清單的形式回傳:

```
lines <- readLines("input.txt")
```

您可以使用 n 參數來限制讀取列數,該參數給出了要讀取的最大列數:

```
lines <- readLines("input.txt", n = 10)        # 讀取 10 列並停止
```

scan 函式花招就比較多了。它一次讀取一個 token 並根據您的指示處理它。第一個引數是檔案名稱或連接。第二個參數名為 what,它描述了 scan 在輸入檔案中應該期待看到哪些 token。這個描述看起來很神秘,但同時又很聰明:

what=numeric(0)

　　將下一個 token 解釋為一個數字

what=integer(0)

　　將下一個 token 解釋為整數

what=complex(0)

　　將下一個 token 解釋為複數

what=character(0)

　　將下一個 token 解釋為字串

what=logical(0)

　　將下一個 token 解釋為邏輯值

scan 函式將重複套用給定的描述,直到讀取完所有資料。

假設您的檔案只是一串數字,就像這樣:

```
2355.09 2246.73 1738.74 1841.01 2027.85
```

若用了 what=numeric(0),意思就是說 "我的檔案由一連串的 token 組成,每個 token 都是一個數值":

```
singles <- scan("./data/singles.txt", what = numeric(0))
singles
#> [1] 2355.09 2246.73 1738.74 1841.01 2027.85
```

scan 的一個關鍵特性是，what 可以是一個包含多個 token 類型的 list。scan 函式將假定您的檔案是這些類型的重複序列。假設您的檔案包含三組資料，如下所示：

```
15-Oct-87 2439.78 2345.63 16-Oct-87 2396.21 2207.73
19-Oct-87 2164.16 1677.55 20-Oct-87 2067.47 1616.21
21-Oct-87 2081.07 1951.76
```

使用一個列表告訴 scan 它應該期待看到重複三個 token 的序列：

```
triples <-
  scan("./data/triples.txt",
       what = list(character(0), numeric(0), numeric(0)))
triples
#> [[1]]
#> [1] "15-Oct-87" "16-Oct-87" "19-Oct-87" "20-Oct-87" "21-Oct-87"
#>
#> [[2]]
#> [1] 2439.78 2396.21 2164.16 2067.47 2081.07
#>
#> [[3]]
#> [1] 2345.63 2207.73 1677.55 1616.21 1951.76
```

若指定為 list 元素指定名稱，scan 會將這些名稱分配給資料：

```
triples <- scan("./data/triples.txt",
                what = list(
                  date = character(0),
                  high = numeric(0),
                  low = numeric(0)
                ))
triples
#> $date
#> [1] "15-Oct-87" "16-Oct-87" "19-Oct-87" "20-Oct-87" "21-Oct-87"
#>
#> $high
#> [1] 2439.78 2396.21 2164.16 2067.47 2081.07
#>
#> $low
#> [1] 2345.63 2207.73 1677.55 1616.21 1951.76
```

產出的結果，可以使用 data.frame 命令很容易地將其轉換為資料幀：

```
df_triples <- data.frame(triples)
df_triples
#>        date     high     low
#> 1 15-Oct-87 2439.78 2345.63
#> 2 16-Oct-87 2396.21 2207.73
#> 3 19-Oct-87 2164.16 1677.55
#> 4 20-Oct-87 2067.47 1616.21
#> 5 21-Oct-87 2081.07 1951.76
```

scan 函式有很多花俏的功能，但是下面這些功能特別實用：

n=*number*

讀完這些 token 數量後停止。（預設值是在檔案的結尾處停止。）

nlines=*number*

在讀完這些輸入列之後停止。（預設值是在檔案的結尾處停止。）

skip=*number*

讀取資料前要跳過的輸入列數量。

na.strings =*list*

要解譯為 NA 的字串清單。

範例

讓我們使用這個方法從 StatLib 讀取資料集合，StatLib 是卡內基梅隆大學（Carnegie Mellon University）維護的統計資料和軟體的 repository。Jeff Witmer 提供了一個名為 wseries 的資料集合，該資料集合顯示了自 1903 年以來世界大賽的輸贏記錄。資料集合儲存在一個 ASCII 檔案中，包含 35 列注釋和 23 列資料。資料本身看起來像這樣：

```
1903   LWLlwwwW    1927   wwWW     1950   wwWW     1973   WLwllWW
1905   wLwWW       1928   WWww     1951   LWlwwW   1974   wlWWW
1906   wLwLwW      1929   wwLWW    1952   lwLWLww  1975   lwWLWlw
1907   WWww        1930   WWllwW   1953   WWllwW   1976   WWww
1908   wwLww       1931   LWwlwLW  1954   WWww     1977   WLwwlW
.
. (etc.)
.
```

資料編碼如下：L = 主場失分，l = 客場失分，W = 主場得分，w = 客場得分。資料按欄順序顯示，而不是按列順序顯示，這使我們的讀取工作稍微複雜些。

下面是讀取原始資料的 R 程式碼：

```
# 讀取 wseries 資料集合：
#      - 跳過開頭的 35 列
#      - 然後讀取 23 列資料
#      - 目標資料是成對的出現：一個年份與一個樣式（字元字串）
#
world.series <- scan(
  "http://lib.stat.cmu.edu/datasets/wseries",
  skip = 35,
  nlines = 23,
  what = list(year = integer(0),
              pattern = character(0)),
)
```

scan 函式回傳一個 list，因此我們得到一個包含兩個元素的 list：year 和 pattern。該函式從左到右讀取資料，但資料集合是按欄來組織的，因此年份以一種奇怪的順序出現：

```
world.series$year
#>  [1] 1903 1927 1950 1973 1905 1928 1951 1974 1906 1929 1952 1975 1907 1930
#> [15] 1953 1976 1908 1931 1954 1977 1909 1932 1955 1978 1910 1933 1956 1979
#> [29] 1911 1934 1957 1980 1912 1935 1958 1981 1913 1936 1959 1982 1914 1937
#> [43] 1960 1983 1915 1938 1961 1984 1916 1939 1962 1985 1917 1940 1963 1986
#> [57] 1918 1941 1964 1987 1919 1942 1965 1988 1920 1943 1966 1989 1921 1944
#> [71] 1967 1990 1922 1945 1968 1991 1923 1946 1969 1992 1924 1947 1970 1993
#> [85] 1925 1948 1971 1926 1949 1972
```

我們可以透過按年份排序 list 元素來解決這個問題：

```
perm <- order(world.series$year)
world.series <- list(year    = world.series$year[perm],
                     pattern = world.series$pattern[perm])
```

排序完成後，現在資料按時間順序顯示：

```
world.series$year
#>  [1] 1903 1905 1906 1907 1908 1909 1910 1911 1912 1913 1914 1915 1916 1917
#> [15] 1918 1919 1920 1921 1922 1923 1924 1925 1926 1927 1928 1929 1930 1931
#> [29] 1932 1933 1934 1935 1936 1937 1938 1939 1940 1941 1942 1943 1944 1945
#> [43] 1946 1947 1948 1949 1950 1951 1952 1953 1954 1955 1956 1957 1958 1959
#> [57] 1960 1961 1962 1963 1964 1965 1966 1967 1968 1969 1970 1971 1972 1973
#> [71] 1974 1975 1976 1977 1978 1979 1980 1981 1982 1983 1984 1985 1986 1987
#> [85] 1988 1989 1990 1991 1992 1993
```

```
world.series$pattern
#>   [1] "LWLlwwwW" "wLwWW"    "wLwLwW"   "WWww"     "wWLww"    "WLwlWlw"
#>   [7] "WWwlw"    "lwWWlW"   "wLwWllLW" "wLwWW"    "wwWW"     "lwWWw"
#>  [13] "WWlwW"    "WWllWw"   "wlwWLW"   "WWlwwLLw" "wllWWWW"  "LlWwLwWw"
#>  [19] "WWWW"     "LwLwWw"   "LWlwlWW"  "LWllwWW"  "lwWLLww"  "wwWW"
#>  [25] "WWww"     "wwLWW"    "WWllWW"   "LWwlwLW"  "WWww"     "WWlww"
#>  [31] "wlWLLww"  "LWwwlW"   "lwWWLw"   "WWwlw"    "wwWW"     "WWww"
#>  [37] "LWwlWW"   "WLwww"    "LWwww"    "WLWww"    "LWlwwW"   "LWLwwlw"
#>  [43] "LWlwlww"  "WWllwLW"  "lwWWLw"   "WLwww"    "wwWW"     "LWlwwW"
#>  [49] "lwLWLww"  "WWllwW"   "WWww"     "llWWWlw"  "llWWWlw"  "lwLWWlw"
#>  [55] "llWLWww"  "lwWWLw"   "WLlwwLW"  "WLwww"    "wlWLWlw"  "wwWW"
#>  [61] "WLlwwLW"  "llWWWlw"  "wwWW"     "wlWWLlw"  "lwLLWww"  "lwWWW"
#>  [67] "wwWLW"    "llWWWlw"  "wwLWLlw"  "WLwllWW"  "wlWWW"    "lwWLWlw"
#>  [73] "WWww"     "WLwwlW"   "llWWWw"   "lwLLWww"  "WWllwW"   "llWWWw"
#>  [79] "LWwllWW"  "LWwww"    "wlWWW"    "LLwlwWW"  "LLwwlWW"  "WWlllWW"
#>  [85] "WWlww"    "WWww"     "WWww"     "WWlllWW"  "lwWWLw"   "WLwwlW"
```

4.16 讀取 MySQL 資料庫

問題

您希望存取儲存在 MySQL 資料庫中的資料。

解決方案

請跟著以下步驟做：

1. 在您的電腦上安裝 RMySQL 套件並添加使用者和密碼。

2. 使用 DBI::dbConnect 函式打開資料庫連接。

3. 使用 dbGetQuery 初始化一個 SELECT 並回傳結果集合。

4. 使用 dbDisconnect 來終止資料庫連接。

討論

此錦囊要求在您的電腦上安裝 RMySQL 套件。這個套件需要 MySQL 客戶端軟體。如果還沒有在系統上安裝該軟體，請參考 MySQL 文件或系統管理員。

請使用 dbConnect 函式建立到 MySQL 資料庫的連接。回傳一個連線物件，用於後續呼叫 RMySQL 函式：

```
library(RMySQL)

con <- dbConnect(
    drv = RMySQL::MySQL(),
    dbname = "your_db_name",
    host = "your.host.com",
    username = "userid",
    password = "pwd"
  )
```

username、password 以及 host 這三個參數，和 mysql 使用者端程式存取 MySQL 時使用的參數相同。這裡的範例是將它們寫死到 dbConnect 呼叫中，但實際上這是一種不明智的做法。它將您的密碼放在純文字文件中，導致產生安全問題。當您的密碼或主機發生更改時，它還會造成很大的麻煩，需要您查找當初寫定的值。我們強烈建議使用 MySQL 的安全機制。MySQL Version 8 引入了更高級的安全設定，但目前這些選項還沒加入到 RMySQL 客戶端軟體中。因此，我們建議您在 MySQL 設定檔案中設定 default-authentication-plugin=mysql_native_password，即在 Unix 系統下的 *$HOME/.my.cnf* 和 Windows 系統下的 *C:\my.cnf* 中。我們使用 loose-local-infile=1 來確保我們有寫入資料庫許可權。請確保除您之外的任何人都無法讀取該文件。該檔案被分隔成 [mysqld] 和 [client] 等標記的不同節區，請將連接參數放入 [client] 節區，這樣設定檔案將包含如下內容：

```
[mysqld]
default-authentication-plugin=mysql_native_password
loose-local-infile=1

[client]
loose-local-infile=1
user="jdl"
password="password"
host=127.0.0.1
port=3306
```

一旦在設定檔案中定義了參數，您就不再需要在 dbConnect 呼叫中提供這些參數，這就讓事情變得簡單多了：

```
con <- dbConnect(
  drv = RMySQL::MySQL(),
  dbname = "your_db_name")
```

接下來，請使用 dbGetQuery 函式將您的 SQL 提交到資料庫並讀回結果集合。要做到這件事，需要一個開放的資料庫連接：

```
sql <- "SELECT * from SurveyResults WHERE City = 'Chicago'"
rows <- dbGetQuery(con, sql)
```

您不限於只能使用 SELECT 述句，而是任何生成結果集合的 SQL 都可以。CALL 述句就很常被使用，例如，如果您的 SQL 是儲存在資料庫的內儲程序中，並且這些內儲程序包含 SELECT 述句的話，此時就常會使用 CALL 述句。

使用 dbGetQuery 非常方便，因為它將結果集合打包到一個資料幀中並回傳資料幀，用資料幀來呈現 SQL 結果集合是最完美的，因為結果集合是由列和欄組成的表格資料結構，資料幀也是如此。結果集合中的欄由 SQL SELECT 述句提供名稱，而 R 使用這些名稱來命名資料幀的欄。

重複呼叫 dbGetQuery 來執行多個查詢，完成後，使用 dbDisconnect 關閉資料庫連接：

```
dbDisconnect(con)
```

下面這是一個完整的 session，這個 session 會從股票價格資料庫中讀取和印出三列。該查詢選取 2008 年最後三天 IBM 公司的股票價格。假設 username、password、dbname 以及 host 參數定義在 *my.cnf* 文件中：

```
con <- dbConnect(RMySQL::MySQL())
sql <- paste(
  "select * from DailyBar where Symbol = 'IBM'",
  "and Day between '2008-12-29' and '2008-12-31'"
)
rows <- dbGetQuery(con, sql)

dbDisconnect(con)
print(rows)

##   Symbol        Day       Next OpenPx HighPx LowPx ClosePx AdjClosePx
## 1    IBM 2008-12-29 2008-12-30  81.72  81.72 79.68   81.25      81.25
## 2    IBM 2008-12-30 2008-12-31  81.83  83.64 81.52   83.55      83.55
## 3    IBM 2008-12-31 2009-01-02  83.50  85.00 83.50   84.16      84.16
##   HistClosePx  Volume OpenInt
## 1       81.25 6062600      NA
## 2       83.55 5774400      NA
## 3       84.16 6667700      NA
```

參見

參見錦囊 3.10 和 RMySQL 的文件，其中包含有關設定和使用套件的更多細節。

有關如何在不編寫任何 SQL 的情況下從 SQL 資料庫獲取資料的資訊，請參閱錦囊 4.17。

R 可以從其他幾個 RDBMS 讀取資料，包括 Oracle、Sybase、PostgreSQL 和 SQLite。有關更多資訊，請參見 "R Data Import/Export" 指南，這個指南含在基本發行版本（錦囊 1.7）中，也可以在 CRAN 網站（*http://cran.r-project.org/doc/manuals/R-data.pdf*）上取得。

4.17 使用 dbplyr 存取資料庫

問題

您希望存取資料庫，但又不想寫 SQL 程式碼來運算資料及回傳結果給 R。

解決方案

除了控制資料操作的語法之外，tidyverse 中的 dplyr 套件可以與 dbplyr 套件連接，將 dplyr 命令轉換為 SQL 命令。

讓我們先用 RSQLite 設定一個範例資料庫。然後我們將連接它，並使用 dplyr 和 dbplyr 後端來擷取資料。

然後，我們要將 msleep 範例資料載入到位於記憶體中的 SQLite 資料庫，以備好要用的範例表格：

```
con <- DBI::dbConnect(RSQLite::SQLite(), ":memory:")
sleep_db <- copy_to(con, msleep, "sleep")
```

現在我們的資料庫中有了一個表格，我們可以在 R 中建立參照：

```
sleep_table <- tbl(con, "sleep")
```

sleep_table 物件是資料庫表格或別名的指標類型。但是，dplyr 將它視為一般的 tidyverse tibble 或資料幀，所以您可以使用 dplyr 和其他 R 命令對它進行操作。接著，讓我們從資料中選取睡眠時間少於 3 小時的所有動物：

```
little_sleep <- sleep_table %>%
  select(name, genus, order, sleep_total) %>%
  filter(sleep_total < 3)
```

當我們執行上述命令時，dbplyr 後端還不會去取得資料。它做的是構建查詢並做好準備。要查看由 dplyr 構建的查詢，可以使用 show_query：

```
show_query(little_sleep)
#> <SQL>
#> SELECT *
#> FROM (SELECT `name`, `genus`, `order`, `sleep_total`
#> FROM `sleep`)
#> WHERE (`sleep_total` < 3.0)
```

要將資料取回本機，使用 collect：

```
local_little_sleep <- collect(little_sleep)
local_little_sleep
#> # A tibble: 3 x 4
#>   name        genus         order          sleep_total
#>   <chr>       <chr>         <chr>                <dbl>
#> 1 Horse       Equus         Perissodactyla         2.9
#> 2 Giraffe     Giraffa       Artiodactyla           1.9
#> 3 Pilot whale Globicephalus Cetacea                2.7
```

討論

當您透過在 dplyr 套件的功能，只編寫 dplyr 命令就存取 SQL 資料庫時，您可以避免重複地從一種語言切換到另一種語言來提高效率。其他的替代方案，是以文字字串的型態儲存大量的 SQL 程式碼在 R Script 檔案中，或在 R 中讀入另一個獨立的 SQL 檔案。

dplyr 能無感地在後臺建立 SQL，您不再需要維護單獨的 SQL 程式碼，才能取得資料了。

dbplyr 套件使用 DBI 套件連接到您的資料庫，因此您需要 DBI 後端套件來存取您想存取的任何資料庫。

一些常用的 DBI 後端套件有：

odbc

使用開放資料庫連接（ODBC）協定連接到許多不同的資料庫。當您連接到 Microsoft SQL Server 時，這通常是最佳選擇。ODBC 在 Windows 電腦上通常很簡單，但是在 Linux 或 macOS 上使用可能需要相當大的努力。

RPostgreSQL

用於連接到 Postgres 和 Redshift。

RMySQL

MySQL 和 MariaDB。

RSQLite

用於連接磁碟或記憶體中的 SQLite 資料庫。

bigrquery

用於連接到 Google 的 BigQuery。

 這裡討論的每個 DBI 後端套件都列在 CRAN 上，可以使用典型的 `install.packages('`*`package name`*`')` 命令進行安裝。

參見

有關將 R 和 RStudio 連接資料庫的更多資訊，請參見 *https://db.rstudio.com/*。

有關 dbplyr 中的 SQL 翻譯的更多細節，請在 `vignette("sql-translation")` 或 *http://bit.ly/2wVCOKe* 上閱讀 `sql-translation` 小品文。

4.18 儲存和傳輸物件

問題

您希望將一個或多個 R 物件儲存在一個檔案中，供日後使用，或者希望將一個 R 物件從一台電腦複製到另一台電腦。

解決方案

使用 save 函式將物件寫入檔案：

```
save(tbl, t, file = "myData.RData")
```

然後使用 load 函式讀取它們，無論是在您的電腦上還是在任何支援 R 的平台上：

```
load("myData.RData")
```

save 函式寫入的是二進位資料。若要以 ASCII 格式儲存，請改用 dput 或 dump 函式：

```
dput(tbl, file = "myData.txt")
dump("tbl", file = "myData.txt")     # 請注意變數名稱前後有括號
```

討論

假設您發現自己有一個大型、複雜的資料物件，想要載入到其他工作區，或者想要在 Linux 和 Windows 框之間傳輸 R 物件。load 和 save 函式讓您達成這一切：save 的功能是將物件儲存在一個可以跨電腦移植的檔案中，load 則是可以讀取這些檔案。

當您執行 load 時，它並不是回傳您的資料；相反地，它在工作區中建立變數，將資料載入到這些變數中，然後函式回傳變數的名稱（在 vector 中）。第一次執行 load 時，您可能想這樣做：

```
myData <- load("myData.RData")      # 可能跟您想的不太一樣喔！
```

讓我們看看 myData 是什麼：

```
myData
#> [1] "tbl" "t"
str(myData)
#>  chr [1:2] "tbl" "t"
```

這可能令人感到困惑，因為 myData 根本不包含您的資料。第一次看見這情況時，可能會感到困惑和沮喪。

還有一些其他的事情也要記住。首先，save 函式以二進位格式寫入，以保持檔案較小。可是，有時卻需要 ASCII 格式。例如，當您向電子郵件列表或 Stack Overflow 提交問題時，將資料轉儲為 ASCII 格式夾帶，可以讓其他人重現您的問題。在這種情況下，請使用 dput 或 dump 將資料以 ASCII 表示。

在儲存和載入由特定 R 套件建立的物件時，還必須小心。當您載入物件時，R 也不會自動載入所需的套件，所以它不能 "理解" 該物件是什麼，除非您已自己載入了套件。例如，假設我們有一個由 zoo 套件建立的物件 z，並將該物件儲存在一個名為 *z. RData* 的文件中。下面的函式序列會造成一些令人困惑的情況：

```
load("./data/z.RData")     # 建立與填充 z 變數
plot(z)                    # 畫出的圖不如預期：zoo 套件未載入
```

圖 4-3 中的 plot 顯示了畫出的圖表，裡面充滿了一些不知是什麼的點。

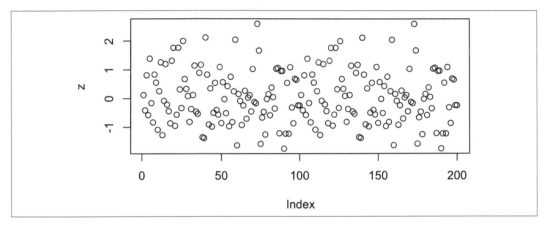

圖 4-3　zoo 套件未載入

我們應該在列印或繪製任何 zoo 物件之前載入 zoo 套件，如下：

```
library(zoo)               # 將 zoo 套件載入記憶體
load("./data/z.RData")     # 建立並填充 z 變數
plot(z)                    # 啊～現在畫出的圖表正常了
```

您可以在圖 4-4 中看到結果圖。

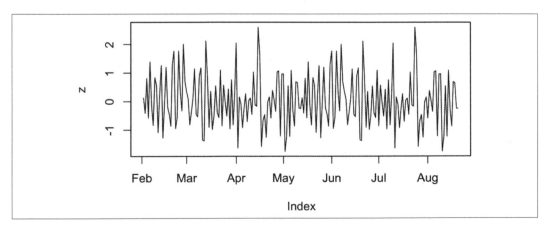

圖 4-4　zoo 套件載入後的圖表

參見

如果您只是儲存和載入一個資料幀或其他 R 物件,那麼應該考慮 `write_rds` 和 `read_rds`。這些函式沒有 `load` 的那種「副作用」。

## 第五章

資料結構

只用 vector 的情況下，您也可以把 R 用得虎虎生風，也就是應用第 2 章的全部內容。在本章我們將超越 vector，介紹 matrix、list、factor、資料幀和 tibble（這是一種特殊的資料幀）的錦囊。如果您對資料結構有一些先入之見，我們建議您將它們放在一邊。R 的資料結構與許多其他語言不同。在我們學習本章的錦囊之前，我們先快速看一下 R 中的不同資料結構。

如果您想研究 R 資料結構方面的技術，我們建議您閱讀《*R in a Nutshell*》（*https://oreil. ly/2wUtwyf*） 和 R Language Definition（*https://cran.r-project.org/doc/manuals/R-lang. pdf*）。這裡的說明比較不那麼正式，但這些是我們剛開始使用 R 時希望知道的資訊。

Vector（向量）

下面是 vector 的一些關鍵性質：

vector 是同質性的

　　一個 vector 的所有元素必須具有相同的類型，或者用 R 術語來說，具有相同的 *mode*。

vector 可以按位置進行索引

　　v[2] 是指 v 的第二個元素。

vector 可以進行多個位置索引，並以一個子 *vector* 回傳

　　所以 v[C (2,3)] 是由 v 的第二和第三個元素組成的子 vector。

vector 元素可以有名字

> vector 有一個 names 屬性,其長度與 vector 本身相同,元素的名稱放在裡面:

```
v <- c(10, 20, 30)
names(v) <- c("Moe", "Larry", "Curly")
print(v)
#>   Moe Larry Curly
#>    10    20    30
```

如果 *vector* 元素有名稱,那麼您可以透過名稱來選擇它們

> 以前面的例子繼續說明:

```
v[["Larry"]]
#> [1] 20
```

List(串列)

下面是 list 的一些關鍵屬性:

List 是異構的

> List 可以包含不同類型的元素——在 R 術語中,list 元素可能具有不同的 mode。list 甚至可以包含其他結構化物件,如 list 和資料幀;這個特性允許您建立遞迴資料結構。

List 可以用位置進行索引

> 所以 lst[[2]] 是指 lst 的第二個元素。請注意這裡使用雙中括號。雙中括號表示不管元素是任何類型,R 將回傳該元素。

List 可讓您擷取子 list

> 所以 lst[C (2,3)] 是由第二和第三個元素組成的 lst 的子 list。請注意這裡的單中括號。單中括號表示 R 將回傳 list 中的項目。如果使用單中括號取得一個元素,比如 lst[2],R 將回傳一個長度為 1 的 list,其中第一個元素就是您想要的元素。

List 元素可以有名字

> lst[["Moe"]] 和 lst$Moe 都參照到名為 "Moe" 的元素。

由於 list 是異構的,而且它們的元素可以透過名稱檢索,所以 list 就像其他程式設計語言中的 dictionary、hash 或 lookup table(在錦囊 5.9 中討論)。

令人驚訝（也很酷）的是，與大多數其他程式設計語言不同，R 語言中的 list 也可以按位置索引。

mode：實際類型

在 R 中，每個物件都有一個 mode，該 mode 指示它該如何被儲存在記憶體中：作為一個數字、一個字串、一個指向其他物件的 list 指標、一個函式，等等（參見表 5-1）。

表 5-1　R 物件 mode 對照表

物件	例子	Mode
數字	3.1415	Numeric
數字 vector	c (2.7.182, 3.1415)	Numeric
字串	"Moe"	Character
字串 vector	c("Moe", "Larry", "Curly")	Character
factor	factor(c("NY", "CA", "IL"))	Numeric
list	list("Moe", "Larry", "Curly")	List
資料幀	data.frame(x=1:3, y=c("NY", "CA", "IL"))	List
函式	print	Function

mode 函式能給我們如下的資訊：

```
mode(3.1415)                         # 一個數字的 mode
#> [1] "numeric"
mode(c(2.7182, 3.1415))              # 數字 vector 的 mode
#> [1] "numeric"
mode("Moe")                          # 字元字串的 mode
#> [1] "character"
mode(list("Moe", "Larry", "Curly")) # list 的 mode
#> [1] "list"
```

總結來說，vector 和 list 之間的一個關鍵區別：

* 在 vector 中，所有元素必須具有相同的 mode。

* 在 list 中，元素可以有不同的 mode。

類別（class）：抽象類別型態

在 R 中，每個物件都有一個類別，該類別定義了它的抽象類別型態。這個術語是從物件導向程式設計中借來的。一個數字可以代表許多不同的東西：例如距離、時間點或重量。所有這些物件的 mode 都是 "numeric"，因為它們儲存為一個數值，但是它們可以有不同的類別來解釋與表示它們。

例如，一個 Date 物件即由一個數值組成：

```
d <- as.Date("2010-03-15")
mode(d)
#> [1] "numeric"
length(d)
#> [1] 1
```

但是它屬於 Date 類別，這類別告訴我們如何解釋這個數字——即自 1970 年 1 月 1 日起算以來的天數：

```
class(d)
#> [1] "Date"
```

R 使用物件的類別來決定如何處理物件。例如，通用函式 print 有其特化的版本（稱為 *method*），用於根據物件的類別印出物件，例如印出 data.frame、Date、lm 等類型物件。當您印出物件時，R 根據物件的類別呼叫適當的 print 函式。

常量

常量的奇特之處在於它們與 vector 的關係。在一些軟體中，常量和 vector 是兩個不同的東西。在 R 中，它們是一樣的：常量就是恰好包含一個元素的 vector。在這本書中，我們經常使用這個術語 "常量"，用來當成 "只有一個元素的 vector" 的縮寫。

例如內建常數 pi，它是一個常量：

```
pi
#> [1] 3.14
```

由於常量是一個單元素的 vector，所以您可以在 pi 上使用 vector 函式：

```
length(pi)
#> [1] 1
```

您可以索引它，當然，第一個（也是唯一一個）元素是 π：

```
pi[1]
#> [1] 3.14
```

如果您要第二個元素，抱歉沒有：

```
pi[2]
#> [1] NA
```

Matrix（矩陣）

在 R 中，matrix 就是一個有維度的 vector。乍看可能有點奇怪，但是您可以輕易地藉由指定維度就把 vector 轉換成 matrix。

vector 具有一個名為 dim 的屬性，其初始值為 NULL，如下所示：

```
A <- 1:6
dim(A)
#> NULL
print(A)
#> [1] 1 2 3 4 5 6
```

當我們設定 vector 的 dim 屬性時，我們給出了 vector 的維度。看看當我們將 vector 維度設定為 2×3 並印出來時會發生什麼：

```
dim(A) <- c(2, 3)
print(A)
#>      [,1] [,2] [,3]
#> [1,]   1    3    5
#> [2,]   2    4    6
```

看！這個 vector 被重新構造成一個 2×3 matrix。

也可以從 list 建立一個 matrix，方法與 vector 類似，list 也具有 dim 屬性，該屬性最初也是 NULL：

```
B <- list(1, 2, 3, 4, 5, 6)
dim(B)
#> NULL
```

如果我們設定 dim 屬性，它會指定 list 維度形狀：

```
dim(B) <- c(2, 3)
print(B)
#>      [,1] [,2] [,3]
```

```
#> [1,] 1    3    5
#> [2,] 2    4    6
```

看！我們把這個 list 變成了一個 2×3 matrix。

Array（陣列）

matrix 可以擴展到三維，甚至 *n* 維結構：只需為基礎 vector（或 list）指定更多的維度即可。下面的例子建立了一個 2×3×2 的三維陣列：

```
D <- 1:12
dim(D) <- c(2, 3, 2)
print(D)
#> , , 1
#>
#>      [,1] [,2] [,3]
#> [1,]    1    3    5
#> [2,]    2    4    6
#>
#> , , 2
#>
#>      [,1] [,2] [,3]
#> [1,]    7    9   11
#> [2,]    8   10   12
```

注意，每次 R 印出東西時，都以一個結構的 "slice（切片）" 為單位，因為無法在二維畫面上印出三維結構。

這讓我們有一種奇怪的感覺，僅僅透過指定這個 list 一個 dim 屬性，我們就可以把一個 list 變成一個 matrix。但等一下：還有更奇怪的。

回想一下，list 可以是異質的（混合 mode）。我們可以從一個異質 list 開始，給定它的維度，從而建立一個異質 matrix。這段程式碼建立了一個 matrix，它是數值和字元資料的混合：

```
C <- list(1, 2, 3, "X", "Y", "Z")
dim(C) <- c(2, 3)
print(C)
#>      [,1] [,2] [,3]
#> [1,] 1    3    "Y"
#> [2,] 2    "X"  "Z"
```

對我們來說，這很奇怪，因為我們通常假設一個 matrix 是純數值的，而不是混合的數值和字元。但在這一點 R 沒有那麼嚴格。

異質 matrix 的可能性看起來很強大，而且非常吸引人。然而，當您在實際的工作中要處理這類 matrix 的時候，它會產生一些問題。例如，當 matrix C（這個 matrix 來自前面的例子）拿來做矩陣乘法時會發生什麼？如果將其轉換為資料幀會發生什麼？答案是，**一些奇怪的事情將會發生**。

在這本書中，我們通常忽略了異質 matrix 這種病態用法。我們會假設您有一個簡單的，普通的 matrix。如果您的 matrix 包含混合資料，部份討論到 matrix 的錦囊可能會執行得很奇怪（或者根本不能用）。例如，將這樣的 matrix 轉換為 vector 或資料幀可能會有問題（請參閱錦囊 5.29）。

Factor（因素）

factor 看起來像一個字元 vector，但它有特殊的性質。R 會持續追蹤 vector 中各個不同的值，每個值被稱為相關 factor 的 *level*。R 使用這種緊湊的表示 factor，這使得它們在資料幀中儲存效率很高。在其他程式設計語言中，因數將由枚舉值組成的 vector 表示。

factor 有兩個主要用途：

類別變數

　　factor 可以用來表示類別變數。類別變數用於列聯表、線性回歸、變異數分析（ANOVA）、邏輯回歸和許多其他領域。

分組

　　這是一種根據資料所屬的分組，對資料進行標記技術，相關請見第 6 章。

資料幀（Data Frame）

資料幀是一種功能強大、靈活的結構，大多數真正的 R 應用程式都會用到資料幀。資料幀的主要目標是用於類比資料集合，比如您可能在 SAS 或 SPSS 中遇到的資料集合，或者 SQL 資料庫中的表格。

資料幀是一個表格（矩形）資料結構，這代表它有欄和列。然而，它的底層不是由 matrix 實作的。相反地，資料幀是具有以下特徵的 list：

- list 的元素是 vector 和 / 或 factor[1]。

- 這些 vector 和 factor 是資料幀的欄。

- vector 和 factor 的長度必須相同；換句話說，所有欄必須具有相同的高度。

- 由相等高度的欄組成資料幀矩形。

- 欄必須有名稱。

由於資料幀既是 list 又是矩形結構，所以 R 提供了兩種不同的方式來存取它的內容：

- 您可以使用 list 運算子，從一個資料幀中擷取欄，如 df[i]、df[[i]] 或 df$*name*。

- 您也可以使用 matrix 式的標號方法，如 df[i,j]、df[i,] 和 df[,j]。

您對資料幀的看法可能取決於您的背景：

對於統計專家

> 資料幀是一個以觀測值組成的表格，每一列包含一個觀測值。每個觀測值必須包含相同的變數。這些變數稱為欄位，您可以透過名稱引用它們。您還可以透過欄號和列號引用內容，就像使用 matrix 一樣。

對於 *SQL 程式設計師*

> 資料幀是一個表格，該表格完全駐留在記憶體中，但是您可以將它儲存到一個平面檔中，稍後再還原它。您不需要宣告欄型態，因為 R 為您推斷出欄型態。

對於 *Excel 使用者*

> 資料幀類似於試算表，或者試算表中的一個範圍。但是，由於每個欄都有一個型態，所以限制更嚴格。

對於 *SAS 使用者*

> 資料幀類似於 SAS 資料集合，所有資料都駐留在記憶體中。R 可以讀寫磁碟上的資料幀，但在 R 要處理資料幀時，資料幀必須在記憶體中。

1　可以由 vector、factor 以及 matrix 混合建構資料幀，matrix 的欄位會變成資料幀的欄位。每個 matrix 中列的總數量必須符合 vector 和 factor 的長度。換句話說，所有資料幀中的元素的高度必須相等。

對於 R 程式設計師

資料幀是一種混合的資料結構,由 matrix 和 list 組成。欄可以包含數值、字串或 factor,但不能混合使用。可以像索引 matrix 一樣索引資料幀。資料幀也是一個 list,其中 list 元素是各個欄,因此可以使用 list 運算子存取欄。

對於一個電腦科學家

資料幀是一個矩形資料結構。每個欄有各自的型態,每個欄的內容必須是數值、字元字串或是 factor。欄必須有標籤;列可以有標籤。表格可以根據位置、列名和 / 或欄名進行索引。list 運算子也可以存取它,在這種情況下,R 將資料幀視為一個 list,其中的元素是資料幀的欄。

對於公司經營者

您可以將名稱和數字放入資料幀中,資料幀就像一個小資料庫,而您的員工將喜歡使用資料幀。

Tibble

tibble 是由 Hadley Wickham 將資料幀引入 **tibble** 套件後做的重構,也是 tidyverse 中的核心套件。您在資料幀中使用的大多數常見函式也適用於 tibble。然而,tibble 通常比資料幀做得少,但抱怨得比較多。抱怨多和少做事可能會讓您想起您最不喜歡的同事;然而,我們認為 tibble 將是您最喜歡的資料結構之一。少做多抱怨可能是一種特性,而不是 bug。

與資料幀不同,tibble 的特點是:

- 預設情況下不提供行號。
- 不會給您奇怪的、意想不到的欄名。
- 不要強迫您的資料成為 factor(除非您明確要求)。
- 回收長度為 1 的 vector,但不回收其他長度的 vector。

除了基本的資料幀功能,tibble 還能:

- 預設情況下,只印出前四行和一些描述資料。
- 當要求要一個子集合時,總是回傳一個 tibble。

- 永遠不要進行部分匹配：如果您想要從 tibble 獲取一個欄，必須使用它的全名。

- 透過給您更多的警告和額外資訊來抱怨，以確保您瞭解軟體在做什麼。

所有這些額外的功能都是為了給您更少的驚嚇，並幫助您少犯錯誤。

5.1 將資料附加到 vector

問題

您希望在 vector 中附加額外的資料項目。

解決方案

使用 vector 構造函式（c）建構一個帶有附加資料項目的 vector：

```
v <- c(1, 2, 3)
newItems <- c(6, 7, 8)
c(v, newItems)
#> [1] 1 2 3 6 7 8
```

如果只想附加一個資料項目，還可以將新資料項目指定到 vector 的最後元素之後，R 將自動擴展 vector：

```
v <- c(1, 2, 3)
v[length(v) + 1] <- 42
v
#> [1]  1  2  3 42
```

討論

如果您問我們如何添加資料項目到 vector 中，我們可能會建議您不應該這樣做。

R 效率最好的情況，是當您對整個 vector 進行操作，而不是單個資料項目。您是否重複地向 vector 追加資料項目？如果是，那麼您可能在一個迴圈中工作。對於小型 vector，這樣做問題不大，但是對於大型的 vector，您的程式會執行得很慢。當您重複地為 vector 擴增一個元素時，R 中的記憶體管理效率將變得很差。請嘗試用 vector 層級的操作替換該迴圈，這樣一來您將編寫更少的程式碼，並且 R 將執行得更快。

儘管如此，有時確實需要向 vector 追加資料。我們的實驗表明，最有效的方法是使用 vector 構造函式（c）建立一個新 vector 來連接新舊資料。這方法適用於附加單個元素或多個元素：

```
v <- c(1, 2, 3)
v <- c(v, 4) # 附加一個資料項目到 v
v
#> [1] 1 2 3 4

w <- c(5, 6, 7, 8)
v <- c(v, w) # 附加一整個 vector 到 v
v
#> [1] 1 2 3 4 5 6 7 8
```

您還可以透過將資料項目指定到 vector 結尾之後的位置來附加新的資料項目，如解決方案中所示。事實上，R 能非常自由地擴展 vector。您可以指定到任何元素索引位置，R 將擴大 vector，以滿足您的要求：

```
v <- c(1, 2, 3)     # 建立一個擁有三個元素的 vector
v[10] <- 10         # 指定新資料到第 10 個元素位置
v                   # R 自動地擴展該 vector
#>  [1]  1  2  3 NA NA NA NA NA NA 10
```

注意，R 沒有抱怨索引超越邊界，它只是默默地將 vector 擴展到所需的長度，並用 NA 填充。

R 有一個 append 函式，該函式透過向現有 vector 添加資料項目來建立一個新 vector。但是，經由我們的實驗結果表明，這個函式的執行速度比 vector 建構函式和元素賦值都要慢。

5.2 將資料插入 vector

問題

要將一個或多個資料項目插入到 vector 中。

解決方案

先不管名稱問題，用 append 函式搭配在 after 參數，能將資料插入到一個 vector 中，after 參數能指定一個或多個新資料項目的插入點：

```
append(vec, newvalues, after = n)
```

討論

新資料項目將插入到 after 指定的位置。在我們的範例中是將 99 插入數列的中間：

```
append(1:10, 99, after = 5)
#> [1]  1  2  3  4  5 99  6  7  8  9 10
```

指定特殊值 after=0 表示要在 vector 的開頭處插入新資料項目：

```
append(1:10, 99, after = 0)
#> [1] 99  1  2  3  4  5  6  7  8  9 10
```

錦囊 5.1 中的說明也適用於此。如果您將單個資料項目插入到一個 vector 中，那麼您可能正在 vector 元素層級上工作，但是，在 vector 層級上工作的話，編寫程式碼會更容易，執行起來也更快。

5.3 瞭解循環規則

問題

您想要理解神秘的循環規則（Recycling Rule），R 依循這個規則處理長度不等的 vector。

討論

當您做 vector 運算時，R 執行元素對元素的運算。當兩個 vector 的長度相同時，這種方法沒有什麼爭議：R 先配對 vector 間的元素，再對這些配對進行運算。

但是當 vector 的長度不相等時會發生什麼事呢？

在這種情況下，R 啟動循環規則。它一對一對地處理 vector 元素，從兩個 vector 的第一個元素開始。當在某時間點，較短的 vector 被耗盡，而較長的 vector 仍然有未處理的元素時，R 回頭使用較短 vector 的開頭元素，"重複使用" 該元素，同時另一邊仍繼續從較長的 vector 中擷取元素，直到完成操作。它將重複使用較短 vector 中的元素，直到操作完成。

將循環規則具象化對瞭解很有幫助。以下是兩個 vector 的圖，這兩個向量各是 1:6 和 1:3：

```
1:6    1:3
----- -----
  1      1
  2      2
  3      3
  4
  5
  6
```

顯然，**1:6** vector 比 **1:3** vector 長。如果我們嘗試使用 **(1:6) + (1:3)** 來做 vector 加法運算，就會發現 **1:3** 的元素太少。然而，R 利用重複使用 **1:3** 中的元素，將這兩個 vector 進行配對，最後得到一個擁有六元素 vector：

```
1:6    1:3    (1:6) + (1:3)
----- -----  ---------------
  1      1          2
  2      2          4
  3      3          6
  4                 5
  5                 7
  6                 9
```

下面是您在 R 終端機看到的：

```
(1:6) + (1:3)
#> [1] 2 4 6 5 7 9
```

不僅是 vector 操作可以啟動循環規則；函式也可以。**cbind** 函式可以建立欄 vector，例如 **1:6** 和 **1:3** 這兩個欄 vector。當然，這兩欄的高度不同：

```
cbind(1:6)
```

```
cbind(1:3)
```

如果我們試圖將這些欄 vector 綁定到一個擁有兩欄 matrix 中，此時就會產生長度不匹配的問題了。**1:3** vector 太短，所以 **cbind** 啟動循環規則，重複使用 **1:3** 的元素：

```
cbind(1:6, 1:3)
#>      [,1] [,2]
#> [1,]   1    1
#> [2,]   2    2
#> [3,]   3    3
#> [4,]   4    1
#> [5,]   5    2
#> [6,]   6    3
```

如果較長 vector 的長度不是較短 vector 長度的倍數，R 將會給出警告。這是件好事，因為這個操作非常可疑，而且您的邏輯中可能存在一個 bug：

```
(1:6) + (1:5) # 噢噢！1:5 少了一個元素
#> Warning in (1:6) + (1:5): longer object length is not a multiple of shorter
#> object length
#> [1]  2  4  6  8 10  7
```

一旦理解了循環規則，您就會意識到 vector 和常量之間的操作只是該規則的一種應用。在本例中，10 被一直重複使用，一直到 vector 相加完成：

```
(1:6) + 10
#> [1] 11 12 13 14 15 16
```

5.4 建立 factor（類別變數）

問題

您有一個由字串或整數組成的 vector。您想讓 R 把它們當作一個 factor，factor 是 R 類別變數的術語。

解決方案

factor 函式將離散值組成的 vector 編碼成一個 factor：

```
f <- factor(v)    # v 可以是字串或整數組成的 vector
```

如果該 vector 只包含部份可能值，而不包含所有可能值，那麼請使用第二個參數，指定 factor 的 level：

```
f <- factor(v, levels)
```

討論

在 R 中，一個類別變數的可能值都被稱為 *level*，而由 level 組成的 vector 就被稱為 *factor*。factor 非常清楚地符合 R 的 vector 設計概念，它們被用於處理資料和構建統計模型時能發揮的強大功能。

大多數情況下，將類別變數轉換為 factor 很簡單，只需呼叫 **factor** 函式，該函式識別類別變數的不同 level，並將它們打包成為 factor：

```
f <- factor(c("Win", "Win", "Lose", "Tie", "Win", "Lose"))
f
#> [1] Win  Win  Lose Tie  Win  Lose
#> Levels: Lose Tie Win
```

注意，當我們印出 factor f 時，R 沒有在值周圍加上引號。這是因為它們是 level，而不是字串。還請注意，當我們印出 factor 時，R 在 factor 下面顯示各個 level。

如果您的 vector 只包含所有 level 的子集合，那麼 R 對所有 level 的認知將會不完整。假設您有一個字串值變數 wday，用來說明您資料被觀察到時是星期幾：

```
wday <- c("Wed", "Thu", "Mon", "Wed", "Thu",
          "Thu", "Thu", "Tue", "Thu", "Tue")
f <- factor(wday)
f
#>  [1] Wed Thu Mon Wed Thu Thu Thu Tue Thu Tue
#> Levels: Mon Thu Tue Wed
```

R 認為週一、週四、週二和週三是所有可能的 level，週五沒有列出。很明顯，實驗室的工作人員從來沒有在星期五做過樣本觀察，所以 R 不知道星期五是一個可能的值。因此，您需要手動地指定 wday 的可能 level：

```
f <- factor(wday, levels=c("Mon", "Tue", "Wed", "Thu", "Fri"))
f
#>  [1] Wed Thu Mon Wed Thu Thu Thu Tue Thu Tue
#> Levels: Mon Tue Wed Thu Fri
```

現在 R 理解了 f 是一個有五個可能 level 的 factor。它也知道它們的正確順序。它最初將週四放在週二之前，因為預設情況下它是按字母順序排列的。手動地指定 levels 參數時，也定義了正確的順序。

在許多情況下，沒有必要手動地呼叫 factor。當 R 函式需要一個 factor 時，它通常會自動將資料轉換為 factor。例如，table 函式只能用於 factor，因此它通常會在不詢問您的情況下將輸入自動地轉換為 factor。當您希望指定完整的 level 集合或希望控制 level 的順序時，必須手動地建立一個 factor 變數。

參見

要從連續資料建立 factor，請參閱錦囊 12.5。

5.5 將多個 vector 組合成 vector 和 factor

問題

假設您有幾組資料,每組資料儲存在一個 vector 中。您希望將這些 vector 組合成一個大的 vector,並同時建立一個附帶 factor,這個附帶 factor 用來標識每個值的原始組別。

解決方案

請建立一個由多個 vector 組成的 list。使用 stack 函式將 list 組合成一個兩欄的資料幀:

```
comb <- stack(list(v1 = v1, v2 = v2, v3 = v3)) # 組合 3 個 vector
```

資料幀的欄被稱為 values 和 ind。第一欄包含資料,第二欄包含 factor。

討論

究竟為什麼要將所有資料集合到一個大 vector 和一個附帶 factor 中呢?原因是許多重要的統計函式需要這種格式的資料。

假設您調查一年級、二年級和三年級學生的自信程度("您在學校有多少時間感到自信?")。現在有三個 vector,分別是 freshmen、sophomores 和 juniors。您需要對各組間的差異進行變異數分析。變異數分析(ANOVA)函式 aov,需要一個帶有調查結果的 vector,以及一個記載其分組標籤的 factor。您可以使用 stack 函式組合這些組:

```
freshmen <- c(1, 2, 1, 1, 5)
sophomores <- c(3, 2, 3, 3, 5)
juniors <- c(5, 3, 4, 3, 3)

comb <- stack(list(fresh = freshmen, soph = sophomores, jrs = juniors))
print(comb)
#>    values    ind
#> 1       1  fresh
#> 2       2  fresh
#> 3       1  fresh
#> 4       1  fresh
#> 5       5  fresh
#> 6       3   soph
#> 7       2   soph
#> 8       3   soph
#> 9       3   soph
```

```
#> 10     5   soph
#> 11     5   jrs
#> 12     3   jrs
#> 13     4   jrs
#> 14     3   jrs
#> 15     3   jrs
```

現在您可以對兩列進行變異數分析：

```
aov(values ~ ind, data = comb)
```

在構建 list 時，我們必須為 list 元素設定標籤（本例中的標籤是 fresh、soph、jrs）。之所以需要這些標籤，是因為 stack 使用它們作為附帶 factor 的 level。

5.6 建立 list

問題

您想要建立一個 list，並為它填充值。

解決方案

要從單個資料項目建立 list，請使用 list 函式：

```
lst <- list(x, y, z)
```

討論

list 可以很簡單，比如這裡有個包含三個數字的 list：

```
lst <- list(0.5, 0.841, 0.977)
lst
#> [[1]]
#> [1] 0.5
#>
#> [[2]]
#> [1] 0.841
#>
#> [[3]]
#> [1] 0.977
```

當 R 印出 list 時，它根據其位置（[[1]]，[[2]]，[[3]]）來標識每個 list 元素，並在其位置下方印出元素的值（如 [1] 0.5）。

更實用的一點是，與 vector 不同，list 可以包含不同 mode（類型）的元素。下面是一個極端的例子，由常量、字元字串、vector 和函式混合建立一個 list：

```
lst <- list(3.14, "Moe", c(1, 1, 2, 3), mean)
lst
#> [[1]]
#> [1] 3.14
#>
#> [[2]]
#> [1] "Moe"
#>
#> [[3]]
#> [1] 1 1 2 3
#>
#> [[4]]
#> function (x, ...)
#> UseMethod("mean")
#> <bytecode: 0x7ff04b0bc900>
#> <environment: namespace:base>
```

您還可以先建立一個空 list，然後逐步填充它的值，來構建一個 list。下面是我們用這種方法構建的 "混血" 示範：

```
lst <- list()
lst[[1]] <- 3.14
lst[[2]] <- "Moe"
lst[[3]] <- c(1, 1, 2, 3)
lst[[4]] <- mean
lst
#> [[1]]
#> [1] 3.14
#>
#> [[2]]
#> [1] "Moe"
#>
#> [[3]]
#> [1] 1 1 2 3
#>
#> [[4]]
#> function (x, ...)
#> UseMethod("mean")
#> <bytecode: 0x7ff04b0bc900>
#> <environment: namespace:base>
```

list 元素可以被命名，list 函式允許您為每個元素提供一個名稱：

```
lst <- list(mid = 0.5, right = 0.841, far.right = 0.977)
lst
#> $mid
#> [1] 0.5
#>
#> $right
#> [1] 0.841
#>
#> $far.right
#> [1] 0.977
```

參見

有關 list 的更多資訊，請參閱本章的介紹；有關使用命名元素構建和使用 list 的更多資訊，請參見錦囊 5.9。

5.7 用位置選擇 list 中的元素

問題

您希望用位置存取 list 元素。

解決方案

請從以下選一種方法進行，在這裡的 lst 是一個 list 變數：

lst[[*n*]]

從該 list 選取第 *n* 元素

lst[c(*n₁*, *n₂*, ..., *nₖ*)]

回傳選取的元素 list，按位置選取

請注意，第一個方法回傳單個元素，第二個方法回傳 list。

討論

假設我們有一個由四個整數組成的 list，名為 years：

```
years <- list(1960, 1964, 1976, 1994)
years
#> [[1]]
#> [1] 1960
#>
#> [[2]]
#> [1] 1964
#>
#> [[3]]
#> [1] 1976
#>
#> [[4]]
#> [1] 1994
```

我們可以使用雙中括號語法存取單個元素：

```
years[[1]]
#> [1] 1960
```

我們可以使用單中括號語法擷取子 list：

```
years[c(1, 2)]
#> [[1]]
#> [1] 1960
#>
#> [[2]]
#> [1] 1964
```

這種語法可能會讓人感到困惑，因為它有一個微妙之處：

lst[[*n*]] 和 lst[*n*] 之間有一個重要的區別，使得它們成為完全不同的東西：

lst[[*n*]]

    這是一個元素，而不是一個 list。它是 lst 的第 *n* 個元素。

lst[*n*]

    這是一個 list，而不是一個元素。該 list 包含一個元素，該元素取自 lst 的 *n* 個元素。

 第二種形式是 lst[c(n_1, n_2, ..., n_k)] 的一種特殊情況，這種特殊情況中我們不需要 c(...) 建構式，因為只存在一個 *n*。

當我們查看結果時，這個差異就變得很明顯了——它們一個是數字，另一個是 list：

```
class(years[[1]])
#> [1] "numeric"

class(years[1])
#> [1] "list"
```

當我們 cat 值時，這種差異變得非常明顯。回想一下，cat 可以印出基原值或 vector，但印出結構化物件時卻會產生問題：

```
cat(years[[1]], "\n")
#> 1960

cat(years[1], "\n")
#> Error in cat(years[1], "\n"): argument 1 (type 'list')
#> cannot be handled by 'cat'
```

我們很幸運，因為 R 提醒了我們這個問題。在其他上下文中，您可能需要花費很長時間和苦工，才能確定問題出在想要元素時意外存取了子 list，反之亦然。

5.8 按名稱選擇 list 元素

問題

您希望根據 list 元素的名稱存取它們。

解決方案

請使用以下其中一種用法。這裡 lst 是一個 list 變數：

lst[["*name*"]]

選擇名為 *name* 的元素。如果沒有元素符合該名稱，則回傳 NULL。

lst$*name*

和前面一樣，只是語法不同。

lst[c(*name*$_1$, *name*$_2$, ..., *name*$_k$)]

回傳由 lst 中被指定元素構建出的 list。

注意，前兩個用法回傳一個元素，而第三個用法會回傳一個 list。

討論

list 中的每個元素都可以有一個名稱。如果已命名，則可以根據其名稱選擇元素。以下這個賦值動作會建立一個包含四個具名整數元素的 list：

```
years <- list(Kennedy = 1960, Johnson = 1964,
              Carter = 1976, Clinton = 1994)
```

下面這兩個述句回傳相同的值——即名為 "Kennedy" 的元素：

```
years[["Kennedy"]]
#> [1] 1960
years$Kennedy
#> [1] 1960
```

下面兩個述句會回傳一個從 years 的子 list：

```
years[c("Kennedy", "Johnson")]
#> $Kennedy
#> [1] 1960
#>
#> $Johnson
#> [1] 1964

years["Carter"]
#> $Carter
#> [1] 1976
```

正如按位置選擇 list 元素一樣（參見錦囊 5.7），lst[["*name*"]] 和 lst["*name*"] 是不一樣的：

lst[["*name*"]]

　　這是一個元素，而不是 list。

lst["*name*"]

　　這是一個 list，而不是一個元素。

 第二種形式是 lst[c(*name*₁, *name*₂, ..., *name*ₖ)] 的一種特殊情況，這種特殊情況中我們不需要 c(...) 建構式，因為只存在一個名稱。

參見

若要用位置而不是用名稱存取元素，請參閱錦囊 5.7。

5.9 建立名稱 / 值關聯 list

問題

您希望建立一個 list，其內含名稱和值相互關聯，就像在另一種程式設計語言中的 dictionary、hash 或 lookup table 一樣。

解決方案

list 函式允許為元素命名，並在每個名稱與其值之間建立關聯：

```
lst <- list(mid = 0.5, right = 0.841, far.right = 0.977)
```

如果您有名稱和值的相互搭配的兩個 vector，那您可以建立一個空 list，然後再使用 vector 化賦值述句進行 list 的內容填充：

```
values <- c(1, 2, 3)
names <- c("a", "b", "c")
lst <- list()
lst[names] <- values
```

討論

list 中的每個元素都可以命名，並且可以按名稱檢索 list 元素。這賦予一種基本的程式設計工具：將名稱與值關聯的能力。

您可以在建立 list 時也分配元素名稱，list 函式擁有 *name=value* 引數可用：

```
lst <- list(
  far.left = 0.023,
  left = 0.159,
  mid = 0.500,
  right = 0.841,
  far.right = 0.977
)
lst
#> $far.left
```

```
#> [1] 0.023
#>
#> $left
#> [1] 0.159
#>
#> $mid
#> [1] 0.5
#>
#> $right
#> [1] 0.841
#>
#> $far.right
#> [1] 0.977
```

命名元素的一種方法，是先建立一個空 list，然後透過賦值述句去填充它的內容：

```
lst <- list()
lst$far.left <- 0.023
lst$left <- 0.159
lst$mid <- 0.500
lst$right <- 0.841
lst$far.right <- 0.977
```

有時您有一個含名稱的 vector 和另一個含有對應值的 vector：

```
values <- -2:2
names <- c("far.left", "left", "mid", "right", "far.right")
```

您可以透過建立一個空 list，然後用一個向量化的賦值述句填充它的值，藉此來關聯名稱和值：

```
lst <- list()
lst[names] <- values
lst
#> $far.left
#> [1] -2
#>
#> $left
#> [1] -1
#>
#> $mid
#> [1] 0
#>
#> $right
#> [1] 1
#>
```

```
#> $far.right
#> [1] 2
```

一旦建立了關聯，可以透過一個簡單的 list 查找將名稱 "轉換" 為值：

```
cat("The left limit is", lst[["left"]], "\n")
#> The left limit is -1
cat("The right limit is", lst[["right"]], "\n")
#> The right limit is 1

for (nm in names(lst)) cat("The", nm, "limit is", lst[[nm]], "\n")
#> The far.left limit is -2
#> The left limit is -1
#> The mid limit is 0
#> The right limit is 1
#> The far.right limit is 2
```

5.10 從 list 中刪除元素

問題

要從 list 中刪除元素。

解決方案

將 NULL 賦值給一個元素，那麼 R 將從 list 中刪除該元素。

討論

要刪除 list 元素，請按位置或名稱選擇它，然後將 NULL 指定給所選元素：

```
years <- list(Kennedy = 1960, Johnson = 1964,
               Carter = 1976, Clinton = 1994)
years
#> $Kennedy
#> [1] 1960
#>
#> $Johnson
#> [1] 1964
#>
#> $Carter
#> [1] 1976
#>
```

```
#> $Clinton
#> [1] 1994
years[["Johnson"]] <- NULL  # 移除名稱標示為 "Johnson" 的元素
years
#> $Kennedy
#> [1] 1960
#>
#> $Carter
#> [1] 1976
#>
#> $Clinton
#> [1] 1994
```

您也可以用同一個方法移除多個元素：

```
years[c("Carter", "Clinton")] <- NULL  # 移除 2 個元素
years
#> $Kennedy
#> [1] 1960
```

5.11 將 list 平展為 vector

問題

您想要將 list 中的所有元素平展成一個 vector。

解決方案

請使用 unlist 函式。

討論

有許多上下文需要使用 vector。例如，基本統計函式需要用 vector，而不是用 list。如果 iq.scores 是一個數值組成的 list，那麼我們無法直接計算它們的平均數：

```
iq.scores <- list(100, 120, 103, 80, 99)
mean(iq.scores)
#> Warning in mean.default(iq.scores): argument is not numeric or logical:
#> returning NA
#> [1] NA
```

相反地，我們必須使用 unlist 將 list 平展成一個 vector，然後計算平展結果的平均數：

```
mean(unlist(iq.scores))
#> [1] 100
```

這是另一個例子。我們可以 cat 常量和 vector，但是我們不能 cat 一個 list：

```
cat(iq.scores, "\n")
#> Error in cat(iq.scores, "\n"): argument 1 (type 'list') cannot be
#> handled by 'cat'
```

一種解決方案是在印出前才將 list 壓平成 vector：

```
cat("IQ Scores:", unlist(iq.scores), "\n")
#> IQ Scores: 100 120 103 80 99
```

參見

類似這樣的轉換在錦囊 5.29 中有更詳細的討論。

5.12 從 list 中刪除空元素

問題

您的 list 包含 NULL 值，而您想要移除它們。

解決方案

purrr 套件中的 compact 函式將會刪除 NULL 元素。

討論

若將元素設定為 NULL 的話，效果是刪除元素（參見錦囊 5.10）。好奇的讀者可能想知道如何將 NULL 元素放入 list 中。答案是，我們可以建立一個包含 NULL 元素的 list：

```
library(purrr)      # 或 library(tidyverse)

lst <- list("Moe", NULL, "Curly")
lst
#> [[1]]
#> [1] "Moe"
#>
#> [[2]]
#> NULL
```

```
#>
#> [[3]]
#> [1] "Curly"

compact(lst)    # 刪除 NULL 元素
#> [[1]]
#> [1] "Moe"
#>
#> [[2]]
#> [1] "Curly"
```

在現實世界的工作中，往往做了一些轉換之後，list 中也可能會出現 NULL 資料項目。

請注意，在 R 中，NA 和 NULL 是不同的東西。compact 函式將從 list 中刪除 NULL，但不會刪除 NA。若要刪除 NA 值，請參見錦囊 5.13。

參見

有關如何有條件地刪除 list 元素，請參閱錦囊 5.10 和錦囊 5.13。

5.13 有條件地刪除 list 元素

問題

您希望根據條件從 list 中刪除元素，例如刪除未定義的、負的或小於某個閾值的元素。

解決方案

首先您要有一個函式，該函式在滿足條件時回傳 TRUE，否則回傳 FALSE。然後使用 purrr 套件中的 discard 函式來刪除與您的條件匹配的值。例如，這段程式碼中使用的 is.na 函式，要做的事是 lst 中刪除 NA 值：

```
lst <- list(NA, 0, NA, 1, 2)

lst %>%
  discard(is.na)
#> [[1]]
#> [1] 0
#>
#> [[2]]
#> [1] 1
```

```
#>
#> [[3]]
#> [1] 2
```

討論

discard 函式使用謂語（*predicate*）的手法從 list 中刪除元素，這個函式回傳 TRUE 或 FALSE。謂語會被套用於 list 中的每個元素。如果謂語回傳 TRUE，則該元素被丟棄；否則，它將被留下。

假設我們想從 lst 中刪除字串。使用 is.charactr 函式作為謂語，如果 is.charactr 函式得到的是字串，則回傳 TRUE，因此我們可以使用它與 discard 搭配使用：

```
lst <- list(3, "dog", 2, "cat", 1)

lst %>%
  discard(is.character)
#> [[1]]
#> [1] 3
#>
#> [[2]]
#> [1] 2
#>
#> [[3]]
#> [1] 1
```

您可以定義自己的謂語，並搭配 discard 使用。這個例子利用定義謂語 is_na_or_null 函式，是從 list 中刪除了 NA 和 NULL 值：

```
is_na_or_null <- function(x) {
  is.na(x) || is.null(x)
}

lst <- list(1, NA, 2, NULL, 3)

lst %>%
  discard(is_na_or_null)
#> [[1]]
#> [1] 1
#>
#> [[2]]
#> [1] 2
#>
#> [[3]]
#> [1] 3
```

list 也可以包含複雜的物件,而不僅僅是基原值。假設 mods 是由 lm 函式建立的線性模型 list:

```
mods <- list(lm(x ~ y1),
             lm(x ~ y2),
             lm(x ~ y3))
```

我們可以定義一個謂語 filter_r2,來識別其值小於 0.70 的模型,然後利用該謂語將這些模型從 mods 中刪除:

```
filter_r2 <- function(model) {
  summary(model)$r.squared < 0.7
}

mods %>%
  discard(filter_r2)
```

discard 的相反是 keep 函式,它使用一個謂語來保留 list 中的元素,而不是丟棄它們。

參見

參見錦囊 5.7、錦囊 5.10 和錦囊 15.3。

5.14 初始化 matrix

問題

您想要建立一個 matrix,並初始化它為指定的值。

解決方案

從 vector 或 list 中取得資料,然後使用 matrix 函式將資料塑造成 matrix。這個例子將一個 vector 塑形成一個 2×3 matrix(即,兩列三欄):

```
vec <- 1:6
matrix(vec, 2, 3)
#>      [,1] [,2] [,3]
#> [1,]    1    3    5
#> [2,]    2    4    6
```

討論

matrix 的第一個參數是資料，第二個參數是列數，第三個參數是欄數。注意，範例解中的 matrix 是逐欄填充的，而不是逐列填充的。

通常 matrix 初始化時會將整個 matrix 設定為同一個值，例如 0 或 NA。如果 matrix 的第一個參數為單值，則 R 將應用循環規則，自動複製該值來填充整個 matrix：

```
matrix(0, 2, 3) # 建立一個全是 0 的 matrix
#>      [,1] [,2] [,3]
#> [1,]    0    0    0
#> [2,]    0    0    0

matrix(NA, 2, 3) # 建立一個填滿 NA 的 matrix
#>      [,1] [,2] [,3]
#> [1,]   NA   NA   NA
#> [2,]   NA   NA   NA
```

當然，您可以用一行程式碼建立一個 matrix，但是會變得難以閱讀：

```
mat <- matrix(c(1.1, 1.2, 1.3, 2.1, 2.2, 2.3), 2, 3)
mat
#>      [,1] [,2] [,3]
#> [1,]  1.1  1.3  2.2
#> [2,]  1.2  2.1  2.3
```

在 R 中，一個常見的習慣用法是將資料本身輸入成一個矩形，以對應 matrix 結構：

```
theData <- c(
  1.1, 1.2, 1.3,
  2.1, 2.2, 2.3
)
mat <- matrix(theData, 2, 3, byrow = TRUE)
mat
#>      [,1] [,2] [,3]
#> [1,]  1.1  1.2  1.3
#> [2,]  2.1  2.2  2.3
```

若設定 byrow=TRUE 的話，是告訴 matrix 資料是逐欄而不是逐列（這是預設值）。下面程式碼使用縮排的形式：

```
mat <- matrix(c(1.1, 1.2, 1.3,
                2.1, 2.2, 2.3),
              2, 3,
              byrow = TRUE)
```

藉由這種方式表示,很容易看出資料為兩列和三欄。

有一種快速而簡便的方法可以將 vector 轉換為 matrix:只需為 vector 分配維度。這一點在本章的引言中已經討論過了。下面的例子建立了一個單純 vector,然後將其塑形為一個 2×3 的 matrix:

```
v <- c(1.1, 1.2, 1.3, 2.1, 2.2, 2.3)
dim(v) <- c(2, 3)
v
#>      [,1] [,2] [,3]
#> [1,]  1.1  1.3  2.2
#> [2,]  1.2  2.1  2.3
```

我們發現這種用法比使用 matrix 更不清楚,特別是因為這裡沒有 byrow 參數可用。

參見

請參考錦囊 5.3。

5.15 執行 matrix 運算

問題

您希望對 matrix 進行一些操作,如轉置、反轉、乘法或建立單位矩陣。

解決方案

使用以下函式執行這些操作:

t(A)

　　將 A 轉置

slove(A)

　　取 A 的逆矩陣

A %*% B

　　執行 A 和 B 的矩陣乘法

diag(*n*)

> 建構一個 *n*×*n* 的單位矩陣

討論

還記得 A*B 是元素層級乘法吧,而 A %*% B 則是矩陣乘法(見錦囊 2.11)。

所有這些函式都回傳一個 matrix。它們的參數可以是 matrix,也可以是資料幀。如果它們是資料幀,那麼 R 首先將它們轉換為 matrix(但只有當資料幀只包含數值時這才適用)。

5.16 為列和欄指定描述性名稱

問題

要為 matrix 的列或欄指定描述性名稱。

解決方案

每個 matrix 都有一個 rownames 屬性和一個 colnames 屬性。請指定一個由字元字串組成的 vector 給適當的屬性:

```
rownames(mat) <- c("rowname1", "rowname2", ..., "rownameN")
colnames(mat) <- c("colname1", "colname2", ..., "colnameN")
```

討論

R 允許為 matrix 的列和欄指定名稱,這對於印出 matrix 非常有用。如果名稱已被定義過了,那麼 R 將顯示其名稱,以增強輸出的可讀性。考慮以下 IBM、微軟和 Google 的股價之間的關聯矩陣:

```
print(corr_mat)
#>       [,1]  [,2]  [,3]
#> [1,] 1.000 0.556 0.390
#> [2,] 0.556 1.000 0.444
#> [3,] 0.390 0.444 1.000
```

不過在這種顯示中,無法解讀 matrix 中的資訊,所以我們可以藉由命名列和欄,以闡明它們的含義:

```
colnames(corr_mat) <- c("AAPL", "MSFT", "GOOG")
rownames(corr_mat) <- c("AAPL", "MSFT", "GOOG")
corr_mat
#>       AAPL  MSFT  GOOG
#> AAPL 1.000 0.556 0.390
#> MSFT 0.556 1.000 0.444
#> GOOG 0.390 0.444 1.000
```

現在您可以一眼看出哪些列和欄屬於哪些股票。

命名列和欄的另一個好處是,您可以透過這些名稱來引用 matrix 中的元素:

```
# MSFT 和 GOOG 的相關係數是多少?
corr_mat["MSFT", "GOOG"]
#> [1] 0.444
```

5.17 從一個 matrix 中選擇一列或一欄

問題

想要從 matrix 中選擇一列或一欄。

解決方案

解決辦法取決於您想要什麼。如果您想要的結果是一個簡單的 vector,只需使用普通索引:

```
mat[1, ]      # 第一列
mat[, 3]      # 第三欄
```

如果您希望結果是一個單列 matrix 或單欄 matrix,那麼請使用 drop=FALSE 參數:

```
mat[1, , drop=FALSE]    # 第一列,單列 matrix
mat[, 3, drop=FALSE]    # 第三欄,單欄 matrix
```

討論

通常,當您從 matrix 中選擇一列或一欄時,R 會去掉維度,得到的結果是一個無維度 vector:

```
mat[1, ]
#> [1] 1.1 1.2 1.3
mat[, 3]
#> [1] 1.3 2.3
```

但是，當使用了 drop=FALSE 參數時，R 會保留維度。在這種情況下，選取一列時，將會回傳一列 vector（一個 $1 \times n$ matrix）：

```
mat[1, , drop=FALSE]
#>      [,1] [,2] [,3]
#> [1,]  1.1  1.2  1.3
```

同樣，當使用 drop=FALSE 參數去選取一欄時，將會回傳一個欄 vector（一個 $n \times 1$ matrix）：

```
mat[, 3, drop=FALSE]
#>      [,1]
#> [1,]  1.3
#> [2,]  2.3
```

5.18 用欄資料初始化資料幀

問題

您的資料是由許多的欄組成的，您希望將其合併成一個資料幀。

解決方案

如果您的資料以幾個 vector 和 / 或 factor 的形式儲存的，請使用 data.frame 函式將它們組裝成一個資料幀：

```
df <- data.frame(v1, v2, v3, f1)
```

如果您的資料是儲放在一個 list 中，而該 list 是由 vector 和 / 或 factor 組成的，那麼請改為使用 as.data.frame：

```
df <- as.data.frame(list.of.vectors)
```

討論

資料幀是欄構成的一個集合，每個欄對應於一個觀察變數（在統計意義上的變數，而不是程式設計意義上的變數）。如果您的資料已經被組織成許多欄，這種情況很容易構建資料幀。

`data.frame` 函式可以從數個 vector 建立一個資料幀，其中每個 vector 都是一個觀察變數。假設您有兩個數值變數、一個字元變數和一個反應變數。`data.frame` 函式可以從您的這些 vector 建立一個資料幀：

```
data.frame(pred1, pred2, pred3, resp)
#>   pred1 pred2 pred3 resp
#> 1  1.75  11.8    AM 13.2
#> 2  4.01  10.7    PM 12.9
#> 3  2.64  12.2    AM 13.9
#> 4  6.03  12.2    PM 14.9
#> 5  2.78  15.0    PM 16.4
```

注意，`data.frame` 用您的程式中的變數名稱作為欄名，您可以手動給定欄名來覆蓋該預設值：

```
data.frame(p1 = pred1, p2 = pred2, p3 = pred3, r = resp)
#>      p1   p2 p3    r
#> 1 1.75 11.8 AM 13.2
#> 2 4.01 10.7 PM 12.9
#> 3 2.64 12.2 AM 13.9
#> 4 6.03 12.2 PM 14.9
#> 5 2.78 15.0 PM 16.4
```

如果您比較想要一個 tibble 而不是一個資料幀，請使用 tidyverse 中的 `tibble` 函式：

```
tibble(p1 = pred1, p2 = pred2, p3 = pred3, r = resp)
#> # A tibble: 5 x 4
#>      p1    p2 p3        r
#>   <dbl> <dbl> <fct> <dbl>
#> 1  1.75  11.8 AM     13.2
#> 2  4.01  10.7 PM     12.9
#> 3  2.64  12.2 AM     13.9
#> 4  6.03  12.2 PM     14.9
#> 5  2.78  15.0 PM     16.4
```

有時候，您的資料可能被組織成多個 vector，但是這些 vector 卻被儲存在一個 list 中，而不是存在獨立的程式變數中：

```
list.of.vectors <- list(p1=pred1, p2=pred2, p3=pred3, r=resp)
```

在這種情況下，請使用 as.data.frame 函式從 list 建立一個資料幀：

```
as.data.frame(list.of.vectors)
#>      p1    p2 p3    r
#> 1 1.75 11.8 AM 13.2
#> 2 4.01 10.7 PM 12.9
#> 3 2.64 12.2 AM 13.9
#> 4 6.03 12.2 PM 14.9
#> 5 2.78 15.0 PM 16.4
```

或使用 as_tibble 建立 tibble：

```
as_tibble(list.of.vectors)
#> # A tibble: 5 x 4
#>      p1    p2 p3        r
#>   <dbl> <dbl> <fct> <dbl>
#> 1  1.75  11.8 AM     13.2
#> 2  4.01  10.7 PM     12.9
#> 3  2.64  12.2 AM     13.9
#> 4  6.03  12.2 PM     14.9
#> 5  2.78  15.0 PM     16.4
```

資料幀中的 factor

建立資料幀和建立 tibble 之間有一個重要的區別，當您使用 data.frame 函式建立一個資料幀時，R 預設將字元值轉換為 factor。在前面 data.frame 範例中的 pred3 值被轉換成一個 factor，但是無法一眼從輸出中看出來。

但是，tibble 和 as_tibble 函式不會去改變字元資料。如果您查看 tibble 範例，您將看到 p3 欄的類型是 chr，即字元。

您應該注意這種差異，對這種因細微差異引起的問題進行除錯，可能是一件令人非常沮喪的事。

5.19 從列資料初始化資料幀

問題

您的資料是依列組織的,您希望將這些資料組合成一個資料幀。

解決方案

若要將每一列資料儲存為資料幀中的一列,請使用 rbind 將許多列綁定的成一個大型資料幀:

```
rbind(row1, row2, ... , rowN)
```

討論

剛拿到手的資料通常是以觀察對象集合的形式呈現。每個觀察對象都是一個包含多個值的記錄或 tuple,其中每個值對應一個觀察變數。平面檔案的列通常長成這樣:每一列是一條記錄,每條記錄包含數個欄位,每一欄是一個不同的變數(參見錦囊 4.15)。這些資料是依觀察對象組織的,而不是由變數組織的。換句話說,您每次取得的單位是一列,而不是一欄。

每一列的儲存方法可能有好幾種,其中最常見方法是使用 vector。如果您的資料是純數值,請使用 vector。

然而,許多資料集合是數值、字元和分類資料的混合組成,在這種情況下,就不適合使用 vector。我們建議將每個這樣的異構列儲存在一列資料幀中(您可以選擇將列存在 list 中,不過這樣一來錦囊會變得稍微複雜一些)。

我們需要將這些列綁定到一個資料幀中,這就是 rbind 函式的功能。它綁定其參數的方式是,每個參數在結果中成為一列。舉例來說,如果我們 rbind 以下三個觀測值,那麼我們會得到一個三列資料幀:

```
r1 <- data.frame(a = 1, b = 2, c = "X")
r2 <- data.frame(a = 3, b = 4, c = "Y")
r3 <- data.frame(a = 5, b = 6, c = "Z")
rbind(r1, r2, r3)
#>   a b c
#> 1 1 2 X
#> 2 3 4 Y
#> 3 5 6 Z
```

當您處理大量列時，它們很可能原本是儲存在 list 中；也就是說，您拿到的是一列列資料組成的 list。tidyverse 中的 dplyr 套件，含有一個 **bind_rows** 函式專門處理這種情況，如下面的範例所示：

```
list.of.rows <- list(r1, r2, r3)
bind_rows(list.of.rows)
#> Warning in bind_rows_(x, .id): Unequal factor levels: coercing to character
#> Warning in bind_rows_(x, .id): binding character and factor vector,
#> coercing into character vector

#> Warning in bind_rows_(x, .id): binding character and factor vector,
#> coercing into character vector

#> Warning in bind_rows_(x, .id): binding character and factor vector,
#> coercing into character vector
#>   a b c
#> 1 1 2 X
#> 2 3 4 Y
#> 3 5 6 Z
```

有時，礙於某些您無法控制的原因，所有列資料都儲存在 list 中，而不是存在單列資料幀中。例如，資料列是由您正在處理的某個函式或資料庫套件回傳。

```
# 一些簡單的示範資料，列儲存在多個 list 中
l1 <- list(a = 1, b = 2, c = "X")
l2 <- list(a = 3, b = 4, c = "Y")
l3 <- list(a = 5, b = 6, c = "Z")
list.of.lists <- list(l1, l2, l3)

bind_rows(list.of.lists)
#> # A tibble: 3 x 3
#>       a     b c
#>   <dbl> <dbl> <chr>
#> 1     1     2 X
#> 2     3     4 Y
#> 3     5     6 Z
```

資料幀中的 factor

如果您希望得到字元而不是 factor，您有幾種做法可選擇。第一種是當 data.frame 被呼叫時，將 **stringsAsFactors** 參數設定為 FALSE。

```
data.frame(a = 1, b = 2, c = "a", stringsAsFactors = FALSE)
#>   a b c
#> 1 1 2 a
```

如果您拿到了您的資料時，它已經在一個包含 factor 的資料幀中，您可以使用這個額外的技巧將所有的 factor 轉換成字元：

```
# 與前面範例使用相同的假設
l1 <- list( a=1, b=2, c='X' )
l2 <- list( a=3, b=4, c='Y' )
l3 <- list( a=5, b=6, c='Z' )
obs <- list(l1, l2, l3)
df <- do.call(rbind, Map(as.data.frame, obs))

# 沒錯，您可以在上面的程式碼中使用 stringsAsFactors=FALSE
# 但我們假設您取得 data.frame 時
# 裡面就已經包含 factor 了

i <- sapply(df, is.factor)                 # 找出哪欄是 factor
df[i] <- lapply(df[i], as.character)   # 只將 factor 轉為字元
```

請記住，如果使用 tibble 而不是資料幀，那麼預設情況下字元不會強制轉換為 factor。

參見

如果資料是依欄而不是依列組織的，請參閱錦囊 5.18。

5.20 將列附加到資料幀

問題

您希望附加一個或多個新列到資料幀中。

解決方案

請建立第二個資料幀，這個暫存資料幀包含新的列。然後再使用 rbind 函式將臨時資料幀附加到原始資料幀。

討論

假設我們有一個關於芝加哥郊區的資料幀：

```
suburbs <- read_csv("./data/suburbs.txt")
#> Parsed with column specification:
#> cols(
```

```
#>    city = col_character(),
#>    county = col_character(),
#>    state = col_character(),
#>    pop = col_double()
#> )
```

然後假設我們有一個新的列想附加上去。首先,我們用要新資料建立一個單列資料幀:

```
newRow <- data.frame(city = "West Dundee", county = "Kane",
                     state = "IL", pop = 7352)
```

接下來,我們使用 rbind 函式將這單列資料幀附加到我們現有的資料幀尾端:

```
rbind(suburbs, newRow)
#> # A tibble: 18 x 4
#>    city    county   state    pop
#>    <chr>   <chr>    <chr>    <dbl>
#> 1 Chicago Cook     IL     2853114
#> 2 Kenosha Kenosha  WI       90352
#> 3 Aurora  Kane     IL      171782
#> 4 Elgin   Kane     IL       94487
#> 5 Gary    Lake(IN) IN      102746
#> 6 Joliet  Kendall  IL      106221
#> # ... with 12 more rows
```

rbind 函式的功能是告訴 R,我們想要為 suburbs 添加新列,而不是添加新欄。對您而言,可能很容易看出 newRow 是一列而不是一欄,但是 R 並不清楚這件事(請使用 cbind 函式來添加一欄)。

 新列必須擁有與原資料幀相同的欄名。否則,rbind 函式執行將會失敗。

當然,我們可以將這兩個步驟合併為一個步驟:

```
rbind(suburbs,
      data.frame(city = "West Dundee", county = "Kane",
                 state = "IL", pop = 7352))
#> # A tibble: 18 x 4
#>    city    county   state    pop
#>    <chr>   <chr>    <chr>    <dbl>
#> 1 Chicago Cook     IL     2853114
#> 2 Kenosha Kenosha  WI       90352
#> 3 Aurora  Kane     IL      171782
```

```
#> 4 Elgin     Kane     IL        94487
#> 5 Gary      Lake(IN) IN       102746
#> 6 Joliet    Kendall  IL       106221
#> # ... with 12 more rows
```

我們甚至可以將此技術擴展到附加多個新列，因為 rbind 允許多個參數：

```
rbind(suburbs,
      data.frame(city = "West Dundee", county = "Kane",
                 state = "IL", pop = 7352),
      data.frame(city = "East Dundee", county = "Kane",
                 state = "IL", pop = 3192)
)
#> # A tibble: 19 x 4
#>   city     county   state      pop
#>   <chr>    <chr>    <chr>    <dbl>
#> 1 Chicago  Cook     IL     2853114
#> 2 Kenosha  Kenosha  WI       90352
#> 3 Aurora   Kane     IL      171782
#> 4 Elgin    Kane     IL       94487
#> 5 Gary     Lake(IN) IN      102746
#> 6 Joliet   Kendall  IL      106221
#> # ... with 13 more rows
```

值得注意的是，在前面的例子中，我們無縫接軌了 tibble 和資料幀。suburbs 是一個 tibble，因為我們使用 read_csv 函式時，它產出的是 tibble，而 newRow 則是由 data. frame 建立的，它回傳一個傳統的 R 資料幀。注意，資料幀內包含 factor，而 tibble 不包含：

```
str(suburbs) # 是一個 tibble
#> Classes 'spec_tbl_df', 'tbl_df', 'tbl' and 'data.frame': 17 obs. of
#> 4 variables:
#>  $ city  : chr  "Chicago" "Kenosha" "Aurora" "Elgin" ...
#>  $ county: chr  "Cook" "Kenosha" "Kane" "Kane" ...
#>  $ state : chr  "IL" "WI" "IL" "IL" ...
#>  $ pop   : num  2853114 90352 171782 94487 102746 ...
#>  - attr(*, "spec")=
#>   .. cols(
#>   ..   city = col_character(),
#>   ..   county = col_character(),
#>   ..   state = col_character(),
#>   ..   pop = col_double()
#>   .. )
str(newRow)  # 是一個 data.frame
#> 'data.frame':   1 obs. of  4 variables:
```

```
#>  $ city  : Factor w/ 1 level "West Dundee": 1
#>  $ county: Factor w/ 1 level "Kane": 1
#>  $ state : Factor w/ 1 level "IL": 1
#>  $ pop   : num 7352
```

當 rbind 引數有 data.frame 物件和 tibble 物件時，產出的結果類型將與 rbind 的第一個引數相同。以下程式會生成一個 tibble：

```
rbind(some_tibble, some_data.frame)
```

這將生成一個資料幀：

```
rbind(some_data.frame, some_tibble)
```

5.21 依位置選取資料幀欄

問題

想要根據欄的位置從資料幀中選擇欄。

解決方案

請使用 select 函式：

```
df %>% select(n₁, n₂, ..., nₖ)
```

其中 df 是一個資料幀，而 n_1, n_2, ..., n_k 是整數，其值為 1 到欄的總數量之間。

討論

讓我們使用芝加哥地區 16 個最大城市的人口資料集合的前三欄：

```
suburbs <- read_csv("data/suburbs.txt") %>% head(3)
#> Parsed with column specification:
#> cols(
#>   city = col_character(),
#>   county = col_character(),
#>   state = col_character(),
#>   pop = col_double()
#> )
suburbs
#> # A tibble: 3 x 4
#>   city    county  state      pop
```

```
#>    <chr>    <chr>    <chr>    <dbl>
#> 1 Chicago  Cook     IL     2853114
#> 2 Kenosha  Kenosha  WI       90352
#> 3 Aurora   Kane     IL      171782
```

我們立刻就可以看出這是一個 tibble。以下程式將選取第一欄（並且只擷取第一欄）：

```
suburbs %>%
  dplyr::select(1)
#> # A tibble: 3 x 1
#>   city
#>   <chr>
#> 1 Chicago
#> 2 Kenosha
#> 3 Aurora
```

以下程式將選取多個欄：

```
suburbs %>%
  dplyr::select(1, 3, 4)
#> # A tibble: 3 x 3
#>   city     state     pop
#>   <chr>    <chr>    <dbl>
#> 1 Chicago  IL     2853114
#> 2 Kenosha  WI       90352
#> 3 Aurora   IL      171782
suburbs %>%
  dplyr::select(2:4)
#> # A tibble: 3 x 3
#>   county   state     pop
#>   <chr>    <chr>    <dbl>
#> 1 Cook     IL     2853114
#> 2 Kenosha  WI       90352
#> 3 Kane     IL      171782
```

list 述句

select 函式是 tidyverse 中 dplyr 套件的一部分。基本的 R 函式庫也有自備多種選取欄的功能，但在語法上要多花一點心思。在您理解它背後的邏輯之前，這些自備功能可能會令您困惑。

所以，有一種替代方案，就是使用 list 述句。在您回想起資料幀其實是由欄資料所組成 list 之前，這個替代方案可能看起來很奇怪。而 list 述句的功能就是從這種 list 中選擇欄。當您閱讀下面的說明時，請注意語法中的差異——雙中括號與單中括號——它們是如何改變述句的含義。

我們可以透過使用雙中括號（[[和]]）選擇一欄：

df[[*n*]]

　　回傳一個 *vector* —— 這個 vector 具體地說，就是 df 中的第 *n* 欄。

我們可以使用單中括號選擇一個或多個欄（[and]）。

df[*n*]

　　回傳一個資料幀，此資料幀只含有 df 的第 *n* 欄。

df[c(*n*₁, *n*₂, ..., *n*ₖ)]

df[c(n_1, n_2, ..., n_k)]

　　回傳一個資料幀，這個資料幀由 df 的第 n_1, n_2, ..., n_k 欄構成。

例如，我們可以使用 list 標記法從 suburbs 中選取第一個欄，也就是 city 欄：

```
suburbs[[1]]
#> [1] "Chicago" "Kenosha" "Aurora"
```

該欄是一個字元 vector，這就是 suburbs[[1]] 會回傳的東西：一個 vector。

當我們使用單中括號標記法時，結果會發生變化，如 suburbs[1] 或 suburbs[c (1,3)]。我們仍然能得到請求的欄，但是 R 則是將它們保留在資料幀中。這個例子以單欄資料幀的形式回傳第一欄：

```
suburbs[1]
#> # A tibble: 3 x 1
#>   city
#>   <chr>
#> 1 Chicago
#> 2 Kenosha
#> 3 Aurora
```

下面的例子以資料幀的形式回傳第一欄和第三欄：

```
suburbs[c(1, 3)]
#> # A tibble: 3 x 2
#>   city    state
#>   <chr>   <chr>
#> 1 Chicago IL
#> 2 Kenosha WI
#> 3 Aurora  IL
```

suburbs[1] 述句實際上是 suburbs[c(1)] 的縮寫，因為我們只有一個 *n*，所以不需要用 c(...) 夾住它，。

容易產生混淆的一個主要原因是，suburbs[[1]] 和 suburbs[1] 看起來很相似，但是產生的結果卻非常不同：

suburbs[[1]]

> 回傳一欄

suburbs[1]

> 回傳恰好包含一欄的資料幀

這裡的重點是「一欄」和「包含一欄的資料幀」不同。第一個述句回傳一個 vector，第二個述句回傳一個資料幀，這是兩個不同的資料結構。

Matrix 式的下標語法

可以使用 matrix 式的下標語法從資料幀中選擇欄：

df[, *n*]

> 回傳一個 *vector*，這個 vector 取自第 *n* 欄（假設 *n* 只包含一個值）

df[, c(n_1, n_2, ..., n_k)]

> 回傳一個資料幀，這個資料幀由位置在 n_1, n_2, ..., n_k 的欄構成

您可能會覺得這裡怪怪的：您可能得到一個以 vector 呈現的欄，也可能得到一個資料幀，這取決於您使用了多少下標，以及您是對 tibble 上操作，還是對 data.frame 操作。當您進行索引時，tibble 總是會回傳 tibble。但是，如果只使用一個索引，data.frame 則可能會回傳一個 vector。

如果只使用一個索引，data.frame 則可能會回傳一個 vector，可以用一個簡單的範例說明，如下所示：

```
# suburbs 是一個 tibble 所以為了這個範例，我們要先進轉換
suburbs_df <- as.data.frame(suburbs)
suburbs_df[, 1]
#> [1] "Chicago" "Kenosha" "Aurora"
```

但是使用同一個 matrix 式下標語法，改為指定多個索引，則會回傳一個資料幀：

```
suburbs_df[, c(1, 4)]
#>       city      pop
#> 1 Chicago 2853114
#> 2 Kenosha   90352
#> 3  Aurora  171782
```

這就產生了一個問題。假設您在一些舊的 R 程式碼中看到這個述句：

```
df[, vec]
```

快問快答！請問它回傳的是一個欄還是一個資料幀？答案是這得視情況而定。如果 vec 包含一個值，則得到一個欄；否則，您將得到一個資料幀。僅從語法上看的話是無法判斷的。

為了避免這個問題，可以在下標中指定 drop=FALSE，強制 R 回傳一個資料幀：

```
df[, vec, drop = FALSE]
```

如此，回傳的資料結構不會再分歧了，它就是一個資料幀。

雖然把注意事項都說完了，但使用 matrix 標記語法從資料幀中選取欄資料可能還是很棘手。如果可以，請使用 select。

參見

有關使用 drop=FALSE 的更多資訊，請參見錦囊 5.17。

5.22 依名稱選擇資料幀欄

問題

您希望根據欄的名稱從資料幀中選取欄。

解決方案

使用 select 並指定欄名給它。

```
df %>% select(name_1, name_2, ..., name_k)
```

討論

資料幀中的所有欄都必須有名稱。如果您知道名稱，那麼按名稱而不是按位置進行選取通常更方便、更易於閱讀。注意，在使用 select 時，欄名的前後不要加雙引號。

這裡的解決方案類似於錦囊 5.21，錦囊 5.21 中我們按位置選擇欄。唯一的區別是這裡我們使用欄名而不是欄編號。那個錦囊中的所有觀察結果在這裡都適用。

list 述句

select 函式屬於 tidyverse 的一部分。R 的基本函式中也擁有數種方法，可以根據名稱選擇欄，但需要在語法上花一點心思。

若要選擇單個欄，請選用以下 list 述句之一。注意，它們使用的是**雙**中括號（[[和]]）：

df[["*name*"]]

　　回傳一欄，該欄的名字叫做 *name*

df $*name*

　　和前面一樣，只是語法不同

要選擇一個或多個欄，請使用這些 list 述句。請注意，它們使用**單**中括號（[和]）：

df["*name*"]

　　從一個資料幀中選取一欄

df[c("*name*$_1$", "*name*$_2$", ..., "*name*$_k$")]

　　選取多個

Matrix-style 式下標語法

基本的 R 函式庫還允許 matrix 式的下標語法，用於根據名稱從資料幀中選擇一個或多個欄：

df[, "*name*"]

　　回傳指定的欄

df[, c("*name₁*", "*name₂*", ..., "*name_k*")]

と言う写

從資料幀中選取多個欄

matrix 式的下標語法可以回傳欄或資料幀,所以要注意提供了多少個名稱。請參閱錦囊 5.21 中的討論來瞭解這個 "陷阱",並使用 drop=FALSE 避免回傳值歧義。

參見

請參閱錦囊 5.21,按位置而不是按名稱選擇欄。

5.23 修改資料幀欄的名稱

問題

想要更改資料幀欄的名稱。

解決方案

dplyr 套件中的 rename 函式讓重新命名非常容易:

df %>% rename(*newname₁* = *oldname₁*, ... , *newnameₙ* = *oldnameₙ*)

df 是一個資料幀,*oldnameᵢ* 是 df 中的欄名稱,*newnameᵢ* 是想要的新名稱。

注意,參數順序是 *newname = oldname*。

討論

資料幀的欄必須有名稱。您可以使用 rename 去變更欄的名稱:

```
df <- data.frame(V1 = 1:3, V2 = 4:6, V3 = 7:9)
df %>% rename(tom = V1, dick = V2)
#>   tom dick V3
#> 1   1    4  7
#> 2   2    5  8
#> 3   3    6  9
```

欄名儲存在一個名為 colnames 的屬性中，因此重命名列的另一種方法是更改該屬性：

```
colnames(df) <- c("tom", "dick", "V2")
df
#>   tom dick V2
#> 1   1    4  7
#> 2   2    5  8
#> 3   3    6  9
```

如果您碰巧使用 select 來逐一選擇想要的欄，您可以同時重命名這些欄：

```
df <- data.frame(V1 = 1:3, V2 = 4:6, V3 = 7:9)
df %>% select(tom = V1, V2)
#>   tom V2
#> 1   1  4
#> 2   2  5
#> 3   3  6
```

使用 select 重新命名與使用 rename 重新命名的區別在於，rename 將重新命名您指定的內容，保留所有其他欄不變，而 select 只保留您選擇的欄。在前面的範例中，V3 被刪除，因為它不在 select 句子中。select 和 rename 使用相同的參數順序：*newname = oldname*。

參見

請參考錦囊 5.29。

5.24 從資料幀中刪除 NA

問題

您的資料幀中包含 NA 值，這會給您帶來問題。

解決方案

使用 na.omit 刪除包含 NA 值的列：

```
clean_dfrm <- na.omit(dfrm)
```

討論

我們經常遇到這樣的情況，資料幀中只有幾個 NA 值就會導致所有東西崩潰。其中一種解決方案是刪除包含任何 NA 的所有列。這就是 na.omit。

假設有一個含有 NA 值的資料幀：

```
df <- data.frame(
  x = c(1, NA, 3, 4, 5),
  y = c(1, 2, NA, 4, 5)
)
df
#>    x  y
#> 1  1  1
#> 2 NA  2
#> 3  3 NA
#> 4  4  4
#> 5  5  5
```

cumsum 函式應該計算出累積和，但是它遇到了 NA 值：

```
colSums(df)
#>  x  y
#> NA NA
```

如果我們刪除具有 NA 值的行，cumsum 就可以完成它求累積和的工作了：

```
cumsum(na.omit(df))
#>    x  y
#> 1  1  1
#> 4  5  5
#> 5 10 10
```

但小心！na.omit 函式刪除整個列。非 NA 值在這些列中也消失了，資料意外地消失改變了 "累加和" 的含義。

這個錦囊也適用於從 vector 和 matrix 中移除 NA，但不適用於 list。

這裡明顯的危險是，簡單地從資料中刪除觀察紀錄可能會使結果在數字上或統計上變得毫無意義。確保在上下文中忽略資料是有意義的。請記住，na.omit 將刪除整個列，而不僅僅是 NA 值，這可能同時刪除其他有用的資訊。

5.25 依名稱排除欄

問題

要使用欄的名稱從資料幀中排除欄。

解決方案

請使用 dplyr 套件中的 select 函式,並在想要排除的欄名稱前加上 -(減號):

```
select(df, -bad)    # 選取 df 中除了 bad 以外的所有欄
```

討論

在變數名前面放置一個負號,表示要求 select 函式排除該變數。

當我們從計算一個資料幀的相關矩陣時,這一點很實用,我們想要排除不含資料的欄,比如分類標籤欄:

```
cor(patient_data)
#>            patient_id    pre  dosage   post
#> patient_id     1.0000  0.159 -0.0486  0.391
#> pre            0.1590  1.000  0.8104 -0.289
#> dosage        -0.0486  0.810  1.0000 -0.526
#> post           0.3912 -0.289 -0.5262  1.000
```

這個相關矩陣包含了 `patient_id` 與其他變數之間無意義的 "相關性" 數值,這很多餘。我們可以排除 `patient_id` 欄來清理輸出:

```
patient_data %>%
  select(-patient_id) %>%
  cor
#>           pre dosage   post
#> pre     1.000  0.810 -0.289
#> dosage  0.810  1.000 -0.526
#> post   -0.289 -0.526  1.000
```

我們可以用同樣的方法排除多個欄:

```
patient_data %>%
  select(-patient_id, -dosage) %>%
  cor()
```

```
#>         pre    post
#> pre    1.000 -0.289
#> post  -0.289  1.000
```

5.26 合併兩個資料幀

問題

您希望將兩個資料幀的內容合併到一個資料幀中。

解決方案

若要把兩個資料幀的欄,組合並排在一起,請使用 cbind(欄綁定):

```
all.cols <- cbind(df1, df2)
```

若要上下"堆疊"兩個資料幀的列,使用 rbind(列綁定):

```
all.rows <- rbind(df1, df2)
```

討論

您可以透過以下兩種方式組合資料幀:將欄並排放置以建立更寬的資料幀,或者透過上下"堆疊"列來建立更高的資料幀。

cbind 函式將會以並排的形式組合資料幀:

```
df1 <- data.frame(a = c(1,2))
df2 <- data.frame(b = c(7,8))

cbind(df1, df2)
#>   a b
#> 1 1 7
#> 2 2 8
```

一般情況通常會將具有相同高度(列數)的欄組合在一起。但是,從技術上講,cbind 不需要與高度相互匹配。如果一個資料幀很短,R 將根據需要啟動循環規則來擴展短欄(請參閱錦囊 5.3),不過,這可能是您想要的,也有可能不是。

```
df1 <- data.frame(x = c("a", "a"), y = c(5, 6))
df2 <- data.frame(x = c("b", "b"), y = c(9, 10))
rbind(df1, df2)
```

```
#>    x       y
#> 1 a        5
#> 2 a        6
#> 3 b        9
#> 4 b        10
```

rbind 函式要求資料幀具有相同的寬度——相同的欄數和相同的欄名。然而，欄的順序不必相同；rbind 會解決這個問題。

最後，這個錦囊的用途比標題看起來稍微再多一點。首先，您可以組合兩個以上的資料幀，因為 rbind 和 cbind 都接受多個引數。其次，您可以將此錦囊應用於其他資料類型，因為 rbind 和 cbind 也可以用於 vector、list 和 matrix。

5.27 依共享欄合併資料幀

問題

您有兩個資料幀，這兩個資料幀中有一些共享欄。您希望透過匹配共享欄將它們的列合併，並產出一個資料幀。

解決方案

我們可以使用來自 dplyr 套件的 join 函式將我們的資料幀依一個共享欄進行合併。如果您只想要同時出現在兩個資料幀中的列，請使用 inner_join：

```
inner_join(df1, df2, by = "col")
```

其中 "col" 是同時出現在兩個資料幀中的欄。

如果想要所有出現在任一資料幀中的列，可以使用 full_join：

```
full_join(df1, df2, by = "col")
```

如果您想要所有來自 df1 的列，並且取得 df2 中匹配的列，那麼請使用 left_join：

```
left_join(df1, df2, by = "col")
```

或者要得到所有來自 df2 的記錄，並且取得 df1 中的匹配的列，請使用 right_join：

```
right_join(df1, df2, by = "col")
```

討論

假設我們有兩個資料幀，born 和 died，兩個幀都包含一個名為 name 的欄：

```
born <- tibble(
  name = c("Moe", "Larry", "Curly", "Harry"),
  year.born = c(1887, 1902, 1903, 1964),
  place.born = c("Bensonhurst", "Philadelphia", "Brooklyn", "Moscow")
)

died <- tibble(
  name = c("Curly", "Moe", "Larry"),
  year.died = c(1952, 1975, 1975)
)
```

我們可以使用 name 將匹配的欄合併到一個資料幀中：

```
inner_join(born, died, by="name")
#> # A tibble: 3 x 4
#>   name  year.born place.born   year.died
#>   <chr>     <dbl> <chr>            <dbl>
#> 1 Moe        1887 Bensonhurst       1975
#> 2 Larry      1902 Philadelphia      1975
#> 3 Curly      1903 Brooklyn          1952
```

注意，inner_join 不要求列是排序好的，甚至也不要求列要有相同的順序。在上面的範例中，即使兩個資料幀中的某列出現在不同的位置，它還是可以找到與 Curly 匹配的列。它還丟棄了 Harry 那一列，因為它只出現在 born 中。

對這些資料幀做 full_join 的話，會取得兩個資料幀中所有列，即使是沒有匹配值的列：

```
full_join(born, died, by="name")
#> # A tibble: 4 x 4
#>   name  year.born place.born   year.died
#>   <chr>     <dbl> <chr>            <dbl>
#> 1 Moe        1887 Bensonhurst       1975
#> 2 Larry      1902 Philadelphia      1975
#> 3 Curly      1903 Brooklyn          1952
#> 4 Harry      1964 Moscow              NA
```

當一個資料幀沒有匹配值時，它的欄位會被填上 NA:，Harry 的 year.died 是 NA。

如果我們不幫 join 函式指定一個欄位來進行 join，那麼它將嘗試透過兩個資料幀中相同名稱的任何欄位進行 join，並回傳一個訊息，說明它在使用哪個欄位：

```
full_join(born, died)
#> Joining, by = "name"
#> # A tibble: 4 x 4
#>   name  year.born place.born   year.died
#>   <chr>     <dbl> <chr>            <dbl>
#> 1 Moe        1887 Bensonhurst       1975
#> 2 Larry      1902 Philadelphia      1975
#> 3 Curly      1903 Brooklyn          1952
#> 4 Harry      1964 Moscow              NA
```

如果我們想用兩個資料幀中名稱不相同的欄位為基準，連接兩個資料幀的話，那麼我們需要為 by 參數指定一個含有條件的 vector：

```
df1 <- data.frame(key1 = 1:3, value=2)
df2 <- data.frame(key2 = 1:3, value=3)

inner_join(df1, df2, by = c("key1" = "key2"))
#>   key1 value.x value.y
#> 1    1       2       3
#> 2    2       2       3
#> 3    3       2       3
```

注意，在前面的範例中，兩個表都有一個名為 value 的欄位，該欄位在輸出中被重命名。第一個表中的欄位變為 value.x，而第二個表中的欄位變為 value.y。dplyr 套件的這種資料連結動作，當非共享欄發生名稱衝突時，總是會將輸出欄重新命名。

參見

有關連接資料幀的其他方法，請參見錦囊 5.26。

範例依一個名為 name 的欄進行合併，但是這些函式也可以依多個欄進行合併。有關詳細資訊，請輸入 **?dplyr::join**。

這些合併動作的靈感是來自 SQL。就像 SQL 中的行為一樣，在 dplyr 中有多種類型的連接，包括內部連接、左連接、右連接、全連接、半連接和反連接。同樣地，請您參閱函式文件。

5.28 將一個基原值轉換為另一個基原值

問題

您有一個具有基原資料類型的資料值：例如，字元、複數、雙精度、整數或邏輯。您希望將此值轉換為其他基原資料類型。

解決方案

對於每個基原資料類型，都有一個函式將值轉換為該類型。基原類型的轉換函式包括：

- `as.character(x)`

- `as.complex(x)`

- `as.numeric(x)` 或 `as.double(x)`

- `as.integer(x)`

- `as.logical(x)`

討論

將一種基原類型轉換為另一種基原類型通常非常簡單。如果轉換成功，您將得到預期的結果。如果失敗，那您會得到 NA：

```
as.numeric(" 3.14 ")
#> [1] 3.14
as.integer(3.14)
#> [1] 3
as.numeric("foo")
#> Warning: NAs introduced by coercion
#> [1] NA
as.character(101)
#> [1] "101"
```

如果您有一個由基原類型組成的 vector，上述這些函式會將自己套用在每個值上。因此，前面的常量轉換範例可以很容易地擴展到整個 vector 的轉換：

```
as.numeric(c("1", "2.718", "7.389", "20.086"))
#> [1]  1.00  2.72  7.39 20.09
as.numeric(c("1", "2.718", "7.389", "20.086", "etc."))
#> Warning: NAs introduced by coercion
```

```
#> [1]  1.00  2.72  7.39 20.09     NA
as.character(101:105)
#> [1] "101" "102" "103" "104" "105"
```

將邏輯值轉換為數值時，R 將 FALSE 轉換為 0，TRUE 轉換為 1：

```
as.numeric(FALSE)
#> [1] 0
as.numeric(TRUE)
#> [1] 1
```

當您想計算邏輯值 vector 中 TRUE 的出現次數時，這種行為非常有用。如果 logvec 是一個邏輯值組成的 vector，那麼使用 sum(logvec) 會把邏輯值暗中轉換為整數值，回傳 TRUE 的總數量：

```
logvec <- c(TRUE, FALSE, TRUE, TRUE, TRUE, FALSE)
sum(logvec) ## true 的數量
#> [1] 4
length(logvec) - sum(logvec) ## 非 true 的數量
#> [1] 2
```

5.29 將一種結構化資料類型轉換為 另一種結構化資料類型

問題

您希望將變數從一種結構化資料類型轉換為另一種結構化資料類型 —— 例如，將 vector 轉換為 list，或將 matrix 轉換為資料幀。

解決方案

以下函式將收到的引數轉換為對應的結構化資料類型：

- as.data.frame(x)

- as.list(x)

- as.matrix(x)

- as.vector(x)

然而，其中一些轉換可能會讓您感到驚訝。我們建議您查看表 5-2 以瞭解更多細節。

討論

在結構化資料類型之間進行轉換可能會碰到比較棘手的情況。一些轉換的行為符合您所期望的那樣,例如,如果將 matrix 轉換為資料幀,matrix 的列和欄就變成了資料幀的列和欄,毫不費力。

但在其他一些情況,結果卻可能會讓您大吃一驚。表 5-2 總結了一些值得注意的例子。

表 5-2　資料轉換

轉換	如何進行	注意事項
vector → list	as.list(*vec*)	不要使用 list(*vec*);用它建立一個僅有一元素 list,該唯一的元素是 vec 的副本。
vector → matrix	建立一個單欄 matrix:cbind(*vec*) 或 as.matrix(*vec*) 要建立一個單列 matrix:rbind(*vec*) 建立一個 *n*×*m* 的 matrix:matrix(*vec,n,m*)	請參考錦囊 5.14。
vector →資料幀	建立一個單欄資料幀:as.data.frame(*vec*) 建立一個單列資料幀: as.data.frame (rbind (*vec*))	
list → vector	unlist (*lst*)	使用 unlist 而不是 as.vector;見註 1 和錦囊 5.11。
list → matrix	建立一個單欄 matrix:as.matrix(*lst*) 建立一個單列 matrix:as.matrix(rbind(*lst*)) 建立一個 *n*×*m* matrix:matrix(*lst,n,m*)	
list →資料幀	如果 list 元素是資料欄: as.data.frame (*lst*) 如果 list 元素是資料列,請參見錦囊 5.19	
matrix → vector	as.vector(*mat*)	以一個 vector 回傳的所有 matrix 元素。
matrix → list	as.list(*mat*)	以一個 list 回傳的所有 matrix 元素。
matrix →資料幀	as.data.frame(*mat*)	
資料幀→ vector	要轉換一個單欄資料幀:df[1,] 要轉換一個單列資料幀:df[,1] 或 df[[1]]	見註 2。
資料幀→ list	as.list (*df*)	見註 3。
資料幀→ matrix	as.matrix (*df*)	見註 4。

表中標示的注釋說明如下：

1. 當您將 list 轉換為 vector 時，如果 list 中包含的基原值都具有相同的 mode，則轉換工作可以非常的乾淨。如果 list 包含混合 mode（例如，數值 mode 和字元 mode）（在這種情況下所有內容都將轉換為字元），或者 list 包含其他結構化資料類型（例如子 list 或資料幀）（在這種情況下會發生非常奇怪的事情），那麼事情就會變得複雜，所以請不要這樣做。

2. 只有當資料幀的內容只有一列或一欄時，將資料幀轉換為 vector 才有意義。若要將其所有元素擷取到一個長 vector 中，請使用 as.vector (as.matrix (*df*))。但是，只有當資料幀全是數值或全是字元時，這麼做才有意義；如果不是，則所有內容會被先轉換為字串。

3. 將資料幀轉換為 list 似乎有些奇怪，因為資料幀已經是 list（即，欄資料組成的 list）。使用 as.list 本質上刪除了該類別（data.frame），揭露出底下的 list。當您想讓 R 把您的資料結構作為一個 list 來處理時（比如印出東西），這個轉換是很實用的。

4. 在將資料幀轉換為 matrix 時要小心。如果資料幀只包含數值，則得到一個數值 matrix。如果只包含字元值，則得到字元 matrix。但是，如果資料幀是數值、字元和 / 或 factor 的組合的話，所有值會被先轉換成字元，而產出的結果是一個字串 matrix。

matrix 的特殊情況

這裡介紹的 matrix 轉換，都是基於假設您的 matrix 是同質的，即所有元素都具有相同的 mode（例如，所有數值或所有字元）。當從 list 建出 matrix 時，matrix 也可能是異構的。如果是這樣，轉換就會變得混亂。例如，當您將一個具有混合 mode 的 matrix 轉換為資料幀時，資料幀的欄實際上是 list（以容納混合資料）。

參見

轉換基原資料類型見錦囊 5.28；轉換碰到麻煩時，請參閱本章的引言。

## 第六章

資料轉換

相對於傳統程式設計語言使用迴圈，而 R 一直以來的習慣都是鼓勵使用向量化操作，並且以 apply 家族的函式進行整批式的資料處理，極大地簡化了計算。雖然沒有什麼可以阻止您在 R 中編寫迴圈，用迴圈將您的資料分割成您想要的任何資料塊，然後再對每個塊資料執行操作。然而，在許多情況下，使用向量化函式可以提高程式碼的速度、可讀性和可維護性。

然而，在最近的歷史中，在 tidyverer 中——特別是 purrr 和 dplyr 這兩個套件——引入了新的習慣用法到 R 中，使這些概念更容易學習，並且更加一致。名稱 purrr 源自短語 "Pure R（純淨的 R）"。"Pure function（純淨函式）" 是一種函式，它的結果只由它的輸入決定，並且不產生其他任何副作用。然而，為了從 purrr 得到更大的價值，您不需要理解這個函式程式設計概念。大多數使用者需要知道的是，purrr 包含一些函式，可以幫助我們很好地搭配其他 tidyverse 套件（如 dplyr）對資料塊進行 "塊對塊" 操作。

基礎的 R 有許多 apply 家族函式 ——apply、lapply、sapply、tapply 和 mapply——以及它們的近親，by 和 split。這些堅實的函式，多年來一直是基礎 R 的底層主力。我們無法決定應該多著重於關心基礎 R 的 apply 家族函式，或是該多著墨於新的 "乾淨（tidy）" 方法。經過多次討論，我們選擇嘗試展現 purrr 方法，並提供基礎的 R 方法，並在一些地方同時說明這兩種方法。purrr 和 dplyr 的介面非常乾淨，而且我們相信，在大多數情況下他們用起來更為直觀。

6.1 對每個 list 元素套用函式

問題

您有一個 list，您希望對 list 中的每個元素套用一個函式。

解決方案

使用 map 對 list 中的每個元素套用一個函式：

```
library(tidyverse)

lst %>%
  map(fun)
```

討論

讓我們來看一個具體的例子，計算 list 中每個元素數值的平均數：

```
library(tidyverse)

lst <- list(
  a = c(1,2,3),
  b = c(4,5,6)
)
lst %>%
  map(mean)
#> $a
#> [1] 2
#>
#> $b
#> [1] 5
```

對於 list 中的每個元素，map 函式將呼叫您的函式一次。您的函式應該要期望接收一個引數，即 list 中的一個元素。map 函式將收集回傳值到一個 list 中，最後回傳它們。

purrr 套件中有一整套 map 類函式，這些函式接受一個 list 或 vector，然後回傳一個與輸入元素數量相同的物件。它們回傳的物件類型根據使用不同的 map 類函式而有所不同。有關 map 類函式的完整 list，請參閱說明文件，但最常見的有以下幾個：

map

> 永遠回傳一個 list，list 的元素可能是不同類型的。這與基礎 R 函式中的 `lapply` 函式非常相似。

map_chr

> 回傳一個字元 vector。

map_int

> 回傳一個整數 vector。

map_dbl

> 回傳浮點數值 vector。

快速看看一個我們故意製造的情境，假設我們有一個函式，該函式可以回傳一個字元或一個整數：

```
fun <- function(x) {
  if (x > 1) {
    1
  } else {
    "Less Than 1"
  }
}

fun(5)
#> [1] 1
fun(0.5)
#> [1] "Less Than 1"
```

讓我們建立一個可以套用 fun 的 list，並查看一些 map 變體的行為：

```
lst <- list(.5, 1.5, .9, 2)

map(lst, fun)
#> [[1]]
#> [1] "Less Than 1"
#>
#> [[2]]
#> [1] 1
#>
#> [[3]]
```

```
#> [1] "Less Than 1"
#>
#> [[4]]
#> [1] 1
```

您可以看到 map 生成了一個 list，它的內容混合不同的資料類型。

map_chr 將生成一個字元 vector，並將數值強制轉換為字元：

```
map_chr(lst, fun)
#> [1] "Less Than 1" "1.000000"    "Less Than 1" "1.000000"

## 或使用管道連接
lst %>%
  map_chr(fun)
#> [1] "Less Than 1" "1.000000"    "Less Than 1" "1.000000"
```

而 map_dbl 則試圖將一個字串變成倍精度變數：

```
map_dbl(lst, fun)
#> Error: Can't coerce element 1 from a character to a double
```

如前所述，基礎 R 中的 lapply 函式的作用非常類似於 map。基礎 R 中的 sapply 函式更類似於我們前面討論的 map 函式，因為該函式試圖將結果簡化為一個 vector 或 matrix。

參見

請參考錦囊 15.3。

6.2 將函式重複套用到資料幀的每一列

問題

您有一個函式，您想對資料幀中的每一列重複套用這個函式。

解決方案

mutate 函式的功能是從一個由值組成的 vector 建立一個新變數。但是如果我們企圖要使用的函式無法接收一個 vector 也無法輸出一個 vector，那麼我們必須搭配 rowwise 逐列執行操作。

我們可以在管道連結中使用 rowwise 來告訴 dplyr 逐列執行以下命令：

```
df %>%
  rowwise() %>%
  row_by_row_function()
```

討論

首先，讓我們建立一個函式，並將它逐列套用到一個資料幀上。我們的函式將簡單地加總一個數列 a、b、c 的和：

```
fun <- function(a, b, c) {
  sum(seq(a, b, c))
}
```

接著，讓我們建立一些資料來測試這個功能，利用 rowwise 來套用我們的 fun 函式：

```
df <- data.frame(mn = c(1, 2, 3),
                 mx = c(8, 13, 18),
                 rng = c(1, 2, 3))

df %>%
  rowwise %>%
  mutate(output = fun(a = mn, b = mx, c = rng))
#> Source: local data frame [3 x 4]
#> Groups: <by row>
#>
#> # A tibble: 3 x 4
#>       mn    mx   rng output
#>    <dbl> <dbl> <dbl>  <dbl>
#> 1     1     8     1     36
#> 2     2    13     2     42
#> 3     3    18     3     63
```

如果我們嘗試在沒有 rowwise 的情況下執行這個函式，它會拋出一個錯誤，因為 seq 函式不能處理整個 vector：

```
df %>%
  mutate(output = fun(a = mn, b = mx, c = rng))
#> Error in seq.default(a, b, c): 'from' must be of length 1
```

6.3 將函式重複套用於 matrix 的每一列

問題

您有一個 matrix，您希望重複對列套用一個函式，以計算每一列的函式結果。

解決方案

請使用 apply 函式，並將第二個參數設定為 1，要求逐列套用函式：

```
results <- apply(mat, 1, fun)     # mat 是一個 matrix，而 fun 是要套用的函式
```

對於 matrix 的每一列，apply 函式都會呼叫 fun 一次，將回傳值組裝成一個 vector，然後回傳這個 vector。

討論

您可能注意到，我們在這裡只示範了基礎 R 中 apply 函式的用法，而其他錦囊示範了 purrr 替代方法。這是因為在撰寫本文時，purrr 無法處理 matrix，因此我們改用非常堅實的基礎 R apply 函式。如果您真的喜歡 purrr 語法，那麼請您先將 matrix 轉換為資料幀或 tibble，就可以使用這些函式了。但是如果您的 matrix 很大，您將發現使用 purrr 的執行速度慢得非常有感。

假設我們有一個 long matrix，其中資料以直式排列，所以每一列中的資料都屬於同一個觀察目標，而欄則是隨時間推移的多次觀察記錄：

```
long <- matrix(1:15, 3, 5)
long
#>      [,1] [,2] [,3] [,4] [,5]
#> [1,]    1    4    7   10   13
#> [2,]    2    5    8   11   14
#> [3,]    3    6    9   12   15
```

將 mean 函式套用在每一列上，便可以計算出每個觀察目標的平均觀測值。結果將產出一個 vector：

```
apply(long, 1, mean)
#> [1] 7 8 9
```

如果我們的 matrix 中有列名，apply 就會在產出的 vector 中使用這些名稱來識別元素，這種識別很實用：

```
rownames(long) <- c("Moe", "Larry", "Curly")
apply(long, 1, mean)
#>    Moe Larry Curly
#>      7     8     9
```

被套用函式應該要期望收到一個引數，這參數是一個 vector，也就是 matrix 的一行。被套用函式可以回傳常量或 vector。在回傳 vector 的情況下，apply 會將產出的 vector 組合成一個 matrix。以下程式中的 range 函式會回傳一個由兩個元素組成的 vector，這兩個元素即最小值和最大值，因此該函式套用於 long 的話，結果就會產生一個 matrix：

```
apply(long, 1, range)
#>       Moe Larry Curly
#> [1,]    1     2     3
#> [2,]   13    14    15
```

您也可以對資料幀使用這個方法。如果資料幀是同質的，即全部都是數值或全部都是字串，那麼就可以正常使用。當資料幀內欄的類型不同時，將列資料擷取成為 vector 是不明智的，因為 vector 的內容必須是同質。

6.4 將函式重複套用到每一欄

問題

您有一個 matrix 或一個資料幀，您想將一個函式套用到每一欄。

解決方案

如果目標是 matrix，請使用 apply 函式，並將第二個參數設定為 2，2 表示逐欄套用函式。因此，如果我們的 matrix 或資料幀名為 mat，並且我們想要將一個名為 fun 的函式套用到每一欄，程式碼將會是這樣的：

```
apply(mat, 2, fun)
```

如果目標是一個資料幀，請使用 purrr 套件中的 map_df 函式：

```
df2 <- map_df(df, fun)
```

討論

我們來看一個實數的範例，將 mean 函式套用到 matrix 中的每一欄：

```
mat <- matrix(c(1, 3, 2, 5, 4, 6), 2, 3)
colnames(mat) <- c("t1", "t2", "t3")
mat
#>      t1 t2 t3
#> [1,]  1  2  4
#> [2,]  3  5  6

apply(mat, 2, mean)   # 計算所有欄的平均值
#>  t1  t2  t3
#> 2.0 3.5 5.0
```

在基礎 R 中，apply 函式用於處理 matrix 或資料幀。apply 的第二個引數決定了動作的方向：

- 1 表示逐列處理。

- 2 表示逐欄處理。

資料幀是一個比 matrix 更複雜的資料結構，因此有更多的選擇。您可以單純地使用 apply，在這種情況下 R 會先將您的資料幀轉換為 matrix，然後才套用您的函式。如果您的資料幀只包含一種類型的資料，那麼這個方法就是可行的，但是如果有些欄是數值，有些欄是字元的話，那麼它執行起來可能會不如您所預期。在這種情況下，R 將強制所有欄變成相同的類型，導致執行了不需要的轉換。

幸運的是，還有其他多種選擇。還記得，資料幀是一種 list 吧：表示它是資料幀中的欄所組成的 list。purrr 套件中有一整套 map 家族函式，它們能回傳不同類型的物件。這裡特別要提的是 map_df 函式，它會回傳一個 data.frame（因此函式名稱中有 df）：

```
df2 <- map_df(df, fun) # 回傳一個 data.frame
```

函式 fun 應該期待收到一個引數：即資料幀中的一欄。

下面是檢查資料幀中欄型態的常用方法。在本例中，該資料幀的 batch 欄，猛一看，似乎是數值型態：

```
load("./data/batches.rdata")
head(batches)
#>   batch clinic dosage shrinkage
#> 1     3     KY     IL    -0.307
#> 2     3     IL     IL    -1.781
#> 3     1     KY     IL    -0.172
#> 4     3     KY     IL     1.215
#> 5     2     IL     IL     1.895
#> 6     2     NJ     IL    -0.430
```

但是，若使用 map_df 去印出每一欄的類型，會發現 batch 欄的型態是一個 factor：

```
map_df(batches, class)
#> # A tibble: 1 x 4
#>   batch   clinic dosage  shrinkage
#>   <chr>   <chr>  <chr>   <chr>
#> 1 factor  factor factor  numeric
```

 注意輸出中的第三行重複地顯示 <chr>，這是因為 class 的輸出被放入一個暫時資料幀中，然後被印出來，而該暫時資料幀中的欄位全部都是字元。最後一行告訴我們原始資料幀有三個 factor 形態的欄和一個數值型態的欄。

參見

參見錦囊 5.21、錦囊 6.1 和錦囊 6.3。

6.5 將函式重複套用於並排的 vector 或 list

問題

您有一個能接受多個引數的函式，您希望將函式套用於多個 vector 的元素層級上，並期待得到一個 vector 作為結果。但不幸的是，該函式不是向量化函式；也就是說，它可以處理常量，但不可處理 vector。

解決方案

請使用 tidyverse 的核心套件 purrr 中的 map 或 pmap 函式。最通用的解決方案是將 vector 放入一個 list 中，然後再使用 pmap：

```
lst <- list(v1, v2, v3)
pmap(lst, fun)
```

pmap 將取得 lst 的元素，並傳遞給 fun。

如果您想做的只是要傳遞兩個 vector 給函式，此時使用 map2 家族函式很方便，並且省去了先將 vector 放入 list 的步驟。map2 執行後將回傳一個 list：

```
map2(v1, v2, fun)
```

型態變體函式（map2_chr、map2_dbl 等），其回傳物件的類型如其名稱所表示。因此，如果 fun 函式回傳一個 double，那就請您使用型態變體 map2：

```
map2_dbl(v1, v2, fun)
```

purrr 套件中的那些型態變體函式，是依套用函式的**輸出**型態來變體的。所有型態變體函式回傳各自類型組成的 vector，而非型態變體函式則回傳 list，list 允許混合類型。

討論

R 的基本運算（如 x + y）是以向量化形式執行的；這代表它們在元素計算有結果後會回傳結果 vector。此外，許多 R 函式都是向量化的。

然而，並不是所有的函式都是向量化的，而且那些不支援向量化的函式就只能處理常量，將 vector 參數指定給不支援向量化的函式輕則產生錯誤，重則產生無意義的結果。在這種情況下，來自 purrr 套件的 map 函式可以有效地幫助您向量化該函式。

拿錦囊 15.3 中的 gcd 函式來說，該函式有兩個參數：

```
gcd <- function(a, b) {
  if (b == 0) {
    return(a)
  } else {
    return(gcd(b, a %% b))
  }
}
```

如果我們對兩個 vector 應用 gcd，出來的答案會是錯誤並跟隨一堆錯誤訊息：

```
gcd(c(1, 2, 3), c(9, 6, 3))
#> Warning in if (b == 0) {: the condition has length > 1 and only the first
#> element will be used

#> Warning in if (b == 0) {: the condition has length > 1 and only the first
#> element will be used

#> Warning in if (b == 0) {: the condition has length > 1 and only the first
#> element will be used
#> [1] 1 2 0
```

該函式不支援向量化，但是我們可以使用 map 對其進行 "向量化"。在本例中，由於我們有兩個輸入，所以應該使用 map2 函式。這個動作會產生兩個 vector 之間的元素的最大公因數（GCD）：

```
a <- c(1, 2, 3)
b <- c(9, 6, 3)
my_gcds <- map2(a, b, gcd)
my_gcds
#> [[1]]
#> [1] 1
#>
#> [[2]]
#> [1] 2
#>
#> [[3]]
#> [1] 3
```

注意，map2 回傳一個由 list 組成的 list。如果我們想要得到一個 vector，可以對產出結果使用 unlist 函式：

```
unlist(my_gcds)
#> [1] 1 2 3
```

或使用型態變體函式，如 map2_dbl。

purrr 套件的 map 家族函式中有一系列會回傳特定型態的變體函式。函式名稱的後綴代表它們回傳哪一種型態組成的 vector。另一方面，map 和 map2 則是回傳 list，這是因為特定於型態變體所回傳的物件保證是相同的類型，所以可以將它們放入同質的 vector 中。例如，我們可以使用 map_chr 函式來要求 R 將結果強制轉換為字元輸出，或者使用 map2_dbl 確保結果是雙精度型態：

```
map2_chr(a, b, gcd)
#> [1] "1.000000" "2.000000" "3.000000"
map2_dbl(a, b, gcd)
#> [1] 1 2 3
```

如果我們的資料有兩個以上的 vector，或者資料已經在一個 list 中，我們可以使用 pmap 家族函式，這類函式以一個 list 作為輸入：

```
lst <- list(a,b)
pmap(lst, gcd)
#> [[1]]
#> [1] 1
#>
#> [[2]]
#> [1] 2
#>
#> [[3]]
#> [1] 3
```

或者如果我們想要的輸出，是某種型態組成的 vector：

```
lst <- list(a,b)
pmap_dbl(lst, gcd)
#> [1] 1 2 3
```

使用 purrr 套件中的函式時，請記住，pmap 家族函式是平行映射器，它們接受一個 *list* 作為輸入，而 map2 函式只接受兩個，且只能接受兩個 *vector* 作為輸入。

參見

這只是本章第一個錦囊（錦囊 6.1）的一個特例。有關 map 變體的更多討論，請參見該錦囊。此外，Jenny Bryan 在它的 GitHub 上收集了大量關於 purrr 套件的說明文件（*https://jennybc.github.io/purrr-tutorial/*）。

6.6 依分組資料重複套用函式

問題

您的資料元素是已分好群組的形式，您希望依分組進行資料處理──例如，按組求和或按組求平均。

解決方案

處理這種分組資料最簡單的方法是使用 dplyr 套件中的 group_by 函式，再搭配 summarize 即可。假設我們的資料幀是 df，並且有一個我們用來分組的變數 grouping_var，並且我們想要將函式 fun 套用到所有 v1 和 v2 的組合中，我們可以透過 group_by 來實作：

```
df %>%
  group_by(v1, v2) %>%
  summarize(
    result_var = fun(value_var)
  )
```

討論

讓我們看一個具體的例子，我們的輸入資料幀 df，df 中包含一個變數 my_group，我們要依據這個變數來做分組，以及一個名為 values 的欄位，我們用這欄位來計算一些統計資料：

```
df <- tibble(
  my_group = c("A", "B","A", "B","A", "B"),
  values = 1:6
)

df %>%
  group_by(my_group) %>%
  summarize(
    avg_values = mean(values),
    tot_values = sum(values),
    count_values = n()
  )
#> # A tibble: 2 x 4
#>   my_group avg_values tot_values count_values
#>   <chr>         <dbl>      <int>        <int>
#> 1 A                 3          9            3
#> 2 B                 4         12            3
```

在輸出訊息中，每個組都是各自的一條記錄，該記錄中有我們想要的三個加總欄位的計算值。

值得注意的是，summarize 函式將會刪除由 group_by 產出的分組變數。
這件事是自動完成的，因為按照定義，如果保留原來的分組資料，代表所
有的組的列都少於一列。但它只從分組 vector 中刪除原來的分組變數，
而不是從資料幀中刪除。而那個欄位仍然存在，但是它不再被用來分組。
當您第一次觀察到它的行為時，您可能會感到驚訝。

6.7 根據某個條件建立新欄

問題

您希望根據某些條件在資料幀中建立一個新的欄。

解決方案

請使用 tidyverse 中的 dplyr 套件，我們可以用該套件中的 mutate 函式建立新的資料幀
欄，搭配 case_when 實作條件邏輯：

```
df %>%
  mutate(
    new_field = case_when(my_field == "something" ~ "result",
                          my_field != "something else" ~ "other result",
                          TRUE ~ "all other results")
```

討論

來自 dplyr 套件的 case_when 函式類似於 SQL 中的 CASE WHEN 或 Excel 中巢式 IF 述
句。該函式會檢驗每個元素，當發現條件式為 true 時，回傳 ~（波浪號）右邊的值。

讓我們看一個例子，在這個例子中我們想為一個值添加一個說明用的文字欄。首先，讓
我們在一個名為 vals 的資料幀中設定一些簡單的範例資料：

```
df <- data.frame(vals = 1:5)
```

現在讓我們實作建立 new_vals 欄的邏輯。如果 vals 的值小於或等於 2，則回傳 2 or
less；如果值大於 2 同時小於等於 4，我們將回傳 2 to 4，否則我們將回傳 over 4：

```
df %>%
  mutate(new_vals = case_when(vals <= 2 ~ "2 or less",
                              vals > 2 & vals <= 4 ~ "2 to 4",
                              TRUE ~ "over 4"))
#>   vals  new_vals
#> 1    1 2 or less
#> 2    2 2 or less
#> 3    3    2 to 4
#> 4    4    2 to 4
#> 5    5    over 4
```

您可以在範例中看到，條件式寫在 ~ 的左側，而結果回傳值位於右側。每個條件都用逗號分隔。case_when 將按順序檢查每個條件，一旦其中一個條件回傳 TRUE，則停止檢查。最後一行代表"其他情況均適用"述句。將條件設定為 TRUE 可以確保無論如何，如果上面的條件沒有回傳 TRUE，則此條件必定滿足。

參見

錦囊 6.2 中有更多 mutate 的使用範例。

## 第七章

字串和日期

是字串嗎？還是日期呢？對於一個統計程式套件來說？

只要讀取檔案或列印報告，就會用到字串。當您想解決現實世界問題時，您需要就是日期了。

R 為字串和日期都提供了工具，但是若與主攻字串的語言（如 Perl）相比，這些工具顯得笨拙，但這取決工具適不適合這項工作，比方說我們就不希望在 Perl 中執行邏輯回歸。

藉由 tidyverse 中的 stringr 和 lubridate 套件的協助，字串和日期工具的笨拙性得到了改進。與本書的其他章節一樣，這裡的範例將會介紹基礎 R 工具，以及使生活更容易、更快和更方便的附加套件。

日期和時間的類別

R 有多種處理日期和時間的類別，如果您的個性喜歡有很多個選擇，這是很好的，但如果您喜歡簡單的生活，選擇太多是很煩人的。這些類別之間有一個關鍵的區別：有些類別只處理日期（date），有些類別處理日期時間（datetime）。所有類別都可以處理日曆日期（例如，2019 年 3 月 15 日），但不是所有類別都可以表示日期時間（2019 年 3 月 1 日上午 11：45）。

R 的基本發佈包括以下類別：

Date

Date 類別可以用於表示日曆日期，但不能表示時鐘時間。對於日期處理，它是一個可靠的通用類別，這些處理包括轉換、格式化、基本日期算術和時區處理。本書中大多數與日期相關的錦囊都是以 Date 類別為基礎。

POSIXct

這是一個 datetime 類別，它可以以 1 秒的精確度表示時間中的某個時刻。在內部，datetime 是指自 1970 年 1 月 1 日以來的秒數，因此它是一個非常緊湊的表示形式。建議使用此類別儲存 datetime 資訊（例如，在資料幀中）。

POSIXlt

這也是一個 datetime 類別，但是儲存在一個包含年、月、日、小時、分鐘和秒等 9 個元素組成的 list 中。這種形式使得擷取日期部分（例如月份或小時）變得很容易。顯然，和 POSIXct 相比，這種類別顯得沒那麼緊湊；因此，它通常用於中間處理，而不是儲存資料。

基本發佈中還提供了在各種表示形式之間進行轉換的函式：as.Date、as.POSIXct、as.POSIXlt。

可從 CRAN 下載以下實用的套件：

chron

chron 套件可以同時表示日期和時間，但不能處理時區和夏令時間，所以不用負擔功能上的複雜性。因此，它比 Date 更容易使用，但功能不如 POSIXct 和 POSIXlt 強大。對於計量經濟學或時間序列分析工作來說，它是很實用的。

lubridate

這是一個 tidyverse 中的套件，目的在簡化日期和時間的處理，同時保留重要的附加功能，比如時區。它在 datetime 演算法方面特別突出。這個套件介紹了一些實用的構造，比如持續時間、週期和間隔。lubridate 套件是 tidyverse 的一部分，所以當您 install.packages('tidyverse') 時安裝了它，但是它不是 "tidyverse 核心" 的一部分，所以當您執行 library(tidyverse) 時，它不會被載入。必須透過執行 library(lubridate) 手動地載入它。

mondate

這是一個特殊的套件，用於處理以月為單位處理日期，也可以天和年為單位處理日期。例如，在需要逐月計算的會計和精算工作中，它可能是實用的。

timeDate

這是一個功能強大的套件，具有設計精良的工具，用於處理日期和時間，這些工具包括日期算術、工作日、假期、轉換和時區的處理。它最初是金融建模軟體 Rmetrics 的一部分，在金融建模中精確的日期和時間至關重要。如果您對日期有很高的要求，可以考慮這個套件。

您應該選用哪個類別呢？Gabor Grothendieck 及 Thomas Petzoldt 合著的文章 "Date and Time Classes in R"（*http://bit.ly/2MNK9q8*）提供了一般性建議如下：

> 在考慮使用哪個類別時，請始終以要支援的應用程式需求作為考量，選擇最簡單的類別。也就是說，如果可能，請先使用 Date，再考慮使用 chron，最後才是考慮使用 POSIX 類別。這樣的選擇策略將大大降低出錯的可能性，並提高應用程式的可靠性。

參見

有關內建工具的詳細資訊，請參見 help(DateTimeClasses)。若想看關於日期和時間工具的詳細介紹請查看 Gabor Grothendieck 和 Thomas Petzoldt 在 2004 年 6 月發表的文章（*http://bit.ly/2IHjKoy*）。Brian Ripley 和 Kurt Hornik 在 2001 年 6 月發表的文章（*http://bit.ly/2WKoOCn*）特別討論了兩個 POSIX 類別。請參見 Garrett Grolemund 和 Hadley Wickham（O'Reilly）的書《*R for Data Science*》（*https://oreil.ly/2IIWxCs*）第 16 章 "Dates and Times"（*http://bit.ly/2F7dSUI*）（繁體中文版《*R 資料科學*》請見第 16 章的「日期與日期時間」小節，碁峰資訊出版），該章節為 lubridate 提供了一個很好的介紹。

7.1 取得字串長度

問題

您想知道一個字串的長度。

解決方案

請使用 nchar 函式，不要使用 length 函式。

討論

nchar 函式接受一個字串並回傳字串中的字元數：

```
nchar("Moe")
#> [1] 3
nchar("Curly")
#> [1] 5
```

如果把應用一個字串組成的 vector 傳給 nchar，它將回傳每個字串的長度：

```
s <- c("Moe", "Larry", "Curly")
nchar(s)
#> [1] 3 5 5
```

您可能認為 length 函式回傳字串的長度。不。它回傳的是一個 *vector* 的長度。當您將 length 函式套用在一個字串時，R 會回傳數值 1，因為它將該字串視為一個單元素 vector——只有一個元素的 vector：

```
length("Moe")
#> [1] 1
length(c("Moe", "Larry", "Curly"))
#> [1] 3
```

7.2 連接字串

問題

您希望將兩個或多個字串連接成為一個字串。

解決方案

請使用 paste 函式。

討論

paste 函式將多個字串接在一起。換句話說，它會把指定的字串首尾相連來建立一個新字串：

```
paste("Everybody", "loves", "stats.")
#> [1] "Everybody loves stats."
```

在預設情況下，paste 在兩個字串之間插入一個空格，如果您也期待這樣的效果，這就真的是太方便了，否則就會令人感到麻煩。引數 sep 允許指定不同的分隔符號。在這個引數中指定使用空字串（""），就不會有分隔了：

```
paste("Everybody", "loves", "stats.", sep = "-")
#> [1] "Everybody-loves-stats."
paste("Everybody", "loves", "stats.", sep = "")
#> [1] "Everybodylovesstats."
```

希望將字串連接在一起，而且中間不使用任何分隔符號，這是一個常見的習慣用法。另外有一個 paste0 函式，就是這麼做的：

```
paste0("Everybody", "loves", "stats.")
#> [1] "Everybodylovesstats."
```

該函式對非字串引數非常寬容。它會嘗試使用 as.character 函式在幕後默默將它們轉換為字串：

```
paste("The square root of twice pi is approximately", sqrt(2 * pi))
#> [1] "The square root of twice pi is approximately 2.506628274631"
```

如果引數中有一個或多個是字串組成的 vector，paste 將生成所有引數的組合（由於循環）：

```
stooges <- c("Moe", "Larry", "Curly")
paste(stooges, "loves", "stats.")
#> [1] "Moe loves stats."   "Larry loves stats." "Curly loves stats."
```

有時您甚至想將這些組合連接成一個大字串，此時請使用 collapse 引數定義一個最上層的分隔符號，並要求 paste 使用該分隔符號連接生成的字串：

```
paste(stooges, "loves", "stats", collapse = ", and ")
#> [1] "Moe loves stats, and Larry loves stats, and Curly loves stats"
```

7.3 擷取子字串

問題

您希望指定位置擷取字串。

解決方案

使用 substr(*string*, *start*, *end*) 擷取子串，從 *start* 開始擷取，一直到 *end* 結束。

討論

substr 函式接受一個字串、一個起點和一個終點。回傳起始點和結束點之間的子字串：

```
substr("Statistics", 1, 4)   # 擷取開頭 4 個字元
#> [1] "Stat"
substr("Statistics", 7, 10) # 擷取最後 4 個字元
#> [1] "tics"
```

就像許多 R 函式一樣，若 substr 函式的第一個引數是字串組成的 vector，substr 函式會將自己重複套用於每個字串，並回傳子字串組成的 vector：

```
ss <- c("Moe", "Larry", "Curly")
substr(ss, 1, 3) # 擷取每個字串開頭 3 個字元
#> [1] "Moe" "Lar" "Cur"
```

事實上，所有的引數都可以是 vector，在這種情況下 substr 會將它們視為平行 vector。它對每個字串做擷取時，都會依據相對的起始點和結束點擷取出子字串。這可以催生一些實用的技巧。例如，下面的程式碼片段可從每個字串中擷取最後兩個字元；每個子字串從原始字串的倒數第二個字元開始，到最後一個字元結束：

```
cities <- c("New York, NY", "Los Angeles, CA", "Peoria, IL")
substr(cities, nchar(cities) - 1, nchar(cities))
#> [1] "NY" "CA" "IL"
```

您可以利用循環規則將這個技巧擴展到令人頭皮發麻的程度，但是我們建議您對抗這種誘惑。

7.4 根據分隔符號分隔字串

問題

您希望將字串拆分為子字串，原字串中的子字串由分隔符號分隔。

解決方案

請使用 strsplit，它接受兩個引數，字串和子字串的分隔符號：

```
strsplit(string, delimiter)
```

delimiter 可以是一個簡單的字串，也可以是一個正規表達式。

討論

一個字串由相同分隔符號分隔的多個子字串所組成，是一種很常見的情況。檔案路徑就是其中一個例子，它的組成元件由斜線分隔（/）：

```
path <- "/home/mike/data/trials.csv"
```

我們可以使用 strsplit 函式，指定分隔符號為 /，將該路徑拆成一個個元件：

```
strsplit(path, "/")
#> [[1]]
#> [1] ""            "home"        "mike"        "data"        "trials.csv"
```

注意，第一個 "元件" 實際上是一個空字串，因為第一個斜線之前沒有任何內容。

還要注意，strsplit 函式回傳一個 list，此 list 中的每個元素都是子字串組成的 vector。這種兩層結構是必要的，因為函式的第一個引數可以是字串組成的 vector。每個字串被分割成它的子字串（一個 vector），然後這些 vector 合併成一個 list 回傳。

如果您只對一個字串動作，您可以像這樣讓第一個元素現身：

```
strsplit(path, "/")[[1]]
#> [1] ""            "home"        "mike"        "data"        "trials.csv"
```

下面的範例會拆出三個檔案路徑，並回傳一個擁有三元素的 list：

```
paths <- c(
  "/home/mike/data/trials.csv",
  "/home/mike/data/errors.csv",
```

```
    "/home/mike/corr/reject.doc"
)
strsplit(paths, "/")
#> [[1]]
#> [1] ""              "home"         "mike"        "data"        "trials.csv"
#>
#> [[2]]
#> [1] ""              "home"         "mike"        "data"        "errors.csv"
#>
#> [[3]]
#> [1] ""              "home"         "mike"        "corr"        "reject.doc"
```

strsplit 函式的第二個引數（*delimiter*），它的能力實際上比這些範例中顯示的強大得多。它可以是一個正規表達式，允許您匹配比簡單字串複雜得多的樣式。實際上，要關閉正規表達式功能（及其對特殊字元的解釋），必須另行在引數中設定 fixed=TRUE。

參見

要瞭解關於 R 中的正規表達式的更多資訊，請參見 regexp 的說明頁面。若想瞭解關於正規表達式的更多資訊，請參見 Jeffrey E.F. Friedl 編寫的 "*Mastering Regular Expressions*"（*https://oreil.ly/2XhDBnm*）（O'Reilly）。

7.5 取代子字串

問題

在一個字串中，希望用一個子字串替換另一個子字串。

解決方案

使用 sub 替換子字串的第一個實例：

```
sub(old, new, string)
```

使用 gsub 替換子字串的所有實例：

```
gsub(old, new, string)
```

討論

sub 函式在 *string* 中找到 *old* 子字串，並使用 *new* 子字串替代它：

```
str <- "Curly is the smart one. Curly is funny, too."
sub("Curly", "Moe", str)
#> [1] "Moe is the smart one. Curly is funny, too."
```

gsub 做同樣的事情，但是它替換了*所有*子字串的實例（全部替換），而不僅僅是第一個實例：

```
gsub("Curly", "Moe", str)
#> [1] "Moe is the smart one. Moe is funny, too."
```

若要完全刪除一個子字串，只需將新的子字串設定為空即可：

```
sub(" and SAS", "", "For really tough problems, you need R and SAS.")
#> [1] "For really tough problems, you need R."
```

old 引數可以是一個正規表達式，正規表達式允許您匹配比簡單字串複雜得多的樣式。預設是設定為使用正規表達式，所以如果不希望 sub 和 gsub 將 *old* 以正規表達式解讀，則必須設定 fixed=TRUE 引數。

參見

要瞭解關於 R 中的正規表達式的更多資訊，請參見 regexp 的說明頁面。請參見文章 *Mastering Regular Expression* 瞭解關於正規表達式的更多資訊。

7.6 將所有字串的組合成對

問題

您有兩組字串，您希望從這兩組字串生成所有組合（它們的笛卡兒積）。

解決方案

請合併使用 outer 和 paste 函式生成所有可能的組合，並回傳 matrix：

```
m <- outer(strings1, strings2, paste, sep = "")
```

討論

outer 函式的作用是形成外積。然而，它允許第三個引數用任何函式替換簡單的乘法動作。在這個錦囊中，我們將乘法替換為字元串連接（paste），結果就會是所有字串兩兩相接的所有組合。

假設我們有四個試驗點和三個治療方案：

```
locations <- c("NY", "LA", "CHI", "HOU")
treatments <- c("T1", "T2", "T3")
```

我們可以應用 outer 和 paste 來生成所有的測試點和治療方案的組合，如下圖所示：

```
outer(locations, treatments, paste, sep = "-")
#>      [,1]      [,2]      [,3]
#> [1,] "NY-T1"   "NY-T2"   "NY-T3"
#> [2,] "LA-T1"   "LA-T2"   "LA-T3"
#> [3,] "CHI-T1"  "CHI-T2"  "CHI-T3"
#> [4,] "HOU-T1"  "HOU-T2"  "HOU-T3"
```

outer 的第四個引數，是傳遞給 paste 的。在本例中，我們透過 sep="-" 來定義連字號作為字串相接時中間的分隔符號。

outer 的產出結果是一個 matrix。如果您想要將所有組合放在一個 vector 中的話，請使用 as.vector 函式。

在一些特殊的情況下，您把一個集合和它自己組合在一起，順序無關緊要，出來結果將會有重複的組合：

```
outer(treatments, treatments, paste, sep = "-")
#>      [,1]     [,2]     [,3]
#> [1,] "T1-T1"  "T1-T2"  "T1-T3"
#> [2,] "T2-T1"  "T2-T2"  "T2-T3"
#> [3,] "T3-T1"  "T3-T2"  "T3-T3"
```

或者可以使用 expend.grid 函式，得到可表示所有組合的 2 個 vector：

```
expand.grid(treatments, treatments)
#>   Var1 Var2
#> 1  T1   T1
#> 2  T2   T1
#> 3  T3   T1
#> 4  T1   T2
#> 5  T2   T2
#> 6  T3   T2
```

```
#> 7    T1    T3
#> 8    T2    T3
#> 9    T3    T3
```

但假設我們想要所有**不重複**治療方案組合，我們可以透過刪除矩陣中的下三角形（或上三角形）來消除重複項。`lower.tri` 函式能找出這個三角形，所以如果對它做反向，就可以找出下三角形**之外**所有的元素：

```
m <- outer(treatments, treatments, paste, sep = "-")
m[!lower.tri(m)]
#> [1] "T1-T1" "T1-T2" "T2-T2" "T1-T3" "T2-T3" "T3-T3"
```

參見

使用 paste 生成字串組合，請參見錦囊 13.3。CRAN 上的 **gtools** 套件（*https://cran.r-project.org/web/packages/gtools/index.html*）含有 combinations（組合）和 permutation（排列）函式，可能對相關任務有幫助。

7.7 獲取當前日期

問題

您需要知道今天的日期。

解決方案

請使用 Sys.Date 函式回傳今天日期：

```
Sys.Date()
#> [1] "2019-05-13"
```

討論

`Sys.Date` 的功用是：回傳一個 Date 物件。在前面的範例中，它似乎回傳一個字串，因為結果被印在雙引號中。然而，實際發生的事實是 Sys.Date 回傳一個 Date 物件，然後 R 將該物件轉換為字串以便列印。您可以透過檢查 Sys.Date 的回傳值來確認這件事：

```
class(Sys.Date())
#> [1] "Date"
```

參見

請參考錦囊 7.9。

7.8 將字串轉換為日期

問題

您有一個以字串形式表示的日期，比如 **"2018-12-31"**，您希望將其轉換為一個 Date 物件。

解決方案

您可以使用 **as.Date** 函式，但前提是必須知道字串的格式。預設情況下，**as.Date** 假設字串看起來像 *yyyy-mm-dd*。要處理其他格式，必須指定 **as.Date** 的 **format** 參數。例如，如果是美式日期格式，則使用 **format="%m/%d/%Y"**。

討論

本範例展示了 **as.Date** 的預設格式，即 ISO 8601 標準格式 *yyyy-mm-dd*：

```
as.Date("2018-12-31")
#> [1] "2018-12-31"
```

as.Date 回傳的是一個 Date 物件（與前一個錦囊一樣），該物件在這裡被轉換成一個字串以便列印；這就是為什麼輸出中有雙引號的原因。

日期字串可以是其他格式，但是必須提供 **format** 引數，以便 **as.Date** 能解讀您的字串。有關允許格式的詳細資訊，請參閱 **stftime** 函式的說明頁面。

作為一個單純的美國人，我們經常錯誤地試圖將常見的美式日期格式（*mm/dd/yyyy*）轉換為 Date 物件，結果是：

```
as.Date("12/31/2018")
#> Error in charToDate(x): character string is not in a standard
#> unambiguous format
```

下面是轉換美式日期的正確方法：

```
as.Date("12/31/2018", format = "%m/%d/%Y")
#> [1] "2018-12-31"
```

注意，格式字串中的 Y 被大寫，表示一個四位元數字的年份。如果您使用的是兩位數年份，請改用小寫 y。

7.9 將日期轉換為字串

問題

您想要將 Date 物件轉換為字串，通常是因為要列印出日期。

解決方案

使用 format 或 as.character：

```
format(Sys.Date())
#> [1] "2019-05-13"
as.character(Sys.Date())
#> [1] "2019-05-13"
```

這兩個函式都可以使用控制格式的 format 引數，請使用 format="%m/%d/%Y" 獲得美式日期，例如：

```
format(Sys.Date(), format = "%m/%d/%Y")
#> [1] "05/13/2019"
```

討論

format 引數定義了產出字串的外觀。普通字元，如斜線（/）或連字號（-），會直接複製到輸出字串中。百分號（%）後面跟著另一個字元，這種兩個字母組合具有特殊的意義。常見的有：

b%

　　縮寫月份名稱（"Jan"）

B%

　　月份名稱（"January"）

%d

    兩位數日

%m

    兩位數月

%y

    無世紀年份（00-99）

%Y

    帶世紀年份

有關 strftime 函式的完整格式碼清單，請參閱其說明頁面。

7.10 將年、月、日轉換為日期

問題

您有一個日期被分別儲存年、月和日三個不同變數中。您希望將這些元素合併成一個 Date 物件。

解決方案

使用 ISOdate 函式：

```
ISOdate(year, month, day)
```

會產出一個 POSIXct 物件，然後您可以將它轉換為一個 Date 物件：

```
year <- 2018
month <- 12
day <- 31
as.Date(ISOdate(year, month, day))
#> [1] "2018-12-31"
```

討論

輸入資料中日期被拆分成以年、月和日數值儲存是很常見的事。ISOdate 函式可以將它們組合成一個 POSIXct 物件：

```
ISOdate(2020, 2, 29)
#> [1] "2020-02-29 12:00:00 GMT"
```

您可以就這樣將日期儲存在 POSIXct 格式裡。然而，當處理純日期（不是日期和時間）時，我們經常將它再轉換為 Date 物件，並截斷未使用的時間資訊：

```
as.Date(ISOdate(2020, 2, 29))
#> [1] "2020-02-29"
```

試圖轉換無效日期會產出結果 NA：

```
ISOdate(2013, 2, 29) # 噢！2013 不是閏年
#> [1] NA
```

ISOdate 可以處理含有年、月、日的三個 vector，這一點對於大規模轉換輸入資料非常方便。下面示範將數年一月第三個星期三的日期，組合成 Date 物件：

```
years <- c(2010, 2011, 2012, 2014)
months <- c(1, 1, 1, 1, 1)
days <- c(15, 21, 20, 18, 17)
ISOdate(years, months, days)
#> [1] "2010-01-05 12:00:00 GMT" "2011-01-06 12:00:00 GMT"
#> [3] "2012-01-07 12:00:00 GMT" "2013-01-08 12:00:00 GMT"
#> [5] "2014-01-09 12:00:00 GMT"
as.Date(ISOdate(years, months, days))
#> [1] "2010-01-05" "2011-01-06" "2012-01-07" "2013-01-08" "2014-01-09"
```

有潔癖的人會注意到，月份 vector 是多餘的，因此，最後一個運算式可改為觸發循環規則以進一步簡化程式：

```
as.Date(ISOdate(years, 1, days))
#> [1] "2010-01-05" "2011-01-06" "2012-01-07" "2013-01-08" "2014-01-09"
```

您還可以使用 ISOdatetime 函式將此錦囊擴展到處理年、月、日、時、分、秒資料（詳情請參閱說明文件）：

```
ISOdatetime(year, month, day, hour, minute, second)
```

7.11 獲取 Unix 太陽日數

問題

給定一個 Date 物件，您想要取得該物件的 Unix 太陽日數（Julian date）—— 以 R 來說，即自 1970 年 1 月 1 日以來的天數。

解決方案

將 Date 物件轉換為整數，或者使用 julian 函式：

```
d <- as.Date("2019-03-15")
as.integer(d)
#> [1] 17970
jd <- julian(d)
jd
#> [1] 17970
#> attr(,"origin")
#> [1] "1970-01-01"
attr(jd, "origin")
#> [1] "1970-01-01"
```

討論

太陽 "日數" 的意思其實就是從任意一個起點算起的天數。對於 R，這個起點是 1970 年 1 月 1 日，與 Unix 系統的起點相同。1970 年 1 月 1 日的太陽日數是 0，如下圖所示：

```
as.integer(as.Date("1970-01-01"))
#> [1] 0
as.integer(as.Date("1970-01-02"))
#> [1] 1
as.integer(as.Date("1970-01-03"))
#> [1] 2
```

7.12 擷取日期中的一部分

問題

給定一個 Date 物件，您希望擷取它的部分日期，例如一星期中的第幾天、一年中的哪一年、日曆日、日曆月或日曆年。

解決方案

將 Date 物件轉換為 POSIXlt 物件，這是一個日期元件構成的 list。然後從 list 中擷取所需的部分：

```
d <- as.Date("2019-03-15")
p <- as.POSIXlt(d)
p$mday          # 該月的第幾天
#> [1] 15
p$mon           # 月份 (0 = 1 月）
#> [1] 2
p$year + 1900   # 年
#> [1] 2019
```

討論

POSIXlt 物件將日期表示為日期元件組成的 list。請使用 as.POSIXlt 將您的 Date 物件轉換為 POSIXlt。POSIXlt 能提供您一個 list，該 list 包含這些成員：

sec

　　秒（0 - 61）

min

　　分鐘（0-59）

hour

　　小時（0-23）

mday

　　某月中的日（1-31）

mon

　　月（0-11）

year

　　自 1900 年以後的年份

wday

　　一週中的哪一天（0 - 6，0 = 星期日）

yday

　　一年中的哪一天（0-365）

isdst

　　日光節約時間（Daylight Saving Time）旗標

利用這些日期部分，我們可以知道，2020 年 4 月 2 日是一個星期四（wday = 4），也是一年中的第 93 天（因為 1 月 1 日是 yday = 0）：

```
d <- as.Date("2020-04-02")
as.POSIXlt(d)$wday
#> [1] 4
as.POSIXlt(d)$yday
#> [1] 92
```

一個常見的錯誤是沒有在年份加上 1900，給人的感覺像是您活在很久很久以前：

```
as.POSIXlt(d)$year # 噢！沒加
#> [1] 120
as.POSIXlt(d)$year + 1900
#> [1] 2020
```

7.13 建立日期序列

問題

您希望建立一種日期序列，例如每日、每月或每年的日期序列。

解決方案

seq 函式是一個泛型函式，它有一個針對 Date 物件的版本。它可以建立一個 Date 序列，使用方式類似於拿它來建立數值序列。

討論

seq 的常見用法是指定開始日期（from）、結束日期（to）和增量（by）。其中增量 1 表示每天：

```
s <- as.Date("2019-01-01")
e <- as.Date("2019-02-01")
```

```
seq(from = s, to = e, by = 1) # 一個月內的所有日期
#>  [1] "2019-01-01" "2019-01-02" "2019-01-03" "2019-01-04" "2019-01-05"
#>  [6] "2019-01-06" "2019-01-07" "2019-01-08" "2019-01-09" "2019-01-10"
#> [11] "2019-01-11" "2019-01-12" "2019-01-13" "2019-01-14" "2019-01-15"
#> [16] "2019-01-16" "2019-01-17" "2019-01-18" "2019-01-19" "2019-01-20"
#> [21] "2019-01-21" "2019-01-22" "2019-01-23" "2019-01-24" "2019-01-25"
#> [26] "2019-01-26" "2019-01-27" "2019-01-28" "2019-01-29" "2019-01-30"
#> [31] "2019-01-31" "2019-02-01"
```

另一個常見用法是指定一個起始日期（from）、增量（by）和日期數量（length.out）：

```
seq(from = s, by = 1, length.out = 7) # 日期，一週間的日期
#> [1] "2019-01-01" "2019-01-02" "2019-01-03" "2019-01-04" "2019-01-05"
#> [6] "2019-01-06" "2019-01-07"
```

增量（by）是很有彈性的，可以用天、週、月或年來指定：

```
seq(from = s, by = "month", length.out = 12)   # 一年中每個月的第一天
#>  [1] "2019-01-01" "2019-02-01" "2019-03-01" "2019-04-01" "2019-05-01"
#>  [6] "2019-06-01" "2019-07-01" "2019-08-01" "2019-09-01" "2019-10-01"
#> [11] "2019-11-01" "2019-12-01"
seq(from = s, by = "3 months", length.out = 4) # 一年中每個季度的第一天
#> [1] "2019-01-01" "2019-04-01" "2019-07-01" "2019-10-01"
seq(from = s, by = "year", length.out = 10)    # 每個十年的第一天
#>  [1] "2019-01-01" "2020-01-01" "2021-01-01" "2022-01-01" "2023-01-01"
#>  [6] "2024-01-01" "2025-01-01" "2026-01-01" "2027-01-01" "2028-01-01"
```

指定 by="month" 時，要特別小心那些靠近月底的日期。在這個例子中，二月底會溢出變成三月，這可能不是您想要的結果：

```
seq(as.Date("2019-01-29"), by = "month", len = 3)
#> [1] "2019-01-29" "2019-03-01" "2019-03-29"
```

## 第八章

機率

機率論是統計學的基礎，R 有許多處理機率、機率分佈和隨機變數的機制。本章的錦囊向您展示了如何從分位數計算機率，從機率計算分位數，從分佈、圖分佈生成隨機變數，等等。

分佈的名字

R 中的每種機率分佈都有一個縮寫。此名稱用於標識與分佈有關的函式。例如，常態分佈的名稱是"norm"，表 8-1 中列出的函式便是以它為名。

表 8-1　常態分佈函式

函式	目的
dnorm	常態密度
pnorm	常態分佈函式
qnorm	常態分位數函式
rnorm	常態隨機變數

表 8-2 描述了一些常見的離散分佈，表 8-3 描述了幾種常見的連續分佈。

表 8-2　常見的離散分佈

離散分佈	R 中的名字	參數
二項（Binomial）	binom	n = 試驗次數；p = 一次試驗成功的機率
幾何（Geometric）	geom	p = 一次試驗成功的機率
超幾何（Hypergeometric）	hyper	m = 甕中白球數；n = 甕內黑球數；k = 從甕中取出的球數
負二項（NegBinomial）	nbinom	size = 成功試驗次數；可以是成功試驗的機率，或是 mu = mean
泊松（Poisson）	pois	lambda = mean

表 8-3　常見的連續分佈

連續分佈	R 中的名字	參數
貝它（Beta）	beta	shape1；shape2
柯西（Cauchy）	cauchy	location；scale
卡方（Chisquare）	chisq	df = 自由度
指數（Exponential）	exp	rate
F	f	df1 和 df2 = 自由度
伽瑪（Gamma）	γ	rate 或 scale
對數常態分佈（對數常態）（Log-normal（Lognormal））	lnorm	meanlog = 對數平均數；sdlog = 對數標準差
羅吉斯（Logistic）	logis	location；scale
常態（Normal）	norm	mean；st = 標準差
Student's t（TDist）	t	df = 自由度
均勻（Uniform）	unif	min = 下限；max = 上限
韋伯（Weibull）	weibull	shape；scale
Wilcoxon	wilcox	m = 第一個樣本的觀測數；n = 第二個樣本的觀測數

所有與分佈相關的函式都需要分佈參數，如二項分佈的 size 和 prob 或幾何分佈的 prob。最大的「問題」是分佈的參數可能不是您所想像的那樣。例如，我們覺得指數分佈的參數是 β 值的意思。然而，在 R 慣例中指的卻是定義指數分佈的比例 rate=$1/\beta$，所以我們經常提供錯誤的參數。這裡要說的是，請在使用與分佈相關的函式之前先研究說明文件，確保參數正確。

機率分佈的相關資源

要查看與特定機率分佈相關的 R 函式說明，請使用 help 命令和分佈的全名。例如，顯示與常態分佈相關的函式如下：

```
?Normal
```

然而，有些分佈的名稱無法使用 help 命令，比如 "Student's t"。所以若對它們使用 help 命令時，要使用另外的特殊名稱，如表 8-2 和表 8-3 中的：NegBinomial、Chisquare、Lognormal 和 TDist。因此，要得到關於 Student's t 分佈的說明，請這樣做：

```
?TDist
```

參見

還有許多其他分佈在可下載的套件中；請參見 CRAN 中關於機率分佈的任務視界（*http://cran.r-project.org/web/views/Distributions.html*）。**SuppDists** 套件屬於基礎 R 的一部分，包含 10 個補充分佈。另外，**MASS** 套件也是基礎的一部分，它為分佈提供了額外的支援功能，比如一些常見分佈的最大既似擬合以及從多元常態分佈中採樣。

8.1 計算組合數

問題

您需要計算從 n 項中取 k 項的組合數量。

解決方案

使用 choose 功能：

```
choose(n, k)
```

討論

在計算離散變數機率時，常會需要計算組合：從 n 項建立大小為 k 的子集合數量。該數字可用公式 $n!/r!(n - r)!$ 計算，但是使用 choose 函式更是方便得多——特別是當 n 和 k 變得很大時：

```
choose(5, 3)    # 從 5 個東西中選取 3 個東西有多少種組合？
#> [1] 10
choose(50, 3)   # 從 50 個東西中選取 3 個東西有多少種組合？
#> [1] 19600
choose(50, 30)  # 從 50 個東西中選取 30 個東西有多少種組合？
#> [1] 4.71e+13
```

這些數字也稱為二項式係數（*binomial coefficients*）。

參見

這個錦囊只計算組合數量；請參閱錦囊 8.2 以實際生成它們。

8.2 生成組合

問題

您希望生成所有 *n* 項中取 *k* 項的組合。

解決方案

使用 combn 函式：

```
items <- 2:5
k <- 2
combn(items, k)
#>      [,1] [,2] [,3] [,4] [,5] [,6]
#> [1,]    2    2    2    3    3    4
#> [2,]    3    4    5    4    5    5
```

討論

我們可以使用 combn(1:5,3) 來從數值 1 到 5 中取 3 個數值的所有組合：

```
combn(1:5, 3)
#>      [,1] [,2] [,3] [,4] [,5] [,6] [,7] [,8] [,9] [,10]
#> [1,]    1    1    1    1    1    1    2    2    2     3
#> [2,]    2    2    2    3    3    4    3    3    4     4
#> [3,]    3    4    5    4    5    5    4    5    5     5
```

這個函式不限於數值。我們也可以生成字串的組合。以下是從五種治療方法中每次取三種的組合：

```
combn(c("T1", "T2", "T3", "T4", "T5"), 3)
#>      [,1] [,2] [,3] [,4] [,5] [,6] [,7] [,8] [,9] [,10]
#> [1,] "T1" "T1" "T1" "T1" "T1" "T1" "T2" "T2" "T2" "T3"
#> [2,] "T2" "T2" "T2" "T3" "T3" "T4" "T3" "T3" "T4" "T4"
#> [3,] "T3" "T4" "T5" "T4" "T5" "T5" "T4" "T5" "T5" "T5"
```

隨著 n 數量的增加，組合的數量可能會暴增──尤其是當 k 不接近 1 或 n 時。

參見

在生成一個巨大的集合**之前**，請參閱錦囊 8.1 先計算的可能組合數。

8.3 生成隨機數值

問題

您想產生隨機數值。

解決方案

對於生成 0 到 1 之間的均勻隨機數值這種簡單問題，可用 runif 函式處理。下方的例子生成一個均勻隨機數值：

```
runif(1)
#> [1] 0.915
```

如果您大聲說出 runif（甚至在您的腦海中），您應該把它讀成 "are unif" 而不是 "run If"。術語 runif 是一個代表 "random uniform（隨機均勻）"的組合詞，所以不應該讓它聽起來像一個流程控制函式。

R 也可以從其他分佈中產生隨機變數。對於給定的分佈，將分佈縮寫名前面再加上一個 "r"，就是隨機變產生器的名稱（例如，常態分佈的隨機數產生器 rnorm）。以下的例子是從標準常態分佈中產生一個隨機值：

```
rnorm(1)
#> [1] 1.53
```

討論

大多數程式設計語言都有一個很小的隨機數產生器，它能生成一個均勻分佈在 0.0 和 1.0 之間隨機數，僅此而已，和 R 不一樣。

除了均勻分佈以外，R 也可以從許多種機率分佈中產生隨機數。簡單地從 0 到 1 之間生成均勻隨機數，可用 runif 函式處理：

```
runif(1)
#> [1] 0.83
```

runif 的引數，是要求生成的隨機值的數量。生成一個包含 10 個值的 vector 與生成一個值一樣簡單：

```
runif(10)
#>  [1] 0.642 0.519 0.737 0.135 0.657 0.705 0.458 0.719 0.935 0.255
```

所有內建的分佈都有隨機數產生器。只需在分佈名稱前面加上 "r"，就可以得到相應隨機數產生器的名稱。以下是一些常見的例子：

```
runif(1, min = -3, max = 3)      # 產生一個介於 -3 與 +3 之間的均勻分配隨機數
#> [1] 2.49
rnorm(1)                         # 產生一個標準常態分配隨機數
#> [1] 1.53
rnorm(1, mean = 100, sd = 15)    # 產生一個平均數為 100，標準差為 15 的標準常態分配隨機數
#> [1] 114
rbinom(1, size = 10, prob = 0.5) # 產生一個二項分配隨機數
#> [1] 5
rpois(1, lambda = 10)            # 產生一個泊松隨機數
#> [1] 12
rexp(1, rate = 0.1)              # 產生一個指數分配隨機數
#> [1] 3.14
rgamma(1, shape = 2, rate = 0.1) # 產生一個迦瑪分配隨機數
#> [1] 22.3
```

與 runif 一樣，第一個引數是指定要生成幾個隨機值。隨後的引數是分佈的參數，例如常態分佈的 mean 和 sd 或二項分佈的 size 和 prob。相關詳細資訊請參閱函式的 R 說明文件。

目前給出的範例都是用簡單的常量表示分佈的參數。然而，參數也可以是 vector，在這種情況下，R 在生成隨機值時會循環使用該 vector。下面的範例從平均數分別為 −10、0 和 +10 的分佈中生成三個常態隨機值（所有分佈的標準差均為 1.0）：

```
rnorm(3, mean = c(-10, 0, +10), sd = 1)
#> [1] -9.420 -0.658 11.555
```

在像分層模型（其中參數本身是隨機的）這類的情況下，這種功能很強大。下面一個範例會計算 30 個常態分配隨機數，其平均數本身是隨機分配，而且參數設定為平均數 $\mu = 0$ 與標準差 $\sigma = 0.2$：

```
means <- rnorm(30, mean = 0, sd = 0.2)
rnorm(30, mean = means, sd = 1)
#>  [1] -0.5549 -2.9232 -1.2203  0.6962  0.1673 -1.0779 -0.3138 -3.3165
#>  [9]  1.5952  0.8184 -0.1251  0.3601 -0.8142  0.1050  2.1264  0.6943
#> [17] -2.7771  0.9026  0.0389  0.2280 -0.5599  0.9572  0.1972  0.2602
#> [25] -0.4423  1.9707  0.4553  0.0467  1.5229  0.3176
```

如果生成的隨機值較多，且參數 vector 過短，則 R 將對參數 vector 套用迴圈規則。

參見

請參閱本章的前言。

8.4 生成重複的隨機數

問題

您想要生成隨機數，但是您想要在每次程式執行時重新生成相同的數。

解決方案

在執行您的 R 程式碼之前，先呼叫 set.seed。這個函式的功能是：初始化隨機數產生器為一個已知的狀態：

```
set.seed(42)  # 或使用任何其他正整數…
```

討論

在生成隨機數之後，您可能經常希望在每次程式執行時重複生成相同的 "隨機" 數。這樣，每次執行都會得到相同的結果。本書的一位作者曾經對大量證券投資組合進行複雜的蒙特卡羅分析，但使用者抱怨每次程式執行時得到的結果略有不同。我是說真的！該分析完全是由隨機數驅動的，所以輸出結果當然是隨機的。解決方法是在程式開始時將隨機數產生器設定為一個已知狀態。這樣，每次都會生成相同的（準）隨機數，得到一致的、可重複的結果。

在 R 中，`set.seed` 的功用是：將隨機數產生器設定為已知狀態。該函式接受一個整數型態參數。任何正整數都可以，但必須使用相同的整數才能得到相同的初始狀態。

函式什麼也不回傳，它的工作在幕後，功能是初始化（或重新初始化）隨機數產生器。這裡的關鍵是使用相同的種子將隨機數產生器重新啟動在相同的地方：

```
set.seed(165)    # 初始化隨機數產生器為已知狀態
runif(10)        # 生成 10 個隨機數
#>  [1] 0.116 0.450 0.996 0.611 0.616 0.426 0.666 0.168 0.788 0.442

set.seed(165)    # 重新初始化為相同的已知狀態
runif(10)        # 生成相同的 10 個 " 隨機 " 數值
#>  [1] 0.116 0.450 0.996 0.611 0.616 0.426 0.666 0.168 0.788 0.442
```

當您設定種子值並凍結隨機數序列時，同時也消除了一些隨機性，而隨機性對於蒙特卡羅模擬等演算法可能是至關重要的。當您在應用程式中呼叫 `set.seed` 前，請先問問您自己：我會不會降低程式的價值，甚至破壞了它的邏輯？

參見

有關生成隨機數的更多資訊，請參見錦囊 8.3。

8.5 生成隨機樣本

問題

您希望隨機抽樣資料集合。

解決方案

您可以使用 sample 函式從一個 set 中選取 *n* 個項目：

```
sample(set, n)
```

討論

假設您的世界系列資料包含一個存放年份 vector。您可以使用 sample 隨機選擇 10 年：

```
world_series <- read_csv("./data/world_series.csv")
sample(world_series$year, 10)
#>  [1] 2010 1961 1906 1992 1982 1948 1910 1973 1967 1931
```

這些項目是隨機選擇的，因此再次執行 sample（通常）會產生不同的結果：

```
sample(world_series$year, 10)
#>  [1] 1941 1973 1921 1958 1979 1946 1932 1919 1971 1974
```

一般而言，sample 函式在進行抽樣時，不進行樣本替換（抽出不放回），這代表它不會選擇相同的項目兩次。一些統計程式（尤其是自助重抽法）要求採樣而且要替換，這代表一個資料項目可以在取樣結果中出現多次。請指定 replace=TRUE 以進行替換。

使用替換式抽樣實作自助重抽法很容易。以下範例假設我們想取得一個 vector，x，內含 1,000 個隨機數，從平均數 4 和標準差 10 的常態分佈中抽取：

```
set.seed(42)
x <- rnorm(1000, 4, 10)
```

以下的程式碼片段從 x 採樣 1,000 次，並計算每個樣本的中位數：

```
medians <- numeric(1000)     # 為 1000 個數準備空白的 vector
for (i in 1:1000) {
  medians[i] <- median(sample(x, replace = TRUE))
}
```

依據自助重抽法估計，我們可以估計出中位數的信賴區間：

```
ci <- quantile(medians, c(0.025, 0.975))
cat("95% confidence interval is (", ci, ")\n")
#> 95% confidence interval is ( 3.16 4.49 )
```

我們知道 x 是由平均數為 4 的常態分佈產生的,因此樣本中位數也應該為 4(在這種對稱分佈中,平均數和中位數是相同的)。我們的信賴區間很容易包含這個值。

參見

有關自助重抽法的更多資訊,請參閱錦囊 13.8。有關隨機排序一個 vector,請參閱錦囊 8.7。錦囊 8.4 介紹了設定準隨機數的種子。

8.6 生成隨機序列

問題

您想要生成一個隨機序列,比如模擬拋硬幣或伯努利試驗(Bernoulli trial)的模擬序列。

解決方案

請使用 sample 函式,從一組可能的值中抽取樣本 n,並設定 replace=TRUE:

```
sample(set, n, replace = TRUE)
```

討論

sample 函式能從一個集合中隨機選擇樣本。它取樣時通常**不會**進行替換,這代表它不會選擇同一個項目兩次,若您試圖取樣的數量大於集合中的數量,將回傳一個錯誤。但若是設定 replace=TRUE,sample 函式就可以重複取樣;於是您就可以生成一長串隨機的資料項目序列。

下面的範例生成一個模擬 10 次拋硬幣隨機序列:

```
sample(c("H", "T"), 10, replace = TRUE)
#>  [1] "H" "T" "H" "T" "T" "T" "H" "T" "T" "H"
```

下一個範例生成一個由 20 個伯努利試驗(隨機成功或失敗)組成的序列。我們使用 TRUE 表示成功:

```
sample(c(FALSE, TRUE), 20, replace = TRUE)
#>  [1]  TRUE FALSE  TRUE  TRUE FALSE  TRUE FALSE FALSE  TRUE  TRUE FALSE
#> [12]  TRUE  TRUE FALSE  TRUE  TRUE FALSE FALSE FALSE FALSE
```

預設情況下 sample 在選擇集合元素時是很公平的，因此選擇 TRUE 或 FALSE 的機率為 0.5。但在伯努利試驗中，成功的機率 p 不一定是 0.5。您可以使用 sample 函式的 prob 引數來偏移取樣；這個引數是一個內含機率值的 vector，為集合元素指定一個機率。假設我們要生成 20 個伯努利試驗結果，同時成功機率 $p = 0.8$，就設定 FALSE 的機率為 0.2，TRUE 的機率為 0.8：

```
sample(c(FALSE, TRUE), 20, replace = TRUE, prob = c(0.2, 0.8))
#>  [1]  TRUE  TRUE FALSE  TRUE  TRUE  TRUE  TRUE  TRUE  TRUE  TRUE  TRUE
#> [12]  TRUE  TRUE  TRUE  TRUE  TRUE FALSE FALSE  TRUE  TRUE
```

結果顯示序列明顯偏向於 TRUE。我們選擇這個例子是因為它能簡單地示範這種通用技術。然而，二進位值序列是一種特殊情況，可以使用 rbinom，這是二項式變數的隨機生成器：

```
rbinom(10, 1, 0.8)
#>  [1] 1 0 1 1 1 1 1 0 1 1
```

8.7 隨機排序 vector

問題

您想要隨機排列一個 vector。

解決方案

假設 v 是您的 vector，那麼 sample(v) 將回傳它的隨機排列。

討論

一般來說，我們認為 sample 函式適合用於從大型資料集合中採樣。但是，預設參數使您能夠做資料集合的隨機排列。函式呼叫 sample(v) 等效於：

```
sample(v, size = length(v), replace = FALSE)
```

這代表「隨機選擇 v 中的所有元素，每個元素只使用一次」，也就是進行隨機排列。下面的程式是將 1、…、10 隨機排列：

```
sample(1:10)
#>  [1]  7  3  6  1  5  2  4  8 10  9
```

參見

有關 sample 函式的更多資訊，請參見錦囊 8.5。

8.8 計算離散分佈機率

問題

您想要計算一個離散隨機變數的簡單機率或累積機率。

解決方案

若目標是計算一個簡單的機率，$P(X = x)$，請使用密度函式。所有內建的機率分佈都有一個密度函式，其名稱以 "d" 開頭；例如，dbinom 代表二項分佈密度函式。

若目標是計算累積機率，$P(X \leq x)$，請使用分佈函式。所有內建的機率分佈都有一個分佈函式，其名稱以 "p" 開頭；因此，pbinom 是二項分佈的分佈函式。

討論

假設有一個二項隨機變數 X 進行超過 10 次的試驗，每次試驗成功機率為 1/2。然後我們可以透過呼叫 dbinom 函式，去計算觀測值 $x = 7$ 的機率：

```
dbinom(7, size = 10, prob = 0.5)
#> [1] 0.117
```

計算出的機率約為 0.117。R 中將 dbinom 稱為*密度函式*（*density function*）。一些教科書把它叫做*機率品質函式*（*probability mass function*），或者*機率函式*（*probability function*）。將其稱為密度函式可以在離散分佈和連續分佈之間這兩個主題下，保持術語的一致性（參見錦囊 8.9）。

累積機率 $P(X < x)$ 是透過*分佈函式*（*distribution function*）求得，有時也稱為*累積機率函式*（*cumulative probability function*）。二項分佈的分佈函式是 pbinom。以下程式是 $x = 7$（即，$P(X \leq 7)$）時的累積機率：

```
pbinom(7, size = 10, prob = 0.5)
#> [1] 0.945
```

觀測到 $X \le 7$ 的機率約為 0.945。

一些常見離散分佈的密度函式和分佈函式如表 8-4 所示。

表 8-4　離散分佈

分佈	密度函式：$P(X = x)$	分佈函式：$P(X \le x)$
二項（Binomial）	dbinom(x, size, prob)	pbinom(x, size, prob)
幾何（Geometric）	dgeom(x, prob)	pgeom(x, prob)
泊松（Poisson）	dpois (x,lambda)	ppois (x,lambda)

累積機率的補數為 **生存函式**（*survial function*），$P(X > x)$。所有的分佈函式都可以透過指定 `lower.tail=False` 來找到這個機率：

```
pbinom(7, size = 10, prob = 0.5, lower.tail = FALSE)
#> [1] 0.0547
```

由此可見，觀測到 $X > 7$ 的機率約為 0.055。

區間機率（*interval probability*），$P(x_1 < X \le x_2)$ 是觀測值 X 存在於其間的機率。由計算兩種累積機率之差獲得：$P(X \le x_2) - P(X \le x_1)$。以下是我們的二項式變數的區間機率：

```
pbinom(7, size = 10, prob = 0.5) - pbinom(3, size = 10, prob = 0.5)
#> [1] 0.773
```

R 允許為這些函式指定多個 x 值，並回傳相應機率的 vector。在下方範例中，我們在一次 `pbinom` 呼叫中，計算兩個累積機率 $P(X \le 3)$ 和 $P(X \le 7)$：

```
pbinom(c(3, 7), size = 10, prob = 0.5)
#> [1] 0.172 0.945
```

這讓我們可以用一行程式就算出區間機率。在以下程式中，`diff` 函式負責計算 vector 的連續元素之間的差。將其應用於 `pbinom` 的輸出，得到累積機率的差值，即區間機率：

```
diff(pbinom(c(3, 7), size = 10, prob = 0.5))
#> [1] 0.773
```

參見

有關內建機率分佈的更多資訊，請參閱本章的介紹。

8.9 計算連續分佈的機率

問題

您想要為連續隨機變數，進行分佈函式（distribution function，DF）或累積分佈函式（cumulative distribution function，CDF）計算。

解決方案

請使用分佈函式，計算 $P(X < x)$。所有內建的機率分佈都有一個分佈函式，其名稱以 "p" 開頭，p 是分佈的縮寫名稱——例如，pnorm 為常態分佈函式。

舉例來說，我們可以從隨機標準常態分佈下，計算抽出低於 0.8 的機率：

```
pnorm(q = .8, mean = 0, sd = 1)
#> [1] 0.788
```

討論

機率分佈的 R 函式遵循一致的模式，所以這個錦囊本質上其實和計算離散隨機變數（參見錦囊 8.8）。其中主要的差異在於，連續變數在特定的一點上沒有 "機率" $P(X = x)$，而是它們在某一點上有一個 "密度"。

由於 R 函式遵循一致的模式，錦囊 8.8 中關於分佈函式的討論在這裡也適用。表 8-5 給出了幾種連續分佈的分佈函式。

表 8-5　連續分佈

分佈	分佈函式：$P(X \leq x)$
正常的（Normal）	pnorm(x, mean, sd)
Student's t	pt (x, df)
指數（Exponential）	pexp (x, rate)
伽瑪（Gamma）	pgamma(x, shape, rate)
卡方（Chi-squared (x^2)）	pchisq (x, df)

我們可以用 pnorm 來計算一個男人身高少於 66 英寸的機率，假設男人的身高是常態分佈的，平均數是 70 英寸，標準差是 3 英寸。數學上來講，我們希望在 $X \sim N(70, 3)$ 假設下求 $P(X \leq 66)$：

```
pnorm(66, mean = 70, sd = 3)
#> [1] 0.0912
```

同樣地，我們可以用 pexp 來計算平均數為 40 的指數變數小於 20 的機率：

```
pexp(20, rate = 1 / 40)
#> [1] 0.393
```

如同離散機率一樣，連續機率函式使用 lower.tail=FALSE 指定取得生存函數 $P(X > x)$。
呼叫 pexp 得到前例中指數變數大於 50 的機率：

```
pexp(50, rate = 1 / 40, lower.tail = FALSE)
#> [1] 0.287
```

連續變數的區間機率 $P(x_1 < X < x_2)$ 也如同離散機率一樣，計算為兩個累積機率之差，
$P(X < x_2) – P(X < x_1)$。對於前例中的指數變數，這裡計算 $P(20 < X < 50)$，即它落在 20 到 50
之間的機率：

```
pexp(50, rate = 1 / 40) - pexp(20, rate = 1 / 40)
#> [1] 0.32
```

參見

有關內建機率分佈的更多資訊，請參閱本章的介紹。

8.10 將機率轉換為分位數

問題

假設有一個機率 p 和一個分佈，您想要知道 p 的對應分位數：即 $P(X \le x) = p$ 中的 x 值。

解決方案

每個內建的分佈都包含一個分位數函式，該函式能將機率轉換為分位數。函式的名稱以
"q" 開頭後接分佈名稱；例如，qnorm 是常態分佈的分位數函式。

分位數函式的第一個引數是機率，其餘引數為分佈參數，如 mean、shape 或 rate：

```
qnorm(0.05, mean = 100, sd = 15)
#> [1] 75.3
```

討論

計算分位數的一個常見例子，是當我們想計算信賴區間的極限值。如果我們想知道
95% 信賴區間（$\alpha = 0.05$）的標準常態變數，此時我們需要分位數的機率 $\alpha/2 = 0.025$ 和
$(1 - \alpha)/2 = 0.975$：

```
qnorm(0.025)
#> [1] -1.96
qnorm(0.975)
#> [1] 1.96
```

根據 R 的本質，分位數函式的第一個引數可以是一個內含機率的 vector，在這種情況下，
我們得到的結果會是一個內含分位數 vector。我們可以將這個例子簡化為一行程式碼：

```
qnorm(c(0.025, 0.975))
#> [1] -1.96  1.96
```

所有內建的機率分佈都提供一個分位數函式。表 8-6 是一些常見離散分佈的分位數函
式。

表 8-6　離散分佈分位數

分佈	分位數函式
二項（Binomial）	qbinom(*p*, size, prob)
幾何（Geometric）	qgeom(*p*, prob)
泊松（Poisson）	qpois(*p*, lambda)

表 8-7 是常用連續分佈的分位數函式。

表 8-7　連續分佈分位數

分佈	分位數函式
常態（Normal）	qnorm(*p*, mean, sd)
Student's *t*	qt(*p*, df)
指數（Exponential）	qexp(*p*, rate)
伽瑪（Gamma）	qgamma(*p*, shape, rate) 或 qgamma(*p*, shape, scale)
卡方（Chi-squared (x^2)）	qchisq(*p*, df)

參見

判斷資料集合的分位數與判斷分佈的分位數不同,請參見錦囊 9.5。

8.11 繪製密度函式

問題

您要畫出某一個機率分佈的密度函式。

解決方案

定義一個 vector x,將分佈密度函式套用於 x,並繪製結果。如果 vector x 中的點正位於您想繪製的域上,那麼您可以使用 d 開頭密度函式來計算密度,例如 dlnorm 表示對數常態分佈密度函式,或者 dnorm 表示常態分佈密度函式:

```
dens <- data.frame(x = x,
                    y = d_____(x))
ggplot(dens, aes(x, y)) + geom_line()
```

下面是一個繪製 −3 到 +3 區間標準常態分佈的具體例子:

```
library(ggplot2)

x <- seq(-3, +3, 0.1)
dens <- data.frame(x = x, y = dnorm(x))

ggplot(dens, aes(x, y)) + geom_line()
```

圖 8-1 為平滑密度函式畫出的圖。

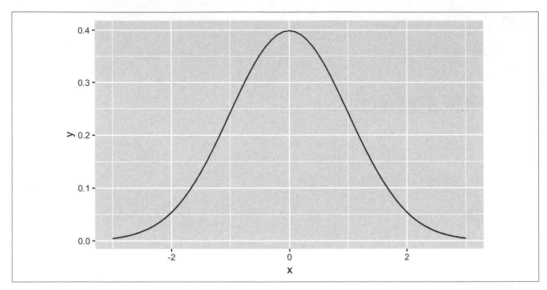

圖 8-1　平滑密度函式

討論

所有內建的機率分佈都包含一個密度函式。對於其中特定一種，函式名稱以 "d" 前綴在分佈名稱前。常態分佈的密度函式為 dnorm，伽馬分佈的密度函式為 dgamma，以此類推。

如果我們指定給密度函式的第一個引數是一個 vector，那麼函式計算每個點的密度並回傳密度 vector。

下面的程式碼建立了一個 2×2 的 4 種密度圖（圖 8-2）：

```
x <- seq(from = 0, to = 6, length.out = 100) # 定義密度範圍
ylim <- c(0, 0.6)

# 建立一個 data.frame，內容為各種分佈的密度
df <- rbind(
  data.frame(x = x, dist_name = "Uniform"=, y = dunif(x, min    = 2, max = 4)),
  data.frame(x = x, dist_name = "Normal"=, y = dnorm(x, mean   = 3, sd = 1)),
  data.frame(x = x, dist_name = "Exponential", y = dexp(x, rate   = 1 / 2)),
  data.frame(x = x, dist_name = "Gamma"=, y = dgamma(x, shape = 2, rate = 1)) )

# 和之前一樣畫線圖，此外用 facet_wrap 建立圖形的格狀結構
ggplot(data = df, aes(x = x, y = y)) +
```

```
geom_line() +
facet_wrap(~dist_name)    # 用變數 dist_name 建立圖形格狀結構
```

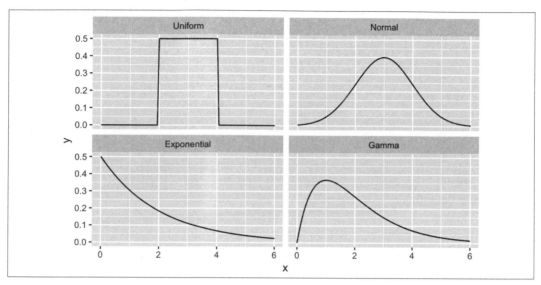

圖 8-2　多個密度圖

圖 8-2 顯示了四個密度圖。然而，原始密度圖本身用途不多也不怎麼有趣，因此，我們經常對感興趣的區域進行著色。

圖 8-3 是一個常態分佈，從第 75 百分位到第 95 百分位有陰影。

要繪製圖 8-3，我們要先透過繪製密度圖來建立一個圖，然後使用 **geom_ribbon** 函式建立一個陰影區域，該函式來自 **ggplot2** 套件。

首先，我們建立一些資料並繪製一個密度曲線，如圖 8-4 所示：

```
x <- seq(from = -3, to = 3, length.out = 100)
df <- data.frame(x = x, y = dnorm(x, mean = 0, sd = 1))

p <- ggplot(df, aes(x, y)) +
  geom_line() +
  labs(
    title = "Standard Normal Distribution",
    y = "Density",
    x = "Quantile"
  )
p
```

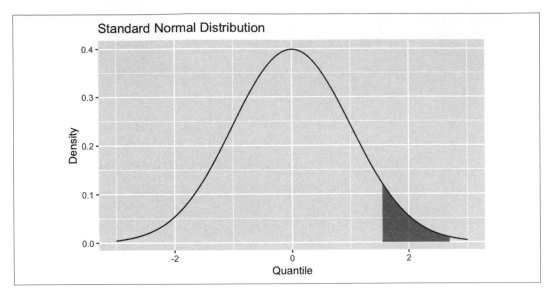

圖 8-3　區域著色的標準常態分佈

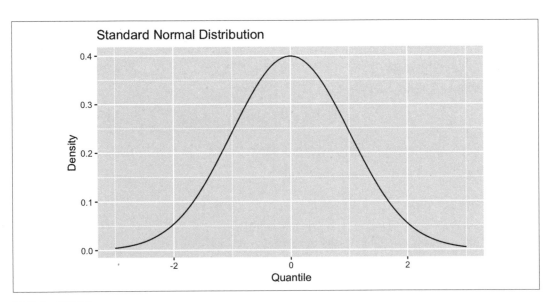

圖 8-4　密度圖

接下來，藉由計算我們想要的分位數 x 值來定義感興趣的區域。最後，我們使用 geom_ribbon 將原始資料的一部份變成有色區域：

```
q75 <- quantile(df$x, .75)
q95 <- quantile(df$x, .95)

p +
  geom_ribbon(
    data = subset(df, x > q75 & x < q95),
    aes(ymax = y),
    ymin = 0,
    fill = "blue",
    color = NA,
    alpha = 0.5
  )
```

執行結果如圖 8-5。

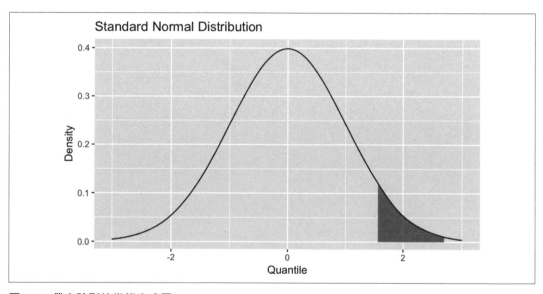

圖 8-5　帶有陰影的常態密度圖

## 第九章

統計概述

R 的重要應用涵蓋統計學、模型建立或圖形等。本章強調 R 的統計應用。部分錦囊簡單地描述如何計算基本統計量，例如相對次數；大多數錦囊則著重統計檢定或信賴區間。統計檢定讓您在兩個相互競爭的假設間做選擇，其原理將於以下小節描述。信賴區間則根據資料樣本估計母體參數的可能範圍。

虛無假設、對立假設與 p-value 值

本章介紹的許多統計檢定皆以歷經時間考驗的統計理論為基礎。我們通常有一或兩個資料樣本，以及兩個相互競爭的假設，其中一個假設是合理且真實的。

第一種假設，稱為**虛無假設**（*null hypothesis*），即**什麼都沒有發生**（*nothing happened*）：例如均值不變、治療並未產生效果、您得到預期的答案，或是模型並沒有改善等。

另一種假設，稱為**對立假設**（*alternative hypothesis*），即**某些事情發生**（*something happened*）：例如平均值上升、治療改善病患的健康狀況、您得到非預期的答案，或是模型擬合的更好等。

若我們想根據資料來確定哪種假設更有可能時，步驟是這樣的：

1. 首先，我們假設虛無假設為真。

2. 我們計算檢定統計量。它可能是一些簡單的平均值，如：樣本平均數，或有可能是更複雜的統計量。關鍵在於，我們必須知道統計量的分佈。例如，我們應用中央極限定理（Central Limit Theorem），判斷樣本平均數的分佈。

3. 根據統計量及其分佈，我們可以計算 *p*-value 值。判斷虛無假設是否為真時，需比較統計值的機率，是否超出 *p* 的臨界值。

4. 如果 *p*-value 值很小，我們擁有足夠證據來拒絕虛無假設，這就是所謂的 **拒絕虛無假設**（*rejecting the null hypothesis*）。

5. 如果 *p*-value 值很大，代表我們沒有充分的證據來拒絕虛無假設，這就是所謂的 **無法拒絕虛無假設**（*failing to reject the null hypothesis*）。

此時必須決定的是：當 *p*-value 值為多少時，我們認為它「很小」呢？

在本書中，我們遵循一個共同慣例，即當 *p* < 0.05 時，我們可以拒絕虛無假設；當 *p* > 0.05 時，則無法拒絕虛無假設。就統計術語而言，我選擇以顯著水準 *α* = 0.05，來作為判斷虛無假設是否具有足夠證據或是證據不足的臨界值。

然而，關於 *p*-value 值的真正答案為「視情況而定」。您所選擇的顯著性水準取決於問題領域。雖然一般慣用的顯著水準 *p* < 0.05 門檻適用於許多問題。但是，在我們的工作領域中，資料中含有不少雜訊，所以通常顯著水準 *p* < 0.10 才讓我感到滿意。對於高風險領域，可能適用更高門檻的 *p* < 0.01 或 *p* < 0.001。

在本章錦囊中，我提到 *p*-value 值的計算與檢定；如此，您可以比較 *p*-value 值與所選擇的顯著水準 *α* 值。我們用這些錦囊來幫助您理解這種對比，以下是從錦囊 9.4 摘錄的內容，即檢驗兩個因子的獨立性：

依照慣例，當 *p*-value 值小於 0.05 時，表示變數間可能是不獨立的；而當 *p*-value 值大於 0.05 時，則表示未能提供足夠證據來推翻原假設。

下列是更簡潔的說法：

• 虛無假設代表變數之間是獨立的。

• 對立假設代表變數之間並不是獨立的。

• 當顯著水準設定為 *α* = 0.05 時，若 *p* < 0.05，我們拒絕虛無假設，提供充分證據證明變數之間不是獨立的；若 *p* > 0.05，我們無法拒絕虛無假設。

• 您可以自由選擇適合的顯著水準 *α* 值；在此情況下，可能會改變您接受或拒絕虛無假設的決定。

請記住，錦囊內容將以*非正式的解釋*（*informal interpretation*）風格來說明檢定結果，而不是採用嚴謹的數理統計解釋。我希望使用口語化的方式，引導您增加實務上的理解和統計檢定的應用。若對於您的工作而言，假設檢定的精確語義是至關重要的，我強烈建議您參考「參見」，或是其他關於數理統計學的優秀教科書。

信賴區間

統計假設之檢定是個已被充分理解的數學程序，然而，它的學習過程可能令人沮喪。首先，它的語義並不容易理解。而且，檢定並沒有達成明確、有用的結論。對於虛無假設，您可能得到充分的證據來拒絕它，但僅止於此。它不會提供其他有意義的數字，只會提供是否拒絕或接受假設的證據。

若您想要有意義的數字，那麼請使用信賴區間，即能以給定的信賴水準，估計母體參數值。本章介紹的錦囊可用來計算信賴區間的平均值、中位數，與母體比例。

例如，錦囊 9.9 根據樣本資料計算母體平均數的 95% 信賴區間。結果信賴區間範圍為 $97.16 < \mu < 103.98$，這代表我們相信有 95% 的機率，母體平均數 μ，會在 97.16 和 103.98 之間。

參見

基於領域差異，每個人使用的統計術語與慣例規則可能不同。整體而言，本書遵循由 Dennis Wackerly 等 人 所 著 的《*Mathematical Statistics with Applications*》 第 六 版（Duxbury Press）一書的慣例。若讀者想學習更多關於本章介紹的統計檢定知識，我推薦您閱讀這本書。

9.1 匯總資料

問題

您需要資料的基本統計匯總資訊。

解決方案

summary 函式提供 vector、matrix、factor 和資料幀的一些有用的統計資訊:

```
summary(vec)
#>    Min. 1st Qu.  Median    Mean 3rd Qu.    Max.
#>     0.0     0.5     1.0     1.6     1.9    33.0
```

討論

解決方案顯示一個向量資料的統計量匯總摘要。其中,**1st Qu.** 與 **3rd Qu.** 分別為第一和第三分位數;中位數及平均數也是非常實用的統計量,可用來快速偵測偏態(skew)。例如,範例中的平均數大於中位數,表示資料分佈可能呈現右偏,一般認為對數常態分佈中會有這種情況。

有別於向量資料,矩陣資料是以逐欄讀取之方式進行匯總。如下所示,對一個名為 mat 的 matrix 使用 summary 函數,將會輸出三個名為 Samp1、Samp2 與 Samp3 的欄:

```
summary(mat)
#>      Samp1            Samp2             Samp3
#>  Min.   :  1.0   Min.   :-2.943   Min.   : 0.04
#>  1st Qu.: 25.8   1st Qu.:-0.774   1st Qu.: 0.39
#>  Median : 50.5   Median :-0.052   Median : 0.85
#>  Mean   : 50.5   Mean   :-0.067   Mean   : 1.60
#>  3rd Qu.: 75.2   3rd Qu.: 0.684   3rd Qu.: 2.12
#>  Max.   :100.0   Max.   : 2.150   Max.   :13.18
```

對一個 factor 使用 summary 函數,會得到計數:

```
summary(fac)
#> Maybe    No   Yes
#>    38    32    30
```

將 summary 函數用在字元組成的 vector 上還蠻無用的,只給出 vector 的長度:

```
summary(char)
#>    Length     Class      Mode
#>       100 character character
```

至於資料幀的統計量匯總摘要,則集結所有前述功能。它不但能逐欄呈現,而且根據欄資料的變數類型提供適當的統計量匯總摘要。如下所示,summary 函數對於數值變數進行統計量運算;對於 factor 變數僅以計數方式處理(因為無法對字串進行統計量運算):

```
suburbs <- read_csv("./data/suburbs.txt")
summary(suburbs)
#>      city                county              state
#>  Length:17           Length:17           Length:17
#>  Class :character    Class :character    Class :character
#>  Mode  :character    Mode  :character    Mode  :character
#>
#>
#>
#>        pop
#>  Min.   :   5428
#>  1st Qu.:  72616
#>  Median :  83048
#>  Mean   : 249770
#>  3rd Qu.: 102746
#>  Max.   :2853114
```

list 的"匯總摘要"相當特別:您會得到每個 list 成員的資料類型。以下是一個由 vector 組成 list 的 summary:

```
summary(vec_list)
#>   Length Class  Mode
#> x 100    -none- numeric
#> y 100    -none- numeric
#> z 100    -none- character
```

若要取得 vector 中的所有 list 匯總資料,請將 summary map 到每個 list 元素:

```
library(purrr)
map(vec_list, summary)
#> $x
#>     Min. 1st Qu.  Median    Mean 3rd Qu.    Max.
#>  -2.572  -0.686  -0.084  -0.043   0.660   2.413
#>
#> $y
#>     Min. 1st Qu.  Median    Mean 3rd Qu.    Max.
#>  -1.752  -0.589   0.045   0.079   0.769   2.293
#>
#> $z
#>     Length     Class      Mode
#>        100 character character
```

可惜的是,summary 函數並未提供有關變異性的統計量,如:標準差或中位數的絕對差(median absolute deviation)。這是個嚴重的缺點,所以我通常在呼叫 summary 函數之後,繼續呼叫 sd 或 mad(平均數絕對偏差),以獲得關於變異程度的統計量。

參見

參見錦囊 2.6 和錦囊 6.1。

9.2 計算相對頻率

問題

您想要計算樣本中某些觀測值的相對頻率。

解決方案

先使用邏輯表達式來選定觀測值範圍，然後使用 mean 函數計算。例如，假設有一個 vector x，您可以計算 vector 資料中出現符合指定條件的相對頻率，如下所示：

```
mean(x > 3)
#> [1] 0.12
```

討論

設定一個邏輯表達式，如 $x > 3$，即可針對樣本中每個 x 元素，產生邏輯值（TRUE 與 FALSE）組成的 vector。換言之，mean 函數分別將這些值轉換成 1 和 0 並計算其平均值。如此，依據邏輯表達式計算 TRUE 有幾個，即為符合條件的觀測值的相對出現頻率。例如，在解決方案中，即為大於 3 的值的相對頻率。

此函數的概念相當簡單；棘手的部分在於設定合適的邏輯表達式。以下是一些例子：

mean(lab == "NJ")

　　lab 值為 New Jersey（紐澤西州）的頻率（fraction）。

mean(after > before)

　　觀測實驗後效果大於實驗前的頻率。

mean(abs(x-mean(x)) > 2*sd(x))

　　觀測值超過平均數兩個標準差的頻率。

```
mean(diff(ts) > 0)
```

時間序列中觀測值大於前期觀測值的頻率。

9.3 factor 製表並建立列聯表

問題

您希望將一個 factor 製成表，或者從多個 factor 構建一個列聯表。

解決方案

table 函式產生一個 factor 計數：

```
table(f1)
#> f1
#>  a  b  c  d  e
#> 14 23 24 21 18
```

它還可以從兩個或多個 factor 生成列聯表（交叉分析表）：

```
table(f1, f2)
#>     f2
#> f1   f  g  h
#>   a  6  4  4
#>   b  7  9  7
#>   c  4 11  9
#>   d  7  8  6
#>   e  5 10  3
```

table 也適用於字元，不僅僅是 factor：

```
t1 <- sample(letters[9:11], 100, replace = TRUE)
table(t1)
#> t1
#>  i  j  k
#> 20 40 40
```

討論

table 函式能計算一個 factor 或字元的出現的次數，例如計算下面程式中的 initial 和 outcome（這些都是 factor）：

```
set.seed(42)
initial <- factor(sample(c("Yes", "No", "Maybe"), 100, replace = TRUE))
outcome <- factor(sample(c("Pass", "Fail"), 100, replace = TRUE))

table(initial)
#> initial
#> Maybe    No   Yes
#>    39    31    30

table(outcome)
#> outcome
#> Fail Pass
#>   56   44
```

而且，table 函數更強大的功能在於建立**列聯表**（*contingency tables*），亦被稱為**交叉分析表**（*cross-tabulations*）。列聯表中的每個資料格，代表其所在行列交叉組合的發生次數，如下所示：

```
table(initial, outcome)
#>         outcome
#> initial Fail Pass
#>   Maybe   23   16
#>   No      20   11
#>   Yes     13   17
```

由表可知，initial = Yes 和 outcome = Fail 一起發生共 13 次，initial = Yes 和 outcome = Pass 一起發生共 17 次，以此類推。

參見

xtabs 函式也可以生成一個列聯表，有人可能會喜歡它提供的公式介面。

9.4 檢驗類別變數的獨立性

問題

有兩個由 factor 表示的類別變數。您想用卡方檢定來檢驗它們的獨立性。

解決方案

使用 table 函式從兩個 factor 生成一個列聯表。然後使用 summary 函式對列聯表進行卡方檢定。在這個例子中，我們用了兩個由 factor 組成的 vector，它們是我們在之前的錦囊中建立的：

```
summary(table(initial, outcome))
#> Number of cases in table: 100
#> Number of factors: 2
#> Test for independence of all factors:
#>   Chisq = 3, df = 2, p-value = 0.2
```

輸出包括一個 *p*-value 值。根據本書慣例，一個 *p*-value 值小於 0.05 表示變數可能不獨立，而 *p*-value 值大於 0.05 則不能提供任何證據拒絕其獨立假設。

討論

下面的範例對錦囊 9.3 中的列聯表進行卡方檢定，得到 *p*-value 值 0.2：

```
summary(table(initial, outcome))
#> Number of cases in table: 100
#> Number of factors: 2
#> Test for independence of all factors:
#>   Chisq = 3, df = 2, p-value = 0.2
```

較大 *p*-value 值代表，initial 和 outcome 這兩個 factor 可能是獨立的。在實務上，我們會直接說這兩個變數之間沒有關聯。這很合理，因為這些範例資料的建立，是透過使用前面錦囊中的 sample 函式簡單地製造出的隨機資料。

參見

chisq.test 函式也可以執行此測試。

9.5 計算資料集合的分位數（和四分位數）

問題

假設您有一個分數 *f*，您想知道您的資料中的對應分位數。也就是說，您想找到一個觀測值 *x* 時，條件是小於 *x* 的觀測值數量比例小於 *f*。

解決方案

使用 quantile 函式，其第二個引數是分數 f：

```
quantile(vec, 0.95)
#>  95%
#> 1.43
```

若要取得四分位數，忽略第二個參數即可：

```
quantile(vec)
#>      0%     25%     50%     75%    100%
#> -2.0247 -0.5915 -0.0693  0.4618  2.7019
```

討論

假設 vec 包含 1,000 個 0 到 1 之間的觀測值。quantile 函式可以告訴您哪個觀測值落在資料的最低 5% 處：

```
vec <- runif(1000)
quantile(vec, .05)
#>     5%
#> 0.0451
```

quantile 的說明文件將第二個引數稱為 "機率"，當我們將機率視為相對頻率時，這個名稱就變得很自然了。

若是論真正的 R 風格的撰寫方法，那麼第二個引數應該是一個內含機率的 vector；在這種情況下，quantile 會回傳一個對應分位數的 vector，每個分位數對應一個機率：

```
quantile(vec, c(.05, .95))
#>     5%     95%
#> 0.0451 0.9363
```

上方程式碼是一種很容易找出中間 90% 觀測值的方法。

如果您忽略所有的機率，那麼 R 假設您想要的機率為 0、0.25、0.50、0.75 和 1.0——換句話說，假定您想要的是四分位數：

```
quantile(vec)
#>       0%       25%       50%       75%      100%
#> 0.000405 0.235529 0.479543 0.737619 0.999379
```

令人驚訝的是，quantile 函式實現了 9 種（是的，9 種）不同的演算法來計算分位數。若不確定預設演算法是不是最適合您的演算法，請研究說明文件。

9.6 求逆分位數

問題

從資料中取出一個觀測值 x，您想知道它對應的分位數。也就是說，您想知道有多少資料小於 x。

解決方案

假設您的資料在一個名為 vec 的 vector 中，將資料與觀測值 x 進行比較，然後使用 mean 計算小於 x——比方說 1.6 的相對頻率，如下例所示：

```
mean(vec < 1.6)
#> [1] 0.948
```

討論

運算式 vec < x 的功能是將 vec 中的每個元素與 x 相比，並回傳一個由邏輯值組成的 vector，其中第 n 個邏輯值若是 TRUE 代表 vec[n] < x。而 mean 函式會先將這些邏輯值轉換為一堆 0 和一堆 1：0 代表 FALSE 而 1 代表 TRUE。所有 1 和 0 的平均數即為 vec 中小於 x 的比例，或 x 的逆分位數。

參見

這是錦囊 9.2 中描述的相對次數計算法的一種應用。

9.7 將資料轉換為 z 分數

問題

您有一個資料集合，您希望計算所有資料元素的 z 分數（這有時被稱為資料正規化（*normalizing the data*））。

解決方案

請使用 scale 函式：

```
scale(x)
#>             [,1]
#>  [1,]  0.8701
#>  [2,] -0.7133
#>  [3,] -1.0503
#>  [4,]  0.5790
#>  [5,] -0.6324
#>  [6,]  0.0991
#>  [7,]  2.1495
#>  [8,]  0.2481
#>  [9,] -0.8155
#> [10,] -0.7341
#> attr(,"scaled:center")
#> [1] 2.42
#> attr(,"scaled:scale")
#> [1] 2.11
```

這 scale 函式適用於 vector、matrix 和資料幀。對於 vector，scale 會回傳一個正規化過的值組成的 vector。對於 matrix 和資料幀，scale 獨立地對每一欄進行正規化，並回傳 matrix 中含正規化過的值的欄。

討論

您還可能希望將單個值 y 基於資料集合 x 進行正規化。您可以使用以下向量化操作來實現這一點：

```
(y - mean(x)) / sd(x)
#> [1] -0.633
```

9.8 檢驗樣本平均數（t 檢定）

問題

您有一個母體抽出的樣本。根據這個樣本，您想知道母體平均數是否等於一個特定值 m。

解決方案

請對樣本 x 使用 **t.test** 函式並搭配參數 mu = m：

```
t.test(x, mu = m)
```

輸出包括一個 p-value 值。在我們的遵循的慣例中，如果 $p < 0.05$，則母體平均數不太可能等於 m，若 $p > 0.05$ 則沒有充份證據拒絕平均數等於 m。

如果您的樣本量 n 很小，那麼底層母體必須服從常態分佈，才能從 t 檢定中得出有意義的結果。在經驗法則中顯示 "很小" 的意思是 $n < 30$。

討論

t 檢定是統計學的一個重要工具，它的基本用途之一是：從樣本中推斷母體平均數。下面的例子模擬從一個平均值 $\mu = 100$ 的常態母體中抽樣。它使用 t 檢定來詢問母體平均數是否為 95，最後 **t.test** 函式回報 p-value 值等於 0.005：

```
x <- rnorm(75, mean = 100, sd = 15)
t.test(x, mu = 95)
#>
#>  One Sample t-test
#>
#> data:  x
#> t = 3, df = 70, p-value = 0.005
#> alternative hypothesis: true mean is not equal to 95
#> 95 percent confidence interval:
#>   96.5 103.0
#> sample estimates:
#> mean of x
#>      99.7
```

p-value 值很小，因此（根據樣本資料）95 不太可能是母體的平均數。

關於 p-value 值很小這件事，我們使用非正式的說法可以這樣解釋。如果母體平均數是 95，那麼觀察檢定統計量（$t = 2.8898$ 或更極端的值）的機率只有 0.005。這麼低的機率代表原假設是非常不可能的。因此，我們認為虛無假設是錯誤的；因此，樣本資料不支援母體平均數為 95 的說法。

舉個相反的例子，檢定平均數為 100 時，得到 p-value 值為 0.9：

```
t.test(x, mu = 100)
#>
#>  One Sample t-test
#>
#> data:  x
#> t = -0.2, df = 70, p-value = 0.9
#> alternative hypothesis: true mean is not equal to 100
#> 95 percent confidence interval:
#>   96.5 103.0
#> sample estimates:
#> mean of x
#>      99.7
```

p-value 值越大表示樣本與假設是一致的，即母體平均數 μ 越有可能是 100。從統計學的角度來看，這些資料並不能證明真實平均數為 100 是錯誤的。

一種常見的需求是去檢驗平均數為零的情況。若省略 mu 引數，它的預設值就是 0。

參見

t.test 函式是一個多功能的函式，其他用途請見錦囊 9.9 和錦囊 9.15。

9.9 平均數的信賴區間

問題

您有一個從母體抽出的樣本。根據該樣本，您想知道母體平均數的信賴區間。

解決方案

請將您的樣本 x，套用 t.test 函式：

```
t.test(x)
```

輸出包括 95% 信賴水準上的信賴區間。若想要查看其他級別的信賴區間，請使用 conf.level 引數。

如錦囊 9.8 所示，如果樣本量 n 較小，則底層母體必須符合常態分佈，才能得到一個有意義的信賴區間。同樣，在經驗法則中，「較小」的意思是 $n < 30$。

討論

對一個 vector 使用 **t.test** 函式將產生大量的輸出，信賴區間資訊也內含在輸出中：

```
t.test(x)
#>
#>   One Sample t-test
#>
#> data:  x
#> t = 50, df = 50, p-value <2e-16
#> alternative hypothesis: true mean is not equal to 0
#> 95 percent confidence interval:
#>   94.2 101.5
#> sample estimates:
#> mean of x
#>     97.9
```

在這個例子中，信賴區間是大約 $94.2 < \mu < 101.5$，有時直接寫為（94.2, 101.5）。

我們可透過設定 **conf.level=0.99**，可以將信賴水準提高到 99%：

```
t.test(x, conf.level = 0.99)
#>
#>   One Sample t-test
#>
#> data:  x
#> t = 50, df = 50, p-value <2e-16
#> alternative hypothesis: true mean is not equal to 0
#> 99 percent confidence interval:
#>   92.9 102.8
#> sample estimates:
#> mean of x
#>     97.9
```

這個動作擴大了信賴區間，變成 $92.9 < \mu < 102.8$。

9.10 中位數的信賴區間

問題

您有一個資料樣本，您想知道中位數的信賴區間。

解決方案

請使用 wilcox.test 函式，並設定 conf.int=TRUE：

```
wilcox.test(x, conf.int = TRUE)
```

中位數的信賴區間將包含在輸出中。

討論

計算平均數信賴區間的方法定義得很好，也廣為人知。不幸的是，對於中位數來說，情況並非如此。計算中位數信賴區間有幾種方法，沒有一個可以成為準則，但是 Wilcoxon 符號秩檢定卻是相當常見的方法。

如下程式所示，wilcox.test 函式實現了 Wilcoxon 符號秩檢定。在本例輸出中 95% 信賴區間，約為（−0.102, 0.646）：

```
wilcox.test(x, conf.int = TRUE)
#>
#>  Wilcoxon signed rank test
#>
#> data:  x
#> V = 200, p-value = 0.1
#> alternative hypothesis: true location is not equal to 0
#> 95 percent confidence interval:
#>  -0.102  0.646
#> sample estimates:
#> (pseudo)median
#>          0.311
```

您可以透過設定 conf.level 來更改信賴水準，如 conf.level=0.99 或其他值。

輸出還包括一個名為**假中位數**（*pseudomedian*）的東西，說明文件上有詳細的定義，請不要假設它等於中位數；它們是截然不同的：

```
median(x)
#> [1] 0.314
```

參見

使用自助重抽法程序（bootstrap procedure）估計中位數的信賴區間也很實用；請參考錦囊 8.5 與 13.8。

9.11 檢驗樣品比例

問題

您從含有成功和失敗兩個事件的母體抽出了一份樣本，您相信成功的真實比例（proportion）為 p，您想要使用樣本資料檢驗此假設。

解決方案

請使用 prop.test 函數。以下示範假設樣本大小為 n，且樣本包含 x 次成功：

```
prop.test(x, n, p)
```

根據輸出結果中的 p-value 值；當 p-value 值小於 0.05 時，表示真實比例不可能為 p。然而，若 p-value 值超過 0.05，則無法提供真實比例不為 p 的證據。

討論

假設您在棒球球季開始時，遇到一些大聲談論芝加哥小熊隊的球迷。小熊隊已經完成 20 場比賽，並且贏得其中 11 場，贏球率約 55%。基於這些證據，某位球迷「非常有信心」小熊隊將會在當年贏得超過半數的比賽。他應該對自己這麼有自信嗎？

此時，prop.test 函數可用來評估球迷的邏輯。其中，觀測值數量為 $n = 20$，成功次數為 $x = 11$，而 p 代表贏得比賽的真實機率。根據有關資料，我們想知道 $p > 0.5$ 是否為合理的假設。通常情況下，prop.test 會檢驗 $p \neq 0.05$ 是否成立，但是我們可以透過設定 alternative="greater" 以檢驗 $p > 0.5$ 是否成立：

```
prop.test(11, 20, 0.5, alternative = "greater")
#>
#>  1-sample proportions test with continuity correction
#>
#> data:  11 out of 20, null probability 0.5
#> X-squared = 0.05, df = 1, p-value = 0.4
#> alternative hypothesis: true p is greater than 0.5
#> 95 percent confidence interval:
#>  0.35 1.00
#> sample estimates:
#>    p
#> 0.55
```

其中，prop.test 函數輸出結果為較大的 *p*-value 值（0.55）。因此，我們無法拒絕虛無假設；也就是我們無法合理證明 *p* 大於 1/2 的結論。由於樣本比例過少，小熊隊的球迷對於球隊的戰績顯然過度自信。

9.12 比例的信賴區間

問題

您從含有成功和失敗兩個事件的母體抽出了一份樣本。依據樣本資料，您想要計算母體成功比例的信賴區間。

解決方案

請使用 prop.test 函數。以下示範假設樣本大小為 *n*，且樣本包含 *x* 次成功：

```
prop.test(x, n)
```

此函式輸出包括 *p* 的信賴區間。

討論

我們訂閱了一份股票市場電子報，它的內容大致上都不錯；其中某部份內容是根據股價趨勢的特定模式，去分析可能會上漲的股票。例如，最近報導指出，某支股票的股價趨勢符合此特定模式；而且作者還聲稱，在過去 9 次出現這種模式之後，股價上升情況發生了 6 次。因此該文作者推論此股票再次上漲的機率為 6/9 或 66.7%。

使用 prop.test 函數，我們可以計算股價依循此模式上漲的真實比例信賴區間。如下所示，觀測次數為 *n* = 9，成功次數為 *x* = 6；在 95% 的信賴水準下，計算獲得的真實比例信賴區間為（0.309, 0.910）：

```
prop.test(6, 9)
#> Warning in prop.test(6, 9): Chi-squared approximation may be incorrect
#>
#>  1-sample proportions test with continuity correction
#>
#> data:  6 out of 9, null probability 0.5
#> X-squared = 0.4, df = 1, p-value = 0.5
#> alternative hypothesis: true p is not equal to 0.5
#> 95 percent confidence interval:
#>  0.309 0.910
```

```
#> sample estimates:
#>     p
#> 0.667
```

由檢驗結果可知，該文作者聲稱股票上漲機率為 66.7%，是相當愚蠢的說法；這可能誤導讀者投入一個非常糟糕的賭注。

預設情況下，prop.test 函數是計算 95% 信心水準下的信賴區間。然而，可藉由引數 conf.level 調整設定信心水準：

```
prop.test(x, n, p, conf.level = 0.99)   # 99%信心水準
```

參見

請參考錦囊 9.11。

9.13 常態性檢定

問題

您需要透過統計檢定來確定資料樣本是否來自常態分佈母體。

解決方案

使用 shapiro.test 函式：

```
shapiro.test(x)
```

輸出中有一個 p-value。在我們的慣例中 $p < 0.05$ 表示母體可能不是常態分佈，而 $p > 0.05$ 則沒有提供這樣的證據。

討論

以下例子使用 shapiro.test 函數至樣本 x，回傳的 p-value 值為 0.4：

```
shapiro.test(x)
#>
#>   Shapiro-Wilk normality test
#>
#> data:  x
#> W = 1, p-value = 0.4
```

p-value 比較大時，表示母體可能是常態分佈。下一個例子顯示樣本資料 y 的 *p*-value 非常小，所以這個樣本不太可能來自一個正常的母體：

```
shapiro.test(y)
#>
#>  Shapiro-Wilk normality test
#>
#> data:  y
#> W = 0.7, p-value = 7e-13
```

此處介紹的檢定為 Shapiro-Wilk，它是 R 標準版中的函數。當然，您也可以安裝專門處理常態性檢定的套件，如 nortest 套件，其內容包括：

- Anderson–Darling 檢定（ad.test）
- Cramer–von Mises 檢定（cvm.test）
- Lilliefors 檢定（lillie.test）
- 檢定常態性複合假設的 Pearson 卡方檢定（pearson .test）
- Shapiro–Francia 檢定（sf.test）

所有這些檢定的問題在於其虛無假設：它們全都假設母體為常態分配，除非有證據拒絕虛無假設。其結果是，母體必須是明顯非常態的，檢定才會回報較小 *p*-value，然後即可拒絕原假設。這使得檢定相當保守，傾向錯誤地過分證明常態性。

我們建議使用長條圖（錦囊 10.19）和分位數圖（錦囊 10.21）來評估任何資料的常態性，而不是僅僅依賴於統計檢定。查看圖中分佈的尾巴太肥了嗎？高峰是不是過尖？您的判斷可能比單一的統計檢定要好。

參見

有關如何安裝 nortest 套件，請參閱錦囊 3.10。

9.14 連檢定

問題

您的資料是由兩種值組成的序列：例如 yes/no、0/1、true/false 或其他二元資料。您現在想知道：序列是隨機的嗎？

解決方案

tseries 套件內含一個 runs.test 函式，它的功能是檢查序列的隨機性。要檢查的序列應該是由兩個 level 組成的 factor：

```
library(tseries)
runs.test(as.factor(s))
```

runs.test 函式會回報一個 *p*-value。以我們的慣例來說，*p*-value 小於 0.05 表示序列可能不是隨機的，而 *p*-value 大於 0.05 則沒有提供這樣的證據。

討論

連檢定（run test）函式 runs.test 中的 run，指的是一種子序列，這種子序列由相同的值組成，例如全部都是 1 或全部都是 0。在一個隨機序列的元素應該被適當地打亂，而不是存在太多的 run。但是，它也不應該包含太少的 run，意思是如果一個序列呈現完美交替值的情況（0, 1, 0, 1, 0, 1, ...），那麼您會覺得它是隨機的嗎？

runs.test 函式的功能是檢查序列中的 run 數量。如果有太多或太少，它會回報一個較小的 *p*-value。

下面第一個範例是生成一個由 0 和 1 組成的隨機序列，然後測試該序列中 run 的情況。與其他的檢定一樣，當 runs.test 函式回報一個較大的 *p*-value 時，表示序列很可能是隨機的：

```
s <- sample(c(0, 1), 100, replace = T)
runs.test(as.factor(s))
#>
#>  Runs Test
#>
#> data:  as.factor(s)
#> Standard Normal = 0.1, p-value = 0.9
#> alternative hypothesis: two.sided
```

然而，下一個序列中存在三個 run，因此回報的 *p*-value 非常低：

```
s <- c(0, 0, 0, 0, 1, 1, 1, 1, 0, 0, 0, 0)
runs.test(as.factor(s))
#>
#>  Runs Test
#>
#> data:  as.factor(s)
#> Standard Normal = -2, p-value = 0.02
#> alternative hypothesis: two.sided
```

參見

見錦囊 5.4 和錦囊 8.6。

9.15 比較兩個樣本平均數

問題

您從兩個母體各取得一份樣本，您想知道兩個母體的平均數是否相同。

解決方案

透過呼叫 **t.test** 執行 *t* 檢定：

```
t.test(x, y)
```

預設情況下，**t.test** 假設您的觀察資料不是成對的，如果觀測資料是成對的（即，每個 x_i 都有其配對的 y_i），請指定 paired=TRUE：

```
t.test(x, y, paired = TRUE)
```

前述兩種情況下，**t.test** 都會計算一個 *p*-value。按照我們的慣例，如果 $p < 0.05$，則平均數可能不同，而 $p > 0.05$ 則沒有提供這樣的證據：

- 如果樣本容量很小，那麼母體必須符合常態分佈。這裡，"很小" 表示少於 20 個資料點。

- 如果兩個母體有相同的變異數，請指定 var.equal=TRUE，採取較不保守性的檢定。

討論

我們經常使用 *t* 檢定來快速瞭解兩個母體平均數之間的差異。它要求樣本足夠大（即，兩個樣本母體都有 20 個或更多的觀察結果），或者潛在的母體符合常態分佈。這裡所謂的 "常態分佈" 並不是太嚴格，資料呈鐘形或合理對稱就足夠了。

這裡的一個關鍵區別是您的資料是否包含成對的觀察結果，因為這兩種情況下的結果可能不同。假設我們想知道早上喝咖啡是否能提高 SAT 成績。我們可以用兩種方式進行實驗：

- 隨機選擇一組人。給他們兩次 SAT 考試，一次早上喝咖啡，一次不喝咖啡，每個人產生兩個 SAT 分數，這種實驗屬於成對的觀察（paired observation）。

- 隨機選擇兩組人。一組早上喝杯咖啡並參加 SAT 考試，另一組只參加 SAT 考試。我們收集每個人的考試分數，但是這些分數並不是成對的。

從統計上看，這些實驗是完全不同的。在實驗 1 中，每個人都有兩個觀察結果（喝咖啡的和不喝咖啡的），它們在統計上並不獨立。在實驗 2 中，觀測結果是獨立的。

如果您有成對的觀察結果（實驗 1），錯誤地將其視為非成對的觀察結果（實驗 2）進行分析，那麼會得 *p*-value 為 0.3 的結果：

```
load("./data/sat.rdata")
t.test(x, y)
#>
#>  Welch Two Sample t-test
#>
#> data:  x and y
#> t = -1, df = 200, p-value = 0.3
#> alternative hypothesis: true difference in means is not equal to 0
#> 95 percent confidence interval:
#>  -46.4  16.2
#> sample estimates:
#> mean of x mean of y
#>      1054      1069
```

此處得到的較大 *p*-value 迫使您得出組間沒有差異的結論。但！若將這一結果正確地設定為成對的話：

```
t.test(x, y, paired = TRUE)
#>
#>  Paired t-test
#>
```

```
#> data:  x and y
#> t = -20, df = 100, p-value <2e-16
#> alternative hypothesis: true difference in means is not equal to 0
#> 95 percent confidence interval:
#>   -16.8 -13.5
#> sample estimates:
#> mean of the differences
#>                  -15.1
```

p-value 驟降至 2e-16，所以我們得到了完全相反的結論。

參見

如果母體不是常態分佈（鐘形），而且任何一個母體的樣本數都很小，請考慮改使用錦囊 9.16 中描述的 Wilcoxon-Mann-Whitney 檢定。

9.16 無母數比較兩個母體

問題

您有兩個母體，您不知道這兩個母體屬於哪一種分佈，但您知道它們有相似的形狀。您想知道：選定一個母體與另一個母體相比，選定母體是向左偏還是向右偏？

解決方案

您可以使用無母數檢定，即 Wilcoxon-Mann-Whitney 檢定，該檢定的實作是 `wilcox.test` 函式。對於成對的觀測值（即，每個 x_i 都有其配對的 y_i），請設 `paired=TRUE`：

```
wilcox.test(x, y, paired = TRUE)
```

對於非成對的觀測值，請將 `paired` 預設為 `FALSE`：

```
wilcox.test(x, y)
```

檢定輸出訊息中含有一個 *p*-value。在我們的慣例中，*p*-value < 0.05 表示第二母體相對於第一個母體可能向左或向右偏移，而 *p*-value 大於 0.05 則沒有這種證據。

討論

當我們不對母體的分佈設定假設時，我們就進入了無母數統計的世界。Wilcoxon-Mann-Whitney 檢定是一種無母數檢定，因此和 t 檢定比起來，能應用於更多的資料集合。相較於 t 檢定要求資料符合常態分佈（對於小樣本），這個檢定唯一的假設是這兩個母體具有相同的形狀。

在這個錦囊中，我們的問題是：第二個母體相對於第一個母體是左偏移還是右偏移？這類似於詢問第二個母體的平均數是小於還是大於第一個母體的平均數。所以，Wilcoxon-Mann-Whitney 檢定同時也回答了另一個問題：它告訴我們，這兩個母體的中心位置是否存在顯著差異，或者換句話說，它們的相對頻率是否存在差異。

假設我們隨機選擇一組員工，讓他們在兩種不同的情況下完成相同的任務：有利條件下和不利條件下，比如嘈雜的環境。我們在兩種情況下都測量他們的完成時間，所以我們對每個員工都有兩個測量值。我們想知道這兩個時間是否顯著不同，同時我們無法假設它們是常態分佈。

觀測值是成對的，所以我們必須設定 `paired=TRUE`：

```
load(file = "./data/workers.rdata")
wilcox.test(fav, unfav, paired = TRUE)
#>
#>  Wilcoxon signed rank test
#>
#> data:  fav and unfav
#> V = 10, p-value = 1e-04
#> alternative hypothesis: true location shift is not equal to 0
```

此處的 p-value 基本上幾乎等於零。所以從統計上講，我們拒絕假設完成時間是相等的。實際上，得出時間不同的結論是合理的。

在本例中，設定 `paired=TRUE` 非常關鍵。將資料視為非配對是錯誤的，因為觀測值並不是獨立的，這會讓結果反過來支持錯誤結果。若是設定 `paired=FALSE`，然後再度執行該範例，會產生一個 p-value 0.1022，這將導致錯誤的結果。

參見

母數檢定見錦囊 9.15。

9.17 檢驗相關係數顯著性

問題

您計算了兩個變數之間的相關係數,但您不知道得到的相關係數是否具有統計學意義。

解決方案

`cor.test` 函式可以計算出 p-value 和相關的信賴區間。如果變數來自常態分佈的母體,則使用預設的相關性度量方法,即 Pearson 方法:

```
cor.test(x, y)
```

如果來自非常態分佈母體,則使用 Spearman 方法:

```
cor.test(x, y, method = "spearman")
```

函式會回傳幾個值,其中包括顯著性檢定的 p-value。傳統意義上,$p < 0.05$ 表示相關性可能顯著,而 $p > 0.05$ 表示相關性不顯著。

討論

在我們過往的經驗中,人們往往沒有檢查相關性的顯著性。事實上,許多人都沒有意識到相關性可能是無顯著性的。他們只單純地把資料塞進電腦,計算相關性,然後盲目地相信結果。然而,他們應該問問自己:是否有足夠的資料?相關性的大小是否足夠大?幸運的是,我們有 `cor.test` 函式可以回答這些問題。

假設我們有兩個 vector,x 和 y,它們的值來自於常態的母體。我們看到它們的相關性大於 0.75 時,可能就覺得很滿意了:

```
cor(x, y)
#> [1] 0.751
```

但這個想法太天真了。如果我們執行 `cor.test`,它報告了一個相對較大的 p-value 0.09:

```
cor.test(x, y)
#>
#>  Pearson's product-moment correlation
#>
#> data:  x and y
#> t = 2, df = 4, p-value = 0.09
#> alternative hypothesis: true correlation is not equal to 0
```

```
#> 95 percent confidence interval:
#>  -0.155  0.971
#> sample estimates:
#>   cor
#> 0.751
```

p-value 高於 0.05 的常規閾值，因此我們認為相關性不太可能顯著。

您還可以使用信賴區間檢查相關性。在本例中，信賴區間為（–0.155, 0.971）。這個區間包含 0，所以相關性可能是 0，代表沒有相關性。同樣地，您亦不能確定得到的相關性是否為顯著。

cor.test 輸出還包括 cor 所回報的點估計（在輸出訊息的底部，標記為 "sample estimates"），省去了另外執行 cor 的額外步驟。

在預設情況下，cor.test 用 Pearson 方法計算相關性，該相關性假設底層母體為常態分佈。而 Spearman 方法則沒有這樣的假設，因為它是無母數的。當處理非常態資料時，請使用 method="Spearman"。

參見

計算簡單相關係數請參閱錦囊 2.6。

9.18 檢驗群組比例相等

問題

您從不同母體取得兩組或兩組以上的樣本。組中的元素是二元的：成功或失敗。您想知道這些不同組的樣本成功比例是否相等。

解決方案

使用 prop.test 函式，並指定兩個 vector 引數以進行檢定：

```
ns <- c(48, 64)
nt <- c(100, 100)
prop.test(ns, nt)
#>
#>  2-sample test for equality of proportions with continuity
#>  correction
```

```
#>
#> data:  ns out of nt
#> X-squared = 5, df = 1, p-value = 0.03
#> alternative hypothesis: two.sided
#> 95 percent confidence interval:
#>  -0.3058 -0.0142
#> sample estimates:
#> prop 1 prop 2
#>   0.48   0.64
```

這兩個 vector 是平行的，第一個 vector ns 給出了每組的成功次數。第二個 vector nt，給出了相應組的大小（通常稱為**試驗次數**（*number of trials*））。

prop.test 函式的輸出中有一個 *p*-value。在我們的慣例中，*p*-value < 0.05 表示各組比例可能不同，而 *p*-value 大於 0.05 則不存在這種證據。

討論

在錦囊 9.11 中，我們檢驗了樣本來自同一個母體的比例。這裡，我們有來自多個母體的樣本，希望與基礎母體的比例做比較。

本書其中一位作者最近教了 38 名學生統計學，並給其中 14 名學生打了 A。一位同事給 40 名學生上同一門課，卻只給 10 名學生打了 A。我們想知道的是：本書作者是否透過給予比另一名老師更多的 A 來膨脹分數？

我們使用 prop.test，並定義 "成功" 指的是得到 A，因此成功 vector 包含兩個元素，作者所教班上得到 A 的同學數量，和同事所教班上得到 A 的學生數量：

```
successes <- c(14, 10)
```

試驗次數為對應班級的學生人數：

```
trials <- c(38, 40)
```

在 prop.test 的輸出中得到 *p*-value 為 0.4：

```
prop.test(successes, trials)
#>
#>  2-sample test for equality of proportions with continuity
#>  correction
#>
#> data:  successes out of trials
#> X-squared = 0.8, df = 1, p-value = 0.4
```

```
#> alternative hypothesis: two.sided
#> 95 percent confidence interval:
#>  -0.111  0.348
#> sample estimates:
#> prop 1 prop 2
#>  0.368  0.250
```

相對較大的 *p*-value 代表我們不能拒絕虛無假設：證據並不表明教師評分有任何差異。

參見

請參考錦囊 9.11。

9.19 在分組間兩兩比較平均數

問題

您擁有來自不同母體的幾組樣本，想要對樣本平均數進行捉對比較。也就是說，您想要比較每個樣本母體的平均數和其他樣本母體的平均數。

解決方案

請將所有資料放入一個 vector 中，並建立一個平行 factor 來標識分組。使用 `pairwise.t.test` 函式對平均數進行兩兩比較：

```
pairwise.t.test(x, f)    # x 是資料，f 是分組 factor
```

輸出中包含一個 *p*-value 組成的表，每個組對應一個值。傳統意義上，如果 $p < 0.05$，那麼兩組的平均數可能不同，而 $p > 0.05$ 則沒有提供這樣的證據。

討論

這比錦囊 9.15 更複雜，在錦囊 9.15 中我們比較了兩個樣本母體的平均數。這裡則是有數個樣本母體，我們要比較每個樣本母體和其他樣本母體的平均數。

從統計學上講，兩兩比較是很棘手的。並不是只要簡單地對每一對樣本母體執行 *t* 檢定就可以。您必須調整 *p*-value，否則會得到過於樂觀的結果。`pairwise.t.test` 和 `p.adjust` 的說明文件中描述了一些 R 中可用的調整演算法。任何認真進行兩兩比較的人都應該閱讀說明文件，並找一本好的教科書查閱這個主題。

假設我們使用錦囊 5.5 中的較大資料樣本，其中我們將大一、大二和大三的資料合併到一個名為 comb 的資料幀中。這個資料幀中有兩欄：values 是資料欄，而 ind 是分組 factor 欄。我們可以使用 pairwise.t.test 函式在組間進行兩兩比較：

```
pairwise.t.test(comb$values, comb$ind)
#>
#>  Pairwise comparisons using t-tests with pooled SD
#>
#> data:  comb$values and comb$ind
#>
#>      fresh soph
#> soph 0.001 -
#> jrs  3e-04 0.592
#>
#> P value adjustment method: holm
```

請注意輸出中的 *p*-value 表。三年級與一年級、二年級與一年級的比較產生了小的 *p*-value：分別為 0.001 和 0.0003。我們可以得出結論，這些群體之間存在顯著差異。然而，二年級和三年級的比較產生了一個（相對）較大的 *p*-value 0.592，所以他們沒有顯著差異。

參見

請參見錦囊 5.5 和錦囊 9.15。

9.20 檢驗兩個樣本的母體是否為同一分佈

問題

您擁有來自兩個母體的樣本，您想知道：它們的母體是否屬同一種分佈？

解決方案

Kolmogorov-Smirnov 檢定能比較兩個樣本，並檢驗它們是否來自相同的分佈。該檢定的實作是 ks.test 函式：

```
ks.test(x, y)
```

輸出中包括一個 *p*-value。在我們的慣例中，*p*-value < 0.05 表示兩個樣本（*x* 和 *y*）的分佈不同，而 *p* 值大於 0.05 則不存在這種證據。

討論

Kolmogorov-Smirnov 檢定非常棒，原因有二。首先，它是一個無母數檢定，所以您不需要對基礎分佈做任何假設：它適用於所有分佈。其次，它根據樣本檢查母體的位置、分佈和形狀。如果這些特徵不一致，那麼檢定將檢測到這一點，提供資訊給您得出結論，即底層分佈是不同的。

我們假設 vector x 和 vector y 來自不同的分佈。在此例中 ks.test 函式回報 *p*-value 為 0.04：

```
ks.test(x, y)
#>
#>   Two-sample Kolmogorov-Smirnov test
#>
#> data:  x and y
#> D = 0.2, p-value = 0.04
#> alternative hypothesis: two-sided
```

從 *p*-value 可以看出，樣本來自不同的分佈。但是，當我們將 x 與另一個樣本 z 做比較，得出的 *p*-value 要大得多（0.6）；這說明 x 和 z 的母體可能具有相同的分佈：

```
z <- rnorm(100, mean = 4, sd = 6)
ks.test(x, z)
#>
#>   Two-sample Kolmogorov-Smirnov test
#>
#> data:  x and z
#> D = 0.1, p-value = 0.6
#> alternative hypothesis: two-sided
```

## 第十章

圖形

圖形能力是 R 的一大優勢。**Graphics** 套件是標準發行版本的一部分，包含許多用於建立各種圖形顯示的實用功能。透過 **ggplot2** 套件（屬於 tidyverse 的其中一個套件），各基本功能得到了進一步的擴展，並且變得更加容易使用。在本章中，我們將重點放在介紹使用 **ggplot2** 的範例，並偶爾建議使用其他套件。在本章的「參見」小節中，我們會提到了其他套件中的相關函式，它們以不同的方式完成相同的工作。如果您不滿意 **ggplot2** 或基本圖形套件提供的內容時，我們建議您探索這些替代方案。

圖形是一個龐大的主題，我們只能在這裡淺嘗輒止。Winston Chang 所著的《*R Graphics Cookbook*》第二版（*https://oreil.ly/2IhNUQj*）是 O'Reilly 錦囊系列的其中一部，內容介紹了許多實用的錦囊，重點也放在 **ggplot2** 套件上。如果您想深入研究，我們推薦 Paul Murrell（Chapman & Hall）所著的《*R Graphics*》；它討論了 R 圖形的範例，解釋了如何使用圖形函式，並包含許多範例，包括重新撰寫建立它們的程式碼。其中有一些例子非常令人驚艷。

插圖

本章的圖表大多比較樸素，我們是故意這樣做的。當您呼叫 **ggplot** 函式時，如：

```
library(tidyverse)

df <- data.frame(x = 1:5, y = 1:5)
ggplot(df, aes(x, y)) +
  geom_point()
```

您得到了 x 和 y 的簡潔圖形表示，如圖 10-1 所示。

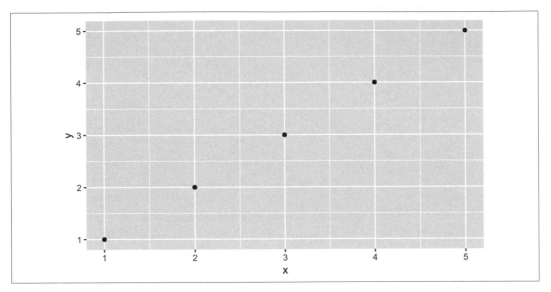

圖 10-1　簡潔的圖形

您可以使用顏色、標題、標籤、圖例、文字等來裝飾圖形，但是，這樣會使 **ggplot** 函式的呼叫變得越來越擁擠，模糊了我們的基本意圖：

```
ggplot(df, aes(x, y)) +
  geom_point() +
  labs(
    title = "Simple Plot Example",
    subtitle = "with a subtitle",
    x = "x-values",
    y = "y-values"
  ) +
  theme(panel.background = element_rect(fill = "white", color = "grey50"))
```

上面的程式能得到的圖如圖 10-2 所示。我們想保持錦囊的整潔，所以我們會先強調基本的繪圖，然後再展示（如錦囊 10.2）如何為圖形添加裝飾。

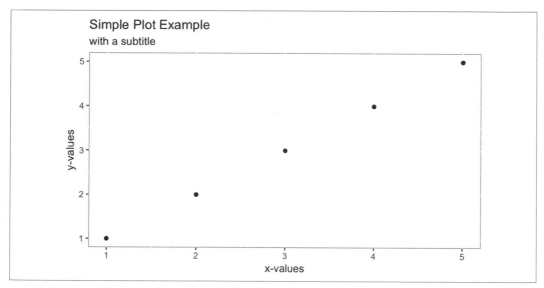

圖 10-2　稍微複雜一點的圖形

一些 ggplot2 的基本概念

雖然套件被稱為 `ggplot2`，但套件中的主繪圖函式的名稱為 `ggplot`。理解 `ggplot` 圖形的基本概念是很重要的。在前面的範例中，您可以看到我們將資料傳遞到 `ggplot` 函式，然後藉由將描述圖的小短語疊加在一起來建立圖。這些短語的組合是 "圖形語法" 的一部分（這就是名稱中 `gg`（grammar of graphic）的由來）。若想要瞭解更多，您可以閱讀 `ggplot` 的作者 Hadley Wickham 所著 "A Layered Grammar of Graphics"（*http://bit.ly/2If6eJz*）。圖形語法概念起源於 Leland Wilkinson，他提出了從一組基本類型（即，動詞和名詞）的概念來建立圖形。有了 `ggplot` 之後，不再需要對每種圖形表示形式的底層資料進行基本的重新構造。一般情況下，資料保持不變，使用者稍微修改語法以顯示不同的資料。這種概念明顯比使用基本圖形函式更具一致性，因為基本圖形通常需要重新構造資料，才能改變資料的視覺化方式。

當我們討論 `ggplot` 圖形時，必須定義一個 `ggplot` 圖形的元件：

幾何物件函式

幾何物件用來描述要建立怎樣的圖形類型。它們的名字以 `geom_` 開頭；例如 `geom_line`、`geom_boxplot`、`geom_point`，以及其他幾十個函式。

美學

或稱美學映射（aesthetic mapping），它與 ggplot 通信，描述來源資料中的哪些欄位映射到圖形中的哪些視覺元素。這是 ggplot 呼叫中的 aes 部份。

統計

統計（stats）是在顯示資料之前必須完成的統計轉換。並不是所有的圖都會指定統計，但是一些常見的統計是 stat_ecdf（經驗累積分佈函式，empirical cumulative distribution function）和 stat_identity，指定 stat_identity 代表告訴 ggplot 根本不做任何統計就傳遞資料。

分面圖函式

分面圖（facet）代表在圖中每個表示部份資料的小圖。分面圖函式包括 facet_wrap 和 facet_grid。

主題

主題（theme）是圖形的視覺元素，與資料無關。主題可能包括標題、頁邊距、目錄位置或字體選擇。

層

層（layer）是資料、美學、幾何物件、統計和其他選項的組合，用於在 ggplot 圖形中生成可視層。

ggplot 中的 "長" 與 "寬" 資料

對於初次使用 ggplot 使用者來說，第一個會產生混淆的概念是，他們傾向於在繪製資料之前將資料重新塑造為「寬」方向。這裡的「寬」方向表示他們繪製的每個變數在底層資料幀中都擁有自己的一欄。這是許多使用者在使用 Excel 時養成的一種習慣，然後將這個習慣帶到 R 中。ggplot 擅長處理「長」方向資料，其中新增變數作為列而不是欄添加到資料幀中。把新增測量值變數加成新列的巨大好處是，任何正確建構的 ggplot 圖都將自動更新以反映新資料，而無需更改 ggplot 程式碼。如果將每個新增變數添加為欄，則必須更改繪圖程式碼以引入新增變數。在本章後面的範例中，「長」與「寬」資料的概念將變得更加清晰。

其他套件中的圖形

R 是高度可程式化的，許多人擴展了它的圖形機制，加上許多的附加功能。通常，這種擴展套件包含用於繪製結果和物件的特殊函式。例如，zoo 套件實現了一個時間序列物件。如果建立一個 zoo 物件 z 並呼叫 plot(z)，就會由 zoo 套件進行繪圖；它能建立用於顯示時間序列的自訂圖形。zoo 使用基本圖形，因此得到的圖形不屬於 ggplot 圖形。

甚至有完整的套件致力於用新的圖形思維模型擴展 R。lattice 套件是一個比 ggplot2 更早出現的基本圖形替代方案。它使用了一個強大的圖形思維模型，使您能夠更容易地建立資訊更豐富的圖形。lattice 套件是由 Deepayan Sarkar 實作，他還編寫了《*Lattice: Multivariate Data Visualization with R*》（Springer 出版）一書，解釋了這個套件以及如何使用它。《*R in a Nutshell*》（O'Reilly）中也有關於 lattice 套件的描述。

Hadley Wickham 和 Garrett Grolemund 的優秀著作《*R for Data Science*》中有兩章是關於圖形的。其中第 7 章 "Exploratory Data Analysis"，重點放在如何使用 ggplot2 探索資料，而第 28 章 "Graphics for Communication"，研究使用圖形與他人溝通。《*R for Data Science*》有紙本書出版，也可閱讀線上版本（*https://r4ds.had.co.nz/*）或碁峰資訊出版的繁體中文版《*R 資料科學*》。

10.1 建立散點圖

問題

您有成對的觀測值：$(x_1, y_1), (x_2, y_2), ..., (x_n, y_n)$。您想要為這些值建立散點圖。

解決方案

我們可以呼叫 ggplot，傳入資料幀，呼叫幾何點函式來繪製資料：

```
ggplot(df, aes(x, y)) +
  geom_point()
```

在本例中，資料幀名為 df，而資料 x 和 y 是資料幀中名為 x 和 y 的欄位，我們呼叫 aes(x, y) 時傳遞美學映射。

討論

在取得新資料集合時，先為它畫上一張散點圖是常見的事。若 *x* 和 *y* 之間有關係，則散點圖是查看 *x* 和 *y* 之間關係的一種快速方法。

使用 ggplot 繪圖時，需要告訴 ggplot 使用什麼資料幀，然後建立什麼類型的圖以及使用哪種美學映射（aes）。在本例中，aes 定義了圖上哪個軸要用 df 中的哪個欄位。然後使用 geom_point 表示我們想要的是一個散點圖，而不是直線圖或其他類型的圖。

我們可以使用內建的 mtcars 資料集合來示範繪圖，將馬力（hp）定義於 x 軸上，將燃油經濟性（mpg）定義於 y 軸：

```
ggplot(mtcars, aes(hp, mpg)) +
  geom_point()
```

繪出結果如圖 10-3。

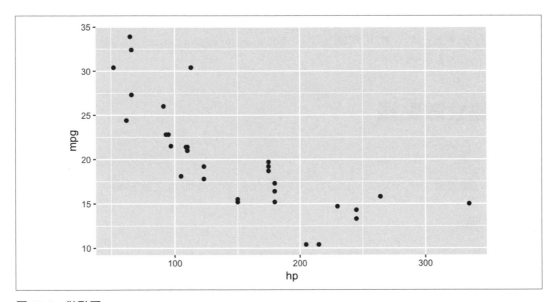

圖 10-3　散點圖

參見

參見錦囊 10.2 添加標題和標籤，錦囊 10.3 添加網格，錦囊 10.6 添加圖例。有關繪製多個變數，請參閱錦囊 10.8。

10.2 添加標題和標籤

問題

您希望為圖形加上標題或為軸加上標籤。

解決方案

請使用 ggplot 添加一個 labs 元素，該元素控制標題和軸的標籤。在呼叫 ggplot 中的 labs 時，請指定：

title

所需標題文字

x

x 軸標籤

y

y 軸標籤：

例如：

```
ggplot(df, aes(x, y)) +
  geom_point() +
  labs(title = "The Title",
       x = "X-axis Label",
       y = "Y-axis Label")
```

討論

在錦囊 10.1 中建立的圖表非常簡單，若我們為該圖加上標題和標籤會使它更好，更容易理解。

注意，在 ggplot 中，透過使用加號（+）連接各個短語來構建圖中的各個元素。因此，我們透過將短語串在一起來添加更多的圖形元素。您可以在下面的程式碼中看到這一點，它使用內建的 mtcars 資料集合，並在散點圖中繪製馬力與燃油經濟性的關係，如圖 10-4 所示：

```
ggplot(mtcars, aes(hp, mpg)) +
  geom_point() +
  labs(title = "Cars: Horsepower vs. Fuel Economy",
       x = "HP",
       y = "Economy (miles per gallon)")
```

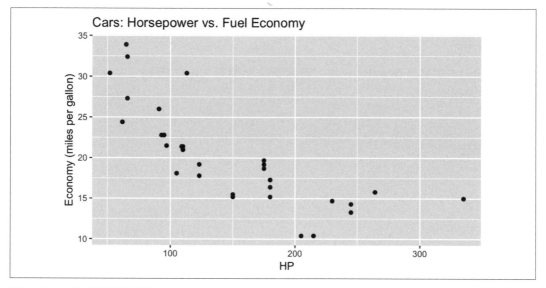

圖 10-4　加上軸標籤與標題

10.3 添加（或刪除）網格

問題

您想要更改圖形的背景網格。

解決方案

ggplot 中背景網格為預設值，正如您在前面的錦囊中看到的那樣。但是，我們可以使用 theme 函式來更改背景網格或將預定義主題套用到圖中。

我們可以使用 theme 來更改圖形的背景面板。下面的例子刪除了背景面板，如圖 10-5 所示：

```
ggplot(df) +
  geom_point(aes(x, y)) +
  theme(panel.background = element_rect(fill = "white", color = "grey50"))
```

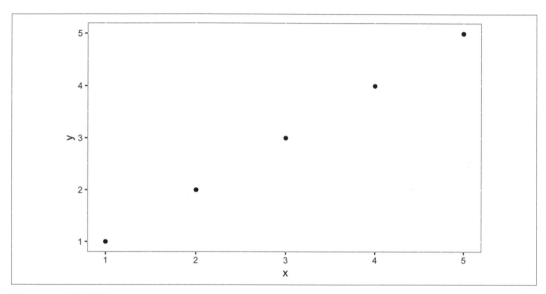

圖 10-5　白色背景

討論

ggplot 在預設情況下使用灰色網格填充背景。您可能會想要刪除該網格或將網格更改為其他樣式。讓我們先建立一個 **ggplot** 圖形，然後逐步更改背景樣式。

我們可以在建立 **ggplot** 物件時來添加或更改圖形的各種設定，然後呼叫該物件並使用 **+** 來添加它。一個 **ggplot** 圖形中的背景陰影實際上是三個不同的圖形元素：

panel.grid.major

　　主網格預設為白色粗線。

panel.grid.minor

　　次要網格預設為白色細線。

panel.background

　　背景預設為灰色。

如果仔細查看圖 10-4 的背景，您就可以看到這些元素。

如果我們將背景設定為 `element_blank`，那麼主網格和副網格仍然存在，但是它們是白色的，所以我們在圖 10-6 中看不到它們：

```
g1 <- ggplot(mtcars, aes(hp, mpg)) +
  geom_point() +
  labs(title = "Cars: Horsepower vs. Fuel Economy",
       x = "HP",
       y = "Economy (miles per gallon)") +
  theme(panel.background = element_blank())
g1
```

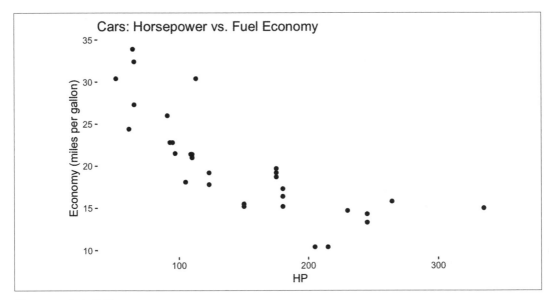

圖 10-6　空白背景

注意，在前面的程式碼中，我們將 ggplot 生成的圖放入名為 **g1** 的變數中。然後我們透過呼叫 **g1** 來印出圖形。將圖形放在 **g1** 中代表我們可以添加更多的圖形元件，而無需重新構建圖形。

為了展示網格的設定效果，我們將設定用一種少見的背景作為網格，如下方範例中將圖形的元件設定為一種顏色並設定格條類型，請見圖 10-7：

```
g2 <- g1 + theme(panel.grid.major =
                   element_line(color = "black", linetype = 3)) +
  # linetype = 3 是虛線
  theme(panel.grid.minor =
          element_line(color = "darkgrey", linetype = 4))
  # linetype = 4 是點虛線
g2
```

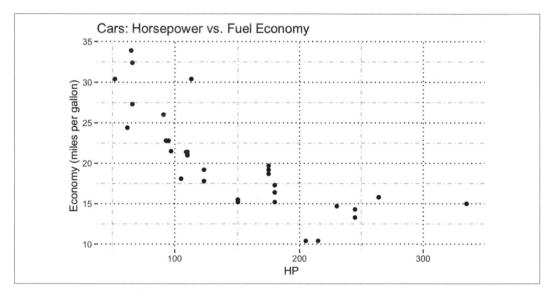

圖 10-7　主要和次要格線

雖然圖 10-7 看起來不是很吸引人，但是您可以清楚地看到主格線是黑色虛線，次要格線是帶點點的灰色虛線。

或者我們可以做一些不那麼花俏的事情，讓我們拿之前的 **ggplot** 物件 **g1** 來用，在白色背景中添加灰色格線，如圖 10-8 所示：

```
g1 +
  theme(panel.grid.major = element_line(color = "grey"))
```

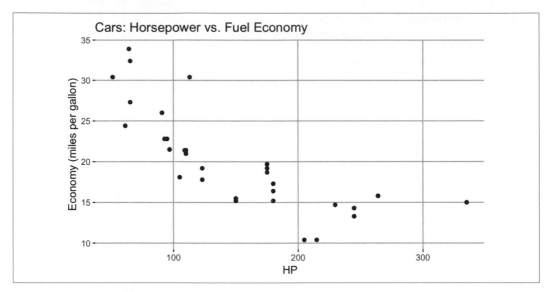

圖 10-8　灰色主要格線

參見

請參見錦囊 10.4，瞭解如何將整個預定義主題套用在您的圖形上。

10.4 將主題套用於 ggplot 圖形上

問題

您希望您的繪圖使用預先定義好的顏色、樣式和格式集合。

解決方案

ggplot 支援 *themes*，這是可用於您圖形上的預定義風格設定。若要使用其中一個主題，只需將想要的 theme 函式添加到具有 + 的 ggplot 中即可：

```
ggplot(df, aes(x, y)) +
  geom_point() +
  theme_bw()
```

ggplot2 套件包含以下主題：

```
theme_bw()
theme_dark()
theme_classic()
theme_gray()
theme_linedraw()
theme_light()
theme_minimal()
theme_test()
theme_void()
```

討論

讓我們從一個簡單的圖形開始，然後展示一些預定義的主題的外觀。圖 10-9 顯示了一個基本的 ggplot 圖形，該圖形沒有套用任何主題：

```
p <- ggplot(mtcars, aes(x = disp, y = hp)) +
  geom_point() +
  labs(title = "mtcars: Displacement vs. Horsepower",
       x = "Displacement (cubic inches)",
       y = "Horsepower")
p
```

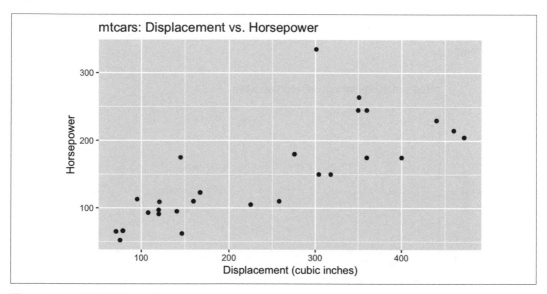

圖 10-9　示範圖形初始狀態

讓我們多次建立相同的圖形,但是對每次建立的圖形套用不同的主題。圖 10-10 是套用黑白主題後的效果:

```
p + theme_bw()
```

圖 10-11 是經典主題:

```
p + theme_classic()
```

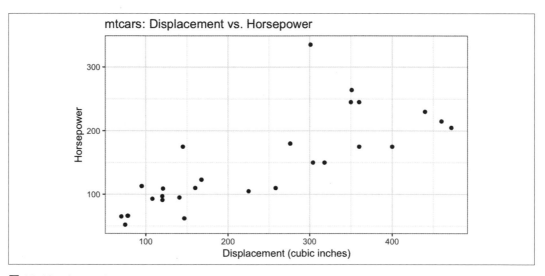

圖 10-10　theme_bw

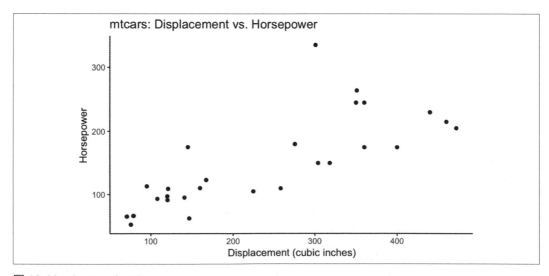

圖 10-11　theme_classic

圖 10-12 是 minimal 主題：

```
p + theme_minimal()
```

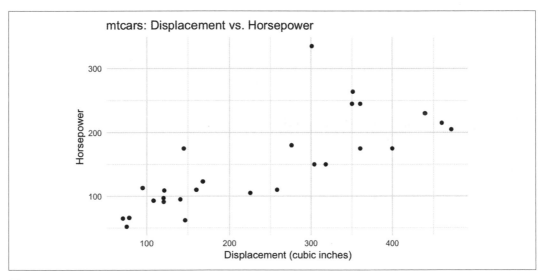

圖 10-12　theme_minimal

圖 10-13 是 void 主題：

```
p + theme_void()
```

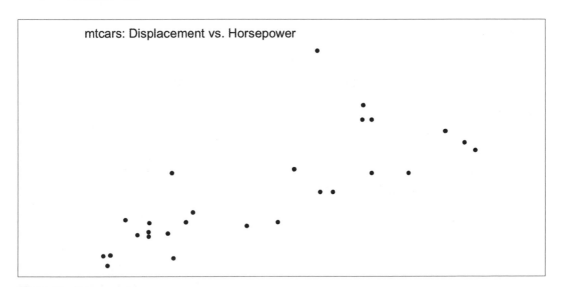

圖 10-13　theme_void

除了包含在 **ggplot2** 中的主題之外，還有一些套件，如 **ggtheme**，其中包含的主題可以幫助您使您的圖表看起來更像熱門工具或出版物（如 Stata 或 *The Economist*）中的圖表。

參見

請參見錦囊 10.3，瞭解如何更改單個主題中的元素。

10.5 建立多個組的散點圖

問題

您的資料儲存在一個資料幀中，其中每個記錄都有多個觀測值：*x*、*y*，以及一個用來代表組別的 factor *f*。您想要建立一個散點圖，其中包含 *x* 和 *y*，並且區分出不同的組。

解決方案

請使用 ggplot，我們將設定 aes 函式的參數 shape = f，表示用 factor f 控制 shape 的映射：

```
ggplot(df, aes(x, y, shape = f)) +
  geom_point()
```

討論

想在一個散點圖中繪製多個組，會造成視覺上的混淆，除非我們能將組和組明顯地區分開來。透過設定 aes 函式的 shape 參數，我們就能告訴 ggplot 函式要怎樣進行區分。

R 內建的 **iris** 資料集合包含了一對對的測量值 **Petal.Length** 和 **Petal.Width**。每個測量值還具有一個 **Species** 屬性，表示被觀測花卉是哪個物種。如果我們同時繪製所有資料，我們得到的散點圖如圖 10-14 所示：

```
ggplot(data = iris,
       aes(x = Petal.Length,
           y = Petal.Width)) +
  geom_point()
```

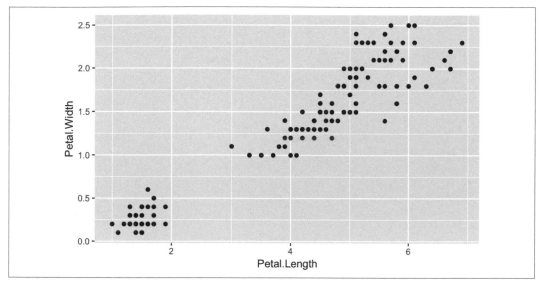

圖 10-14　iris 資料集合：長度與寬度

如果我們用物種來區分這些點，這張圖表會提供更多的資訊。除了透過形狀來區分物種外，我們還可以透過顏色來區分。我們可以將 shape = Species 和 color = Species 添加到我們的 aes 呼叫中，讓每個物種具有不同的形狀和顏色，如圖 10-15 所示：

```
ggplot(data = iris,
       aes(
         x = Petal.Length,
         y = Petal.Width,
         shape = Species,
         color = Species
       )) +
  geom_point()
```

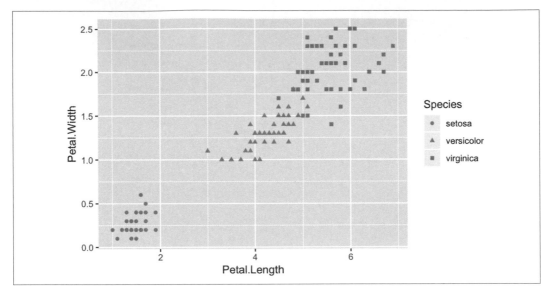

圖 10-15　iris 資料集合：以形狀和色彩區分物種

ggplot 也體貼地為您設定了圖例，非常方便。

參見

有關如何添加圖例的更多資訊，請參見錦囊 10.6。

10.6 添加（或刪除）圖例

問題

您希望您的圖形包含一個圖例，圖例就是幫助閱讀者理解圖形的小框框。

解決方案

在大多數情況下，ggplot 將自動添加圖例，正如您在前面的錦囊中看到的那樣。但是如果我們在 aes 函式中沒有指定分組，那麼 ggplot 的預設行為並不會顯示圖例。如果我們想要強制 ggplot 顯示圖例，我們可以自行將圖形的形狀或線類型設定為一個常數。ggplot 將顯示一個僅有一組的圖例。我們使用 guides 來告訴 ggplot 如何標記圖例。

可以用我們的 iris 散點圖來示範：

```
g <- ggplot(data = iris,
       aes(x = Petal.Length,
          y = Petal.Width,
          shape="Observation")) +
  geom_point()  +
  guides(shape=guide_legend(title="My Legend Title"))
g
```

圖 10-16 說明了將 shape 設定為字串值，然後使用 guides 重新標記圖例的結果。

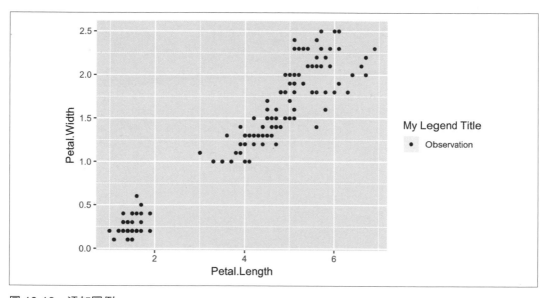

圖 10-16　添加圖例

更常見的情況是，您可能不想顯示圖例，若不想顯示圖例，這可以呼叫 theme 並指定引數 legend.position = "none"。圖 10-17 將前一個錦囊中的 iris 圖形加上關閉圖例的程式碼：

```
g <- ggplot(data = iris,
          aes(
              x = Petal.Length,
              y = Petal.Width,
              shape = Species,
              color = Species
```

```
          )) +
  geom_point() +
  theme(legend.position = "none")
g
```

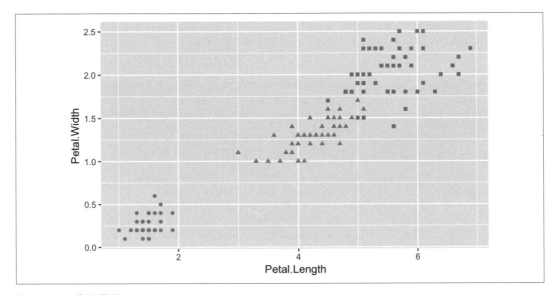

圖 10-17　移除圖例

討論

在沒有分組的情況下要求 ggplot 添加圖例是一種 "欺騙" ggplot 的練習，方法是指定 aes 中的分組參數為一個字串。這個動作不會去做分組（因為只有一個組），但它將顯示含有該字串的圖例。

然後我們可以使用 guides 來更改圖例的標題。值得注意的是，我們沒有對資料做任何更改，只是利用設定來強制 ggplot 顯示圖例，而預設情況下不會顯示圖例的。

ggplot 的優點之一是它擁有非常好的預設值，例如自動取得標籤及其點類型之間的位置和對應關係，但如果需要也可以覆寫該操作。為了完全刪除圖例，我們用 theme(legend.position = "none") 設定 theme 的參數。我們還可以設定圖例位置 legend.position 為 "left"、"right"、"bottom"、"top"，或一個由雙數值元素組成的 vector。使用一個雙元素數值 vector 來指定 ggplot 圖例位置的座標。如果指定座標位置，則指定的值必須在 0 到 1 之間，用以代表 x 和 y 位置。

圖 10-18 顯示了一個位於下方的圖例，該圖例的位置是由 legend.position 設定的。

```
g + theme(legend.position = "bottom")
```

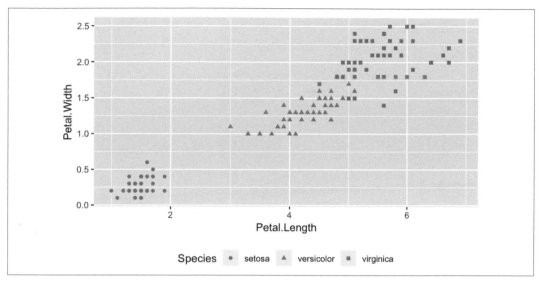

圖 10-18　下方的圖例

或者我們可以使用由兩個數值元素組成的 vector，將圖例指定放在特定的位置，如圖 10-19 所示。這個例子將圖例的中心放在靠右邊 80%、從底部向上 20% 的位置：

```
g + theme(legend.position = c(.8, .2))
```

除了圖例之外，**ggplot** 的預設值十分建全，同時又可以覆蓋預設值以及能調整細節的靈活性。在 **theme** 的說明中，透過輸入 **?theme**，您可以找到 **ggplot** 中與圖例選項有關的更多細節說明。或查看 **ggplot** 的線上參考文件（*http://ggplot2.tidyverse.org/reference/theme.html*）。

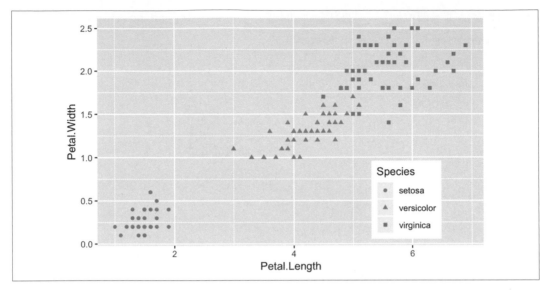

圖 10-19　指定圖例出現在特定位置

10.7 繪製散點圖中的回歸線

問題

您正在繪製資料點對，您想要添加一條線來說明它們的線性回歸。

解決方案

如果使用的是 ggplot 函式，不需要先使用 R 的 lm 函式來計算線性模型。我們可以在呼叫 ggplot 時，使用 geom_smooth 函式來計算線性回歸。

如果我們的資料在一個資料幀 df 中，而資料 x 和 y 位於 x 欄和 y 欄中，我們可以用以下的程式繪製回歸曲線：

```
ggplot(df, aes(x, y)) +
  geom_point() +
  geom_smooth(method = "lm",
              formula = y ~ x,
              se = FALSE)
```

其中 se = FALSE 參數告訴 ggplot 不要繪製回歸線周圍的標準誤差帶。

討論

假設我們正對 faraway 套件中的 strongx 資料集合進行建模，我們可以使用 R 中內建的 lm 函式來建立線性模型。我們可以用 energy 的線性函式來預測變數 crossx。首先，看看用我們的資料畫出的簡單的散點圖（圖 10-20）：

```
library(faraway)
data(strongx)

ggplot(strongx, aes(energy, crossx)) +
  geom_point()
```

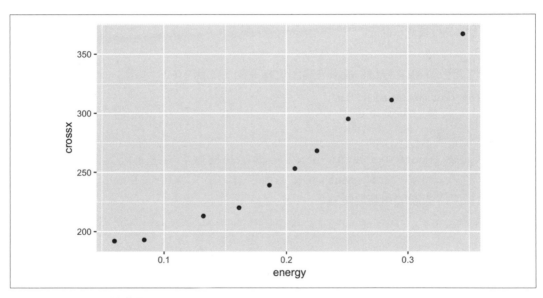

圖 10-20　strongx 散點圖

ggplot 可以即時計算線性模型，然後接著畫出我們資料的回歸線（圖 10-21）：

```
g <- ggplot(strongx, aes(energy, crossx)) +
  geom_point()

g + geom_smooth(method = "lm",
                formula = y ~ x)
```

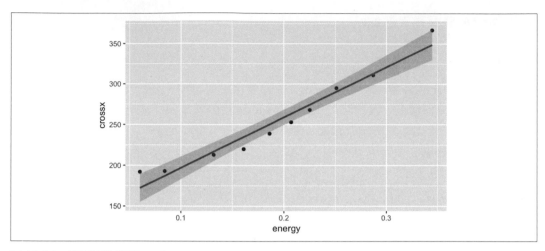

圖 10-21　簡單線性模型 ggplot

我們可以透過添加 se = FALSE 選項來關閉信賴區間，如圖 10-22 所示：

```
g + geom_smooth(method = "lm",
                formula = y ~ x,
                se = FALSE)
```

注意，在 geom_smooth 中，我們使用 x 和 y 而不是變數名，這是因為 ggplot 已經在美學中設定了 x 和 y。geom_smooth 支援多種平滑方法。您可以在 help 中輸入 **?geom_smooth** 來探索這些選項和其他選項。

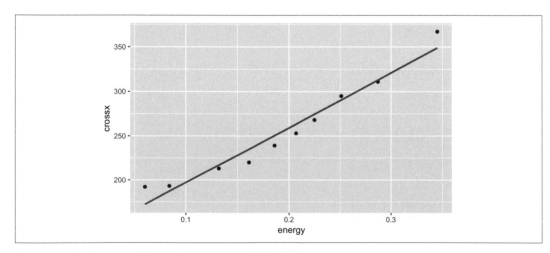

圖 10-22　要求 ggplot 關閉信賴區間後的簡單線性模型

如果我們有另一個 R 物件，我們想把該物件中儲存的資料加到圖中畫成另一條線，我們可以使用 geom_abline 在圖形上繪製一條線。在下面的例子中，我們從回歸模型 m 中擷取截距項和斜率，並將它們添加到我們的圖中（見圖 10-23）：

```
m <- lm(crossx ~ energy, data = strongx)

ggplot(strongx, aes(energy, crossx)) +
  geom_point() +
  geom_abline(
    intercept = m$coefficients[1],
    slope = m$coefficients[2]
  )
```

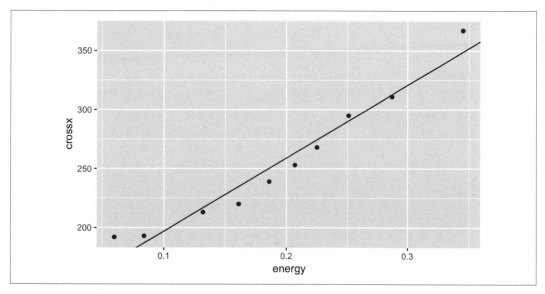

圖 10-23　由斜率和截距得到的簡單直線

生成的圖與 10-22 非常相似。如果要從一個簡單的線性模型以外的資料來源繪製一條線，使用 geom_abline 方法是個非常方便的選擇。

參見

有關線性回歸和 lm 函式的更多資訊，請參見第 11 章。

10.8 繪製所有變數與所有其他變數的關係

問題

資料集合包含多個數值變數，您想看到所有變數對的散點圖。

解決方案

ggplot 沒有任何內建的方法來將變數抓成對後進行繪圖；但是，GGally 套件中的
ggpairs 函式提供了這個功能：

```
library(GGally)
ggpairs(df)
```

討論

當有大量變數時，很難找到它們之間的相互關係。一個實用的技術是查看所有變數對的
散點圖。如果要寫程式將變數編成一對一對，將是非常單調乏味的工作，但是 GGally
套件中的 ggpairs 函式提供了一次將所有變數抓對畫出散點圖的簡單方法。

示範用的 iris 資料集合中包含四個數值變數和一個類別變數：

```
head(iris)
#>   Sepal.Length Sepal.Width Petal.Length Petal.Width Species
#> 1          5.1         3.5          1.4         0.2  setosa
#> 2          4.9         3.0          1.4         0.2  setosa
#> 3          4.7         3.2          1.3         0.2  setosa
#> 4          4.6         3.1          1.5         0.2  setosa
#> 5          5.0         3.6          1.4         0.2  setosa
#> 6          5.4         3.9          1.7         0.4  setosa
```

想知道欄跟欄之間有什麼關係嗎（如果有的話）？將資料欄交給 ggpairs 進行繪圖，將
會產生多個散點圖，如圖 10-24 所示：

```
library(GGally)
ggpairs(iris)
```

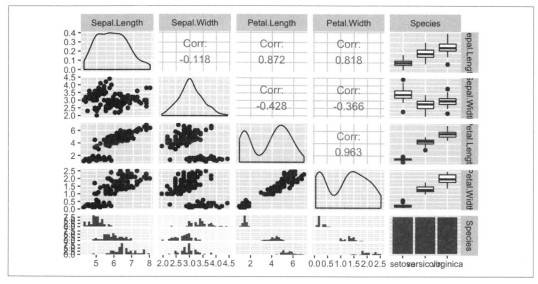

圖 10-24　iris 資料集合的 ggpairs 圖

ggpairs 函式的輸出很美，但執行速度很慢。如果您只是為了討論工作，而且只是希望快速查看資料，那麼基本的 R plot 函式能提供更快的輸出（參見圖 10-25）：

```
plot(iris)
```

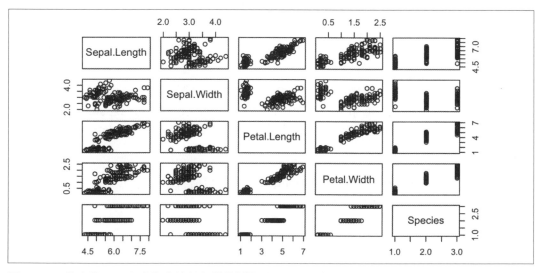

圖 10-25　基本的 plot 函式畫出的所有變數對圖形

雖然 ggpairs 函式的繪製速度不如基本 R plot 函式的繪製速度快，但它在對角線上生成密度圖，並在圖的上三角中報告相關性。當出現 factor 或字元型態的欄時，ggpairs 在圖的下三角中生成長條圖，在上三角中生成箱形圖。這些都有助於理解資料中的關係。

10.9 為每個分組建立散點圖

問題

您的資料集合包含（至少）兩個數值變數和一個用來表示分組的 factor 或字元欄位。您希望為數值變數建立多個散點圖，為 factor 或字元欄位的每個 level 建立個別的散點圖。

解決方案

這種圖形為條件圖形（*conditioning plot*），在 ggplot 中繪製這種圖形的方法是在我們的圖形中添加 facet_wrap。在本例中，我們要使用資料幀 df，該資料幀中包含三個欄：*x*、*y* 和 *f*，其中 *f* 是一個 factor（或一個字元字串）：

```
ggplot(df, aes(x, y)) +
  geom_point() +
  facet_wrap( ~ f)
```

討論

條件圖（協圖）是一種用來探索或展示一個 factor 影響力的方法，也可用於將不同的分組作互相比較。

Cars93 資料集合包含 27 個變數，描述 1993 年的 93 種車型。其中有兩個數值變數分別是 MPG.city，代表在市區每加侖的汽油可以行駛的英里數，和 Horsepower，代表引擎馬力。另外，有用於分類的變數 Origin，它的值可能是 USA，也有可能是非 USA，這取決於該車種的製造地區。

若是想探索市區行駛英里數和馬力之間的關係，我們可能會想知道：美國製車型和非美製車型之間是否有所不同嗎？

讓我們繪製一個分面圖來進行檢查（圖 10-26）：

```
data(Cars93, package = "MASS")
ggplot(Cars93, aes(MPG.city, Horsepower)) +
```

```
geom_point() +
facet_wrap( ~ Origin)
```

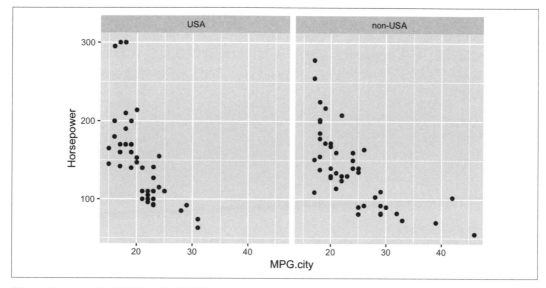

圖 10-26 Cars93 資料集合的分面圖

由此處產出的圖形可以揭示一些深刻的見解。如果我們真的想要擁有 300 馬力的龐然巨獸，那麼我們最好買一輛由美國製造的汽車；但如果我們想要高的 MPG，那麼非美國製造的車款有更多的選擇。我們也可以從統計分析中梳理出這些見解來，但是視覺化表示可以更快地看出它們。

注意，使用分面圖會生成具有相同 x 軸和 y 軸範圍的子圖。這有助於在對資料做視覺化檢查時，確保不會因為軸的範圍不同而產生誤導。

參見

R 基本圖形函式 coplot 只使用基本圖形功能就可以完成非常相似的圖形。

10.10 建立長條圖

問題

您想要建立一個長條圖。

解決方案

有一種常見的資料擺放格式是，用一欄表示組，另外一欄表示測量值。這種格式是「長」格式資料，因為資料是呈現垂直的，而不是每個欄就是一組值。

請使用 ggplot 套件中的 geom_bar 函式，我們可以依資料高度將資料繪製為一個個長條。如果資料已經聚合，則添加 stat = "identity"，使 ggplot 知道在繪製之前不需要對值組進行聚合：

```
ggplot(data = df, aes(x, y)) +
  geom_bar(stat = "identity")
```

討論

讓我們用 Cars93 資料集合中福特所生產的汽車為例：

```
ford_cars <- Cars93 %>%
  filter(Manufacturer == "Ford")

ggplot(ford_cars, aes(Model, Horsepower)) +
  geom_bar(stat = "identity")
```

圖 10-27 顯示了這段程式所生成的長條圖。

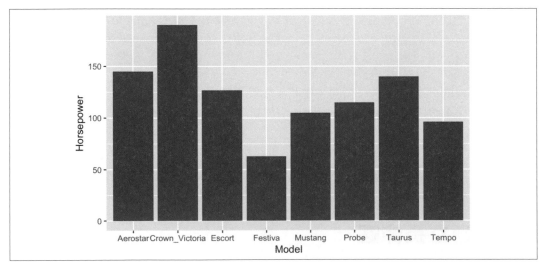

圖 10-27　福特汽車長條圖

本例使用 stat = "identity"，它假設長條的高度值被儲存在一個欄位中，每一條記錄在一個欄中只有一個欄位。然而，情況並非總是如此。通常，在一筆記錄中您會有一個數值資料 vector，和一個平行的 factor 或字元欄位來對資料進行分組，您希望生成的長條圖會像是用來表示分組的平均數或分組總數的長條圖。

讓我們使用內建的 airquality 資料集合構建一個範例，該資料集合包含 5 個月某地點的每日氣溫資料。資料幀中有一個氣溫數值 Temp 欄，以及代表日期的 Month 和 Day 欄。如果我們想用 ggplot 來繪製月平均溫度，我們不需要預先計算平均數；相反地，我們可以讓 ggplot 在 plot 命令中執行該操作。為了要求 ggplot 計算平均數，我們將指定 geom_bar 函式的參數 stat = "summary", fun.y = "mean"。我們還可以使用內建的常數 month.abb 將數字月份轉換為文字月份，透過該常數取得月份的縮寫：

```
ggplot(airquality, aes(month.abb[Month], Temp)) +
  geom_bar(stat = "summary", fun.y = "mean") +
  labs(title = "Mean Temp by Month",
       x = "",
       y = "Temp (deg. F)")
```

圖 10-28 顯示了結果圖。但是您可能會注意到月份的排序順序是字母順序的，這不是我們通常希望看到的月份排序方式。

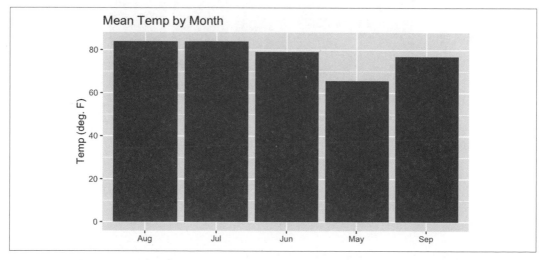

圖 10-28　長條圖：月平均溫度

我們可以使用 dplyr 搭配 tidyverse forcats 套件中的 fct_inorder 函式來修復這個排序問題。為了得到正確的月份順序，我們將先依代表數字月份的 Month 對資料幀進行排序，然後再套用 fct_inorder 函式，它將按照月份順序排列我們的資料。從圖 10-29 中可以看出，現在的 bar 排序是正確的：

```
library(forcats)

aq_data <- airquality %>%
  arrange(Month) %>%
  mutate(month_abb = fct_inorder(month.abb[Month]))

ggplot(aq_data, aes(month_abb, Temp)) +
  geom_bar(stat = "summary", fun.y = "mean") +
  labs(title = "Mean Temp by Month",
       x = "",
       y = "Temp (deg. F)")
```

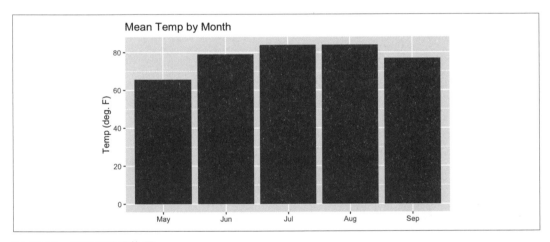

圖 10-29　排序後的長條圖

參見

加上信賴區間見錦囊 10.11，著色見錦囊 10.12。

請輸入 **?geom_bar** 以得到 ggplot 中關於長條圖的說明。

您還可以使用基本 R 函式 **barplot** 繪製長條圖，或者在使用 lattice 套件中的 **barchart** 函式繪製長條圖。

10.11 為長條圖加上信賴區間

問題

您想在長條圖上加入信賴區間。

解決方案

假設我們有一個資料幀 df，這個 df 中含有名為 group（分組名稱）的欄，以及名為 lower 和 upper 的欄（表示信賴區間的對應極限）。只要搭配使用 geom_bar 函式結合 geom_errorbar，我們就可以為每個 group，及其信賴區間繪製一個長條圖：

```
ggplot(df, aes(group, stat)) +
  geom_bar(stat = "identity") +
  geom_errorbar(aes(ymin = lower, ymax = upper), width = .2)
```

圖 10-30 顯示了帶有信賴區間的長條圖。

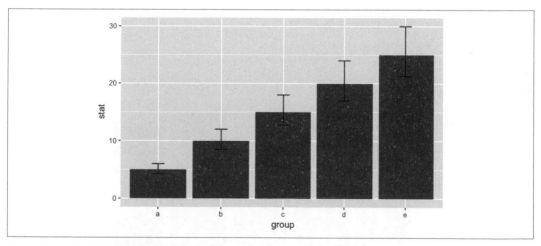

圖 10-30　帶有信賴區間的長條圖

討論

大多數長條圖只用來顯示一個點的估計值，這些點估計值由長條圖的高度表示，但很少連帶顯示該值的信賴區間。我內心深處那個身為統計學家的自己對此深惡痛絕，因為點的估計值只是故事的一半；加上信賴區間則補完了一切。

幸運的是,我們可以使用 **ggplot** 來繪製誤差。難的部分是計算區間。在前面的範例中,我們資料假定了一個簡單的區間 –15% 和 +20%。然而,在錦囊 10.10 中,我們能在繪製之前計算分組平均數。此時,如果我們要讓 ggplot 在繪製圖形前,也為我們計算信賴區間的話,我們可以使用內建的 **mean_se** 以及 **stat_summary** 函式來得到平均數測量值的標準誤差。

讓我們使用之前用過的 **airquality** 資料。首先,我們將先做 factor 排序(用前一個錦囊的方法),以得到所需的順序的月份名稱:

```
aq_data <- airquality %>%
  arrange(Month) %>%
  mutate(month_abb = fct_inorder(month.abb[Month]))
```

現在我們可以繪製長條圖以及相關的標準誤差,如圖 10-31 所示:

```
ggplot(aq_data, aes(month_abb, Temp)) +
  geom_bar(stat = "summary",
           fun.y = "mean",
           fill = "cornflowerblue") +
  stat_summary(fun.data = mean_se, geom = "errorbar") +
  labs(title = "Mean Temp by Month",
       x = "",
       y = "Temp (deg. F)")
```

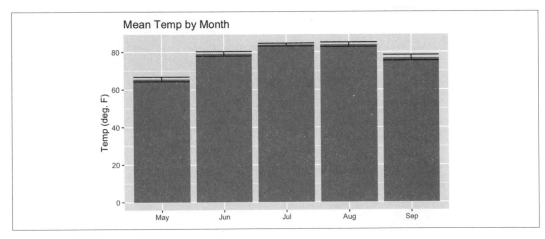

圖 10-31　附帶誤差的月平均溫度

若您想要根據長條圖中的長條高度依降冪排列，如圖 10-32 所示。在您看到 ggplot 程式碼中的 summary 時，可能會令您感到無所適從，但其實解法就只是在 reorder 述句中使用 mean 即可，如此就可使得 factor 可以依氣溫的平均值重新排序。請注意在 reorder 中的 mean 並沒有雙引號，而 geom_bar 中寫的 mean 卻用了雙引號：

```
ggplot(aq_data, aes(reorder(month_abb, -Temp, mean), Temp)) +
  geom_bar(stat = "summary",
           fun.y = "mean",
           fill = "tomato") +
  stat_summary(fun.data = mean_se, geom = "errorbar") +
  labs(title = "Mean Temp by Month",
       x = "",
       y = "Temp (deg. F)")
```

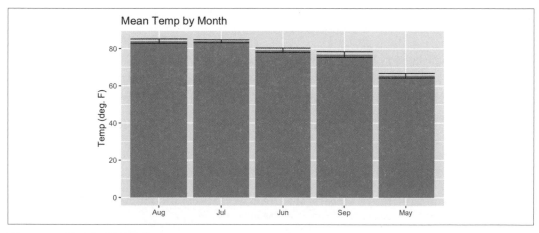

圖 10-32　按月均溫降冪排列

當您看著這個範例和圖 10-32 中的結果，您可能會想知道，"為什麼他們不直接在第一個範例中使用 reorder(month_abb, Month)，而是使用 forcats::fct_inorder 來排序月份呢？" 嗯，我們是可以這麼做沒錯。但是使用 fct_inorder 進行排序是一種設計方法，可以為更複雜的事情提供更多的靈活性。而且，寫在 Script 中也很容易閱讀。在 aes 內部使用 reorder 會稍微感覺擠一點，並使其他人更難讀懂程式碼，但是這兩種方法都是合理的。

參見

如果想做 t.test 檢定，請參閱錦囊 9.9。

10.12 為長條圖著色

問題

您想要為長條圖著色。

解決方案

在 gplot 呼叫時，我們將 fill 參數添加到我們的 aes 呼叫中，並放任 ggplot 為我們決定顏色：

```
ggplot(df, aes(x, y, fill = group))
```

討論

我們可以在 aes 中使用 fill 參數，來告訴 ggplot 以哪個欄位作為選顏色的基礎。如果我們將一個數值欄位傳遞給 ggplot，我們將得到一個連續的顏色漸變；如果我們將一個 factor 或字元欄位傳遞給 fill，我們的每個分組將會擁有各自的對應色彩。這個範例中，我們將每個月份的字元名傳遞給 fill 參數：

```
aq_data <- airquality %>%
  arrange(Month) %>%
  mutate(month_abb = fct_inorder(month.abb[Month]))

ggplot(data = aq_data, aes(month_abb, Temp, fill = month_abb)) +
  geom_bar(stat = "summary", fun.y = "mean") +
  labs(title = "Mean Temp by Month",
       x = "",
       y = "Temp (deg. F)") +
  scale_fill_brewer(palette = "Paired")
```

我們透過呼叫 scale_fill_brewer(palette="Paired") 來定義長條圖（如圖 10-33）中的顏色。此處選用了 RColorBrewer 套件中的 "Paired" 調色板，此套件還有許多其他調色板。

如果我們想要根據氣溫改變每個長條的顏色，不能只想設定 fill = Temp──雖然這看起來真的很直觀──但因為 ggplot 不能理解我們想要用的其實是依月份分組後的平均溫度。我們解決這個問題的方法要靠圖形中一個名為 ..y.. 的特殊欄位，它代表 y 軸上的計算值，同時我們又不希望圖例被標記為 ..y..，因此我們在 labs 函式呼叫中添加 fill = "Temp" 引數，以更改圖例名稱。產出結果如圖 10-34 所示：

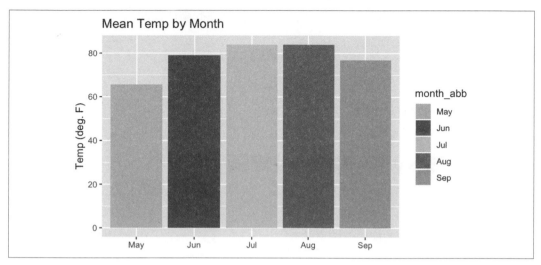

圖 10-33　彩色月均溫長條圖

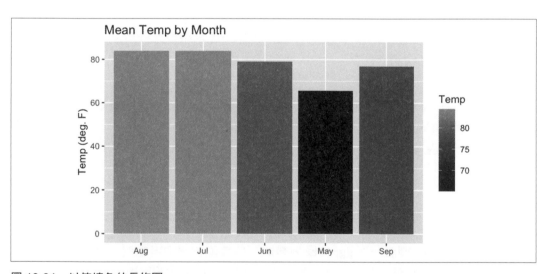

圖 10-34　以值填色的長條圖

```
ggplot(airquality, aes(month.abb[Month], Temp, fill = ..y..)) +
  geom_bar(stat = "summary", fun.y = "mean") +
  labs(title = "Mean Temp by Month",
       x = "",
       y = "Temp (deg. F)",
       fill = "Temp")
```

如果我們想反轉顏色，可以添加一個負號 - 在我們填充的欄位前面：

```
fill=-..y..
```

參見

有關建立長條圖相關資訊，請參閱錦囊 10.10。

10.13 根據 xy 資料點繪製線圖

問題

您有一個資料幀，其中的觀測值成對儲存：$(x_1, y_1), (x_2, y_2), ..., (x_n, y_n)$，而您想要用線段連接所有資料點。

解決方案

請使用 ggplot 套件，我們可以用套件中的 geom_point 來繪製資料點：

```
ggplot(df, aes(x, y)) +
  geom_point()
```

由於 ggplot 圖形是依元素逐個建立的，所以我們可以非常容易地透過兩個幾何繪圖函式在同一個圖形中同時畫出點和線：

```
ggplot(df, aes(x , y)) +
  geom_point() +
  geom_line()
```

討論

為了要做示範，讓我們看一下 ggplot2 附帶的一些美國經濟資料範例。這個範例資料幀中有一個名為 date 的欄，我們將在 x 軸上繪製此欄，還有一個名為 unemploy 的欄，表示失業人數：

```
ggplot(economics, aes(date , unemploy)) +
  geom_point() +
  geom_line()
```

圖 10-35 顯示了產生的圖表，其中包含了直線和點，因為我們使用了兩個幾何繪圖函式。

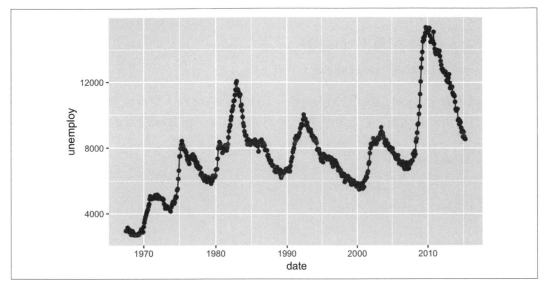

圖 10-35　線圖

參見

請參考錦囊 10.1。

10.14 更改線圖的類型、寬度或顏色

問題

您正在繪製線圖，並希望更改線圖的類型、寬度或顏色。

解決方案

ggplot 使用 `linetype` 參數控制線的外觀，其選項如下：

- `linetype="solid"` 或 `linetype=1`（預設值）
- `linetype="dashed"` 或 `linetype=2`
- `linetype="dotted"` 或 `linetype=3`
- `linetype="dotdash"` 或 `linetype=4`

- linetype="longdash" 或 linetype=5

- linetype="twodash" 或 linetype=6

- linetype="blank" 或 linetype=0（不畫）

我們可以藉由設定 geom_line 的 linetype、col 和 / 或 size，來改變線外觀。例如，如果我們想將線更改為虛線、紅色和粗體，我們可以將以下參數傳遞到 geom_line：

```
ggplot(df, aes(x, y)) +
  geom_line(linetype = 2,
            size = 2,
            col = "red")
```

討論

範例語法顯示了如何繪製一條線並指定其樣式、寬度或顏色。一般常見的場景下，會繪製多條線，每條線都有自己的樣式、寬度或顏色。

在使用 ggplot 時，許多使用者都有一個難題，ggplot 擅長使用如本章介紹中所提到的「長」資料，而不是「寬」資料。

讓我們建立一些示範資料：

```
x <- 1:10
y1 <- x**1.5
y2 <- x**2
y3 <- x**2.5
df <- data.frame(x, y1, y2, y3)
```

我們的範例資料幀擁有四欄的寬資料：

```
head(df, 3)
#>   x   y1 y2    y3
#> 1 1 1.00  1  1.00
#> 2 2 2.83  4  5.66
#> 3 3 5.20  9 15.59
```

我們可以使用 tidyverse 的核心套件 tidyr 中的 gather 函式使我們的寬資料變成長資料。在本範例中，我們會使用 gather 建立一個名為 bucket 的新欄，並將我們既有的欄名放在其中，同時保持我們的 x 和 y 變數：

```
df_long <- gather(df, bucket, y, -x)
head(df_long, 3)
#>   x bucket    y
```

```
#> 1 1     y1 1.00
#> 2 2     y1 2.83
#> 3 3     y1 5.20
tail(df_long, 3)
#>     x bucket   y
#> 28 8     y3 181
#> 29 9     y3 243
#> 30 10    y3 316
```

現在我們可以將 bucket 傳遞給 col 參數，畫出多條線，每一條線都有不同的顏色：

```
ggplot(df_long, aes(x, y, col = bucket)) +
  geom_line()
```

圖 10-36 顯示了每個變數用不同顏色表示的結果圖。

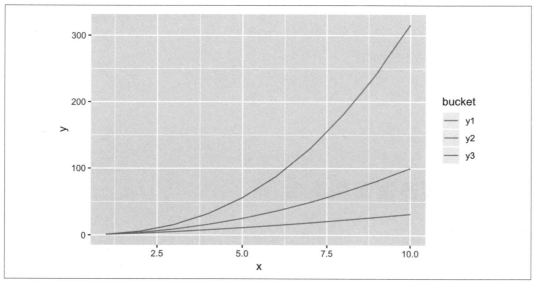

圖 10-36　多條線的線圖

若想透過變數改變線的粗細是很簡單的，您只需將數值變數傳遞到 size 即可：

```
ggplot(df, aes(x, y1, size = y2)) +
  geom_line() +
  scale_size(name = "Thickness based on y2")
```

透過 x 改變粗細的結果如圖 10-37 所示。

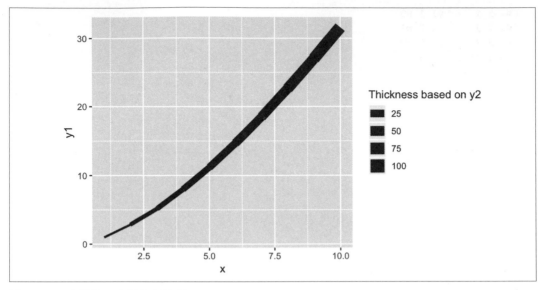

圖 10-37　用變數 x 改變線的粗細

參見

繪製基本線圖見錦囊 10.13。

10.15 繪製多個資料集合

問題

您希望在一個圖中顯示多個資料集合。

解決方案

若想將多個資料幀加入到一個 ggplot 圖形中，請先建立一個空的圖形，然後加入兩個不同的幾何繪圖函式：

```
ggplot() +
  geom_line(data = df1, aes(x1, y1)) +
  geom_line(data = df2, aes(x2, y2))
```

這段程式碼選用的是 geom_line，但是您可以使用任何幾何繪圖函式。

討論

想要解決這個問題,您可以使用 dplyr 中的連接函式,在繪圖之前將資料先合併到一個資料幀中,再進行繪圖。但是,接下來我們要示範的是建立兩個獨立的資料幀,然後將它們分別加入到 ggplot 圖形中。

首先建立我們的範例資料幀,df1 和 df2:

```
# 範例資料
n <- 20

x1 <- 1:n
y1 <- rnorm(n, 0, .5)
df1 <- data.frame(x1, y1)

x2 <- (.5 * n):((1.5 * n) - 1)
y2 <- rnorm(n, 1, .5)
df2 <- data.frame(x2, y2)
```

在一般情況下,我們通常會將資料幀直接傳遞給 ggplot 函式。但現在由於我們需要用到具有各自資料來源的兩個幾何繪圖函式,所以我們將先使用 ggplot 建立一個圖形,然後在裡面加入兩個 geom_line 呼叫,而每個呼叫都有自己的資料來源:

```
ggplot() +
  geom_line(data = df1, aes(x1, y1), color = "darkblue") +
  geom_line(data = df2, aes(x2, y2), linetype = "dashed")
```

ggplot 允許我們對不同的 geom_ 函式進行多次呼叫,如果需要,每個函式都可以有自己的資料來源。然後 ggplot 將查看我們用來繪圖的所有資料,並調整其範圍以配合所有資料。

調整過範圍後看起來如圖 10-38。

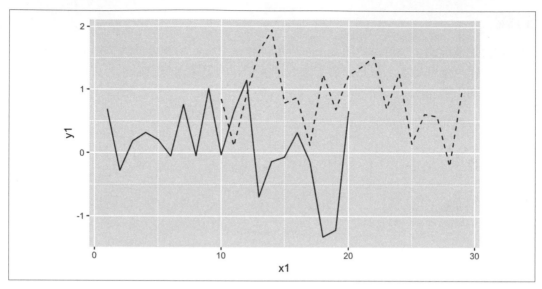

圖 10-38　一個圖形中有兩條線

10.16 添加垂直線或水平線

問題

您想要在繪圖中加入垂直或水平線，例如穿過原點的軸線或閾值標示。

解決方案

請使用 ggplot 中的 geom_vline 和 geom_hline 函式，分別產生垂直線和水平線。函式還可以取 color、linetype、size 參數設定線條樣式：

```
# 使用之前錦囊中的 data.frame df1
ggplot(df1) +
  aes(x = x1, y = y1) +
  geom_point() +
  geom_vline(
    xintercept = 10,
    color = "red",
    linetype = "dashed",
    size = 1.5
  ) +
  geom_hline(yintercept = 0, color = "blue")
```

圖 10-39 是加入了水平和垂直線條的結果圖。

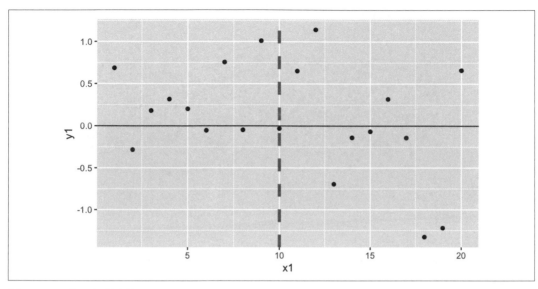

圖 10-39　水平和垂直線

討論

在典型用法中，畫線通常是為了要畫有規則間隔的線。比方說，假設我們有一個由資料點構成的樣本 samp。首先，我們畫一條實線表示它們的平均數。然後我們計算並畫出離平均數 ±1 和 ±2 個標準差處的虛線。在此時，我們可以用 geom_hline：

```
samp <- rnorm(1000)
samp_df <- data.frame(samp, x = 1:length(samp))

mean_line <- mean(samp_df$samp)
sd_lines <- mean_line + c(-2, -1, +1, +2) * sd(samp_df$samp)

ggplot(samp_df) +
  aes(x = x, y = samp) +
  geom_point() +
  geom_hline(yintercept = mean_line, color = "darkblue") +
  geom_hline(yintercept = sd_lines, linetype = "dotted")
```

圖 10-40 為採樣資料與其平均數、標準差線。

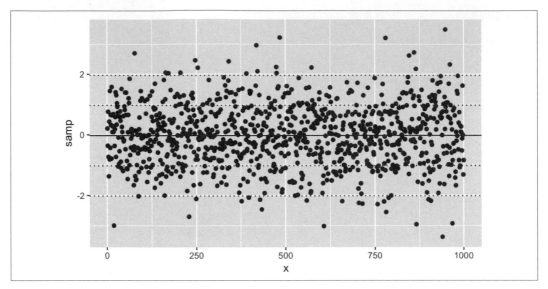

圖 10-40　含有平均數與標準差區間的圖形

參見

有關更改線條樣式的更多資訊，請參見錦囊 10.14。

10.17 建立箱型圖

問題

您想要建立資料的箱型圖。

解決方案

請使用在 ggplot 中的 geom_boxplot 函式，它能在 ggplot 圖形中加入一個箱型圖。在這個範例中，我們要使用來自前一個錦囊的 samp_df 資料幀，我們可以用 x 欄中的值建立箱型圖。結果如圖 10-41 所示：

```
ggplot(samp_df) +
  aes(y = samp) +
  geom_boxplot()
```

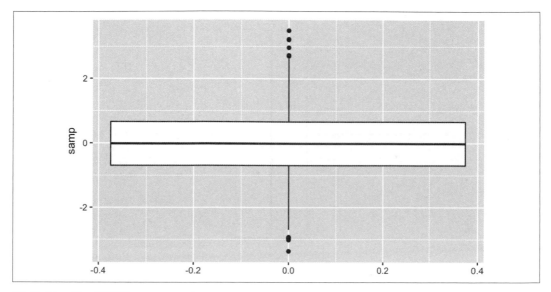

圖 10-41　單一箱形圖

討論

箱型圖是將資料集合的摘要視覺化的一種快速又簡單的方法：

- 中間的粗線是中位數。

- 中位數周圍的框表示第一和第三個四分位數；箱子的底部是 Q1，頂部是 Q3。

- 方框上下的"鬚鬚"表示資料的範圍，但不包括異常值。

- 圓圈表示異常值。預設情況下，異常值定義為方框外超過 $1.5 \times IQR$ 的任何值（IQR 是四分位區間，即 Q3–Q1）。在我們的範例圖中，有一些離群值。

我們可以透過翻轉座標軸來旋轉箱型圖。在某些情況下，這使得圖形更好看，如圖 10-42 所示：

```
ggplot(samp_df) +
  aes(y = samp) +
  geom_boxplot() +
  coord_flip()
```

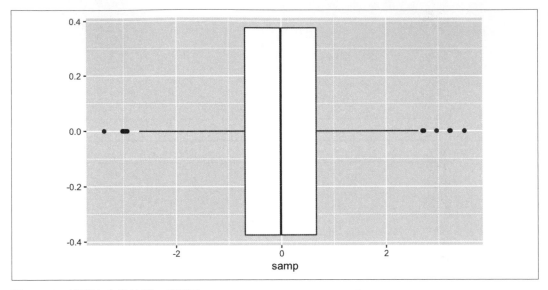

圖 10-42　翻轉方向後的單一箱形圖

參見

僅畫一個箱子相當無聊,若要建立多個箱形圖,請參閱錦囊 10.18。

10.18 為每個 factor 的 level 建立箱型圖

問題

資料集合包含一個數值變數和一個 factor(或其他分類文字)。您希望將數值變數依 level 分組,並畫出這些組的箱形圖。

解決方案

請在使用 ggplot 時,在其 aes 呼叫中,將要用來分組的變數名稱傳遞給 x 參數。然後根據分組變數中的值進行箱型圖的分組繪圖:

```
ggplot(df) +
  aes(x = factor, y = values) +
  geom_boxplot()
```

討論

這個錦囊是探索和描述兩個變數之間關係的另一個好方法。在本例中,我們想知道數值變數是否會隨著變數的 level 而變化。

來自 MASS 套件的 USCereal 資料集合包含了許多關於早餐麥片的變數。一個變數是每份的糖量,另一個變數是貨架的位置(從地板開始計算)。麥片生產商可以協調貨架位置,把他們的產品放在最好的銷售潛力的位置。我們想知道:他們把高糖麥片放在哪裡?我們可以透過為每個貨架建立一個箱型圖來探究這個問題,如圖 10-43:

```
data(UScereal, package = "MASS")

ggplot(UScereal) +
  aes(x = as.factor(shelf), y = sugars) +
  geom_boxplot() +
  labs(
    title = "Sugar Content by Shelf",
    x = "Shelf",
    y = "Sugar (grams per portion)"
  )
```

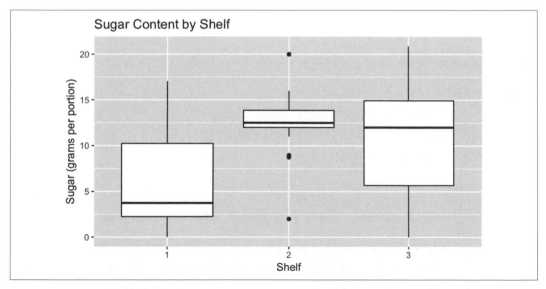

圖 10-43　依貨架號碼繪製箱型圖

箱形圖表明 2 號貨架上的麥片含糖量最高。這個貨架高度是否就在孩子們的視線水平線上，而孩子可以影響父母對麥片的選擇嗎？

 注意，在 aes 呼叫中，我們必須告訴 ggplot 將貨架號碼當成一個 factor。否則，ggplot 將不會理會我們想依貨架分組的要求，只會印出單個箱型圖。

參見

有關建立基本箱型圖，請參閱錦囊 10.17。

10.19 繪製直方圖

問題

您想要建立資料的直方圖。

解決方案

請使用 geom_histogram 函式，並將參數 x 設定為一個數值組成的 vector。

討論

圖 10-44 是根據 Cars93 資料集合中的 MPG.city 欄所畫出的直方圖：

```
data(Cars93, package = "MASS")

ggplot(Cars93) +
  geom_histogram(aes(x = MPG.city))
#> `stat_bin()` using `bins = 30`. Pick better value with `binwidth`.
```

geom_histogram 函式必須決定要建立多少個桶子（bin，儲存空間）來放置資料。在這個例子中，預設演算法選擇了 30 個桶子。如果我們想要桶子少一點，就用 bins 參數告訴 geom_histogram 我們想的桶子數量：

```
ggplot(Cars93) +
  geom_histogram(aes(x = MPG.city), bins = 13)
```

圖 10-45 為含有 13 個桶子的直方圖。

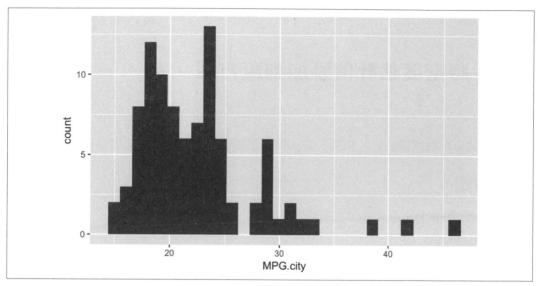

圖 10-44　依 MPG（油耗）資料畫出的直方圖

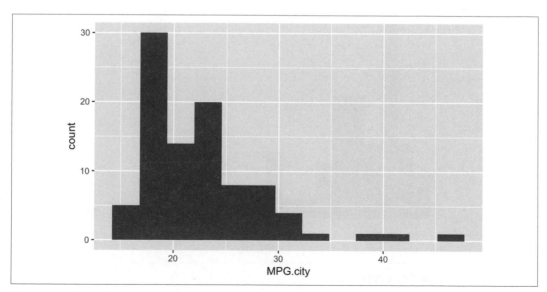

圖 10-45　較少組數（bin）的 MPG（油耗）資料直方圖

參見

基本的 R 函式 hist 提供了很多相同的功能，lattice 套件中的 histogram 函式也是。

10.20 將密度估計值添加到直方圖

問題

您依自己的資料樣本畫好了一張直方圖，現在您想要添加一條曲線來表示密度。

解決方案

請使用 geom_density 函式求樣本密度近似解，如圖 10-46 所示：

```
ggplot(Cars93) +
  aes(x = MPG.city) +
  geom_histogram(aes(y = ..density..), bins = 21) +
  geom_density()
```

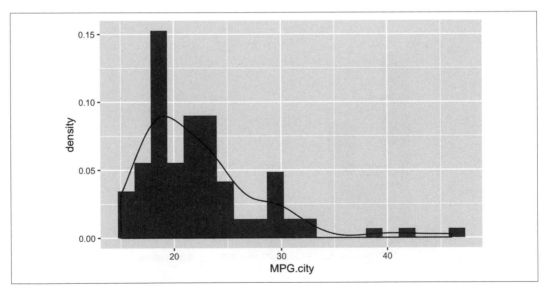

圖 10-46　含有密度表示的直方圖

討論

直方圖雖然內含資料的密度資訊，但這資訊是很粗略的。改用更平滑的估計方法可以幫助您更好地視覺化真實的資料分佈。一個**核心密度估計**（*kernel density estimation*，KDE）能更平滑地表示單變數資料。

在 **ggplot** 中，我們藉由指定 aes（y = ..density..），來要求 geom_histogram 函式去使用 geom_density 函式。

下面的例子是從伽馬分佈中抽取一組樣本，然後根據樣本繪製直方圖和估計密度，如圖 10-47 所示：

```
samp <- rgamma(500, 2, 2)

ggplot() +
  aes(x = samp) +
  geom_histogram(aes(y = ..density..), bins = 10) +
  geom_density()
```

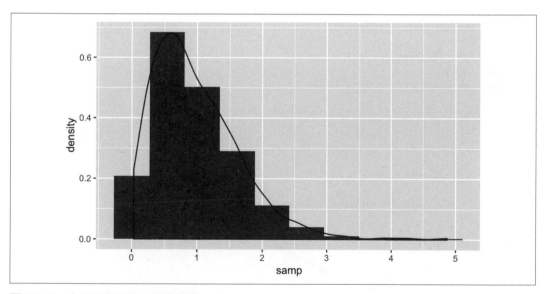

圖 10-47　直方圖與密度：伽馬分佈

參見

geom_density 函式會以無母數的方法求出近似密度的形狀。如果您已知道實際的底層分佈，則請改用錦囊 8.11 來繪製密度函式。

10.21 繪製常態分位數（Q–Q）圖

問題

您想要建立資料的 Q–Q（*quantile–quantile*，分位數－分位數）圖，因為您想要知道目標資料與常態分佈差多少。

解決方案

在 ggplot 套件中，我們可以使用 stat_qq 和 stat_qq_line 函式建立一個 Q–Q 圖，此圖形中會顯示觀察資料點和 Q–Q 線。圖 10-48 是結果圖：

```
df <- data.frame(x = rnorm(100))

ggplot(df, aes(sample = x)) +
  stat_qq() +
  stat_qq_line()
```

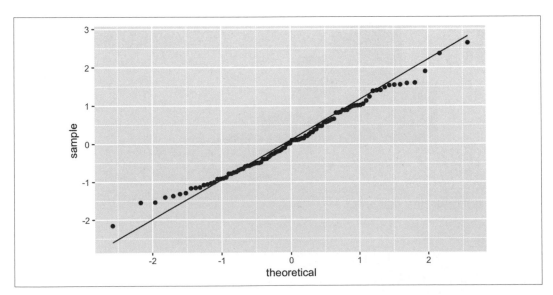

圖 10-48　Q–Q 圖形

討論

有的時候，知道資料是否屬於常態分佈是很重要的。分位數–分位數（Q–Q）圖是很好的初步檢查。

Cars93 資料集合中包含一個 Price 欄，您知道它是否為常態分佈嗎？下面這段程式碼會依 Price 建立一個的 Q–Q 圖，如圖 10-49 所示：

```
ggplot(Cars93, aes(sample = Price)) +
  stat_qq() +
  stat_qq_line()
```

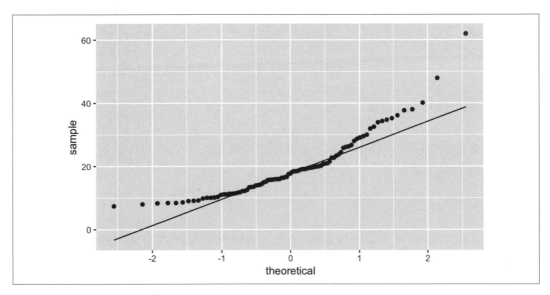

圖 10-49　汽車價格 Q–Q 圖

如果資料呈現一個完美的常態分佈，那麼圖上的點會正好落在對角線上。我們看到圖上有很多點很接近對角線，特別是在中間的區域，但是在尾部的點非常遠。然而，有太多的點位於線的上方，表示分佈整體向左偏移。

左偏可以透過對數轉換來解決，我們可以拿 log(Price) 繪圖，得到圖 10-50：

```
ggplot(Cars93, aes(sample = log(Price))) +
  stat_qq() +
  stat_qq_line()
```

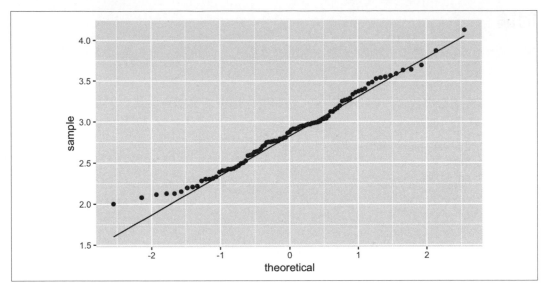

圖 10-50　對數汽車價格 Q–Q 圖

注意，新圖中的點表現得好得多，除了最左邊的尾部外，它們都靠近對角線。看起來 `log(Price)` 近似常態分佈。

參見

為其他分佈建立 Q–Q 圖，請參閱錦囊 10.22。有關應用常態 Q–Q 圖來檢查線性回歸，請參閱錦囊 11.16。

10.22 繪製其他分佈分位數（Q–Q）圖

問題

您想要查看資料的分位數圖，但是資料不屬於常態分佈。

解決方案

當然，如果會用到這個錦囊，表示您對目前手上資料的底層分佈有一定的瞭解。這個問題的解決方案的步驟如下：

1. 用 ppoints 函式生成 0 到 1 之間的資料點序列。

2. 使用目前分佈種類的分位數函式將這些資料點轉換為分位數。

3. 對樣本資料進行排序。

4. 根據計算出的分位數繪製排序後的資料。

5. 使用 abline 繪製對角線。

這一切都可以在兩行 R 程式碼中完成。下面的程式範例中,假設您的資料 y,是屬於擁有 5 個自由度的 Student's *t* 分佈。請回想一下我們之前說過,Student's *t* 分佈的分位數函式是 qt,它的第二個參數是自由度。

首先讓我們建一些示範資料:

```
df_t <- data.frame(y = rt(100, 5))
```

為了建立 Q–Q 圖,我們需要去估計我們要繪製的分佈的參數。由於這是一個 Student's *t* 分佈,所以我們只需要估計一個參數——自由度。當然我們現在已知道實際的自由度是 5,但是在大多數情況下我們需要計算這個值。因此,我們將使用 MASS::fitdistr 函式來估計自由度:

```
est_df <- as.list(MASS::fitdistr(df_t$y, "t")$estimate)[["df"]]
est_df
#> [1] 19.5
```

正如所料,出來的結果與我們生成範例資料時用的設定非常接近,因此,讓我們將估出的自由度傳遞給 Q–Q 函式,並建立圖 10-51:

```
ggplot(df_t) +
  aes(sample = y) +
  geom_qq(distribution = qt, dparams = est_df) +
  stat_qq_line(distribution = qt, dparams = est_df)
```

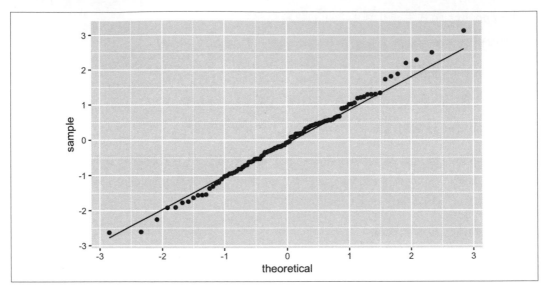

圖 10-51 Student's t 分佈 Q–Q 圖

討論

這個解決方案看起來很複雜，但它的核心就是選擇一個分佈，並且去擬合參數，然後將這些參數傳遞給 ggplot 中的 Q–Q 函式。

我們可以為這個錦囊再舉一個例子，假設我們用平均值為 10 的取樣頻率（或說比率（rate）為 1/10）從指數分佈中隨機取樣：

```
rate <- 1 / 10
n <- 1000
df_exp <- data.frame(y = rexp(n, rate = rate))

est_exp <- as.list(MASS::fitdistr(df_exp$y, "exponential")$estimate)[["rate"]]
est_exp
#> [1] 0.101
```

注意，對於指數分佈，現在我們的參數稱為 rate，而不是 df，後者是 Student's t 分佈用的參數。

指數分佈用的分位數函式叫 qexp，使用的是 rate 參數。圖 10-52 顯示了使用理論指數分佈得到的 Q–Q 圖：

```
ggplot(df_exp) +
  aes(sample = y) +
  geom_qq(distribution = qexp, dparams = est_exp) +
  stat_qq_line(distribution = qexp, dparams = est_exp)
```

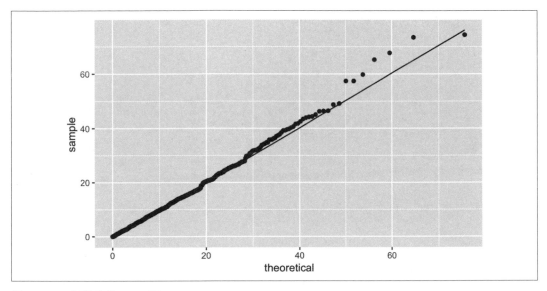

圖 10-52　指數分佈 Q–Q 圖

10.23 用多種顏色繪製變數

問題

您想要用多種顏色來繪製資料，通常是為了使資料圖更具有資訊性、可讀性或趣味性。

解決方案

我們可以將一個顏色傳遞給一個 **geom_** 函式，以產生有顏色的輸出（見圖 10-53）：

```
df <- data.frame(x = rnorm(200), y = rnorm(200))

ggplot(df) +
  aes(x = x, y = y) +
  geom_point(color = "blue")
```

如果您是在紙本上閱讀，那您只能看到黑色。請您自己試著執行一下，就能看到全彩的圖形。

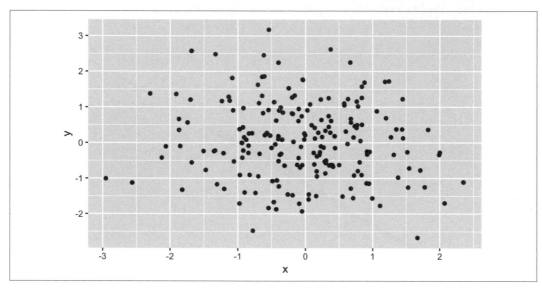

圖 10-53　彩色的資料點

color 的值可以是：

- 單一種顏色，在這種情況下所有的資料點都是這種顏色。

- 一個顏色組成的 vector，長度與 x 相同，在這種情況下，x 的每個值都用對應的顏色著色。

- 一個顏色組成的 vector，但長度較短，在這種情況下，顏色的 vector 使用循環規則。

討論

ggplot 中的預設顏色為黑色，雖然看起來不是很令人興奮，但黑色是高對比色，而且幾乎任何人都可輕鬆看清楚。

然而，用不同顏色展示資料是一種更實用（也更有趣）的呈現方法。讓我們把同一張圖用兩種方式繪製來說明，兩張圖中一張是黑白的，另一張做簡單的上色。

以下的程式會產生圖 10-54 中基本的黑白圖形：

```
df <- data.frame(
  x = 1:100,
  y = rnorm(100)
)

ggplot(df) +
  aes(x, y) +
  geom_point()
```

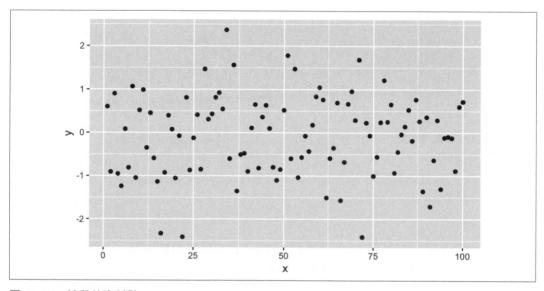

圖 10-54　簡單的資料點

現在，我們可以建立一個由 **"gray"** 和 **"black"** 值組成的 vector，根據 x 的正負號，選用顏色來繪製 x，使其更加有趣，如圖 10-55 所示：

```
shade <- if_else(df$y >= 0, "black", "gray")

ggplot(df) +
  aes(x, y) +
  geom_point(color = shade)
```

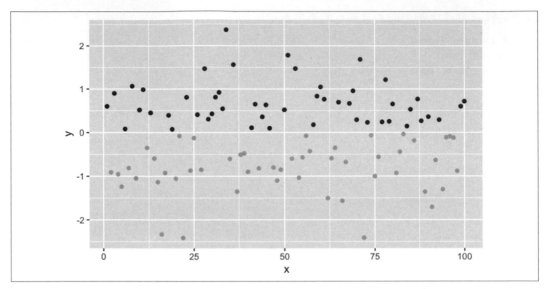

圖 10-55 上了色的資料點

因為 colors 的負值的對應元素是 "gray"，所以現在用灰色表示負值。

參見

有關循環規則，請參閱錦囊 5.3。請執行 colors 查看可用顏色清單，並使用 ggplot 套件中的 geom_segment 用多種色彩繪製多個線段。

10.24 繪製函式圖

問題

您想要畫出一個函式的值。

解決方案

ggplot 的函式 stat_function 能繪製一個範圍中的函式值。在圖 10-56 中，我們繪製了一個橫座標為 −3 到 3 的正弦波：

```
ggplot(data.frame(x = c(-3, 3))) +
  aes(x) +
  stat_function(fun = sin)
```

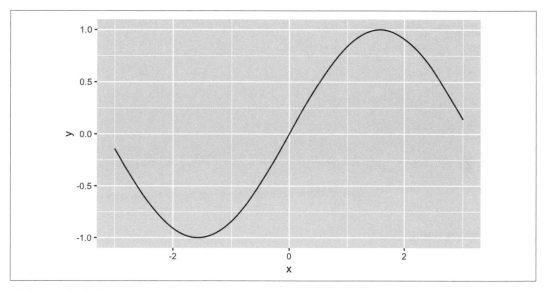

圖 10-56　正弦波圖

討論

在給定範圍內繪製統計函式（如常態分佈）是很常見的。**ggplot** 套件中的 **stat_
function** 函式幫我們做到這件事。我們只需要提供一個 x 值在限制範圍的資料幀，
stat_function 將計算 y 值並繪製結果，如圖 10-57 所示：

```
ggplot(data.frame(x = c(-3.5, 3.5))) +
  aes(x) +
  stat_function(fun = dnorm) +
  ggtitle("Standard Normal Density")
```

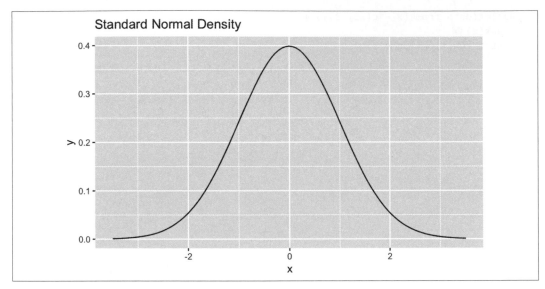

圖 10-57 標準常態密度圖

請注意這裡我們使用了 **ggtitle** 來設定標題。如果要在 **ggplot** 中設定多個文字元素，那我們會選擇使用 **labs**，但是當我們只是添加一個標題時，**ggtitle** 比 **labs(title='Standard Normal Density')** 更簡潔，儘管它們做的是相同的事情。關於 **ggplot** 標籤的更多討論請見 **?labs**。

stat_function 可以繪製一個函式，這個函式必須接受一個參數並回傳一個值。現在，讓我們實際去建立一個函式，接著繪製它。我們要建的函式是一個衰減的正弦波，也就是說，正弦波在遠離 0 時失去振幅：

```
f <- function(x) exp(-abs(x)) * sin(2 * pi * x)

ggplot(data.frame(x = c(-3.5, 3.5))) +
  aes(x) +
  stat_function(fun = f) +
  ggtitle("Dampened Sine Wave")
```

結果如圖 10-58 所示。

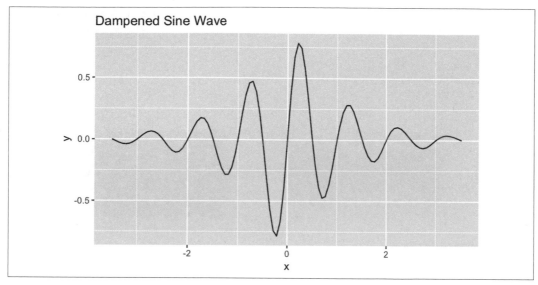

圖 10-58　衰減正弦波圖

參見

有關如何定義函式,請參閱錦囊 15.3。

10.25 在頁面上顯示數張圖

問題

您希望在一個頁面上並排顯示多個繪圖。

解決方案

將 ggplot 圖形放到網格中的方法有很多,但是其中最容易使用和理解的方法之一是
Thomas Lin Pedersen 的 patchwork。patchwork 目前不在 CRAN 上,但是您可以使用
devtools 從 GitHub 上安裝它:

```
devtools::install_github("thomasp85/patchwork")
```

安裝好套件後，只要在物件之間放一個 +，然後再呼叫 `plot_layout` 來將圖像排列成一個網格，就可以繪製出多個 `ggplot` 物件，如圖 10-59 所示。下面的範例程式碼有四個 `ggplot` 物件：

```
library(patchwork)
p1 + p2 + p3 + p4
```

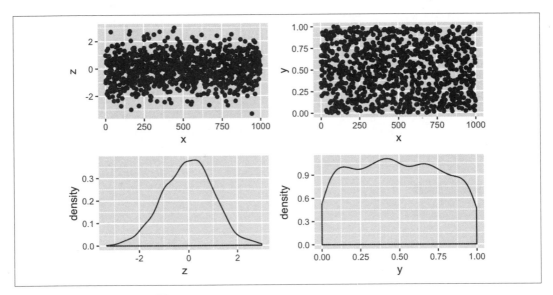

圖 10-59　一張 patchwork 圖

`patchwork` 支援使用小括號分組，並使用 / 將分組放在其他元素下，如圖 10-60 所示：

```
p3 / (p1 + p2 + p4)
```

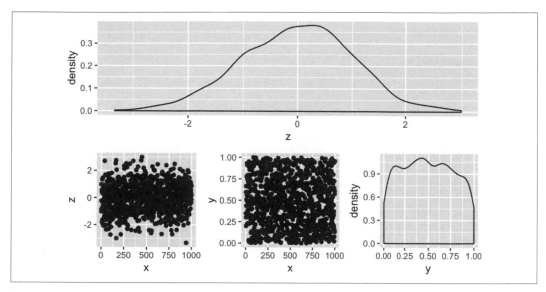

圖 10-60　上下組合的 patchwork 圖

討論

讓我們使用一個組合圖來顯示四個不同的貝它（beta）分佈。請使用 ggplot 和
patchwork 套件，我們可以建立 4 個圖形物件，然後使用 patchwork 的 + 符號，來建立
一個 2×2 的佈局效果：

```
library(patchwork)

df <- data.frame(x = c(0, 1))

g1 <- ggplot(df) +
  aes(x) +
  stat_function(
    fun = function(x)
      dbeta(x, 2, 4)
  ) +
  ggtitle("First")

g2 <- ggplot(df) +
  aes(x) +
  stat_function(
    fun = function(x)
      dbeta(x, 4, 1)
```

```
  ) +
  ggtitle("Second")

g3 <- ggplot(df) +
  aes(x) +
  stat_function(
    fun = function(x)
      dbeta(x, 1, 1)
  ) +
  ggtitle("Third")

g4 <- ggplot(df) +
  aes(x) +
  stat_function(
    fun = function(x)
      dbeta(x, .5, .5)
  ) +
  ggtitle("Fourth")

g1 + g2 + g3 + g4 + plot_layout(ncol = 2, byrow = TRUE)
```

輸出如圖 10-61 所示。

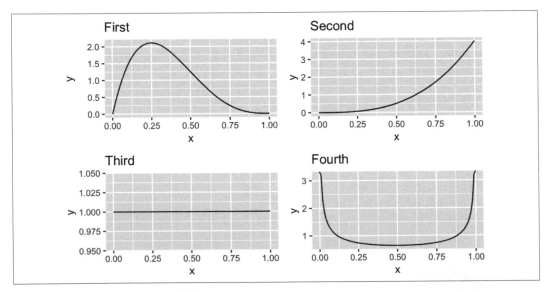

圖 10-61　使用 patchwork 的四張圖

為了按列順序排列圖像,我們可以在 plot_layout 中設定 byrow=FALSE:

```
g1 + g2 + g3 + g4 + plot_layout(ncol = 2, byrow = FALSE)
```

參見

我們在這裡所做的繪製密度函式,在錦囊 8.11 中有相關討論。

錦囊 10.9 展示了如何使用 facet 函式建立圖的矩陣。

grid 套件和 lattice 套件中也有基本的多圖佈局工具。

10.26 將您的繪圖寫入檔案

問題

您希望將圖形儲存在檔案中,例如 PNG、JPEG 或 PostScript 檔。

解決方案

畫好了 ggplot 圖形之後,可以使用 ggsave 將顯示的圖形儲存到檔案中。ggsave 會幫您提供一些關於圖片大小的資訊和檔案類型的預設值,您只要指定一個檔案名即可:

```
ggsave("filename.jpg")
```

檔案類型是由傳遞給 ggsave 的檔案名稱中使用的副檔名而來。您可以控制圖片大小、檔案類型和比例等詳細資訊,只要透過參數傳遞給 ggsave 即可。請看 ?ggsave 獲取更多說明。

討論

在 RStudio 中,快速將一個圖存起來的方法,就是在 Plots 視窗中按一下 Export,然後按一下 "Save as Image"、"Save as PDF" 或 "Copy to Clipboard"。在寫入檔案之前,將出現儲存選項提示您輸入檔案類型和檔案名稱。而 "Copy to Clipboard(複製到剪貼簿)" 選項對於手動複製和貼上圖形到範例文件或文字處理程式來說非常方便。

請記住,該檔案將被寫入當前工作目錄(除非您使用絕對路徑),因此在呼叫 savePlot 之前,請確保您知道哪個目錄是您的工作目錄。

在非互動式 Script 中使用 **ggplot** 時,可以直接將 plot 物件傳遞給 **ggsave**,因此在儲存之前不需要顯示它們。例如在前面的錦囊中,我們建立了一個名為 **g1** 的 plot 物件,我們可以直接將它儲存到檔案中,程式如下:

```
ggsave("g1.png", plot = g1, units = "in", width = 5, height = 4)
```

注意,在 **ggsave** 中 **height** 和 **width** 的單位是用 **units** 參數指定的。在本範例中,我們使用 in 代表英吋,但是 **ggsave** 也支援 mm 和 cm 等多種度量值。

參見

有關當前工作目錄的更多資訊,請參見錦囊 3.1。

## 第十一章

線性回歸和變異數分析

在統計學中，建模只是我們的前置工作。模型量化了變數之間的關係。模型讓我們有能力做出預測。

簡單線性回歸是最基本的模型，只和兩個變數相關，可建模成一個帶有誤差值的線性關係：

$$y_i = \beta_0 + \beta_1 x_i + \varepsilon_i$$

我們的目標是將取得的 x 和 y 資料去擬合該模型（fit the model），模型將給我們最佳的 β_0 及 β_1 估計值（請參見錦囊 11.1）。

同樣的邏輯也自然從簡單線性迴歸延伸到多元線性回歸，只是在線性迴歸方程式的右側多加一個變數（參見錦囊 11.2）：

$$y_i = \beta_0 + \beta_1 u_i + \beta_2 v_i + \beta_3 w_i + \varepsilon_i$$

統計學家將 u、v 與 w 稱為**預測變數**（*predictor*），將 y 稱為**反應變數**或**被解釋變數**（*response*）。當然，只有當預測變數和反應變數之間存在相當的線性的關係時，這個模型才適用；但是這個需求的限制要比您想像的少得多。錦囊 11.12 討論如何將變數轉換成各種（或更多的）線性關係，以便您好好利用發展成熟的線性回歸機制。

R 的美妙之處在於任何人都可以建立這些線性模型。模型是用一個稱為 `lm` 的函式構建，該函式執行後會回傳一個模型物件。從回傳模型物件中，我們能得到的係數（β_i）和回歸統計資料，真的超簡單！

R 的可怕之處也在於任何人都可以建立這些線性模型。不會限定您需檢查模型是否合理，更不會要求您檢查統計上的顯著性。在您盲目地相信一個模型之前，請先檢查它！以下是您需要的資訊，大部分資訊可在迴歸匯總資訊中找到（見錦囊 11.4）：

模型是否具有統計學顯著性？

> 檢查匯總資訊下方的 F 統計量。

這些係數有意義嗎？

> 檢查匯總資訊中的係數 t 統計量以及 p-value，或檢查其信賴區間（見錦囊 11.14）。

這個模型有用嗎？

> 檢查匯總資訊下方附近的 R^2。

模型與資料擬合程度好嗎？

> 繪製殘差圖，並檢查迴歸診斷結果（請參閱錦囊 11.15 和錦囊 11.16）。

資料是否滿足線性回歸背後的假設？

> 根據診斷結果，確認線性模型對您的資料來說是否合理（請參閱錦囊 11.16）。

變異數分析

變異數分析（ANOVA）是一種強大的統計技術。由於變異數分析在理論和實踐上很重要，所以變異數分析是統計研究所一年級的研究生的第一個學習課題。然而，我們常常感到驚訝的是，統計領域之外的人，幾乎都沒有意識到它的目的和價值。

回歸會建立模型，而變異數分析是評估這些模型的一種方法。變異數分析的數學與回歸的數學是交織在一起的，所以統計學家通常把它們放在一起；我們也會遵循這個傳統。

變異數分析實際上是一系列的技術，以一個共同的數學分析方法貫穿。在本章中將會說明它的幾種應用：

單尾變異數分析

> 這是變異數分析最簡單的應用。假設您有來自幾個母體的資料樣本，並且想知道這些母體是否有不同的平均值。單尾變異數分析可以回答您這個問題。如果母體符合常態分佈，請使用 `oneway.test` 函式（見錦囊 11.21）；否則，使用無母數版本的 `kruskal.test` 函式（見錦囊 11.24）。

模型比較

您想知道在線性回歸中加入或刪除一個預測變數後，模型是否獲得改進。anova 函式的功能是比較兩個回歸模型，並回報它們是否有顯著差異（見錦囊 11.25）。

變異數分析表

anova 函式還有另一個功能，就是構建線性回歸模型的變異數分析表，其中包括評估模型統計意義時會用到的 F 統計量（見錦囊 11.3）。這個重要的表格在幾乎所有的回歸教科書中都有討論。

範例資料

在本章的許多範例中，我們會先使用 R 的偽亂數產生功能建立範例資料。所以在每個錦囊的開頭，您可能常會看到如下內容：

```
set.seed(42)
x <- rnorm(100)
e <- rnorm(100, mean=0, sd=5)
y <- 5 + 15 * x + e
```

我們使用 set.seed 函式設定亂數種子，設定了亂數種子以後，即使在您的電腦上執行範例程式碼，您也將得到相同的答案。在前面的例子中，x 是從標準常態分佈（mean=0、sd=1）中抽取的 100 個樣本組成的 vector。接著我們從常態分佈（mean=0 和 sd=5）中建立一個小的隨機雜訊 e，然後計算 5 + 15 * x + e。我們不使用 "真實世界" 資料，而是改為建立 "示範" 資料，這麼做的原因是，使用這種模擬出來的資料，您可以更改係數和參數，並查看您的變更如何影響結果模型。例如，您可以在模擬資料中加大 e 的標準差，看看這對模型有什麼影響。

參見

關於線性回歸的好文章數量很多。我們最喜歡的是 Michael Kutner、Christopher Nachtsheim 和 John Neter 合著的《*Applied Linear Regression Models*》第四版（McGraw-Hill/Irwin）。在本章中，我們都遵循它們的術語和慣例。

我們也喜歡 Julian Faraway 的《*Linear Models with R*》（Chapman & Hall/CRC），因為它說明了如何使用 R 進行線性回歸工作，並且可讀性很強。Faraday 早期的作品在網路上也有免費資源（*http://bit.ly/2WJvrjo*）。

11.1 執行簡單線性回歸

問題

您有兩個 vector，分別是 x 和 y，它們內含成對觀測值：(x_1, y_1), (x_2, y_2), …, (x_n, y_n)。您相信在 x 和 y 之間存在線性關係，所以您想要建立一個關係的回歸模型。

解決方案

請使用 lm 函式進行線性回歸，並回報係數。

如果您的資料是兩個 vector，請這麼做：

```
lm(y ~ x)
```

或者如果您的資料存在資料幀的欄中，請這麼做：

```
lm(y ~ x, data = df)
```

討論

簡單線性回歸包括兩個變數：一個預測變數（或稱獨立變數），通常稱為 x；一個回應變數（或相依變數），通常稱為 y。回歸使用*最小平方法*（*ordinary least-squares*，OLS）演算法去擬合線性模型：

$$y_i = \beta_0 + \beta_1 x_i + \varepsilon_i$$

其中 β_0 和 β_1 在是回歸係數，而 ε_i 是誤差條件。

lm 函式的功能是進行線性回歸。主要參數是一個模型公式，如 y ~ x。公式中波浪符號（~）左側為回應變數，右側為預測變數。函式會計算出回歸係數 β_0 和 β_1，分別當作 x 的截距和係數：

```
set.seed(42)
x <- rnorm(100)
e <- rnorm(100, mean = 0, sd = 5)
y <- 5 + 15 * x + e

lm(y ~ x)
#>
#> Call:
#> lm(formula = y ~ x)
```

```
#>
#> Coefficients:
#> (Intercept)                x
#>        4.56            15.14
```

在本例中,回歸方程式為:

$$y_i = 4.56 + 15.14x_i + \varepsilon_i$$

資料常被儲存在資料幀中,所以在這種情況下,您會想要在資料幀的兩個欄之間執行回歸。在下面範例中,x 和 y 為資料幀 dfrm 的兩個欄:

```
df <- data.frame(x, y)
head(df)
#>         x     y
#> 1   1.371 31.57
#> 2  -0.565  1.75
#> 3   0.363  5.43
#> 4   0.633 23.74
#> 5   0.404  7.73
#> 6  -0.106  3.94
```

lm 函式用 data 參數指定資料幀。如果您指定,函式將從資料幀中獲取變數,而不會從您的工作空間中獲取變數:

```
lm(y ~ x, data = df)            # 從 df 中取得 x 和 y
#>
#> Call:
#> lm(formula = y ~ x, data = df)
#>
#> Coefficients:
#> (Intercept)                x
#>        4.56            15.14
```

11.2 執行多元線性回歸

問題

您有多個預測變數(例如,u、v、w)和一個回應變數 y。您覺得這些預測變數和回應之間存在線性關係,並且希望對資料執行線性回歸。

解決方案

請使用 lm 函式，並在公式右側指定多個預測變數，在變數之間以加號（+）分隔：

```
lm(y ~ u + v + w)
```

討論

多元線性回歸是簡單線性回歸的泛型擴展。它允許多個預測變數存在，而不是只能有一個預測變數，並且仍然使用 OLS 來計算線性方程式的係數。下列線性模型為含有三個變數的迴歸方程式：

$$y_i = \beta_0 + \beta_1 u_i + \beta_2 v_i + \beta_3 w_i + \varepsilon_i$$

在 R 中的簡單線性回歸和多元線性回歸都是使用 lm 函式。只需在模型公式的右邊加入更多的變數，就可以輸出擬合模型後的係數。讓我們用 rnorm 函式建立一些隨機常態分佈資料作為範例：

```
set.seed(42)
u <- rnorm(100)
v <- rnorm(100, mean = 3,  sd = 2)
w <- rnorm(100, mean = -3, sd = 1)
e <- rnorm(100, mean = 0,  sd = 3)
```

然後我們用一些已知係數建立一個方程式來計算我們的 y 變數：

```
y <- 5 + 4 * u + 3 * v + 2 * w + e
```

現在，如果我們進行線性回歸，我們可以看到 R 解出了係數，並且非常接近剛剛使用的實際值：

```
lm(y ~ u + v + w)
#>
#> Call:
#> lm(formula = y ~ u + v + w)
#>
#> Coefficients:
#> (Intercept)            u            v            w
#>        4.77         4.17         3.01         1.91
```

當變數數量增加時，lm 函式的 data 參數價值就浮現了，因為在這種情況下，將資料儲存在一個資料幀中要比儲存在多個單獨的變數中容易得多。假設您的資料是儲存在一個資料幀中，類似這裡的 df 資料幀變數：

```
df <- data.frame(y, u, v, w)
head(df)
#>       y      u     v     w
#> 1 16.67   1.371 5.402 -5.00
#> 2 14.96  -0.565 5.090 -2.67
#> 3  5.89   0.363 0.994 -1.83
#> 4 27.95   0.633 6.697 -0.94
#> 5  2.42   0.404 1.666 -4.38
#> 6  5.73  -0.106 3.211 -4.15
```

當您指定 lm 的 data 參數為 df 時，R 將會去資料幀的欄中尋找回歸變數：

```
lm(y ~ u + v + w, data = df)
#>
#> Call:
#> lm(formula = y ~ u + v + w, data = df)
#>
#> Coefficients:
#> (Intercept)            u            v            w
#>        4.77         4.17         3.01         1.91
```

參見

有關簡單線性回歸，請參閱錦囊 11.1。

11.3 得到回歸統計量

問題

您想要得到關於您的回歸的關鍵統計量和資訊，例如：R^2、F 統計量、係數信賴區間、殘差以及變異數分析表等等。

解決方案

請將回歸模型儲存在一個變數中，例如 m：

```
m <- lm(y ~ u + v + w)
```

然後利用以下這些函式從模型中擷取回歸統計量和資訊：

anova(m)

　　變異數分析表

coefficients(m)

　　模型係數

coef(m)

　　與 coefficients(m) 相同

confint(m)

　　回歸係數的信賴區間

deviance(m)

　　殘差平方和

effects(m)

　　正交效應 vector

fitted(m)

　　已擬合 y 值 vector

residuals(m)

　　模型殘差

resid(m)

　　與 residuals(m) 相同

summary(m)

　　匯總資料，如 R^2、F 統計量和殘留標準錯誤（σ）

vcov(m)

　　變異數 – 主要參數的共變異數 matrix

討論

當初，在我們剛開始使用 R 時，看見文件中說明使用 lm 函式可以執行線性回歸。所以我們執行了以下這樣的程式，得到了錦囊 11.2 所示的輸出：

```
lm(y ~ u + v + w)
#>
#> Call:
#> lm(formula = y ~ u + v + w)
#>
#> Coefficients:
#> (Intercept)              u              v              w
#>        4.77           4.17           3.01           1.91
```

真令人失望！這些輸出與其他統計套裝軟體（如 SAS）相比，實在是少的可憐，至少要有個 R^2 吧？係數的信賴區間在哪裡？ F 統計量、p-value 或變異數分析表在哪裡？

當然，所有這些資訊都是存在的——您只需要開口問一下就有了。其他的統計系統會把所有的資料都顯示出來，然後讓您慢慢地消化它們。R 則是比較簡約；它只印出一個簡單的輸出，並允許您請求您想要的更多內容。

lm 函式回傳一個模型物件，您可以將該物件賦值給一個變數：

```
m <- lm(y ~ u + v + w)
```

從該模型物件中，您可以使用專用的函式取得重要資訊。最重要的一個函式是summary：

```
summary(m)
#>
#> Call:
#> lm(formula = y ~ u + v + w)
#>
#> Residuals:
#>    Min     1Q Median     3Q    Max
#> -5.383 -1.760 -0.312  1.856  6.984
#>
#> Coefficients:
#>             Estimate Std. Error t value Pr(>|t|)
#> (Intercept)    4.770      0.969    4.92  3.5e-06 ***
#> u              4.173      0.260   16.07  < 2e-16 ***
#> v              3.013      0.148   20.31  < 2e-16 ***
#> w              1.905      0.266    7.15  1.7e-10 ***
#> ---
```

```
#> Signif. codes:  0 '***' 0.001 '**' 0.01 '*' 0.05 '.' 0.1 ' ' 1
#>
#> Residual standard error: 2.66 on 96 degrees of freedom
#> Multiple R-squared:  0.885,  Adjusted R-squared:  0.882
#> F-statistic:  247 on 3 and 96 DF,  p-value: <2e-16
```

匯總資訊中顯示了計算出來的係數、重要總計量（如 R^2 和 F 統計量），和一個估計的 σ，即殘差的標準誤差。由於匯總資訊很重要，所以我們為它準備了一個完整的錦囊專門用於理解它的內容（錦囊 11.4）。

以下是幾個專用的擷取函式，用於取得其他重要資訊：

模型係數（點估計值）（*Model coefficients*（*point estimates*））

```
coef(m)
#> (Intercept)           u           v           w
#>        4.77        4.17        3.01        1.91
```

模型係數的信賴區間（*Confidence intervals for model coefficients*）

```
confint(m)
#>              2.5 % 97.5 %
#> (Intercept)  2.85   6.69
#> u            3.66   4.69
#> v            2.72   3.31
#> w            1.38   2.43
```

模型殘差（*Model residuals*）

```
resid(m)
#>        1       2       3       4       5       6       7       8       9
#> -0.5675  2.2880  0.0972  2.1474 -0.7169 -0.3617  1.0350  2.8040 -4.2496
#>       10      11      12      13      14      15      16      17      18
#> -0.2048 -0.6467 -2.5772 -2.9339 -1.9330  1.7800 -1.4400 -2.3989  0.9245
#>       19      20      21      22      23      24      25      26      27
#> -3.3663  2.6890 -1.4190  0.7871  0.0355 -0.3806  5.0459 -2.5011  3.4516
#>       28      29      30      31      32      33      34      35      36
#>  0.3371 -2.7099 -0.0761  2.0261 -1.3902 -2.7041  0.3953  2.7201 -0.0254
#>       37      38      39      40      41      42      43      44      45
#> -3.9887 -3.9011 -1.9458 -1.7701 -0.2614  2.0977 -1.3986 -3.1910  1.8439
#>       46      47      48      49      50      51      52      53      54
#>  0.8218  3.6273 -5.3832  0.2905  3.7878  1.9194 -2.4106  1.6855 -2.7964
#>       55      56      57      58      59      60      61      62      63
#> -1.3348  3.3549 -1.1525  2.4012 -0.5320 -4.9434 -2.4899 -3.2718 -1.6161
#>       64      65      66      67      68      69      70      71      72
#> -1.5119 -0.4493 -0.9869  5.6273 -4.4626 -1.7568  0.8099  5.0320  0.1689
```

```
#>       73      74      75      76      77      78      79      80      81
#>   3.5761 -4.8668  4.2781 -2.1386 -0.9739 -3.6380  0.5788  5.5664  6.9840
#>       82      83      84      85      86      87      88      89      90
#>  -3.5119  1.2842  4.1445 -0.4630 -0.7867 -0.7565  1.6384  3.7578  1.8942
#>       91      92      93      94      95      96      97      98      99
#>   0.5542 -0.8662  1.2041 -1.7401 -0.7261  3.2701  1.4012  0.9476 -0.9140
#>      100
#>   2.4278
```

殘差平方和（*Residual sum of squares*）

```
deviance(m)
#> [1] 679
```

變異數分析表（*ANOVA table*）

```
anova(m)
#> Analysis of Variance Table
#>
#> Response: y
#>           Df Sum Sq Mean Sq F value  Pr(>F)
#> u          1   1776    1776   251.0 < 2e-16 ***
#> v          1   3097    3097   437.7 < 2e-16 ***
#> w          1    362     362    51.1 1.7e-10 ***
#> Residuals 96    679       7
#> ---
#> Signif. codes:  0 '***' 0.001 '**' 0.01 '*' 0.05 '.' 0.1 ' ' 1
```

如果您覺得要將模型儲存在變數中很多餘，歡迎您使用這樣的一行寫法：

```
summary(lm(y ~ u + v + w))
```

或者您可以使用 magrittr 套件提供的管道：

```
lm(y ~ u + v + w) %>%
  summary
```

參見

有關回歸匯總資訊，請參見錦囊 11.4。有關特定於模型診斷的回歸統計資訊，請參閱錦囊 11.17。

11.4 瞭解回歸匯總資訊

問題

您建立了一個線性回歸模型 m。但是，您對 summary(m) 的輸出感到困惑。

討論

模型匯總資訊非常重要，因為它為您準備好最關鍵的回歸統計資料。下面是錦囊 11.3 的模型匯總資訊：

```
summary(m)
#>
#> Call:
#> lm(formula = y ~ u + v + w)
#>
#> Residuals:
#>    Min    1Q Median    3Q    Max
#> -5.383 -1.760 -0.312  1.856  6.984
#>
#> Coefficients:
#>             Estimate Std. Error t value Pr(>|t|)
#> (Intercept)    4.770      0.969    4.92 3.5e-06 ***
#> u              4.173      0.260   16.07 < 2e-16 ***
#> v              3.013      0.148   20.31 < 2e-16 ***
#> w              1.905      0.266    7.15 1.7e-10 ***
#> ---
#> Signif. codes:  0 '***' 0.001 '**' 0.01 '*' 0.05 '.' 0.1 ' ' 1
#>
#> Residual standard error: 2.66 on 96 degrees of freedom
#> Multiple R-squared:  0.885,  Adjusted R-squared:  0.882
#> F-statistic:  247 on 3 and 96 DF,  p-value: <2e-16
```

讓我們一段一段來說明上面這份匯總資訊，我們將從頭到尾閱讀它，即使最重要的統計資訊（F 統計資訊）出現在尾端也一樣：

呼叫

```
#> lm(formula = y ~ u + v + w)
```

這一段顯示了 lm 在建立模型時是如何被呼叫的，這對於將該匯總資訊放到適當的位置來說非常重要。

殘差統計量

```
#> Residuals:
#>     Min      1Q  Median      3Q     Max
#>  -5.383  -1.760  -0.312   1.856   6.984
```

理想情況下，回歸殘差應該具有完美的常態分佈。這些統計資料可以幫助您識別可能偏離常態分佈的情況。OLS 演算法在數學上保證產生平均數為 0 的殘差[1]，因此中位數的符號表示傾斜的方向，中位數的大小表示傾斜的程度。在範例的結果中，中位數是負的，這代表向左傾斜了一些。

如果殘差具有良好的鐘形分佈，那麼第一個四分位數（1Q）和第三個四分位數（3Q）應該具有相同的大小。在本例中，3Q 比 1Q（1.856 比 1.76）的數值大，表明我們的資料有輕微的向右傾斜，儘管負的中位數使得傾斜情況變得比較不那麼明顯。

Min 和 Max 殘差提供了一種快速檢測資料中極端異常值的方法，因為極端異常值（在回應變數中）會產生較大的殘差。

係數

```
#> Coefficients:
#>              Estimate Std. Error t value Pr(>|t|)
#> (Intercept)    4.770      0.969    4.92  3.5e-06 ***
#> u              4.173      0.260   16.07  < 2e-16 ***
#> v              3.013      0.148   20.31  < 2e-16 ***
#> w              1.905      0.266    7.15  1.7e-10 ***
```

在標籤為 Estimate 的欄中，是由最小平方法計算得到的估計回歸係數。

理論上，如果一個變數的係數為零，那麼這個變數就沒有價值；因為它沒有向模型作出任何貢獻。然而這裡顯示的係數只是估計值，它們永遠不會完全為零。因此，我們會產生一個問題：從統計上講，真實係數為零的可能性有多大？這就是 t 統計量和 p-value 存在的目的，它們在 summary 中被分別標記為 t value 和 Pr(>|t|)。

p-value 是一個機率，它的功能是衡量係數不顯著的可能性，因此越小越好，越大越不好，因為大表示某係數很可能不重要。在本範例中，u 係數的 p-value 僅為 0.00106，因此 u 可能具有顯著性。而 w 的 p-value 為 0.05744；這剛好超過了我們 0.05 的慣例極限，這表明 w 可能不顯著[2]。在挑選要排除的變數時，請選擇具有大 p-value 的變數。

1　除非您執行沒有截距項的線性回歸（參見錦囊 11.5）。

2　$\alpha = 0.05$ 顯著水準是本書用的慣例，您的應用可另行以 $\alpha = 0.10$、$\alpha = 0.01$ 或其他值替代。關於本書顯著水準慣例請見第 9 章的說明。

R 有一個很便利的功能，就是 R 會標記重要的變數以便快速識別。您注意到最右欄中包含三個星號（*）嗎？您可能在本欄中看到的其他值被標成二個星號（**）、一個星號（*）或句號（.），本欄的功能是把重要的變數強調出來。另外，在 Coefficients 小節最底下，有一行寫著 Signif. codes，這一行把標識的含義以一種神秘的方式說明，您可以用下面這張表理解：

指示意義	意義
***	p 值在 0 到 0.001 之間
**	p 值在 0.001 ~ 0.01 之間
*	p 值在 0.01 ~ 0.05 之間
.	p 值在 0.05 ~ 0.1 之間
（空白）	p 值在 0.1 到 1.0 之間

標記為 Std. Error 的那一欄，代表是估計係數的標準誤差。標記為 t value 的那一欄代表 t 統計量，p-value 也是根據此資訊計算出來的。

殘留標準誤差

```
# Residual standard error: 2.66 on 96 degrees of freedom
```

這裡回報的是殘差的標準誤差（σ）——即 ε 的樣本標準差。

R^2（決定係數）

```
# Multiple R-squared:  0.885,    Adjusted R-squared:  0.882
```

R^2 是模型品質的衡量指標，其值愈大愈好。數學上而言，它是迴歸模型所能解釋的變異數比例。剩餘的變異數比例則是未被模型解釋的變異，可能是還有其他因素的緣故（如：未知的變數或抽樣變異性）。在此例中，模型解釋了 0.885（88.5%）y 的變異，而剩下的 0.115（11.5%）則是未解釋的部分。

話雖如此，我強烈建議使用調整後的 R^2，而不是基本的 R^2。因為調整後的 R^2 考慮模型中的變數個數，而能實際評估模型的有效性。因此，我們將使用 0.882，而不是 0.885。

F 統計量

```
# F-statistic: 246.6 on 3 and 96 DF,  p-value: < 2.2e-16
```

F 統計量告訴您模型是顯著的還是不顯著。如果任何係數都不為零的（即對任意 i，$\beta_i \neq 0$），則模型是顯著的。如果所有的係數為零（$\beta_1 = \beta_2 = ... = \beta_n = 0$）那麼模型是不顯著的。

按照本書的慣例，當 *p*-value 值小於 0.05 時，表示模型可能是顯著的（至少一個或多個 β_i），而值超過 0.05 表示模型可能不顯著。在我們的範例中，模型不顯著的機率只有 2.2e-16，這個值看起來不錯！

一般大多數人會先看 R^2 統計量，但統計學家則會明智地先看 *F* 統計量，因為如果模型不顯著，那麼其他任何東西都不重要。

參見

有關從模型物件中擷取統計量和資訊，請參見錦囊 11.3。

11.5 進行無截距線性回歸

問題

您想做一個線性回歸，同時您想強迫截距為零。

解決方案

在回歸公式的右邊加上「+ 0」。這將強制 lm 以零截距來擬合模型：

```
lm(y ~ x + 0)
```

此情況下對應的回歸方程式是：

$$y_i = \beta x_i + \varepsilon_i$$

討論

線性回歸通常包含一個截距項，所以 R 中的預設情況也是如此。然而，在極少數情況下，您可能希望在假設截距為零的情況下擬合資料。因此，您建立了一個建模假設：當 *x* 為零時，*y* 應該為零。

當強制執行零截距時，lm 的輸出包含 *x* 的迴歸係數，但不包含 *y* 的截距，如下所示：

```
lm(y ~ x + 0)
#>
#> Call:
#> lm(formula = y ~ x + 0)
#>
```

```
#> Coefficients:
#>   x
#> 4.3
```

我們強烈建議您在繼續之前先檢查模型的假設。請執行含截距的迴歸式；請檢查截距的信賴區間，看看截距是否可能是零。在本範例中，截距信賴區間為（6.26, 8.84）：

```
confint(lm(y ~ x))
#>             2.5 % 97.5 %
#> (Intercept)  6.26   8.84
#> x            2.82   5.31
```

因為信賴區間不包含 0，所以截距為 0 在統計學上是不可信的。因此，在這種情況下，在強制執行零截距回歸是不合理的。

11.6 只對與回應變數高度相關的變數執行回歸

問題

您有一個包含許多變數的資料幀，並且您希望僅使用與您的回應變數（應變數）高度相關的變數來構建多元線性回歸。

解決方案

如果 df 資料幀包含回應變數和所有預測變數，其中 dep_var 是回應變數，我們可以找出最佳預測變數，然後在線性回歸中使用它們。如果想要預測變數表現最佳的前四名，我們可以這樣做：

```
best_pred <- df %>%
  select(-dep_var) %>%
  map_dbl(cor, y = df$dep_var) %>%
  sort(decreasing = TRUE) %>%
  .[1:4] %>%
  names %>%
  df[.]

mod <- lm(df$dep_var ~ as.matrix(best_pred))
```

這個錦囊是本書其他錦囊的許多不同片段的組合。我們將在這裡描述每個步驟，然後在後面的討論小節中使用範例資料逐步說明。

首先，我們將回應變數從管道鏈中去掉，這樣我們的資料流程中就只有預測變數：

```
df %>%
  select(-dep_var)
```

然後，我們使用 purrr 套件中的 map_dbl 分別計算每一欄與回應變數的相關性：

```
map_dbl(cor, y = df$dep_var) %>%
```

然後我們將得到的相關性按遞減順序排序：

```
sort(decreasing = TRUE) %>%
```

由於我們只需要相關變數中的前四名，所以我們在結果 vector 中選擇前四條記錄：

```
.[1:4] %>%
```

我們不需要相關性的值，只需要取得列名即可——此處的列名即為來自原始資料幀的變數名 df：

```
names %>%
```

然後，我們可以將這些名稱放到括號中以取得子集合，選出名稱與我們想要的名稱匹配的欄：

```
df[.]
```

我們的管道鏈將得到的結果資料幀賦值給 best_pred。然後我們就把 best_pred 當作為回歸的預測變數，把 df$dep_var 作為回應變數：

```
mod <- lm(df$dep_var ~ as.matrix(best_pred))
```

討論

搭配錦囊 6.4 中討論過的映射函式，我們可以從一組預測變數中刪除低相關變數，並在回歸中使用高相關預測變數。

我們有一個範例資料幀，其中包含六個預測變數，分別名為 pred1 到 pred6，回應變數名為 resp。我們將這個資料幀套用我們的解決方案，看看事情是怎樣進行的。

載入資料並刪除 resp 變數非常簡單，所以讓我們直接執行到映射 cor 函式的結果：

```
# 載入 pred 資料幀
load("./data/pred.rdata")

pred %>%
  select(-resp) %>%
  map_dbl(cor, y = pred$resp)
#> pred1 pred2 pred3 pred4 pred5 pred6
#> 0.573 0.279 0.753 0.799 0.322 0.607
```

輸出是一個具名值組成的 vector，裡面內含的名稱即為變數名稱，裡面的值是每個預測變數與回應變數 resp 之間的相關性。

如果我們對這個 vector 進行排序，我們得到結果會根據相關性是遞減排列：

```
pred %>%
  select(-resp) %>%
  map_dbl(cor, y = pred$resp) %>%
  sort(decreasing = TRUE)
#> pred4 pred3 pred6 pred1 pred5 pred2
#> 0.799 0.753 0.607 0.573 0.322 0.279
```

使用取子集合的功能（subsetting）允許我們選取前四條記錄。此處的 . 運算子是一個特殊的運算子，它要求管道將前一步的結果放在該處：

```
pred %>%
  select(-resp) %>%
  map_dbl(cor, y = pred$resp) %>%
  sort(decreasing = TRUE) %>%
  .[1:4]
#> pred4 pred3 pred6 pred1
#> 0.799 0.753 0.607 0.573
```

然後使用 names 函式從 vector 中擷取名稱，這些名稱是一些欄的名稱，我們最終想要用這些欄作為預測變數：

```
pred %>%
  select(-resp) %>%
  map_dbl(cor, y = pred$resp) %>%
  sort(decreasing = TRUE) %>%
  .[1:4] %>%
  names
#> [1] "pred4" "pred3" "pred6" "pred1"
```

將含有名稱的 vector 傳遞到 pred[.]，於是我們用這些名稱從 pred 資料幀中選取想要的欄。然後，為了方便更容易地說明，我們使用 head 選取出前六列：

```
pred %>%
  select(-resp) %>%
  map_dbl(cor, y = pred$resp) %>%
  sort(decreasing = TRUE) %>%
  .[1:4] %>%
  names %>%
  pred[.] %>%
  head
#>      pred4    pred3   pred6   pred1
#> 1   7.252   1.5127   0.560   0.206
#> 2   2.076   0.2579  -0.124  -0.361
#> 3  -0.649   0.0884   0.657   0.758
#> 4   1.365  -0.1209   0.122  -0.727
#> 5  -5.444  -1.1943  -0.391  -1.368
#> 6   2.554   0.6120   1.273   0.433
```

現在讓我們把所有的資料欄放在一起，並將結果資料傳給回歸函式：

```
best_pred <- pred %>%
  select(-resp) %>%
  map_dbl(cor, y = pred$resp) %>%
  sort(decreasing = TRUE) %>%
  .[1:4] %>%
  names %>%
  pred[.]

mod <- lm(pred$resp ~ as.matrix(best_pred))
summary(mod)
#>
#> Call:
#> lm(formula = pred$resp ~ as.matrix(best_pred))
#>
#> Residuals:
#>    Min     1Q Median     3Q    Max
#> -1.485 -0.619  0.189  0.562  1.398
#>
#> Coefficients:
#>                            Estimate Std. Error t value Pr(>|t|)
#> (Intercept)                  1.117      0.340    3.28   0.0051 **
#> as.matrix(best_pred)pred4    0.523      0.207    2.53   0.0231 *
#> as.matrix(best_pred)pred3   -0.693      0.870   -0.80   0.4382
#> as.matrix(best_pred)pred6    1.160      0.682    1.70   0.1095
#> as.matrix(best_pred)pred1    0.343      0.359    0.95   0.3549
```

```
#> ---
#> Signif. codes:  0 '***' 0.001 '**' 0.01 '*' 0.05 '.' 0.1 ' ' 1
#>
#> Residual standard error: 0.927 on 15 degrees of freedom
#> Multiple R-squared:  0.838,  Adjusted R-squared:  0.795
#> F-statistic: 19.4 on 4 and 15 DF,  p-value: 8.59e-06
```

11.7 對交互作用項進行線性回歸

問題

您希望在回歸中加入一個交互作用項。

解決方案

回歸公式的 R 語法允許您指定交互作用項。為了表示兩個變數 u 和 v 之間的相互作用關係，我們將星號（*）放在它們的名稱中間：

```
lm(y ~ u * v)
```

這種模型對應於 $y_i = \beta_0 + \beta_1 u_i + \beta_2 v_i + \beta_3 u_i v_i + \varepsilon_i$，其中包含一個一階交互作用項 $\beta_3 u_i v_i$。

討論

在回歸中，當兩個預測變數的乘積也是一個重要的預測變數（在預測變數本身之外）時，就會有交互作用項產生。假設我們有兩個預測變數，u 和 v，並且希望回歸中包含它們的相互作用項。即以下方程式的意義：

$$y_i = \beta_0 + \beta_1 u_i + \beta_2 v_i + \beta_3 u_i v_i + \varepsilon_i$$

此處的乘積項 $\beta_3 u_i v_i$，被稱為**交互作用項**。在 R 中的公式應寫成：

```
y ~ u * v
```

當您寫 y ~ u * v 時，R 會自動將 u、v，以及它們的乘積加入到模型中。因為，如果一個模型包括一個交互作用項，如 $\beta_3 u_i v_i$，此時根據回歸理論，我們模型還應該包含該項的組成變數 u_i 和 v_i。

同樣地，如果您有三個預測變數（u、v 以及 w），並且希望包含它們之間的所有交互作用項，則請一樣在它們之間使用星號：

    y ~ u * v * w

這對應回歸方程式為：

$$y_i = \beta_0 + \beta_1 u_i + \beta_2 v_i + \beta_3 w_i + \beta_4 u_i v_i + \beta_5 u_i w_i + \beta_6 v_i w_i + \beta_7 u_i v_i w_i + \varepsilon_i$$

在這個回歸方程式中，我們擁有所有的一階交互作用項和二階交互項（$\beta_7 u_i v_i w_i$）。

然而，有時候，您可能不想要所有可能的交互作用項。您可以使用冒號運算子（:）手動指定單個乘積項。例如：指定 u:v:w 表示交互的乘積項為 $\beta u_i v_i w_i$，而不是所有可能的交互作用項，R 公式寫法如下：

    y ~ u + v + w + u:v:w

對應回歸方程式為：

$$y_i = \beta_0 + \beta_1 u_i + \beta_2 v_i + \beta_3 w_i + \beta_4 u_i v_i w_i + \varepsilon_i$$

這乍看之下有點奇怪，用冒號（:）表示純乘法，而星號（*）表示乘法和包含組成項。再次重申，這是因為我們通常在加入交互作用項時，也會加入所有組成項，所以設定為 * 的預設行為是有意義的。

還有一些其他的語法，可以方便地指定許多交互作用項：

(u + v + ... + w)^2

　　包括所有變數（u、v、...、w）及其所有一階相互作用項。

(u + v + ... + w)^3

　　包括所有變數、所有一階交互作用項和所有二階交互作用項。

(u + v + ... + w)^4

　　以此類推。

星號（＊）和冒號（：）都遵循 "分配律"，因此以下符號用法也是可行：

x*(u + v + ... + w)

> 與 x*u + x*v + ... + x*w 相同（也相當於 x + u + v + ... + w + x:u + x:v + ... + x:w）。

x:(u + v + ... + w)

> 與 x:u + x:v + ... + x:w 相同。

這些語法都為編寫公式提供了一定的靈活性。例如，以下三個公式是等價的：

```
y ~ u * v
y ~ u + v + u:v
y ~ (u + v) ^ 2
```

它們都定義相同的回歸方程式 $y_i = \beta_0 + \beta_1 u_i + \beta_2 v_i + \beta_3 u_i v_i + \varepsilon_i$。

參見

這裡描述的公式語法只是全部的一小部份，詳細資訊請參見《*R in a Nutshell*》一書或 R 的 Language Definition 文件（*http://bit.ly/2XLiQgX*）。

11.8 選擇最佳回歸變數

問題

您正在建立一個新的回歸模型或改進一個現有的模型。您有很多回歸變數，您想從這些變數中選出最好的子集合。

解決方案

請使用 step 函式，這個函式可以執行正向或反向的逐步回歸。反向逐步回歸是從許多變數開始，逐步去除表現不佳的變數：

```
full.model <- lm(y ~ x1 + x2 + x3 + x4)
reduced.model <- step(full.model, direction = "backward")
```

正向逐步回歸從幾個變數開始，逐步加入新的變數對模型進行改進，直到不能進一步改進為止：

```
min.model <- lm(y ~ 1)
fwd.model <-
  step(min.model,
       direction = "forward",
       scope = (~ x1 + x2 + x3 + x4))
```

討論

當預測變數太多時，很難把最佳子集合選取出來。加入和刪除單個變數會影響整體組合，因此搜尋"最佳"變數可能是個繁瑣乏味的工作。

step 函式的功能是自動執行搜尋。向後逐步回歸是最簡單的方法，它從包含所有預測變數的模型開始，我們將這種包含所有預測變數的模型稱為**全模型**（*full model*）。如下方範例中的模型匯總資訊所顯示，但並不是所有的預測變數都具有統計學意義：

```
# 範例資料
set.seed(4)
n <- 150
x1 <- rnorm(n)
x2 <- rnorm(n, 1, 2)
x3 <- rnorm(n, 3, 1)
x4 <- rnorm(n,-2, 2)
e <- rnorm(n, 0, 3)
y <- 4 + x1 + 5 * x3 + e

# 建立模型
full.model <- lm(y ~ x1 + x2 + x3 + x4)
summary(full.model)
#>
#> Call:
#> lm(formula = y ~ x1 + x2 + x3 + x4)
#>
#> Residuals:
#>    Min     1Q Median     3Q    Max
#> -8.032 -1.774  0.158  2.032  6.626
#>
#> Coefficients:
#>             Estimate Std. Error t value Pr(>|t|)
#> (Intercept)  3.40224    0.80767    4.21 4.4e-05 ***
#> x1           0.53937    0.25935    2.08   0.039 *
#> x2           0.16831    0.12291    1.37   0.173
```

```
#> x3            5.17410    0.23983   21.57  < 2e-16 ***
#> x4           -0.00982    0.12954   -0.08   0.940
#> ---
#> Signif. codes:  0 '***' 0.001 '**' 0.01 '*' 0.05 '.' 0.1 ' ' 1
#>
#> Residual standard error: 2.92 on 145 degrees of freedom
#> Multiple R-squared:  0.77,   Adjusted R-squared:  0.763
#> F-statistic:  121 on 4 and 145 DF,  p-value: <2e-16
```

我們想要消除不重要的變數,所以我們使用 step 來逐步地消除表現不佳的變數;最後得到的結果稱為縮減模型(*reduced model*):

```
reduced.model <- step(full.model, direction="backward")
#> Start:  AIC=327
#> y ~ x1 + x2 + x3 + x4
#>
#>         Df Sum of Sq  RSS AIC
#> - x4     1         0 1240 325
#> - x2     1        16 1256 327
#> <none>             1240 327
#> - x1     1        37 1277 329
#> - x3     1      3979 5219 540
#>
#> Step:  AIC=325
#> y ~ x1 + x2 + x3
#>
#>         Df Sum of Sq  RSS AIC
#> - x2     1        16 1256 325
#> <none>             1240 325
#> - x1     1        37 1277 327
#> - x3     1      3988 5228 539
#>
#> Step:  AIC=325
#> y ~ x1 + x3
#>
#>         Df Sum of Sq  RSS AIC
#> <none>             1256 325
#> - x1     1        44 1300 328
#> - x3     1      3974 5230 537
```

step 函式的輸出顯示了它探索模型的過程。在執行逐步迴歸的過程中,step 函式刪除了 x2 和 x4,在最後產出的(縮減)模型中只剩下 x1 和 x3。縮減模型的匯總資訊表明它只包含重要的預測變數:

```
summary(reduced.model)
#>
#> Call:
#> lm(formula = y ~ x1 + x3)
#>
#> Residuals:
#>    Min    1Q Median    3Q    Max
#> -8.148 -1.850 -0.055  2.026  6.550
#>
#> Coefficients:
#>             Estimate Std. Error t value Pr(>|t|)
#> (Intercept)    3.648      0.751    4.86   3e-06 ***
#> x1             0.582      0.255    2.28   0.024 *
#> x3             5.147      0.239   21.57  <2e-16 ***
#> ---
#> Signif. codes:  0 '***' 0.001 '**' 0.01 '*' 0.05 '.' 0.1 ' ' 1
#>
#> Residual standard error: 2.92 on 147 degrees of freedom
#> Multiple R-squared:  0.767,  Adjusted R-squared:  0.763
#> F-statistic:  241 on 2 and 147 DF,  p-value: <2e-16
```

雖然反向逐步回歸很簡單，但有時因為候選變數太多，導致不可能從"所有變數"開始逐步刪除。在這種情況下，可使用正向逐步回歸，這將從一無所有開始，然後逐步加入變數，以改善回歸。當無法再進一步的改進時，它便停止動作。

"一無所有"的模型一開始看起來可能很奇怪：

```
min.model <- lm(y ~ 1)
```

在上面的公式中，模型只包含一個回應變數（y）但完全沒有預測變數（在完全沒有可用的預測變數時，y 的擬合值即為 y 的平均數，這也是您會猜的值）。

我們必須告訴 step 哪些候選變數可以包含在模型中。這就是 scope 參數的功能，指定給 scope 參數的是一種公式，這種公式是波浪號（~）左側為空，而候選變數寫在右側：

```
fwd.model <- step(
  min.model,
  direction = "forward",
  scope = (~ x1 + x2 + x3 + x4),
  trace = 0
)
```

在這裡我們可以看到，x1、x2、x3 和 x4 都被納入候選（我們還加入了 trace = 0 來抑制 step 的大量訊息輸出）。得出的模型含有兩個重要的預測變數，不含任何不重要的預測變數：

```
summary(fwd.model)
#>
#> Call:
#> lm(formula = y ~ x3 + x1)
#>
#> Residuals:
#>    Min    1Q Median    3Q    Max
#> -8.148 -1.850 -0.055  2.026  6.550
#>
#> Coefficients:
#>             Estimate Std. Error t value Pr(>|t|)
#> (Intercept)    3.648      0.751    4.86   3e-06 ***
#> x3             5.147      0.239   21.57  <2e-16 ***
#> x1             0.582      0.255    2.28   0.024 *
#> ---
#> Signif. codes:  0 '***' 0.001 '**' 0.01 '*' 0.05 '.' 0.1 ' ' 1
#>
#> Residual standard error: 2.92 on 147 degrees of freedom
#> Multiple R-squared:  0.767,  Adjusted R-squared:  0.763
#> F-statistic:  241 on 2 and 147 DF,  p-value: <2e-16
```

正向逐步演算法透過包含 x1 和 x3，但不包含 x2 和 x4，產出的模型與反向逐步演算法相同。這是一個僅用於示範的例子，所以兩者相等。但是在實際應用中，我們建議同時嘗試正向和反向回歸，然後比較兩者的結果，您可能會對兩者得到的結果感到驚訝。

最後，請不要迷信逐步回歸，它不是萬靈藥，不能把垃圾變成黃金，也絕對不能代替謹慎而明智地選擇預測因素。您可能會想："天哪！我可以為我的模型生成所有可能的交互作用項，然後讓 step 選出最佳交互作用項！我將得到一個多麼好的模型啊！" 您可能會這樣想，從所有可能的交互作用項開始，然後試圖簡化模型：

```
full.model <- lm(y ~ (x1 + x2 + x3 + x4) ^ 4)
reduced.model <- step(full.model, direction = "backward")
#> Start:  AIC=337
#> y ~ (x1 + x2 + x3 + x4)^4
#>
#>                Df Sum of Sq  RSS AIC
#> - x1:x2:x3:x4  1    0.0321 1145 335
#> <none>                     1145 337
#>
#> Step:  AIC=335
```

```
#> y ~ x1 + x2 + x3 + x4 + x1:x2 + x1:x3 + x1:x4 + x2:x3 + x2:x4 +
#>     x3:x4 + x1:x2:x3 + x1:x2:x4 + x1:x3:x4 + x2:x3:x4
#>
#>              Df Sum of Sq  RSS AIC
#> - x2:x3:x4  1       0.76 1146 333
#> - x1:x3:x4  1       8.37 1154 334
#> <none>                   1145 335
#> - x1:x2:x4  1      20.95 1166 336
#> - x1:x2:x3  1      25.18 1170 336
#>
#> Step:  AIC=333
#> y ~ x1 + x2 + x3 + x4 + x1:x2 + x1:x3 + x1:x4 + x2:x3 + x2:x4 +
#>     x3:x4 + x1:x2:x3 + x1:x2:x4 + x1:x3:x4
#>
#>              Df Sum of Sq  RSS AIC
#> - x1:x3:x4  1       8.74 1155 332
#> <none>                   1146 333
#> - x1:x2:x4  1      21.72 1168 334
#> - x1:x2:x3  1      26.51 1172 334
#>
#> Step:  AIC=332
#> y ~ x1 + x2 + x3 + x4 + x1:x2 + x1:x3 + x1:x4 + x2:x3 + x2:x4 +
#>     x3:x4 + x1:x2:x3 + x1:x2:x4
#>
#>              Df Sum of Sq  RSS AIC
#> - x3:x4     1       0.29 1155 330
#> <none>                   1155 332
#> - x1:x2:x4  1      23.24 1178 333
#> - x1:x2:x3  1      31.11 1186 334
#>
#> Step:  AIC=330
#> y ~ x1 + x2 + x3 + x4 + x1:x2 + x1:x3 + x1:x4 + x2:x3 + x2:x4 +
#>     x1:x2:x3 + x1:x2:x4
#>
#>              Df Sum of Sq  RSS AIC
#> <none>                   1155 330
#> - x1:x2:x4  1       23.4 1178 331
#> - x1:x2:x3  1       31.5 1187 332
```

出來的結果不是很好，因為大多數交互作用項都是沒有意義的。step 函式做的要死，而
您只得到許多無謂的項。

參見

請參考錦囊 11.25。

11.9 對資料子集合進行回歸

問題

您希望擬合資料子集合到線性模型，而不是整個資料集合。

解決方案

lm 函式有一個 subset 參數，該參數指定應該使用哪些資料元素進行擬合。參數的值可以是索引運算式。下面的範例顯示了只使用前 100 個觀測值去進行擬合：

```
lm(y ~ x1, subset=1:100)          # 只使用 x[1:100]
```

討論

您常會遇到只想對資料的子集合做回歸的情況。例如，當您使用樣本內資料建立模型和樣本外資料測試模型時，就可能會發生這種情況。

lm 函式有一個參數 subset，該參數的功能是指定用於擬合的觀測值。指定給 subset 的值是一個 vector。它可以是由索引值組成的 vector，如果您指定了這種 vector，那麼 lm 只會選用索引指定的觀測值。它也可以是一個由邏輯組成的 vector，其長度與您的資料長度相同，在這種情況下 lm 會選取標示為 TRUE 的對應觀測值。

假設您有 1,000 對（x, y）觀測值，並且希望僅使用這些觀測值的前一半來擬合模型。假設指定 1:500 給 subset 參數，就代表 lm 應該使用第 1 到第 500 之間的觀測值：

```
## 範例資料
n <- 1000
x <- rnorm(n)
e <- rnorm(n, 0, .5)
y <- 3 + 2 * x + e
lm(y ~ x, subset = 1:500)
#>
#> Call:
#> lm(formula = y ~ x, subset = 1:500)
#>
#> Coefficients:
#> (Intercept)            x
#>           3            2
```

還有更通用的寫法，例如使用運算式 `1:floor(length(x)/2)` 來選擇資料的前半部分，
無論資料的大小：

```
lm(y ~ x, subset = 1:floor(length(x) / 2))
#>
#> Call:
#> lm(formula = y ~ x, subset = 1:floor(length(x)/2))
#>
#> Coefficients:
#> (Intercept)           x
#>           3           2
```

假設您的資料是從數個實驗室收集的，而且您有一個名為 lab 的 factor，這個 factor 中
標識了來源實驗室。您可以使用內含邏輯值的 vector，將新澤西州的資料標注 TRUE，以
將您的回歸限制在新澤西州收集到的觀測值：

```
load('./data/lab_df.rdata')
lm(y ~ x, subset = (lab == "NJ"), data = lab_df)
#>
#> Call:
#> lm(formula = y ~ x, data = lab_df, subset = (lab == "NJ"))
#>
#> Coefficients:
#> (Intercept)           x
#>        2.58        5.03
```

11.10 在回歸公式中使用運算式

問題

您想對計算後得到的結果值做回歸分析，而不是對簡單的變數做回歸分析，但是回歸公
式語法似乎無法支持這個做法。

解決方案

將要計算的運算式嵌入到 I(...) 運算子中。這將強制 R 計算運算式並使用計算值進行
回歸分析。

討論

如果您想對 *u* 和 *v* 的和進行回歸,那麼您的回歸方程式會長得像這樣:

$$y_i = \beta_0 + \beta_1(u_i + v_i) + \varepsilon_i$$

您如何把這個數學方程式寫成 R 中的回歸方程式呢?以下這種寫法是不行的:

```
lm(y ~ u + v)     # 不太正確
```

這裡 R 將 u 和 v 解釋為兩個獨立的預測變數,各自都擁有自己的回歸係數。同樣地,假設您的回歸方程式是:

$$y_i = \beta_0 + \beta_1 u_i + \beta_2 u_i^2 + \varepsilon_i$$

也不能這樣寫:

```
lm(y ~ u + u ^ 2)   # 這是一個相互作用項,而不是一個二次項
```

R 將 u^2 解釋為交互作用項(參見錦囊 11.7),而不是 u 的平方。

解決方案是用 I(...) 運算子圍繞運算式,這將阻止 R 將運算式解釋為回歸公式。它強制 R 去計算運算式的值,然後將該值直接合併到回歸中。因此,第一個例子要改寫成:

```
lm(y ~ I(u + v))
```

R 看到該命令後,會計算 u + v,然後針對其和求出 y。

對於第二個例子,我們要改寫成:

```
lm(y ~ u + I(u ^ 2))
```

在此處,R 將先計算 u 的平方,然後對 u + u ^ 2 的和進行回歸。

 所有基本的二元運算子(+、-、*、/、^)在回歸公式中都具有特殊的意義。因此,只要當您想對計算值做回歸時,都必須使用 I(...) 運算子。

這些嵌入式轉換的美妙之處在於,R 會記住它們,當您用模型進行預測時,R 會使用它們。以第二個例子中描述的二次方模型為例,它使用了 u 和 u^2,但是我們只提供了 u 的值,其他繁重的工作由 R 負責解決。我們不需要自己計算 u 的平方值:

```
load('./data/df_squared.rdata')
m <- lm(y ~ u + I(u ^ 2), data = df_squared)
predict(m, newdata = data.frame(u = 13.4))
#>   1
#> 877
```

參見

多項式回歸的特殊情況見錦囊 11.11。若要將其他資料轉換納入回歸中,請參閱錦囊 11.12。

11.11 多項式回歸

問題

您想要使用 x 的多項式對 y 進行回歸。

解決方案

在迴歸公式中使用 poly(x, n) 函數對 x 的 n 次多項式進行迴歸。例如,下列模型將 y 作為 x 的三次函數:

```
lm(y ~ poly(x, 3, raw = TRUE))
```

上面公式對應以下三次回歸方程式:

$$y_i = \beta_0 + \beta_1 x_i + \beta_2 x_i^2 + \beta_3 x_i^3 + \varepsilon_i$$

討論

當人們第一次在 R 中使用多項式模型時,他們經常會做一些笨拙的事情,例如:

```
x_sq <- x ^ 2
x_cub <- x ^ 3
m <- lm(y ~ x + x_sq + x_cub)
```

很明顯地,這樣的做法相當煩人,而且會在他們的工作空間建立不需要的額外變數。

其實只要這樣寫就可以了:

```
m <- lm(y ~ poly(x, 3, raw = TRUE))
```

`raw = TRUE` 是必須要寫的。沒有它的話,`poly` 函式計算的會是正交多項式而不是簡單多項式。

這樣的寫法除了方便之外,還有一個巨大的優勢是,當您根據模型進行預測時,R 將計算 x 的所有冪次方(參見錦囊 11.19)。否則,每次使用該模型時,您都要自己計算 x^2 和 x^3。

另外還有一個使用 `poly` 很好的理由,因為您不能這樣寫您的回歸公式:

```
lm(y ~ x + x^2 + x^3)        #  它不會執行您想做的事!
```

R 將 `x^2` 和 `x^3` 解釋為交互作用項,而不是 x 的冪次方。得到的模型是一項一元線性回歸,完全跟您期望的不一樣。您可以這樣改寫回歸公式:

```
lm(y ~ x + I(x ^ 2) + I(x ^ 3))
```

但這樣改寫又有點囉嗦,請直接用 `poly` 函式。

參見

有關交互作用項的更多資訊,請參見錦囊 11.7。有關回歸資料的其他轉換,請參見錦囊 11.12。

11.12 對轉換後的資料進行回歸

問題

您想為 x 和 y 構建一個回歸模型,但是它們之間沒有線性關係。

解決方案

您可以將所需的轉換嵌入回歸公式中。例如,如果想把 y 轉換為 $\log(y)$,則回歸公式為:

```
lm(log(y) ~ x)
```

討論

lm 回歸函式的一個關鍵假設是，變數之間存在線性關係。如果這個假設是錯誤的，那麼由此產生的回歸將變得毫無意義。

幸運的是，在使用 lm 函式之前，許多資料集合都能被轉換成線性關係。

圖 11-1 顯示了一個指數衰減的例子，在圖 11-1 的左邊顯示了原始資料 z。虛線表示原始資料的回歸線；顯然，這是一個糟糕擬合。

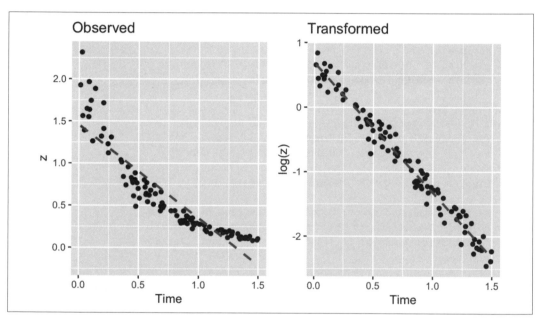

圖 11-1　資料轉換的範例

如果資料是指數，那麼一個可能的模型是：

$$z = \exp[\beta_0 + \beta_1 t + \varepsilon]$$

其中 t 為時間，exp[] 為指數函式（e^x）。當然，這不是線性的，但我們可以透過取對數來將它線性化：

$$\log(z) = \beta_0 + \beta_1 t + \varepsilon$$

在 R 中做這個回歸是簡單的一件事,因為我們可以將 log 轉換直接嵌入回歸公式中:

```
# 讀取我們的範例資料
load(file = './data/df_decay.rdata')
z <- df_decay$z
t <- df_decay$time

# 轉換和建模
m <- lm(log(z) ~ t)
summary(m)
#>
#> Call:
#> lm(formula = log(z) ~ t)
#>
#> Residuals:
#>     Min      1Q  Median      3Q     Max
#> -0.4479 -0.0993  0.0049  0.0978  0.2802
#>
#> Coefficients:
#>             Estimate Std. Error t value Pr(>|t|)
#> (Intercept)   0.6887     0.0306    22.5   <2e-16 ***
#> t            -2.0118     0.0351   -57.3   <2e-16 ***
#> ---
#> Signif. codes:  0 '***' 0.001 '**' 0.01 '*' 0.05 '.' 0.1 ' ' 1
#>
#> Residual standard error: 0.148 on 98 degrees of freedom
#> Multiple R-squared:  0.971,  Adjusted R-squared:  0.971
#> F-statistic: 3.28e+03 on 1 and 98 DF,  p-value: <2e-16
```

圖 11-1 的右邊顯示了 $\log(z)$ 與時間的關係圖,在那個圖上疊加的是它們的回歸線。擬合的狀況似乎好多了;這一點可以透過 $R^2 = 0.97$ 得到證實,而對原始資料進行線性回歸的結果為 0.82。

您可以在公式中嵌入其他函式,例如,如果您認為這個關係是二次的,您可以進行平方根轉換:

```
lm(sqrt(y) ~ month)
```

而且,等式兩邊的變數都可以進行轉換。以下公式在 x 的平方根對 y 進行回歸:

```
lm(y ~ sqrt(x))
```

以下迴歸公式是 x 的對數對 y 的對數進行迴歸:

```
lm(log(y) ~ log(x))
```

參見

請參考錦囊 11.13。

11.13 尋找最好的冪次轉換（Box–Cox 過程）

問題

您想對回應變數進行冪次轉換（power transformation）來改進線性模型。

解決方案

請使用 MASS 套件中的 boxcox 函式來執行 Box-Cox 程序。程式會識別冪次 λ，將 y 轉換為 y^{λ} 以提昇您模型的擬合度：

```
library(MASS)
m <- lm(y ~ x)
boxcox(m)
```

討論

為了說明 Box-Cox 轉換，讓我們使用方程式 $y^{-1.5} = x + \varepsilon$ 建立一些模擬資料，其中的 ε 是一個誤差項：

```
set.seed(9)
x <- 10:100
eps <- rnorm(length(x), sd = 5)
y <- (x + eps) ^ (-1 / 1.5)
```

然後，我們將（錯誤地）使用簡單線性回歸對資料建模，並得出 R^2 等於 0.637：

```
m <- lm(y ~ x)
summary(m)
#>
#> Call:
#> lm(formula = y ~ x)
#>
#> Residuals:
#>      Min       1Q   Median       3Q      Max
#> -0.04032 -0.01633 -0.00792  0.00996  0.14516
#>
#> Coefficients:
```

```
#>              Estimate Std. Error t value Pr(>|t|)
#> (Intercept)  0.166885   0.007078    23.6   <2e-16 ***
#> x           -0.001465   0.000116   -12.6   <2e-16 ***
#> ---
#> Signif. codes:  0 '***' 0.001 '**' 0.01 '*' 0.05 '.' 0.1 ' ' 1
#>
#> Residual standard error: 0.0291 on 89 degrees of freedom
#> Multiple R-squared:  0.641,  Adjusted R-squared:  0.637
#> F-statistic:  159 on 1 and 89 DF,  p-value: <2e-16
```

當繪製殘差與擬合值的關係時，我們會得到一個線索，這線索代表有些地方出了問題。我們可以使用 broom 函式庫得到一張 ggplot 殘差圖。broom 中的 augment 函式會把我們的殘差（和其他東西）放入一個資料幀中，以便於繪圖。然後我們就可以使用 ggplot 來繪製了：

```
library(broom)
augmented_m <- augment(m)

ggplot(augmented_m, aes(x = .fitted, y = .resid)) +
  geom_point()
```

結果如圖 11-2 所示。

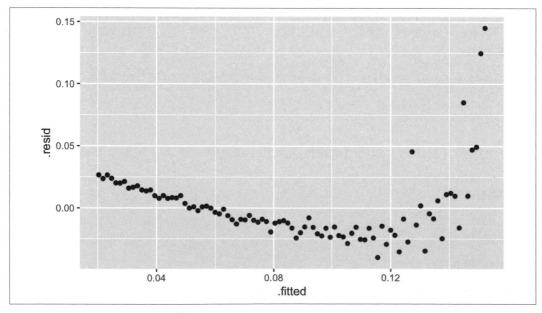

圖 11-2　已擬合的值與殘差

如果您只需要快速查看殘差圖，而不關心圖是不是用 **ggplot** 畫出的，那麼您可以在模型物件 m 呼叫基礎 R 的 plot 方法：

```
plot(m, which = 1)   # which = 1 表示只繪製擬合過的資料與殘差
```

我們可以在圖 11-2 中看到，這個圖有一個清晰的拋物線形狀。一個可能的解決方法是對 *y* 進行冪次轉換，所以我們執行 Box-Cox 程序：

```
library(MASS)
#>
#> Attaching package: 'MASS'
#> The following object is masked from 'package:dplyr':
#>
#>     select
bc <- boxcox(m)
```

此時 boxcox 函數繪製的是 λ 值與模型對數概似值（log-likelihood）圖，如圖 11-3 所示。我們想將模型對數概似值最大化，所以函數在最佳值繪製一條線，也繪製其信賴區間的（上、下限）範圍線。如此，由圖形可知，最佳值大約落在 −1.5，而其信賴區間為（−1.75, −1.25）。

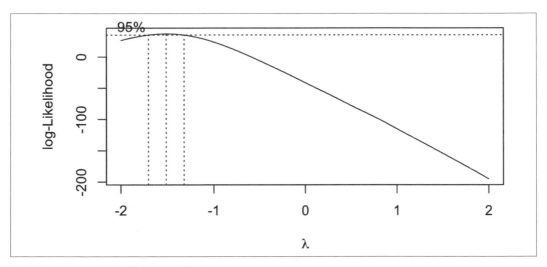

圖 11-3　boxcox 對模型（m）的輸出

奇怪的是，boxcox 函數不回傳 λ 的最佳值；相反地，它回傳圖中的 (x, y) 資料對。使用 which.max 函數能很容易找到 λ 值，它也會產生 y 的最大對數概似值：

```
which.max(bc$y)
#> [1] 13
```

如下程式碼可讓我們求得對應 λ 的位置：

```
lambda <- bc$x[which.max(bc$y)]
lambda
#> [1] -1.52
```

該函式回報最佳的 λ 是 -1.52。在實際應用中，我們建議您解釋這個數字並選擇對您有意義的冪次，而不是盲目地接受這個 "最佳" 值。請使用圖表來幫助您理解這個數值，此處我們的最佳值是 -1.52。

我們可對 y 做冪次轉換，然後再擬合修正後的模型；這樣做了以後得到一個更好的 R^2 0.967：

```
z <- y ^ lambda
m2 <- lm(z ~ x)
summary(m2)
#>
#> Call:
#> lm(formula = z ~ x)
#>
#> Residuals:
#>     Min      1Q  Median      3Q     Max
#> -13.459  -3.711  -0.228   2.206  14.188
#>
#> Coefficients:
#>             Estimate Std. Error t value Pr(>|t|)
#> (Intercept)  -0.6426     1.2517   -0.51     0.61
#> x             1.0514     0.0205   51.20   <2e-16 ***
#> ---
#> Signif. codes:  0 '***' 0.001 '**' 0.01 '*' 0.05 '.' 0.1 ' ' 1
#>
#> Residual standard error: 5.15 on 89 degrees of freedom
#> Multiple R-squared:  0.967,  Adjusted R-squared:  0.967
#> F-statistic: 2.62e+03 on 1 and 89 DF,  p-value: <2e-16
```

對於喜歡只用一行程式就做完所有事的人，可以將轉換直接嵌入到修改後的回歸公式中：

```
m2 <- lm(I(y ^ lambda) ~ x)
```

預設情況下，boxcox 會在 −2 到 +2 之間搜尋 λ。您可以透過 lambda 參數
來改變這個區間；相關詳細資訊請參閱說明文件。

我們建議將 Box-Cox 結果作為一個起始參考點，而不是一個最終答案。如果 λ 的信賴區間包括 1.0，這代表也許任何冪次轉換實際上是沒有效果。像往常一樣，檢查轉換前後的殘差，以瞭解它們是否真的改善了？

請比較圖 11-4（轉換後的資料）和圖 11-2（沒有轉換）。

```
augmented_m2 <- augment(m2)

ggplot(augmented_m2, aes(x = .fitted, y = .resid)) +
  geom_point()
```

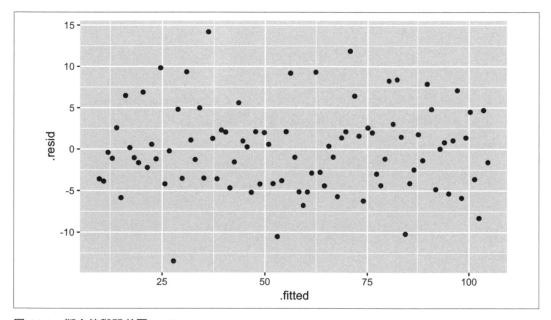

圖 11-4　擬合值與殘差圖：m2

參見

參見錦囊 11.12 和錦囊 11.16。

11.14 回歸係數的信賴區間

問題

您正在做線性回歸，您需要得到回歸係數的信賴區間。

解決方案

請將回歸模型儲存在物件中；然後使用 confint 函式取得信賴區間：

```
load(file = './data/conf.rdata')
m <- lm(y ~ x1 + x2)
confint(m)
#>             2.5 % 97.5 %
#> (Intercept) -3.90   6.47
#> x1          -2.58   6.24
#> x2           4.67   5.17
```

討論

對於解決方案中使用的模型 $y = \beta_0 + \beta_1(x_1)_i + \beta_2(x_2)_i + \varepsilon_i$，confint 函式能回傳該模型截距（$\beta_0$）、係數 x_1 項係數（β_1）以及 x_2 項係數（β_2）的信賴區間：

```
confint(m)
#>             2.5 % 97.5 %
#> (Intercept) -3.90   6.47
#> x1          -2.58   6.24
#> x2           4.67   5.17
```

預設情況下，confint 使用信賴水準 95% 的信賴區間。您可使用 level 參數選擇不同信賴水準：

```
confint(m, level = 0.99)
#>             0.5 % 99.5 %
#> (Intercept) -5.72   8.28
#> x1          -4.12   7.79
#> x2           4.58   5.26
```

參見

arm 套件中的 coefplot 函式可以繪製回歸係數的信賴區間。

11.15 繪製回歸殘差

問題

您想要將回歸殘差做視覺化呈現。

解決方案

您可以使用 broom 將模型結果放入資料幀中，然後再使用 ggplot 進行繪製：

```
m <- lm(y ~ x1 + x2)

library(broom)
augmented_m <- augment(m)

ggplot(augmented_m, aes(x = .fitted, y = .resid)) +
  geom_point()
```

討論

利用前面錦囊的線性模型 m，我們可以建立一個簡單的殘差圖：

```
library(broom)
augmented_m <- augment(m)

ggplot(augmented_m, aes(x = .fitted, y = .resid)) +
  geom_point()
```

輸出如圖 11-5 所示。

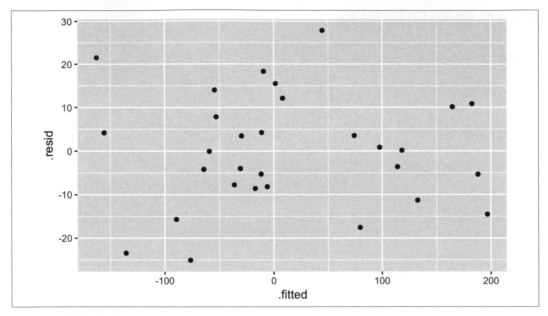

圖 11-5　模型殘差圖

假設為了要快速查看結果，您也可以使用基礎 R 中的 plot 函式快速查看，但是它將生成基礎 R 圖形，而不是一個 ggplot 圖形：

```
plot(m, which = 1)
```

參見

參見錦囊 11.16，其中包含殘差圖和其他診斷圖的範例。

11.16 診斷線性回歸

問題

您做了一個線性回歸。現在您想要透過執行診斷檢查來驗證模型的品質。

解決方案

首先繪製模型物件，此處將使用基本 R 圖形生成幾個診斷圖：

```
m <- lm(y ~ x1 + x2)
plot(m)
```

接下來，透過殘差的診斷圖或使用 car 套件中的 outlierTest 函式，識別可能的異常資料點：

```
library(car)
outlierTest(m)
```

最後，找出任何過度有影響力的觀測值。請參考錦囊 11.17。

討論

R 讓人覺得線性回歸很簡單：您只需使用 lm 函式即可。然而，資料的擬合僅僅是個開始。您還必須決定擬合出的模型是否可用，以及是否運作良好。

首先，您必須確保模型在統計上有意義。請從模型匯總資訊（錦囊 11.4）中檢查 F 統計量，並確保 p-value 足夠小。按照本書的慣例，它應該小於 0.05，否則您的模型可能沒有太大意義。

透過一些簡單的繪圖動作，可從模型物件生成幾個有用的診斷圖，如圖 11-6 所示：

```
m <- lm(y ~ x1 + x2)
par(mfrow = (c(2, 2))) # 畫出一張 2x2 的圖
plot(m)
```

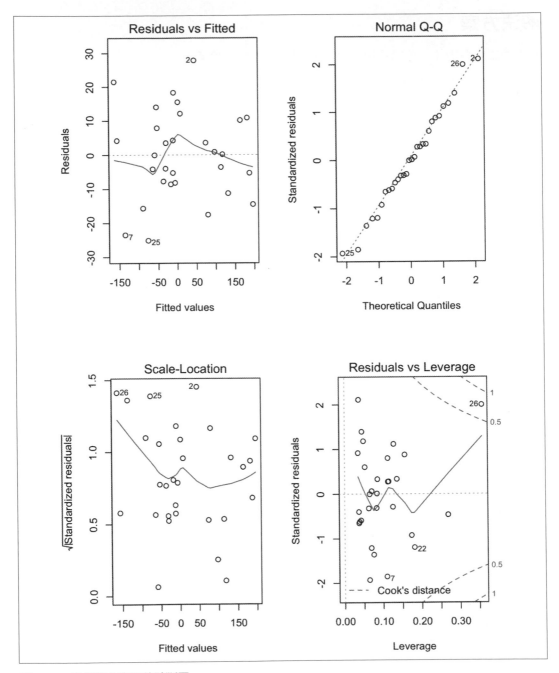

圖 11-6　表示擬合良好的診斷圖

圖 11-6 中的診斷圖,顯示了回歸情況非常好:

- 殘差與擬合(Residuals vs Fitted)圖中的點隨機分佈,沒有特定的模式。
- 常態 Q–Q(Normal Q–Q)圖上的點差不多都在線上,說明殘差符合常態分佈。
- 在比例位置(Scale-Location)圖和殘差 vs 槓桿(Residuals vs Leverage)圖中,點都位於離中心不遠的組中。

相反地,圖 11-7 中的一系列圖形表示回歸的情況不太好:

```
load(file = './data/bad.rdata')
m <- lm(y2 ~ x3 + x4)
par(mfrow = (c(2, 2)))        # 畫出一張 2x2 的圖
plot(m)
```

請看在殘差與擬合圖(Residuals vs Fitted)中的拋物線形狀。這告訴我們模型是不完整的:缺少一個可以解釋 y 中更多的變化二次因子。殘差中還有其他線索可以看出還有其他問題存在:例如,圓錐形狀可能表示 y 中存在非恆定變異數。解釋這些模式是一門藝術,所以我們建議在評估殘差圖的同時,閱讀一本關於線性回歸的好書。

這些不太好的診斷還存在其他問題,和好的回歸情況相比,此處的常態的 Q–Q(Normal Q–Q)圖中有更多的偏離線的點。比例位置(Scale-Location)圖和殘差 vs 槓桿(Residuals vs Leverage)圖都顯示遠離中心的點,這表明有些點被槓桿過頭了。

另一種線索是,編號 28 的點在每個圖中都很突出。這警告我們,這個觀測值有點奇怪。例如,這一點可能是一個異常值。我們可以用 car 套件中的 outlierTest 函式進行檢查:

```
library(car)
outlierTest(m)
#>    rstudent unadjusted p-value Bonferonni p
#> 28     4.46           7.76e-05       0.0031
```

outlierTest 函式的功能是識別出模型中最離群的觀測值。在我們的範例中,它找出的是第 28 號觀測值,因此我們證實了它是一個異常值。

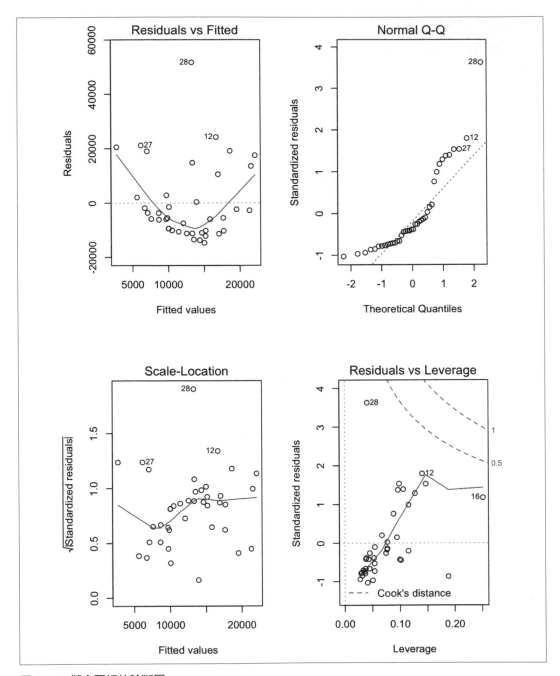

圖 11-7 擬合不好的診斷圖

參見

請參見錦囊 11.4 和錦囊 11.17。car 套件不在 R 的標準發行中；請參閱錦囊 3.10 瞭解如何安裝它。

11.17 識別有影響的觀測值

問題

您希望找出對回歸模型影響力最大的一些觀測值，這對於診斷資料可能存在的問題很實用。

解決方案

influence.measures 函式能回報一些有用的統計資料，用於識別有影響力的觀測值，並使用星號（*）標記重要的觀測值。它的主要參數是您的回歸模型物件：

```
influence.measures(m)
```

討論

這個錦囊的標題可以考慮改為 "識別**過度**有影響力的觀測值"，但是這是多餘的。所有的觀測值都會影響回歸模型，即使其中有些影響很小。當統計學家說一個觀測值是有影響力的，這代表刪除該觀測值將顯著改變擬合的回歸模型。我們想要識別這些觀測結果，因為它們可能是扭曲我們模型的異常值；我們有責任調查它們。

influence.measures 函式會回報幾個統計資料：DFBETAS、DFFITS、covariance ration（共變異數比）、Cook's distance（庫克距離）和 hat matrix（帽子矩陣）值。如果這些測量值中有任何一項表明某一觀測值是具影響力的，則 influence.measures 函式會在該觀測值的右側打上星號標記（*）：

```
influence.measures(m)
#> Influence measures of
#>   lm(formula = y2 ~ x3 + x4) :
#>
#>     dfb.1_   dfb.x3   dfb.x4    dffit cov.r   cook.d    hat inf
#> 1  -0.18784  0.15174  0.07081 -0.22344 1.059 1.67e-02 0.0506
#> 2   0.27637 -0.04367 -0.39042  0.45416 1.027 6.71e-02 0.0964
#> 3  -0.01775 -0.02786  0.01088 -0.03876 1.175 5.15e-04 0.0772
```

```
#> 4   0.15922 -0.14322  0.25615  0.35766 1.133 4.27e-02 0.1156
#> 5  -0.10537  0.00814 -0.06368 -0.13175 1.078 5.87e-03 0.0335
#> 6   0.16942  0.07465  0.42467  0.48572 1.034 7.66e-02 0.1062
#> 7  -0.10128 -0.05936  0.01661 -0.13021 1.078 5.73e-03 0.0333
#> 8  -0.15696  0.04801  0.01441 -0.15827 1.038 8.38e-03 0.0276
#> 9  -0.04582 -0.12089 -0.01032 -0.14010 1.188 6.69e-03 0.0995
#> 10 -0.01901  0.00624  0.01740 -0.02416 1.147 2.00e-04 0.0544
#> 11 -0.06725 -0.01214  0.04382 -0.08174 1.113 2.28e-03 0.0381
#> 12  0.17580  0.35102  0.62952  0.74889 0.961 1.75e-01 0.1406
#> 13 -0.14288  0.06667  0.06786 -0.15451 1.071 8.04e-03 0.0372
#> 14 -0.02784  0.02366 -0.02727 -0.04790 1.173 7.85e-04 0.0767
#> 15  0.01934  0.03440 -0.01575  0.04729 1.197 7.66e-04 0.0944
#> 16  0.35521 -0.53827 -0.44441  0.68457 1.294 1.55e-01 0.2515    *
#> 17 -0.09184 -0.07199  0.01456 -0.13057 1.089 5.77e-03 0.0381
#> 18 -0.05807 -0.00534 -0.05725 -0.08825 1.119 2.66e-03 0.0433
#> 19  0.00288  0.00438  0.00511  0.00761 1.176 1.99e-05 0.0770
#> 20  0.08795  0.06854  0.19526  0.23490 1.136 1.86e-02 0.0884
#> 21  0.22148  0.42533 -0.33557  0.64699 1.047 1.34e-01 0.1471
#> 22  0.20974 -0.19946  0.36117  0.49631 1.085 8.06e-02 0.1275
#> 23 -0.03333 -0.05436  0.01568 -0.07316 1.167 1.83e-03 0.0747
#> 24 -0.04534 -0.12827 -0.03282 -0.14844 1.189 7.51e-03 0.1016
#> 25 -0.11334  0.00112 -0.05748 -0.13580 1.067 6.22e-03 0.0307
#> 26 -0.23215  0.37364  0.16153 -0.41638 1.258 5.82e-02 0.1883    *
#> 27  0.29815  0.01963 -0.43678  0.51616 0.990 8.55e-02 0.0986
#> 28  0.83069 -0.50577 -0.35404  0.92249 0.303 1.88e-01 0.0411    *
#> 29 -0.09920 -0.07828 -0.02499 -0.14292 1.077 6.89e-03 0.0361
#> # etc.
```

這裡用的是錦囊 11.16 的模型,我們當時懷疑第 28 號觀測值是一個異常值。一個星號標記了這一觀測值,證實了它的影響力過大。

這個方法可以識別有影響力的觀測值,但是您不應該草率地刪除它們,還需要更多判斷,以確定這些觀測值是在改進您的模型還是在破壞它?

參見

請參考錦囊 11.16。請使用 help(influence.measures) 得到影響力測量值的列表和一些相關功能說明。有關各種影響力測量的說明,請參閱回歸教科書。

11.18 檢驗殘差自相關（Durbin–Watson 檢定）

問題

您已經完成了線性回歸，並希望檢查殘差是否具有自相關性。

解決方案

Durbin-Watson 檢定可以檢驗殘差是否具有自相關性。可使用 lmtest 套件中的 dwtest 函式執行此檢定：

```
library(lmtest)
m <- lm(y ~ x)          # 建立模組物件
dwtest(m)               # 對模組殘差進行檢定
```

輸出中包括 p-value。依本書慣例，如果 $p < 0.05$，則殘差具有顯著相關性，而 $p > 0.05$ 則無相關性。

您可以透過繪製殘差的 *自相關函數*（*autocorrelation function*，ACF）用視覺的方法檢查自相關：

```
acf(m)                  # 繪製模型殘差的自相關函數
```

討論

Durbin-Watson 檢定通常被用於時間序列分析，但它最初是用於診斷回歸殘差中的自相關。殘差中的自相關是一個災難，因為它扭曲了回歸統計量，例如回歸係數的 F 統計量和 t 統計量。自相關的存在表明您的模型缺少一個有用的預測變數，或者它應該包含一個時間序列元件，例如趨勢或季節指標。

下方第一個例子構建了一個簡單的回歸模型，然後測試其殘差的自相關性。測試回傳的 p-value 遠遠大於零，說明不存在顯著的自相關性：

```
library(lmtest)
load(file = './data/ac.rdata')
m <- lm(y1 ~ x)
dwtest(m)
#>
#>  Durbin-Watson test
#>
#> data:  m
```

```
#> DW = 2, p-value = 0.4
#> alternative hypothesis: true autocorrelation is greater than 0
```

下方第二個例子揭示了殘差中存在自相關的情況，例子中回傳的 *p*-value 接近於零，因此可能存在自相關：

```
m <- lm(y2 ~ x)
dwtest(m)
#>
#>  Durbin-Watson test
#>
#> data:  m
#> DW = 2, p-value = 0.01
#> alternative hypothesis: true autocorrelation is greater than 0
```

在預設情況下，dwtest 執行單尾檢定（one-sided test），並能解答以下問題：殘差的自相關性是否大於零？如果您的模型能夠顯示負的自相關（是的，這是可能的），那麼您應該設定 alternative 參數來執行雙尾檢定（two-sided test）：

```
dwtest(m, alternative = "two.sided")
```

Durbin-Watson 檢定也可以透過 car 套件中的 durbinWatsonTest 函式來執行。我們建議使用 dwtest 函式，主要是因為我們認為其輸出結果更容易閱讀。

參見

R 的標準發佈中既不包括 lmtest 套件，也不包括 car 套件；要存取和安裝這些套件的函式，請參閱錦囊 3.8 和錦囊 3.10。有關自相關測試的更多資訊，請參見錦囊 14.13 和錦囊 14.16。

11.19 預測新值

問題

您想要用您的回歸模型預測新的值。

解決方案

請將預測變數資料儲存在資料幀中，然後使用 predict 函式，將其 newdata 參數的值設定為該資料幀：

```
load(file = './data/pred2.rdata')

m <- lm(y ~ u + v + w)
preds <- data.frame(u = 3.1, v = 4.0, w = 5.5)
predict(m, newdata = preds)
#>  1
#> 45
```

討論

在您擁有一個線性模型後，進行預測就很容易了，因為 predict 函式會負責所有繁重的工作。唯一的麻煩是準備一個資料幀來儲存您的資料。

predict 函式回傳一個內含預測值的 vector，其中一個預測資料是原資料中的每一行的預測結果。解決方案中的範例資料只包含一行，因此 predict 也只回傳一個值。

如果預測變數資料有許多行，那麼每一行將各自得到一個預測結果：

```
preds <- data.frame(
  u = c(3.0, 3.1, 3.2, 3.3),
  v = c(3.9, 4.0, 4.1, 4.2),
  w = c(5.3, 5.5, 5.7, 5.9)
)
predict(m, newdata = preds)
#>    1    2    3    4
#> 43.8 45.0 46.3 47.5
```

補充說明一下：新資料不需要包含回應變數的值，只需要包含預測變數。畢竟，您試圖要做的是計算回應值，所以 R 不會期望您提供它。

參見

這些只是預測單點估計值，信賴區間相關資訊請見錦囊 11.20。

11.20 建立預測信賴區間

問題

您使用線性回歸模型進行預測；現在您想知道預測信賴區間，即預測值分佈的範圍。

解決方案

請使用 predict 函式，並指定 interval = " prediction " :

```
predict(m, newdata = preds, interval = "prediction")
```

討論

這是錦囊 11.19 的延續，錦囊 11.19 描述了將資料打包成資料幀，並送到 predict 函式中。現在，我們將加入參數 interval = "prediction" 來得到預測信賴區間。

下面是從錦囊 11.19 借來的範例，現在加上了預測信賴區間資訊。新的 lwr 和 upr 欄分別為信賴區間的上下限 :

```
predict(m, newdata = preds, interval = "prediction")
#>     fit  lwr  upr
#> 1 43.8 38.2 49.4
#> 2 45.0 39.4 50.7
#> 3 46.3 40.6 51.9
#> 4 47.5 41.8 53.2
```

預設情況下，predict 使用的信賴區間為 0.95。您可以透過 level 參數來改變這個預設值。

需要注意的是 : 這些預測區間對偏離正常值非常敏感。如果懷疑您的回應變數不符合常態分佈，請考慮改用無母數參數分析，例如 bootstrap（請參閱錦囊 13.8），以得到預測信賴間隔。

11.21 執行單尾變異數分析

問題

您的資料被分成數個分組，這些分組屬於常態分佈。您想知道這些分組是否有顯著不同的平均數。

解決方案

請使用一個 factor 來定義分組。然後套用 oneway.test 函式 :

```
oneway.test(x ~ f)
```

在上面的呼叫中，x 是數值組成的 vector，f 是標識分組的 factor。輸出將會包含一個 *p*-value。依本書慣例，*p*-value 小於 0.05 表示兩組或兩組以上的平均數存在顯著差異，大於 0.05 則不存在顯著差異。

討論

比較分組的平均數是一項常見的任務，單尾變異數分析（One-way ANOVA）能進行這種比較，並計算它們在統計上相同的機率。一個小的 *p*-value 表示兩個或多個組可能有不同的平均數（但並**不表示*所有*的分組**都有不同的平均數）。

基本變異數分析測試假設您的資料符合常態分佈，或者至少非常接近鐘形分佈。如果您的資料不符合這個假設，則請改用 Kruskal–Wallis 檢定（參見錦囊 11.24）。

我們可以用股市歷史資料來說明變異數分析。股票市場在某些月份是否比其他月份更好賺？例如，一個常見的民間傳說是，10 月對股市投資者來說是一個糟糕的月份[3]。為了要探究這個問題，我們首先建立一個資料幀 **GSPC_df**，這個資料幀中包含兩個欄 **r** 和 **mon**，其中 **r** 代表標準普爾 500 指數的日回報率，日回報率是衡量股市表現的一個通用指標。而 **mon** 代表日曆月：如 Jan、Feb、Mar 等等。這些資料涵蓋了 1950 年至 2009 年。

單尾變異數分析的結果顯示 *p*-value 為 0.03347：

```
load(file = './data/anova.rdata')
oneway.test(r ~ mon, data = GSPC_df)
#>
#>  One-way analysis of means (not assuming equal variances)
#>
#> data:  r and mon
#> F = 2, num df = 10, denom df = 7000, p-value = 0.03
```

我們可以得出結論，股票市場的變化隨著日曆月的不同而顯著不同。

然而，在您跑去找您的經紀人要求開始每月檢視您的投資組合之前，我們應該檢查一下：這種模式最近有沒有改變？我們可以透過指定一個 subset 參數來指定只對最近資料做分析。就像 lm 函式一樣，oneway.test 函式也能使用 subset 參數，用法也相同。將想要分析的觀測值索引告訴 subset，所有其他的觀察都會被忽略。在下面的範例中，我們指定使用的索引指向 2,500 個最新觀測資料，這些資料期間大約橫跨 10 年：

3　馬克吐溫說過：「十月！對於股票投機是特別危險的月份之一；其他特別危險月份則為七月、一月、九月、四月、十一月、五月、三月、六月、十二月、八月和二月。」

```
oneway.test(r ~ mon, data = GSPC_df, subset = tail(seq_along(r), 2500))
#>
#>   One-way analysis of means (not assuming equal variances)
#>
#> data:   r and mon
#> F = 0.7, num df = 10, denom df = 1000, p-value = 0.8
```

挖嗚！這些月份間的差異在過去 10 年裡消失了。*p* 值 0.8 表示最近的變化沒有隨日曆月份而變化。顯然，這些差異已經是種歷史了。

注意，oneway.test 函式的輸出中寫著 "（not assuming equal variances）（不假設變異數相等）"。如果您知道這些分組的變異數其實是相等的，那麼就請透過指定 var.equal = TRUE，以進行一個不那麼保守的測試：

```
oneway.test(x ~ f, var.equal = TRUE)
```

您也可以使用 aov 函式執行單尾變異數分析，如下所示：

```
m <- aov(x ~ f)
summary(m)
```

但是，aov 函式總是假定變異數相等，因此它的靈活性不如 oneway.test 函式。

參見

如果平均數存在顯著差異，請使用錦囊 11.23 查看實際差異。變異數分析要求使用常態分佈資料，如果您的資料不符合常態分佈，請參考錦囊 11.24。

11.22 建立交互作用圖

問題

您正在執行多元變異數分析，即使用兩個或多個類別變數作為預測變數。您想要對預測變數之間可能的交互作用進行視覺化檢查。

解決方案

請使用 interaction.plot 函式：

```
interaction.plot(pred1, pred2, resp)
```

其中 pred1 和 pred2 是兩個分類預測變數，resp 是回應變數。

討論

變異數分析是線性回歸的一種形式，因此理想情況下，每個預測變數和回應變數之間都應該存在線性關係。若呈非線性關係的話，一種可能是兩個預測變數之間有著**交互作用**的存在：即當一個預測變數改變值時，另一個預測變數改變其與回應變數的關係。檢查預測變數之間的交互作用是一種基本的診斷。

faraway 套件包含一個名為 rats 的資料集合。其中 treat 和 poison 為類別變數，time 為回應變數。當繪製 poison 與 time 的關係圖時，我們想在圖中找到直線、平行線，它們表示線性關係的存在。但是，使用 interaction.plot 函式生成圖如果像是圖 11-8，那就表示存在一些錯誤：

```
library(faraway)
data(rats)
interaction.plot(rats$poison, rats$treat, rats$time)
```

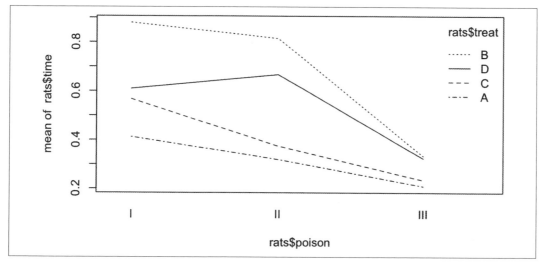

圖 11-8　交互作用圖

圖中每條線表示 time 與各種 poison 的關係線。線與線之間的區別在於,每一條線對應的 treat 值不同。這些線條應該要是平行的,但最上面的兩條線並不完全平行。顯然,改變 treat 導致了線條 "扭曲",即在 poison 和 time 之間的關係中有著非線性關係。

這代表存在一個相互作用,等待我們去發現。對於這些資料來說,確實存在著交互作用,但不存在統計上的顯著性。這裡面的寓意很清楚:視覺檢查是有用的,但同時也不是萬無一失,後續請進行統計檢查。

參見

也請參見錦囊 11.7。

11.23 各組平均數間的差異

問題

您的資料被分成若干組,變異數分析測試表明這些分組具有顯著不同的平均數。您想知道所有分組的平均數之間的差異。

解決方案

使用 aov 函式執行變異數分析測試後,該函式會回傳一個模型物件。請對該模型物件套用 TukeyHSD 函式:

```
m <- aov(x ~ f)
TukeyHSD(m)
```

此處,x 是您的資料,f 是分組 factor。您可以將 TukeyHSD 的結果繪製出來,從圖形上看出差異:

```
plot(TukeyHSD(m))
```

討論

變異數分析測試很重要，因為它能告訴您兩組的平均數是否不同。但是該測試並不會識別出**哪些**分組的平均數不同，也不會報告它們之間的差異。

TukeyHSD 函式可以計算出這些差異，並幫助您確定最大的差異在哪。它使用了 John Tukey 發明的 "honest significant differences（杜凱確實差異）" 方法。

我們將沿用錦囊 11.21 中的範例來示範 TukeyHSD 函式，錦囊 11.21 將股票市場的每日變化按月分組。這裡，我們使用一個名為 wday 的 factor 對它們進行分組，該 factor 標識星期幾（星期一、...、五）。我們將使用最初的 2,500 次觀測，大致涵蓋了 1950 年到 1960 年的時間：

```
load(file = './data/anova.rdata')
oneway.test(r ~ wday, subset = 1:2500, data = GSPC_df)
#>
#>  One-way analysis of means (not assuming equal variances)
#>
#> data:  r and wday
#> F = 10, num df = 4, denom df = 1000, p-value = 5e-10
```

上面程式得到 *p*-value 基本上差不多為零，表明平均變化量隨星期幾的不同而顯著變化。我們首先使用 aov 函式進行變異數分析測試，該函式回傳一個模型物件後，接著要將 TukeyHSD 函式套用於該物件：

```
m <- aov(r ~ wday, subset = 1:2500, data = GSPC_df)
TukeyHSD(m)
#>    Tukey multiple comparisons of means
#>      95% family-wise confidence level
#>
#> Fit: aov(formula = r ~ wday, data = GSPC_df, subset = 1:2500)
#>
#> $wday
#>              diff       lwr       upr p adj
#> Mon-Fri -0.003153 -4.40e-03 -0.001911 0.000
#> Thu-Fri -0.000934 -2.17e-03  0.000304 0.238
#> Tue-Fri -0.001855 -3.09e-03 -0.000618 0.000
#> Wed-Fri -0.000783 -2.01e-03  0.000448 0.412
#> Thu-Mon  0.002219  9.79e-04  0.003460 0.000
#> Tue-Mon  0.001299  5.85e-05  0.002538 0.035
#> Wed-Mon  0.002370  1.14e-03  0.003605 0.000
#> Tue-Thu -0.000921 -2.16e-03  0.000314 0.249
#> Wed-Thu  0.000151 -1.08e-03  0.001380 0.997
#> Wed-Tue  0.001072 -1.57e-04  0.002300 0.121
```

上面的輸出表中的每一行都包含兩組平均數之間的差值（diff）以及信賴區間上下界（lwr 和 upr）。例如，表中的第一行比較了 Mon 組和 Fri 組：它們的平均數之差值為 0.003，信賴區間為（−0.0044, −0.0019）。

瀏覽整表後，我們可以看到，Wed–Mon 的差異最大，為 0.00237。

TukeyHSD 的一個很酷的特性是，它還可以視覺化地顯示這些差異。簡單地把函式的回傳值繪製出來，如圖 11-9 所示：

```
plot(TukeyHSD(m))
```

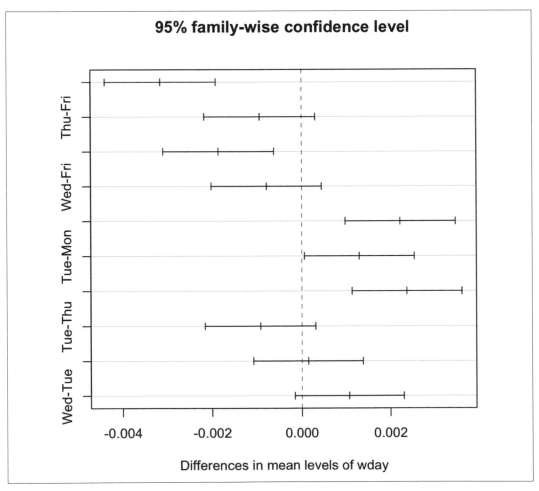

圖 11-9　TukeyHSD 圖

水平線代表每一對的信賴區間。使用這種視覺化的呈現，您可以很快看到幾個信賴區間跨越了零，這表明差異並不一定是顯著的。我們還可以看到，星期一和星期三這一對的差異最大，因為它們的信賴區間最偏向右邊。

參見

請參考錦囊 11.21。

11.24 執行穩健變異數分析（Kruskal–Wallis 檢定）

問題

您的資料被分成若干組，這些分組不符合常態分佈，但它們的分佈具有相似的形狀。您想要執行一個類似變異數分析的測試——您想要知道各分組中位數是否存在顯著差異。

解決方案

請建立一個用於定義資料分組的 factor，然後使用 Kruskal.test 函式，實現 Kruskal–Wallis 檢定。與變異數分析測試不同的地方是，這個測試不要求資料符合常態分佈：

```
kruskal.test(x ~ f)
```

其中，x 為資料組成的 vector，f 為分組用的 factor。輸出中包括一個 p-value。依本書慣例，$p < 0.05$ 表示兩組或兩組以上組間的中位數存在顯著性差異，而 $p > 0.05$ 則表示無此證據。

討論

一般變異數分析會假設您的資料符合常態分佈，雖然它可以容忍一定程度的偏離正常值，但極值偏離會產生無意義的 p-value 值。

Kruskal–Wallis 檢定是變異數分析的一個無母數版本，這代表它不要求資料符合常態分佈。然而，它要求資料具有相同形狀的分佈。當資料分佈非常態或未知時，應該使用 Kruskal–Wallis 檢定。

這裡的虛無假設是所有組都有相同的中位數。拒絕虛無假設（$p < 0.05$）並不代表*所有*組都是不同的，只代表兩個或兩個以上的組是不同的。

某年，保羅教授 94 名本科生商業統計學（Business Statistics）。這門課包括期中考試，期中考試前有四次家庭作業。他想知道：完成家庭作業和考試成績之間有什麼關係？如果沒有關係，那麼作業就變得可有可無，需要重新思考作業要如何設計。

他為每個學生建立了一個分數的 vector，他還建立了一個平行的 factor 來記錄該學生完成的家庭作業數量。資料被存放在一個名為 student_data 的資料幀中：

```
load(file = './data/student_data.rdata')
head(student_data)
#> # A tibble: 6 x 4
#>   att.fact hw.mean midterm hw
#>   <fct>      <dbl>   <dbl> <fct>
#> 1 3          0.808   0.818 4
#> 2 3          0.830   0.682 4
#> 3 3          0.444   0.511 2
#> 4 3          0.663   0.670 3
#> 5 2          0.9     0.682 4
#> 6 3          0.948   0.954 4
```

請注意程式中的 hw 變數（雖然它看起來是數字）實際上是一個 factor。它根據學生完成的家庭作業數量，將每個期中考試成績分成五組。

考試成績的分佈肯定不符合常態分佈：學生的數學能力高低差距很大，所以拿 A 或 F 成績的學生也很多。因此，不適用一般的變異數分析。相反地，我們使用 Kruskal–Wallis 檢定，得到 p-value 幾乎為 0（4×10^{-5}，或 0.00004）：

```
kruskal.test(midterm ~ hw, data = student_data)
#>
#>  Kruskal-Wallis rank sum test
#>
#> data:  midterm by hw
#> Kruskal-Wallis chi-squared = 30, df = 4, p-value = 4e-05
```

很明顯地，完成家庭作業的學生和沒有完成家庭作業的學生之間存在顯著的成績差異。但保羅能得出什麼結論呢？起初，他很高興家庭作業看起來如此有效。然後他意識到，這是統計推理中的一個經典錯誤：他假設相關性代表因果關係。當然不是。也許有強烈動機的學生在家庭作業和考試中都做得很好，而懶惰的學生則不然。在這種情況下，原因在於動機的程度，而不是作業題目出的好不好。最後，他只能得出一些非常簡單的結論——完成家庭作業的學生很可能在期中考試中取得好成績——但他仍然不知道為什麼。

11.25 透過變異數分析比較模型

問題

您對手上一份相同資料建立了兩個模型，您想知道它們是否產生不同的結果。

解決方案

anova 函式可以比較兩種模型，並報告是否存在顯著差異：

```
anova(m1, m2)
```

這裡的 m1 和 m2 都是 lm 回傳的模型物件。anova 的輸出中包括一個 *p*-value，依本書慣例，*p*-value 小於 0.05 表示模型存在顯著差異，大於 0.05 則不存在顯著差異。

討論

在錦囊 11.3 中，我們使用 anova 函式來印出一個回歸模型的變異數分析表。現在我們使用雙引數形式來比較兩個模型。

當比較兩個模型時，anova 函式有一個要件：一個模型必須包含在另一個模型中。也就是說，較小模型的所有項都必須出現在較大模型中。否則，無法進行比較。

變異數分析執行 *F* 檢定，類似於線性回歸的 *F* 檢定。不同之處在於，這個檢定是進行兩個模型之間的比較，而回歸 *F* 檢定是比較使用或不使用回歸模型之間的差異。

假設我們要對 y 建立三個模型，各模型加入不同數量的項：

```
load(file = './data/anova2.rdata')
m1 <- lm(y ~ u)
m2 <- lm(y ~ u + v)
m3 <- lm(y ~ u + v + w)
```

想知道 m2 與 m1 是否真的不同？我們用 anova 來比較，得到結果 *p*-value 等於 0.0091：

```
anova(m1, m2)
#> Analysis of Variance Table
#>
#> Model 1: y ~ u
#> Model 2: y ~ u + v
#>   Res.Df RSS Df Sum of Sq    F Pr(>F)
#> 1     18 197
```

```
#> 2     17 130  1       66.4 8.67 0.0091 **
#> ---
#> Signif. codes:  0 '***' 0.001 '**' 0.01 '*' 0.05 '.' 0.1 ' ' 1
```

p-value 的值小的話，表示模型存在顯著差異。接著，比較 m2 和 m3，得到 *p*-value 值 0.055：

```
anova(m2, m3)
#> Analysis of Variance Table
#>
#> Model 1: y ~ u + v
#> Model 2: y ~ u + v + w
#>   Res.Df RSS Df Sum of Sq    F Pr(>F)
#> 1     17 130
#> 2     16 103  1      27.5 4.27  0.055 .
#> ---
#> Signif. codes:  0 '***' 0.001 '**' 0.01 '*' 0.05 '.' 0.1 ' ' 1
```

剛剛好跨過門檻。嚴格地說，雖然它沒有小於 0.05；然而，它的值非常接近 0.05，您可能會判斷這兩個模型「看的出不同」。

這個例子有點做作，所以它無法顯示出 anova 更大的能力。當我們使用 anova 對複雜模型進行加入和刪除多個項次的實驗時，我們需要知道新模型是否與原始模型有真正的不同。換句話說：如果我們加入了一些項次，而新模型基本上沒有改變，那麼就不值得這些項次承擔額外的複雜性。

## 第十二章

實用技巧

本章的錦囊既不是晦澀難懂的數值計算，也不是深奧的統計技術，但它們都是些很有用的函式，也是常見用法，您可能會在某個時候用上它們。

12.1 查看您的資料

問題

您有大量的資料——但實在是太多了，無法一次全部顯示。儘管如此，您還是希望查看一部份資料。

解決方案

請使用 head 查看前幾筆資料：

```
head(x)
```

請使用 tail 查看最尾端的資料：

```
tail(x)
```

或者您可以在 RStudio 的互動檢視器（interactive viewer）中查看所有資料：

```
View(x)
```

討論

將一個大型資料集合全部印出來是沒有意義的,因為所有的東西都會從螢幕上快速捲走。請使用 head 查看少量資料(預設為六列):

```
load(file = './data/lab_df.rdata')
head(lab_df)
#>        x lab      y
#> 1  0.0761  NJ   1.621
#> 2  1.4149  KY  10.338
#> 3  2.5176  KY  14.284
#> 4 -0.3043  KY   0.599
#> 5  2.3916  KY  13.091
#> 6  2.0602  NJ  16.321
```

使用 tail 查看最後幾列和列編號:

```
tail(lab_df)
#>          x lab      y
#> 195  7.353  KY  38.880
#> 196 -0.742  KY  -0.298
#> 197  2.116  NJ  11.629
#> 198  1.606  KY   9.408
#> 199 -0.523  KY  -1.089
#> 200  0.675  KY   5.808
```

head 和 tail 都允許向函式傳遞一個數值來指定要回傳的列數:

```
tail(lab_df, 2)
#>          x lab     y
#> 199 -0.523  KY -1.09
#> 200  0.675  KY  5.81
```

RStudio 內建一個互動式檢視器。您可以從終端機或 Script 呼叫這個檢視器:

```
View(lab_df)
```

或者您可以把一個物件透過管道傳給檢視器:

```
lab_df %>%
  View()
```

當管道連接到 View 時,您會注意到檢視器將 View 分頁簡單地命名為 .(名稱只有一個點)。若您想用一個比較有意義的名字,您可以把一個具描述性的名字放在引號裡:

```
lab_df %>%
  View("lab_df test from pipe")
```

得到的 RStudio 檢視器如圖 12-1 所示。

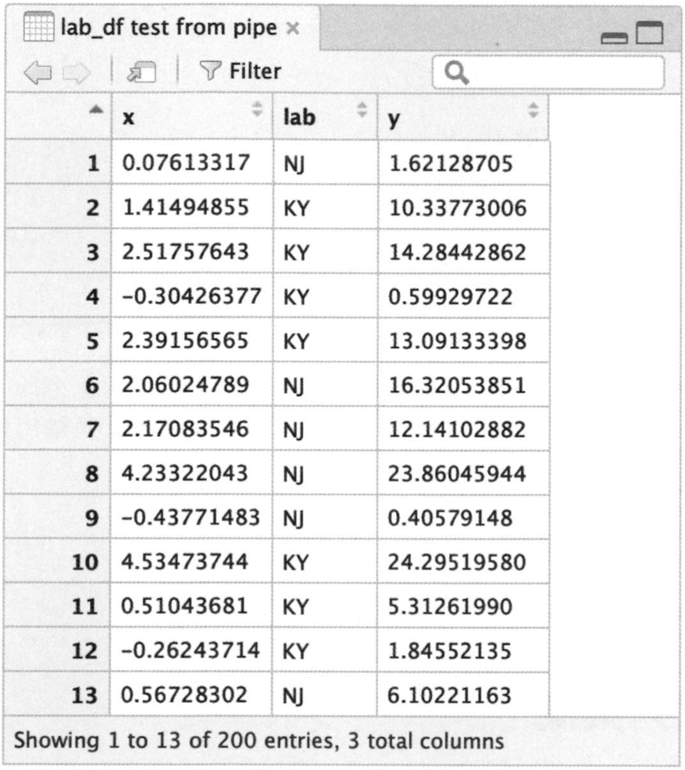

	x	lab	y
1	0.07613317	NJ	1.62128705
2	1.41494855	KY	10.33773006
3	2.51757643	KY	14.28442862
4	-0.30426377	KY	0.59929722
5	2.39156565	KY	13.09133398
6	2.06024789	NJ	16.32053851
7	2.17083546	NJ	12.14102882
8	4.23322043	NJ	23.86045944
9	-0.43771483	NJ	0.40579148
10	4.53473744	KY	24.29519580
11	0.51043681	KY	5.31261990
12	-0.26243714	KY	1.84552135
13	0.56728302	NJ	6.10221163

Showing 1 to 13 of 200 entries, 3 total columns

圖 12-1　RStudio 檢視器

參見

要查看變數內容的結構，請參閱錦囊 12.13。

12.2 列印賦值結果

問題

您把一個值指定給了一個變數,現在想看該變數的值。

解決方案

只需在賦值動作前後加上括號:

```
x <- 1/pi              # 不印任何東西
(x <- 1/pi)            # 印出值
#> [1] 0.318
```

討論

一般來說,當 R 看到您是在做一個簡單的賦值動作時,它會阻止列印。然而,當您用圓括號將賦值括起來時,它就不再是一個簡單的賦值,因此 R 將輸出值。這對於想在 Script 中進行快速除錯非常方便。

參見

更多的列印方法見錦囊 2.1。

12.3 加總列與欄

問題

您想要加總一個 matrix 或資料幀的列或欄。

解決方案

請使用 rowSums 加總列:

```
rowSums(m)
```

請使用 colSums 加總欄:

```
colSums(m)
```

討論

加總是一個再平凡不過的事了，但由於它是如此常見，所以值得一提。例如，當報告需要欄加總數時，我們就會使用到這個錦囊。在下面範例中，daily.prod 是這週工廠生產的記錄，我們想要按產品和天數的加總值：

```
load(file = './data/daily.prod.rdata')
daily.prod
#>      Widgets Gadgets Thingys
#> Mon      179     167     182
#> Tue      153     193     166
#> Wed      183     190     170
#> Thu      153     161     171
#> Fri      154     181     186
colSums(daily.prod)
#> Widgets Gadgets Thingys
#>     822     892     875
rowSums(daily.prod)
#> Mon Tue Wed Thu Fri
#> 528 512 543 485 521
```

這些加總用的函式都回傳一個 vector。如果是在做欄加總的情況下，我們可以將回傳的 vector 附加到 matrix 中，這樣就可以整齊地列印資料與總和：

```
rbind(daily.prod, Totals=colSums(daily.prod))
#>        Widgets Gadgets Thingys
#> Mon        179     167     182
#> Tue        153     193     166
#> Wed        183     190     170
#> Thu        153     161     171
#> Fri        154     181     186
#> Totals     822     892     875
```

12.4 列印欄資料

問題

您有數個平行的資料 vector，您想把它們印出來。

解決方案

請使用 cbind 將資料轉為欄，然後印出結果。

討論

當您有數個平行 vector 時，如果您把它們一個個單獨印出來，很難看出它們之間的關係：

```
load(file = './data/xy.rdata')
print(x)
#>  [1] -0.626  0.184 -0.836  1.595  0.330 -0.820  0.487  0.738  0.576 -0.305
print(y)
#>  [1]  1.5118  0.3898 -0.6212 -2.2147  1.1249 -0.0449 -0.0162  0.9438
#>  [9]  0.8212  0.5939
```

使用 cbind 函式將它們做成欄，並在列印時顯示資料的結構：

```
print(cbind(x,y))
#>            x       y
#>  [1,] -0.626  1.5118
#>  [2,]  0.184  0.3898
#>  [3,] -0.836 -0.6212
#>  [4,]  1.595 -2.2147
#>  [5,]  0.330  1.1249
#>  [6,] -0.820 -0.0449
#>  [7,]  0.487 -0.0162
#>  [8,]  0.738  0.9438
#>  [9,]  0.576  0.8212
#> [10,] -0.305  0.5939
```

您還可以在輸出時使用運算式，並標示欄標題：

```
print(cbind(x, y, Total = x + y))
#>            x       y  Total
#>  [1,] -0.626  1.5118  0.885
#>  [2,]  0.184  0.3898  0.573
#>  [3,] -0.836 -0.6212 -1.457
#>  [4,]  1.595 -2.2147 -0.619
#>  [5,]  0.330  1.1249  1.454
#>  [6,] -0.820 -0.0449 -0.865
#>  [7,]  0.487 -0.0162  0.471
#>  [8,]  0.738  0.9438  1.682
#>  [9,]  0.576  0.8212  1.397
#> [10,] -0.305  0.5939  0.289
```

12.5 資料分組

問題

您有一個 vector，您希望根據一定的區間將資料分成多個組。統計學家將此稱為資料分組（*binning*）。

解決方案

請使用 cut 函式。您必須定義一個 vector，例如下面的 breaks，用它指定區間的範圍。cut 函式將根據這些區間對資料進行分組，分組後它會回傳一個 factor，其 level（元素）即為每個資料組的標籤：

```
f <- cut(x, breaks)
```

討論

以下的範例將生成了 1,000 個具有標準常態分佈的亂數。透過定義 ±1、±2 和 ±3 個標準差區間，將它們分成 6 組：

```
x <- rnorm(1000)
breaks <- c(-3, -2, -1, 0, 1, 2, 3)
f <- cut(x, breaks)
```

產生的結果是一個名為 f 的 factor，這個 factor 標識了分組。summary 函式能依 level 顯示元素數量。R 會為每一個 level 命名，此命名使用數學符號，用以表示一個區間：

```
summary(f)
#> (-3,-2] (-2,-1]  (-1,0]   (0,1]   (1,2]   (2,3]    NA's
#>      25     147     341     332     132      18       5
```

產出結果呈現鐘形，這符合我們對 rnorm 函式的期望。其中有 5 個 NA 值，說明 x 中有 2 個值落在定義的區間之外。

我們可以使用 labels 參數給這 6 個組取名字，而不是使用自動合成的名字：

```
f <- cut(x, breaks, labels = c("Bottom", "Low", "Neg", "Pos", "High", "Top"))
```

現在 summary 函式使用的是我們指定的名字：

```
summary(f)
#> Bottom    Low    Neg    Pos   High    Top   NA's
#>     25    147    341    332    132     18      5
```

對於匯總資訊來說，分組就和長條圖一樣非常實用。但它同時也會導致資訊遺失，這對建模是有害的。假設我們極端地將連續變數分成兩個組，即 high 和 low，那資料只有可能被分進兩個組，導致原來豐富的資訊源，只剩下 *1 位元* 的資訊量。連續變數原本可成為一個強大的預測變數，但分組後的變數最多只能區分兩種狀態，因此原始的能力只剩下一小部分。在您進行分組之前，我們建議研究看看有沒有其他損耗較小的轉換。

12.6 查找特定值的位置

問題

您有一個 vector。您知道內容中有一個特定的值，現在您想知道它的位置在何處。

解決方案

match 函式將搜尋 vector 並回傳位置：

```
vec <- c(100, 90, 80, 70, 60, 50, 40, 30, 20, 10)
match(80, vec)
#> [1] 3
```

在這裡，match 回傳了 3，即 80 在 vec 內的位置。

討論

有兩個特殊的函式用於查找最小值和最大值的位置——它們分別是用於找出最小值的 which.min 和用於找出最大值的 which.max：

```
vec <- c(100,90,80,70,60,50,40,30,20,10)
which.min(vec)          # 找出最小元素的位置
#> [1] 10
which.max(vec)          # 找出最大元素的位置
#> [1] 1
```

參見

錦囊 11.13 中也使用了此技巧。

12.7 間隔選取 vector 中的元素

問題

您想選取一個 vector 中的元素，條件是每隔 *n* 個位置選取一個元素。

解決方案

請建立一個含索引值的 vector，其型態為邏輯型態，用來代表每隔 *n* 元素就要進行一次選取動作，即要讓該 vector 相對位置為 TRUE。建立這種 vector 的其中一種方法是，找出所有能整除 *n* 的索引值：

```
v[seq_along(v) %% n == 0]
```

討論

在進行系統抽樣時，會碰到這個問題：我們想每隔 *n* 個元素來抽樣資料集合。在下面的範例中，seq_along(v) 函式用來生成可以索引 v 的整數序列；它的值等於 1:length(v)。我們透過運算式計算每個索引值能不能整除 *n*：

```
v <- rnorm(10)
n <- 2
seq_along(v) %% n
#> [1] 1 0 1 0 1 0 1 0 1 0
```

於是我們就能找出那些餘數等於零的值：

```
seq_along(v) %% n == 0
#> [1] FALSE  TRUE FALSE  TRUE FALSE  TRUE FALSE  TRUE FALSE  TRUE
```

產出的結果是一個由邏輯值組成的 vector，其長度與 v 相同，且在每隔 *n* 個元素處都有一個 TRUE。這個 vector 可以用來索引 v，取得想要的元素：

```
v
#> [1]  2.325  0.524  0.971  0.377 -0.996 -0.597  0.165 -2.928 -0.848  0.799
v[ seq_along(v) %% n == 0 ]
#> [1]  0.524  0.377 -0.597 -2.928  0.799
```

如果您只是想要進行一些簡單的選取動作,例如每二個元素就選取一個,您可以巧妙地使用循環規則,利用一個只含兩種值(兩種邏輯值)的 vector 對 v 進行索引,如下所示:

```
v[c(FALSE, TRUE)]
#> [1]  0.524  0.377 -0.597 -2.928  0.799
```

如果 v 有兩個以上的元素,那麼用來索引的 vector 相對來說就太短。因此,R 將啟用循環規則,藉由循環索引 vector 的內容,將索引 vector 擴展到 v 的長度。得到的索引 vector 是 FALSE、TRUE、FALSE、TRUE、FALSE、TRUE,以此類推。登登!最後選取的結果就是每隔一個位置就選取 v 中的元素。

參見

有關循環規則的更多資訊,請參見錦囊 5.3。

12.8 尋找最小值或最大值

問題

您有兩個 vector *v* 和 *w*,您想找到成對元素的最小值或最大值。也就是說,您想要計算:

$$\min(v_1, w_1), \min(v_2, w_2), \min(v_3, w_3), \ldots$$

或:

$$\max(v_1, w_1), \max(v_2, w_2), \max(v_3, w_3), \ldots$$

解決方案

R 將這些稱為平行最小值(*parallel minimum*)和平行最大值(*parallel maximum*)。可使用 pmin(v,w) 和 pmax(v,w) 進行計算:

```
pmin(1:5, 5:1)     # 找到每個元素的最小值
#> [1] 1 2 3 2 1
pmax(1:5, 5:1)     # 找到每個元素的最大值
#> [1] 5 4 3 4 5
```

討論

當一個初學者想要平行最小值或最大值時，一個常見的錯誤是寫 min(v,w) 或 max(v,w)。這些不是成對操作：min(v,w) 只回傳一個單獨的值，即 v 和 w 中所有值的最小值。同樣，max(v,w) 會回傳 v 和 w 中所有值的最大值。

pmin 和 pmax 能平行地成對比較它們的參數，為每個下標選擇最小值或最大值。它們會回傳一個與輸入長度相同的 vector。

您可以將 pmin 和 pmax 與循環規則結合起來，實行一些很妙的招式。如下範例中，假設有個 vector v，其內容包含正值和負值，您想將負的值設為零。就這樣寫：

```
v <- c(-3:3)
v
#> [1] -3 -2 -1  0  1  2  3
v <- pmax(v, 0)
v
#> [1] 0 0 0 0 1 2 3
```

根據循環規則，R 會將常數 0 延展成為一個與 v 長度相同的、由 0 構成的 vector。然後，pmax 會進行逐元素比較，在 0 和 v 的每個元素選取較大數值。

實際上，pmin 和 pmax 比解決方案中所示範的更為強大。它們可以接受兩個以上的 vector，並平行地比較所有的 vector。

在一個資料幀中，利用 pmin 或 pmax 取多個欄位計算出一個新變數的情況並不少見。讓我們來看一個簡單的例子：

```
df <- data.frame(a = c(1,5,8),
                 b = c(2,3,7),
                 c = c(0,4,9))
df %>%
  mutate(max_val = pmax(a,b,c))
#>   a b c max_val
#> 1 1 2 0       2
#> 2 5 3 4       5
#> 3 8 7 9       9
```

我們可以看到有一個新的欄 max_val，這個欄的內容是逐列比對三個輸入欄取得每列的最大值。

參見

有關循環規則的更多資訊，請參見錦囊 5.3。

12.9 生成多個變數的所有組合

問題

您有兩個以上的變數。您想要生成它們擁有的 level 的所有組合，這些組合也稱為它們的 *Cartesian product*（**笛卡爾積**）。

解決方案

請使用 expand.grid 函式。在下面的範例中 f 和 g 是 vector：

```
expand.grid(f, g)
```

討論

以下的程式碼片段會建立兩個 vector——sides 代表硬幣的兩面，而 faces 代表一個骰子的六個面（骰面上的小點稱為 *pip*）：

```
sides <- c("Heads", "Tails")
faces <- c("1 pip", paste(2:6, "pips"))
```

我們可以使用 expand.grid 函式找出擲一次骰子和擲一次硬幣的所有組合：

```
expand.grid(faces, sides)
#>        Var1  Var2
#> 1    1 pip Heads
#> 2   2 pips Heads
#> 3   3 pips Heads
#> 4   4 pips Heads
#> 5   5 pips Heads
#> 6   6 pips Heads
#> 7    1 pip Tails
#> 8   2 pips Tails
#> 9   3 pips Tails
#> 10  4 pips Tails
#> 11  5 pips Tails
#> 12  6 pips Tails
```

同樣，我們可以找到兩個骰子的所有組合，但我們不會在這裡印輸出，因為它有 36 列那麼長：

```
expand.grid(faces, faces)
```

expand.grid 函式的產出是一個資料幀，R 會自動提供列名和欄名。

解決方案和這個範例做了兩個 vector 的笛卡爾積的計算，但 expand.grid 函式也可以處理三個或更多的輸入引數。

參見

如果您正在處理字串，並且希望對組合方式有更多的控制，那麼還可以使用錦囊 7.6 去生成組合。

12.10 壓扁資料幀

問題

您有一個數值資料幀。您希望一次處理它所有的元素，而不是逐欄處理——例如，計算所有值的平均數。

解決方案

請將資料幀轉換為 matrix，然後對 matrix 進行處理。本例求出資料幀 dfrm 中所有元素的平均數：

```
mean(as.matrix(dfrm))
```

有 時 必 須 把 matrix 轉 換 成 vector。 若 碰 到 這 種 情 況， 請 使 用 as.vector(as.matrix(dfrm))。

討論

假設我們有一個資料幀，例如錦囊 12.3 中的工廠生產資料：

```
load(file = './data/daily.prod.rdata')
daily.prod
#>     Widgets Gadgets Thingys
#> Mon     179     167     182
```

```
#> Tue     153     193     166
#> Wed     183     190     170
#> Thu     153     161     171
#> Fri     154     181     186
```

假設我們想要整個表的平均日產量，這樣寫是不行的：

```
mean(daily.prod)
#> Warning in mean.default(daily.prod): argument is not numeric or logical:
#> returning NA
#> [1] NA
```

由於 mean 函式不知道如何處理資料幀，所以它只會拋出一個錯誤。當您想要所有值的平均數時，首先將資料幀折疊成一個 matrix：

```
mean(as.matrix(daily.prod))
#> [1] 173
```

此錦囊僅適用於內容均為數值資料的資料幀。請回想一下，將具有混合資料的資料幀（數值與字元或 factor 混合）轉換為 matrix 時，會強制將所有欄轉換為字元型態。

參見

有關資料類型之間的轉換，請參閱錦囊 5.29。

12.11 排序資料幀

問題

您有一個資料幀，而您希望使用一欄作為排序鍵對資料幀內容進行排序。

解決方案

請使用 dplyr 套件中的 arrange 函式：

```
df <- arrange(df, key)
```

這裡 df 是一個資料幀，key 欄是要當排序的鍵。

討論

對於 vector，我們可以使用 sort 函式排序，但是不能用於資料幀。假設我們有一個資料幀，我們想按月排序：

```
load(file = './data/outcome.rdata')
print(df)
#>   month day outcome
#> 1     7  11     Win
#> 2     8  10    Lose
#> 3     8  25     Tie
#> 4     6  27     Tie
#> 5     7  22     Win
```

arrange 函式將月份按昇冪重新排列，回傳整個資料幀：

```
library(dplyr)
arrange(df, month)
#>   month day outcome
#> 1     6  27     Tie
#> 2     7  11     Win
#> 3     7  22     Win
#> 4     8  10    Lose
#> 5     8  25     Tie
```

在重新排列資料幀之後，month 欄按昇冪排列──正如我們所希望的那樣。如果您想按降冪排列資料，請將 - 放在要排序的欄前面：

```
arrange(df,-month)
#>   month day outcome
#> 1     8  10    Lose
#> 2     8  25     Tie
#> 3     7  11     Win
#> 4     7  22     Win
#> 5     6  27     Tie
```

如果希望按多欄排序，可以將想用的欄都添加到 arrange 函式中。下面的例子按月排序，然後按日排序：

```
arrange(df, month, day)
#>   month day outcome
#> 1     6  27     Tie
#> 2     7  11     Win
#> 3     7  22     Win
#> 4     8  10    Lose
#> 5     8  25     Tie
```

可以看到 7 月和 8 月的資料，現在也依日昇冪排列了。

12.12 剝離變數屬性

問題

變數帶著舊的屬性，您想刪除其中的一些或全部屬性。

解決方案

若要刪除變數的所有屬性，將 NULL 指定給變數的 attributes 屬性：

```
attributes(x) <- NULL
```

若要刪除單個屬性，請使用 attr 函式選擇該屬性，並將其設定為 NULL：

```
attr(x, "attributeName") <- NULL
```

討論

R 中的任何變數都可以有屬性，屬性只是一個名稱 / 值對，而變數可以有許多這樣的名稱 / 值對。一個常見的例子是 matrix 變數的維數，它儲存在一個屬性中。屬性名 dim，屬性值是一個擁有兩個元素的 vector，表示行數和列數。

您可以使用 attributes(x) 或 str(x)，印出 x 變數的屬性。

有時候您只想要一個數字，而 R 堅持要把它做成屬性。例如當您擬合一個簡單的線性模型並想取得斜率時，就會出現這種情況，斜率是第二個回歸係數：

```
load(file = './data/conf.rdata')
m <- lm(y ~ x1)
slope <- coef(m)[2]
slope
#>  x1
#> -11
```

當我們輸出 slope 時，R 也輸出 "x1"。這是 lm 給係數取的屬性名稱（因為它是 x1 變數的係數）。透過列印 slope 的內部結構，我們可以更清楚地看到這一點，它擁有一個 "names" 屬性：

```
str(slope)
#>  Named num -11
#>  - attr(*, "names")= chr "x1"
```

要去掉所有的屬性很容易，去掉以後斜率值就變成了一個單純的數字：

```
attributes(slope) <- NULL     # 去掉所有屬性
str(slope)                    # 現在 "names" 屬性不存在了
#>  num -11

slope                         # 只印出數字，沒有名稱
#> [1] -11
```

或者，我們可以用這種方法去掉一個不想要的屬性：

```
attr(slope, "names") <- NULL
```

 請記住，matrix 是一個具有 **dim** 屬性的 vector（或 list）。如果去掉所有 matrix 的屬性，就會去掉維數，然後就變成一個 vector（或 list）。此外，剝除物件（特別是 S3 物件）的屬性可能會使它變成一個廢物。因此，刪除屬性時請小心。

參見

有關查看屬性的更多資訊，請參見錦囊 12.13。

12.13 顯示物件的結構

問題

您呼叫了一個函式，它回傳了一個東西。現在您想看看那個東西的內部以更加瞭解它。

解決方案

請使用 class 確定一個東西的物件類別為何：

```
class(x)
```

請使用 mode 剝離物件導向特性，揭示其底層結構：

```
mode(x)
```

請使用 str 來顯示內部結構和內容：

```
str(x)
```

討論

我們經常驚訝於這件事發生的頻率，這件事就是每當我們呼叫一個函式，然後得到一些回傳值，然後想著：" 這到底是什麼東西？" 理論上，函式說明文件會解釋回傳的值，但是當我們自己能夠看到它的結構和內容時，我們會感覺更好。對於具有巢式結構的物件尤其如此：即物件中還有其他的物件。

我們將錦囊 11.1 最簡單的線性回歸錦囊中，lm（線性建模函式）回傳的值做分解：

```
load(file = './data/conf.rdata')
m <- lm(y ~ x1)
print(m)
#>
#> Call:
#> lm(formula = y ~ x1)
#>
#> Coefficients:
#> (Intercept)           x1
#>        15.9        -11.0
```

第一步請從檢查物件的類別開始，類別會說明它是一個 vector、matrix、list、資料幀還是物件：

```
class(m)
#> [1] "lm"
```

嗯…m 似乎是 lm 類別的物件。知道這件事可能對您沒有任何意義，但是我們知道所有物件類別都是建立在原生資料結構（vector、matrix、list 或資料幀）之上的。我們可以使用 mode 剝離物件外殼，把底層結構打開來看：

```
mode(m)
#> [1] "list"
```

啊哈！似乎 m 是建立在 list 結構上的。現在我們可以使用 list 函式和運算子來挖掘它的內容。首先，我們想知道它的 list 元素的名稱：

```
names(m)
#>  [1] "coefficients"  "residuals"    "effects"      "rank"
#>  [5] "fitted.values" "assign"       "qr"           "df.residual"
#>  [9] "xlevels"       "call"         "terms"        "model"
```

第一個 list 元素稱為 *"coefficients"*。我們可以猜測這些是回歸係數。讓我們來看看：

```
m$coefficients
#> (Intercept)         x1
#>        15.9      -11.0
```

沒錯，就是這樣。我們識別出這些值了。

我們可以繼續深入研究 m 的 list 結構，但是這會變得很單調無趣。然而，str 函式很好地呈現了任何變數的內部結構：

```
str(m)
#> List of 12
#>  $ coefficients : Named num [1:2] 15.9 -11
#>   ..- attr(*, "names")= chr [1:2] "(Intercept)" "x1"
#>  $ residuals    : Named num [1:30] 36.6 58.6 112.1 -35.2 -61.7 ...
#>   ..- attr(*, "names")= chr [1:30] "1" "2" "3" "4" ...
#>  $ effects      : Named num [1:30] -73.1 69.3 93.9 -31.1 -66.3 ...
#>   ..- attr(*, "names")= chr [1:30] "(Intercept)" "x1" "" "" ...
#>  $ rank         : int 2
#>  $ fitted.values: Named num [1:30] 25.69 13.83 -1.55 28.25 16.74 ...
#>   ..- attr(*, "names")= chr [1:30] "1" "2" "3" "4" ...
#>  $ assign       : int [1:2] 0 1
#>  $ qr           :List of 5
#>   ..$ qr   : num [1:30, 1:2] -5.477 0.183 0.183 0.183 0.183 ...
#>   .. ..- attr(*, "dimnames")=List of 2
#>   .. .. ..$ : chr [1:30] "1" "2" "3" "4" ...
#>   .. .. ..$ : chr [1:2] "(Intercept)" "x1"
#>   .. ..- attr(*, "assign")= int [1:2] 0 1
#>   ..$ qraux: num [1:2] 1.18 1.02
#>   ..$ pivot: int [1:2] 1 2
#>   ..$ tol  : num 1e-07
#>   ..$ rank : int 2
#>   ..- attr(*, "class")= chr "qr"
#>  $ df.residual  : int 28
#>  $ xlevels      : Named list()
#>  $ call         : language lm(formula = y ~ x1)
#>  $ terms        :Classes 'terms', 'formula'  language y ~ x1
#>   .. ..- attr(*, "variables")= language list(y, x1)
#>   .. ..- attr(*, "factors")= int [1:2, 1] 0 1
#>   .. .. ..- attr(*, "dimnames")=List of 2
```

```
#>   .. .. .. ..$ : chr [1:2] "y" "x1"
#>   .. .. .. ..$ : chr "x1"
#>   .. ..- attr(*, "term.labels")= chr "x1"
#>   .. ..- attr(*, "order")= int 1
#>   .. ..- attr(*, "intercept")= int 1
#>   .. ..- attr(*, "response")= int 1
#>   .. ..- attr(*, ".Environment")=<environment: R_GlobalEnv>
#>   .. ..- attr(*, "predvars")= language list(y, x1)
#>   .. ..- attr(*, "dataClasses")= Named chr [1:2] "numeric" "numeric"
#>   .. .. ..- attr(*, "names")= chr [1:2] "y" "x1"
#>  $ model      :'data.frame':   30 obs. of  2 variables:
#>   ..$ y : num [1:30] 62.25 72.45 110.59 -6.94 -44.99 ...
#>   ..$ x1: num [1:30] -0.8969 0.1848 1.5878 -1.1304 -0.0803 ...
#>   ..- attr(*, "terms")=Classes 'terms', 'formula'  language y ~ x1
#>   .. .. ..- attr(*, "variables")= language list(y, x1)
#>   .. .. ..- attr(*, "factors")= int [1:2, 1] 0 1
#>   .. .. .. ..- attr(*, "dimnames")=List of 2
#>   .. .. .. .. ..$ : chr [1:2] "y" "x1"
#>   .. .. .. .. ..$ : chr "x1"
#>   .. .. ..- attr(*, "term.labels")= chr "x1"
#>   .. .. ..- attr(*, "order")= int 1
#>   .. .. ..- attr(*, "intercept")= int 1
#>   .. .. ..- attr(*, "response")= int 1
#>   .. .. ..- attr(*, ".Environment")=<environment: R_GlobalEnv>
#>   .. .. ..- attr(*, "predvars")= language list(y, x1)
#>   .. .. ..- attr(*, "dataClasses")= Named chr [1:2] "numeric" "numeric"
#>   .. .. .. ..- attr(*, "names")= chr [1:2] "y" "x1"
#>  - attr(*, "class")= chr "lm"
```

注意 str 會顯示 m 中的所有元素，然後遞迴地印出每個元素的內容和屬性。過長的 vector 和 list 被截斷，以避免輸出一發不可收拾。

探索一個 R 物件是一門藝術。請使用 class、mode 和 str 來挖掘物件內容的各層次。我們發現，通常 str 就有能力告訴您您想知道的一切，甚至更多！

12.14 程式執行時間

問題

您想知道執行程式碼需要多少時間。這個資訊很實用，例如，當您在優化程式碼時，會需要 "優化前" 和 "優化後" 的執行時間來度量優化成效。

解決方案

tictoc 套件包含一個非常簡單的方法來計時和標記要測量的程式碼區塊。tic 函式啟動計時器，toc 函式停止計時器並報告執行時間：

```
library(tictoc)
tic('Optional helpful name here')
aLongRunningExpression()
toc()
```

輸出是執行時間（以秒為單位）。

討論

假設我們想知道生成 10,000,000 個隨機數並將它們相加所需的時間：

```
library(tictoc)
tic('making big numbers')
total_val <- sum(rnorm(1e7))
toc()
#> making big numbers: 0.794 sec elapsed
```

toc 函式會回傳在 tic 中設定的訊息，以及執行時間。

如果將 toc 的結果賦值給物件，則可以存取底層的開始時間、結束時間和訊息：

```
tic('two sums')
sum(rnorm(10000000))
#> [1] -84.1
sum(rnorm(10000000))
#> [1] -3899
toc_result <- toc()
#> two sums: 1.373 sec elapsed

print(toc_result)
#> $tic
#> elapsed
#>    2.64
#>
#> $toc
#> elapsed
#>    4.01
#>
#> $msg
#> [1] "two sums"
```

如果您想改用分鐘（或小時！）為單位來檢視執行時間，您可以使用回傳結果所含的元素來得到底層的開始和結束時間，以進行時間單位換算：

```
print(paste('the code ran in',
            round((toc_result$toc -  toc_result$tic) / 60, 4),
            'minutes'))
#> [1] "the code ran in 0.0229 minutes"
```

您可以使用 Sys.time 函式來達成相同的事情，但就無法使用 toctoc 所提供的便利標籤和清晰語法了：

```
start <- Sys.time()
sum(rnorm(10000000))
#> [1] 3607
sum(rnorm(10000000))
#> [1] 1893
Sys.time() - start
#> Time difference of 1.37 secs
```

12.15 抑制警告和錯誤訊息

問題

某個函式正在生成煩人的錯誤訊息或警告訊息，而您不想看到這些訊息。

解決方案

請用 suppressMessage(...) 或 suppressWarnings(...) 包夾該函式呼叫：

```
suppressMessage(annoyingFunction())
suppressWarnings(annoyingFunction())
```

討論

Augmented Dickey–Fuller 檢定 adf.test，是一個被廣為使用的時間序列函式。但是，當 p-value 小於 0.01 時，會產生一個煩人的警告訊息，如下面的輸出最下方那樣：

```
library(tseries)
load(file = './data/adf.rdata')
results <- adf.test(x)
#> Warning in adf.test(x): p-value smaller than printed p-value
```

幸運的是，我們可以用 suppressWarnings(...) 包夾它的呼叫來遮蔽該函式訊息輸出：

```
results <- suppressWarnings(adf.test(x))
```

注意，雖然警告訊息消失了，但該訊息並是不完全消失，因為 R 將它保留在內部。我們可以在空閒時再使用 warnings 函式來取得訊息：

```
warnings()
```

一些函式還生成 "訊息（messages）"（用 R 術語來說），這種訊息的嚴重度甚至比警告更低。通常，它們只是提供資訊，而不代表錯誤發生。如果這類的訊息讓您感到厭煩，您可以透過使用 suppressMessages(...) 包夾住該函式，使其輸出訊息消失。

參見

有關如何控制錯誤和警告訊息的其他方法，請參見 options 函式。

12.16 從 list 中獲取函式引數

問題

您的資料被儲存在一個 list 結構中，您希望將資料傳遞給某個函式，但該函式不接受 list 引數。

解決方案

如果情況不複雜，可將 list 轉換為 vector。對於比較複雜的情況，do.call 函式可以將 list 拆分成單獨的參數並呼叫您的函式：

```
do.call(function, list)
```

討論

如果您的資料是一個 vector，那很簡單，因為大多數 R 函式都能處理這種引數：

```
vec <- c(1, 3, 5, 7, 9)
mean(vec)
#> [1] 5
```

如果您的資料被儲存在一個 list 中，一些函式會報錯並回傳一個無用的結果，如下
所示：

```
numbers <- list(1, 3, 5, 7, 9)
mean(numbers)
#> Warning in mean.default(numbers): argument is not numeric or logical:
#> returning NA
#> [1] NA
```

上面的 numbers list 是一個簡單的單層 list，所以我們可以將它轉換成一個 vector 後，再
呼叫函式：

```
mean(unlist(numbers))
#> [1] 5
```

當您擁有多層 list 結構時，最令人頭疼的東西就來了：由 list 組成的 list。這種 list 可能
存在複雜的資料結構中。下面的範例是一個由 list 組成的 list，其中每個子 list 都是一欄
資料：

```
my_lists <-
  list(col1 = list(7, 8),
       col2 = list(70, 80),
       col3 = list(700, 800))
my_lists
#> $col1
#> $col1[[1]]
#> [1] 7
#>
#> $col1[[2]]
#> [1] 8
#>
#>
#> $col2
#> $col2[[1]]
#> [1] 70
#>
#> $col2[[2]]
#> [1] 80
#>
#>
#> $col3
#> $col3[[1]]
#> [1] 700
#>
#> $col3[[2]]
#> [1] 800
```

假設我們現在想把這份資料變成一個 matrix。可是，cbind 函式的用途是建立資料欄沒錯，但是它被 list 結構搞混了，回傳了一些無用的東西：

```
cbind(my_lists)
#>      my_lists
#> col1 List,2
#> col2 List,2
#> col3 List,2
```

如果我們對資料呼叫 unlist 函式，那麼我們只會得到一個既大又長的欄，這也不是我們想要的：

```
cbind(unlist(my_lists))
#>       [,1]
#> col11    7
#> col12    8
#> col21   70
#> col22   80
#> col31  700
#> col32  800
```

解決方案是使用 do.call，它將 list 拆分成單獨的項目，然後對這些項目呼叫 cbind：

```
do.call(cbind, my_lists)
#>      col1 col2 col3
#> [1,] 7    70   700
#> [2,] 8    80   800
```

前面程式中 do.call 的用途，在功能上和下面改寫過的 cbind 呼叫相同：

```
cbind(my_lists[[1]], my_lists[[2]], my_lists[[3]])
#>      [,1] [,2] [,3]
#> [1,] 7    70   700
#> [2,] 8    80   800
```

如果 list 元素有名稱，請小心。在這種情況下，do.call 會將元素名解釋為函式的參數名，這可能會引起不必要的麻煩。

本錦囊介紹了 do.call 的最基本用法。這個函式非常強大，還有許多其他用途。有關詳細資訊，請參閱說明頁面。

參見

有關資料類型之間的轉換，請參閱錦囊 5.29。

12.17 定義自己的二元運算子

問題

您希望定義自己的二元運算子，使 R 程式碼更加精簡和可讀。

解決方案

R 會把百分比符號之間（%...%）的任何文字作為二元運算子。若要定義一個新的二元運算子，請指定一個具有兩個參數函式給它。

討論

R 包含一個有趣的特性，允許您定義自己的二元運算子。任何兩個百分號之間的文字（%...%）都會被 R 自動解釋為二元運算子。R 預先定義了幾個這樣的運算子，比如 %/%用於整數除法，%*%用於 matrix 乘法，以及 magrittr 套件中的管道 %>%。

您可以指定一個函式給它，來建立一個新的二元運算子。以下這個例子建立了一個運算子 %+-%：

```
'%+-%' <- function(x, margin)
  x + c(-1, +1) * margin
```

運算式 x %+-% m 會計算 x ± m.。下面的程式會計算 100 ±（1.96×15），即標準智商測試的兩個標準差範圍：

```
100 %+-% (1.96 * 15)
#> [1]  70.6 129.4
```

注意，我們在定義二元運算子時用了單引號括起運算子，但在使用它時則不需單引號。

定義自己的運算子的樂趣在於，可以用簡潔的語法封裝常用的操作。如果您的應用程式經常連接兩個字串而同時不插入空格，那麼您可以為此操作定義一個二元連接運算子：

```
'%+%' <- function(s1, s2)
  paste(s1, s2, sep = "")
"Hello" %+% "World"
#> [1] "HelloWorld"
"limit=" %+% round(qnorm(1 - 0.05 / 2), 2)
#> [1] "limit=1.96"
```

然而,定義自己的運算子的一個危險是,程式碼可攜性會降低。到其他環境執行時,請一同攜帶運算子的定義及其所使用的程式碼;否則,R 將向您抱怨運算子未定義。

所有使用者定義的運算子具有相同的優先權,在表 2-1 中這類運算子用 **%any%** 統一表示。它們的優先權相當高:高於乘法和除法,但低於求冪和建立序列。因此,很讓自己搞混。如果我們省略前面範例中 **%+-%** 後面的括號,我們會得到一個意想不到的結果:

```
100 %+-% 1.96 * 15
#> [1] 1471 1529
```

R 會將運算式解釋為 **(100 %+-% 1.96) * 15**。

參見

有關運算子優先權的更多資訊,請參見錦囊 2.11;關於如何定義函式,請參見錦囊 15.3。

12.18 抑制啟動訊息

問題

當您從命令提示符號或 shell script 啟動 R 時,您不想再看到 R 冗長的啟動訊息。

解決方案

當從命令列或 shell script 啟動 R 時,請使用 **--quiet** 命令列選項。

討論

對於初學者來說,R 的啟動訊息非常方便,因為它包含了關於 R 專案和如何得到說明的實用資訊。但是這種新奇感很快就消失了——尤其是如果您從 shell 提示符號啟動 R,然後一整天都把它當成計算器用的話。如果您只在 RStudio 中使用 R,那麼這個錦囊就不是特別實用。

如果您是從 shell 提示符號啟動 R，請使用 `--quiet` 選項隱藏啟動訊息：

```
R --quiet
```

在 Linux 或 Mac 電腦上，可以像這樣在 shell 中為 R 取一個別名，這樣就不會看到啟動訊息：

```
alias R="/usr/bin/R --quiet"
```

12.19 取得和設定環境變數

問題

您想要查看環境變數的值，或者想要更改其值。

解決方案

請使用 `Sys.getenv` 來查看環境變數值，請使用 `Sys.putenv` 改變環境變數值：

```
Sys.setenv(DB_PASSWORD = "My_Password!")
Sys.getenv("DB_PASSWORD")
#> [1] "My_Password!"
```

討論

環境變數通常用於設定和控制軟體。每個程序（process）都有自己的一組環境變數，這些變數是從其父程序繼承而來的。有時您會需要查看您的 R 程序環境變數設定，以瞭解其行為。同樣地，有時需要更改這些設定來修改該行為。

一個常見的用例是將用於存取遠端資料庫或雲端服務的使用者名或密碼儲存在環境變數中。在專案 Script 中以純文字形式儲存密碼是一個非常糟糕的主意，要避免在 Script 中儲存密碼的其中一種解法，即在 R 啟動時設定一個包含密碼的環境變數。

為了確保您的密碼和使用者名稱在每次 R 進行登錄時都可用，您可以在主目錄下的 .Rprofile 檔案中加上 `Sys.setenv` 呼叫。.Rprofile 是一個 R Script，在每次 R 啟動時都會執行。

舉例來說，您可以將以下內容添加到您的 .Rprofile 中：

```
Sys.setenv(DB_USERID = "Me")
Sys.setenv(DB_PASSWORD = "My_Password!")
```

然後，您可以在 Script 中獲取要使用的環境變數，以登錄到 Amazon Redshift 資料庫，像這樣：

```
con <- DBI::dbConnect(
  RPostgreSQL::PostgreSQL(),
  dbname   = "my_database",
  port     = 5439,
  host     = "my_database.amazonaws.com",
  user     = Sys.getenv("DB_USERID"),
  password = Sys.getenv("DB_PASSWORD")
)
```

參見

在啟動時更改設定，請參見錦囊 3.16。

12.20 使用程式碼節區

問題

您有一個很長的 Script，在瀏覽程式碼時，您發現很難從一段程式碼跳到另外一段程式碼。

解決方案

程式碼節區功能幫助您將程式碼分作許多小節，並在編輯器一側的大綱窗格中提供節分隔符號。要使用程式碼節區功能，只需用 # 開始註解，然後以 ---- 或 #### 或 ==== 結束：

```
# My First Section     -----
x <- 1

# My Second Section    ####
y <- 2

# My Third Section     ====
z <- 3
```

在 RStudio 編輯器視窗中，您可以在右側看到大綱（參見圖 12-2）。

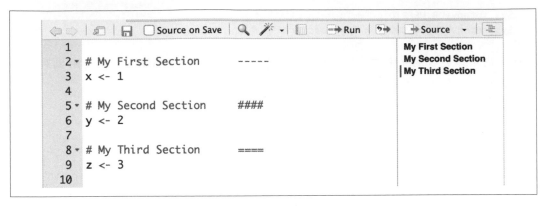

圖 12-2　程式碼節區

討論

程式碼節區只是一種特殊的 R 注釋類型。由於它們以 # 符號開始,所以如果您使用除 RStudio 之外的任何編輯器打開程式碼,它們將被簡單地視為程式碼注釋。但是 RStudio 將這些特殊格式的程式碼注釋視為節區標頭,並在編輯器的側面板中建立一個實用的大綱。

第一次使用程式碼節區時,可能需要按一下 Source 按鈕右側的 outline 圖示才能顯示大綱。

如果您寫的是 R Markdown 而不是 *.R Script,您的 Markdown 標題和副標題將顯示在大綱窗格中,使您更容易在文件中進行移動。

參見

有關在 R Markdown 文件中使用小節標題,請參閱錦囊 16.4。

12.21 本地端平行化執行 R

問題

您的程式碼執行需要花費一段時間,您希望利用本機上的更多處理器來加快執行速度。

解決方案

啟動和執行最簡單的解決方案是使用 furrr 套件，而該套件又使用 future 套件來提供平行處理能力，用起來感覺類似於 purrr 套件中的函式，只差在它們支援平行化操作。

請從 GitHub 下載最新的開發版本，因為在撰寫本文時，套件仍然處於開發階段：

```
devtools::install_github("DavisVaughan/furrr")
```

為了使用 furrr 來平行化我們的程式碼，我們需要呼叫 furrr::future_map 函式來代替錦囊 6.1 中討論的 purrr::map 函式。但是首先我們必須告訴 furrr 我們想要如何進行平行化。在本範例中，我們需要用到一個使用所有本地處理器的 multiprocess 平行程序，因此我們透過呼叫 plan(multiprocess) 來設定它。然後我們就可以使用 future_map 函式，將 list 中的每個元素都進行一次函式呼叫：

```
library(furrr)

plan(multiprocess)

future_map(my_list, some_function)
```

討論

讓我們做一個模擬範例來展示平行化。有一個經典的隨機模擬是在一個 2×2 的範圍裡隨機打點，看看有多少點落在盒子中心的一個單位範圍內。範圍裡的點數與總點數之比乘以 4 是圓周率估計值。下面的函式需要輸入一個參數 n_iterations，這個參數是要模擬的隨機點數，該函式回傳 pi 的平均估計值：

```
simulate_pi <- function(n_iterations) {
  rand_draws <- matrix(runif(2 * n_iterations, -1, 1), ncol = 2)
  num_in <- sum(sqrt(rand_draws[, 1]**2 + rand_draws[, 2]**2) <= 1)
  pi_hat <- (num_in / n_iterations) * 4
  return(pi_hat)
}
simulate_pi(1000000)
#> [1] 3.14
```

正如您所看到的，即使用 1,000,000 個模擬，結果也只能精確到小數點後兩位。這不是一個非常有效率的圓周率估計方法，但它適合當作我們的範例。

為了稍後要進行的比較,讓我們執行這個 pi 模擬器 200 次,每次執行有 5,000,000 個模擬點。為此,我們將建立一個包含 200 個元素的 list,每個元素的值為 5,000,000,並將其傳遞給 simulate_pi。同時,我們將使用 tictoc 套件對程式碼計時:

```
library(purrr)  # `map` 的套件
library(tictoc) # 用來計算程式執行時間的套件

draw_list <- as.list(rep(5000000, 200))

tic("simulate pi - single process")
sims_list <- map(draw_list, simulate_pi)
toc()
#> simulate pi - single process: 90.772 sec elapsed

mean(unlist(sims_list))
#> [1] 3.14
```

它在兩分鐘內可以執行完畢,得到 10 億(500 萬 ×200)個模擬點所得到的 pi 的估計值。

現在讓我們執行同一個 R 函式 simulate_pi,但這次改用 future_map 平行化地執行:

```
library(furrr)
#> Loading required package: future
#>
#> Attaching package: 'future'
#> The following object is masked from 'package:tseries':
#>
#>     value
plan(multiprocess)

tic("simulate pi - parallel")
sims_list <- future_map(draw_list, simulate_pi)
toc()
#> simulate pi - parallel: 26.33 sec elapsed
mean(unlist(sims_list))
#> [1] 3.14
```

上面的例子是在一台 MacBook Pro 上執行的,這台機器上有四個處理器,每個處理器裡有兩個虛擬處理器。當您平行執行程式碼時,最好的情況是執行時減少 1/(物理處理器的數量)。由於我們有四個物理處理器,您可以看到平行化後的執行時間比單執行緒版本快得多,但還不到單執行緒版本執行時的四分之一。移動資料總會帶來一些負擔,因此您永遠不會體驗到最佳情況。每次迭代運算產生的資料越多,平行化帶來的速度改進就越少。

參見

請參考錦囊 12.22。

12.22 遠端平行化執行 R

問題

您可以存取許多遠端電腦,並且希望在所有這些電腦上平行執行程式碼。

解決方案

多台電腦上平行執行程式碼,在初始準備上可能比較棘手。然而,如果我們從幾個關鍵先決條件開始著手,那麼這個準備過程成功的可能性就會高得多。

這些先決條件是:

- 您可以使用已生成好的 SSH 金鑰,在不使用密碼的情況下,從您的主機 ssh 到每個遠端節點。
- 遠端節點都預先安裝好 R(理想情況下 R 版本要相同)。
- 預先設定好路徑,以便您可以從 SSH 執行 Rscript。
- 替遠端節點安裝 furrr 套件(該套件會安裝 future)。
- 替遠端節點安裝您程式碼所依賴的所有套件。

一旦設定好工作節點並準備就緒,就可以透過從 future 套件中的 makeClusterPSOCK 函式來建立叢集。然後讓 furrr 套件中的 future_map 函式去使用這個叢集:

```
library(furrr) # 以相依套件載入 future

workers <- c("node_1.domain.com", "node_2.domain.com")

cl <- makeClusterPSOCK(
  worker = workers
)

plan(cluster, workers = cl)

future_map(my_list, some_function)
```

討論

假設我們有兩台名為 von-neumann12 和 von-neumann15 的大型 Linux 電腦，我們可以使用它們進行執行數值建模工作。這些電腦滿足剛剛列出的先決條件，因此它們是我們 furrr/future 叢集的良好候選電腦。讓我們使用 simulate_pi 函式進行與上一個錦囊相同的 pi 模擬：

```
library(tidyverse)
library(furrr)
library(tictoc)

my_workers <- c('von-neumann12','von-neumann15')

cl <- makeClusterPSOCK(
  workers = my_workers,
  rscript = '/home/anaconda2/bin/Rscript',   # 您的路徑會不同
  verbose=TRUE
)

draw_list <- as.list(rep(5000000, 200))

plan(cluster, workers = cl)

tic('simulate pi - parallel map')
sims_list_parallel <- draw_list %>%
  future_map(simulate_pi)
toc()
#> simulate pi - parallel map: 116.986 sec elapsed

mean(unlist(sims_list_parallel))
#> [1] 3.14167
```

速度大約是每秒處理 850 萬模擬點。

在我們的臨時編組電腦叢集中的兩個節點各有 32 個處理器和 128 GB RAM。但是，如果您將上述程式碼的執行時間，與用一台簡陋的 MacBookPro 執行上一個錦囊進行的執行時間進行比較的話，您會注意到 MacBook 執行程式碼的時間與擁有 64 個處理器的多 CPU Linux 叢集的時間差不多！由於上面的程式碼只在每個叢集節點上執行一個 CPU，所以會發生這種意外。其實，它只使用了兩個 CPU，而 MacBook 則使用了全部四個 CPU。

那麼，我們如何在叢集上執行平行程式碼，並讓每個節點跨多個 CPU 處理器平行執行呢？為此，我們需要對程式碼做三處修改：

1. 建立一個巢式的平行計畫，該計畫同時使用 cluster 和 multiprocess。

2. 建立一個輸入用的 list，這個 list 結構是巢式的。每個叢集中的電腦將從主 list 中得到一個包含數個子 list 項的項，該電腦可以跨 CPU 平行處理這些子 list 項。

3. 巢式呼叫兩次 future_map。外層的 future_map 呼叫將跨叢集節點平行化工作，而內層呼叫將跨 CPU 執行平行化任務。

第一處修改是為了建立巢式平行計畫，我們將透過向 plan 函式傳遞一個由兩個計畫組成的 list 來建立一個組合式計畫，如下所示：

```
plan(list(tweak(cluster, workers = cl), multiprocess))
```

第二個修改是建立迭代時要使用的巢式 list。我們可以使用 split 命令，並將我們之前準備好的 list，以及一個 1：4 vector 傳給該 split 命令，就像這樣：

```
split(draw_list, 1:4)
```

這個動作把初始 list 分成四個子 list，因此我們產出的 list 將有四個元素。每個子 list 將為我們最終要用的 simulate_pi 函式提供 50 個輸入。

對程式碼的第三個修改是建立一個巢式的 future_map 呼叫，該呼叫將把我們的四個 list 元素分別傳遞給工作節點，工作節點隨後將遍歷每個子 list 的元素。建立這個巢式呼叫程式碼如下：

```
future_map(draw_list, ~future_map(.,simulate_pi))
```

上面的 ~ 告訴 R 在第一個 future_map 呼叫中包含一個匿名函式。而 . 則告訴 R 在哪裡放置 list 元素。本例中的匿名函式指的是負責在每個節點上執行的那個 future_map 呼叫。

以下是把三個修改整合成一份程式碼：

```
# 巢式平行計畫 - 計畫的第一部分是叢集呼叫
# 第二部份是多程序
plan(list(tweak(cluster, workers = cl), multiprocess))

# 將 draw_list 拆分成巢式 list，所有元素被巢式 list 瓜分掉
draw_list_nested <- split(draw_list, 1:4)
```

```
tic('simulate pi - parallel nested map')
sims_list_nested_parallel <- future_map(
  draw_list_nested, ~future_map(.,simulate_pi)
)
toc()
#> simulate pi - parallel nested map: 15.964 sec elapsed
mean(unlist(sims_list_nested_parallel))
#> [1] 3.14158
```

您可以看到此處的執行時間與前一個範例相比顯著減少,儘管每個節點上有 32 個處理器,但執行時間也達不到 32 倍的改進。這是因為我們只向每個節點傳遞 50 組模擬資料的關係。每個節點在第一輪處理 32 組模擬資料,而在第二輪只處理 18 組模擬資料,使得一半的 CPU 處於空閒狀態。

讓我們將模擬總數從 10 億增加到 250 億來讓這些 CPU 更忙一些。然後我們將它們分成 500 個工作塊,分散到兩個工作節點:

```
draw_list <- as.list(rep(5000000, 5000))
draw_list_nested <- split(draw_list, 1:50)

plan(list(tweak(cluster, workers = cl), multiprocess))

tic('simulate pi - parallel nested map')
sims_list_nested_parallel <- future_map(
  draw_list_nested, ~future_map(.,simulate_pi)
)
toc()
#> simulate pi - parallel nested map: 260.532 sec elapsed
mean(unlist(sims_list_nested_parallel))
#> [1] 3.14157
```

處理速度大約是每秒 9,600 萬模擬資料點。

參見

future 套件有多個出色的小品文。若要更好地理解巢式的 plan 呼叫,請從 vignette('future-3-topologies', package = 'future') 開始閱讀。

您可以在 furrr 的 GitHub 頁面(*https://github.com/DavisVaughan/furrr*)上找到關於它的更多資訊。

## 第十三章

進階數值分析與統計方法

本章介紹一些進階技術，比如應用統計學研究所課程的第一年或第二年可能會學到的技術。

這些錦囊中的大多數錦囊都使用了基本發佈版本中的函式。若再外加附加套件，R 就能提供了一些世界上最先進的統計技術。這是因為統計學研究人員現在使用 R 作為他們的**通用語言**（*lingua franca*），展示他們最新的研究成果。因此，建議任何尋求尖端統計技術的人，都要搜尋 CRAN 和網路資源，您將會找到相關的實作或應用。

13.1 最小化或最大化單參數函數

問題

給定一個單參數函數 f，您希望找出 f 達到最小或最大值的點。

解決方案

要最小化單參數函數，請使用 optimize，並指定要用來最小化的函數和域的範圍（x）：

```
optimize(f, lower = LowerBound, upper = upperBound)
```

如果您想最大化函數，請指定 maximum = TRUE：

```
optimize(f,
         lower = LowerBound,
         upper = upperBound,
         maximum = TRUE)
```

討論

optimize 函式能處理只有一個參數的函數。您必須幫它定義搜尋區域的 x 值上界和下界。下面的例子示範如何找到多項式 $3x^4 - 2x^3 + 3x^2 - 4x + 5$ 的最小值：

```
f <- function(x)
  3 * x ^ 4 - 2 * x ^ 3 + 3 * x ^ 2 - 4 * x + 5
optimize(f, lower = -20, upper = 20)
#> $minimum
#> [1] 0.597
#>
#> $objective
#> [1] 3.64
```

回傳的值是一個包含兩個元素的 list：第一個是 minimum，也就是使這個函數最小化的 x 值；和 objective，即函數在該點的值。

若 lower 和 upper 間的範圍越小，表示搜尋區域越小，找到最佳解的速度越快。但是，如果不確定適當的界限，可以使用合理的較大值，比如 lower = -1000 和 upper = 1000。但是要注意您的函數在這個範圍內沒有多個極小值！否則，optimize 函式將只會找到一個極小值，就立刻回傳該值。

參見

請參考錦囊 13.2。

13.2 最小化或最大化多參數函數

問題

給定一個多參數函數 f，您想找出 f 達到最小或最大值的點。

解決方案

想要最小化一個多參數函數，可以使用 optim。您必須指定起始點，它是由 f 的初始引數所組成的一個 vector：

```
optim(startingPoint, f)
```

相反地，若想要最大化這個函數，請指定 control 參數：

```
optim(startingPoint, f, control = list(fnscale = -1))
```

討論

optim 函式比 optimize（參見錦囊 13.1）更通用，因為它處理多參數函數。若要計算函數在某些點的值，optim 將那些點的座標打包成一個 vector，並將該 vector 傳遞給您的目標函數，然後函數會回傳一個常量值。optim 將從您指定的起始點開始，遍歷參數空間，搜尋函數的最小值。

下面是一個使用 optim 來擬合非線性模型的例子。假設您覺得 z 和 x 這個觀測值對，與 $z_i = (x_i + \alpha)^\beta + \varepsilon_i$ 相關，其中 α 和 β 是未知參數，而 ε_i 是非常態雜訊。現在，讓我們透過最小化一個 robust metric，即絕對偏差值總和來擬合模型：

$$\sum |z - (x + a)^b|$$

我們第一步要做的，就是定義出最小化的函數。注意，該函數只有一個形式參數，即一個擁有兩元素的 vector。待求的實際參數 a 和 b，分別由 vector 中的位置 1 和 2 取得：

```
load(file = './data/opt.rdata')  # 載入 x, y, z

f <-
  function(v) {
    a <- v[1]
    b <- v[2]                            # 「拆開」v，取得 a 和 b
    sum(abs(z - ((x + a) ^ b)))          # 計算並回傳誤差
  }
```

下面的程式碼將會呼叫 optim，從 (1, 1) 開始搜尋 f 的最小值點：

```
optim(c(1, 1), f)
#> $par
#> [1] 10.0  0.7
#>
#> $value
#> [1] 1.26
#>
#> $counts
#> function gradient
#>      485       NA
#>
#> $convergence
#> [1] 0
```

```
#>
#> $message
#> NULL
```

回傳的 list 中,有一個 convergence,它代表成功或失敗。如果它是 0,則表示 optim 找到最小值;否則,代表它沒有找到最小值。收斂指標(convergence)是最重要的回傳值,因為如果演算法不收斂,那麼其他值都沒有意義。

回傳的 list 中還包括 par,即能使函式最小化的參數,以及 value,即 f 在該點的值。在本例中,optim 確實收斂,並在大約 a = 10.0 和 b = 0.7 處找到一個最小值點。

 optim 無法指定一組下界和上界,您只能提供一個起點。如果您對起點做了一個更好的猜測代表能夠更快地完成最小化。

optim 函式支援多種不同的最小化演算法,您可以從中進行選擇。如果預設演算法對您來說不適用,請參閱說明頁面瞭解替代方案。多維最小化的一個典型問題是,演算法陷入局部極小值,無法找到更深層的全域最小值。一般來說,功能更強大的演算法不太可能陷入局部困境。然而,交換的代價是:它們也往往執行得更慢。

參見

R 社群已經實現了許多用於優化的工具。請查看在 CRAN 上的任務視圖(*https://cran.r-project.org/web/views/Optimization.html*)以得到更多解決方案。

13.3 計算特徵值和特徵向量

問題

您想計算矩陣的特徵值或者特徵向量。

解決方案

請使用 eigen 函式,它會回傳一個 list,其中包含兩個元素:values 和 vectors,這兩個元素分別是特徵值和特徵向量。

討論

假設我們有一個矩陣，比如斐波那契矩陣（Fibonacci matrix）：

```
fibmat <- matrix(c(0, 1, 1, 1), 2, 2)
fibmat
#>      [,1] [,2]
#> [1,]    0    1
#> [2,]    1    1
```

若指定一個矩陣，eigen 函式將回傳由其特徵值和特徵向量組成的一個 list：

```
eigen(fibmat)
#> eigen() decomposition
#> $values
#> [1]  1.618 -0.618
#>
#> $vectors
#>        [,1]   [,2]
#> [1,] 0.526 -0.851
#> [2,] 0.851  0.526
```

請使用 eigen(fibmat)$values 或 eigen(fibmat)$vectors 從 list 中選擇所需的值。

13.4 執行主要成分分析

問題

您希望找出多變數資料集合中的主要元件。

解決方案

請使用 prcomp 函式，它的第一個參數是一個公式，公式的右邊是一組變數，變數之間使用加號分隔（+），公式左邊保留空白：

```
r <- prcomp( ~ x + y + z)
summary(r)
#> Importance of components:
#>                          PC1     PC2     PC3
#> Standard deviation     1.894 0.11821 0.04459
#> Proportion of Variance 0.996 0.00388 0.00055
#> Cumulative Proportion  0.996 0.99945 1.00000
```

討論

基礎 R 包含兩個能做主要成分分析（PCA）的函式：prcomp 和 princomp。由於文件中提到 prcomp 具有更好的數值特性，所以錦囊就採用這個函式。

主要成分分析的一個重要用途是減少資料集合的維數。假設您的資料中變數的量 N 很大。在理想情況下，所有變數或多或少都是獨立的，並且有相同的貢獻度。但是，如果您懷疑某些變數是冗餘的，主要成分分析可以告訴您資料中變異數來源的數量。如果這個數值接近 N，那麼所有變數都是有用的。如果這個數值小於 N，那麼您的資料可以簡化為一個更小維度的資料集合。

主要成分分析會將您的資料重新轉到一個 vector 空間，其中第一個維度儲存大部份的變異數，第二個維度儲存次多的變異數，以此類推。prcomp 的實際輸出是一個物件，當需要印出內容時，它會提供所需的向量旋轉：

```
load(file = './data/pca.rdata')
r <- prcomp(~ x + y)
print(r)
#> Standard deviations (1, .., p=2):
#> [1] 0.393 0.163
#>
#> Rotation (n x k) = (2 x 2):
#>      PC1     PC2
#> x -0.553   0.833
#> y -0.833  -0.553
```

我們通常發現主要成分分析的匯總資訊更實用，它能顯示每個分量所儲存的變異數的比例：

```
summary(r)
#> Importance of components:
#>                        PC1    PC2
#> Standard deviation    0.393  0.163
#> Proportion of Variance 0.853  0.147
#> Cumulative Proportion  0.853  1.000
```

在這個例子中，第一個元件儲存了 85% 的變異數，第二個元件只儲存了 15%，所以我們知道第一個元件儲存了大部分變異數。

在呼叫 prcomp 後，可使用 plot(r) 查看主成分變異數的長條圖，並使用 predict(r) 將資料旋轉到主成分。

參見

有關使用主成分分析的範例,請參見錦囊 13.9。W. N. Venables 和 B. D. Ripley 在
《*Modern Applied Statistics with S-Plus*》(Springer)中討論了主要成分分析在 R 中的進
一步應用。

13.5 執行簡單正交回歸

問題

您希望使用正交回歸建立一個線性模型,其中對 x 和 y 的變異數進行對稱處理。

解決方案

請使用 prcomp 對 x 和 y 執行主要成分分析。由得到的轉軸旋轉結果,計算斜率和截距:

```
r <- prcomp(~ x + y)
slope <- r$rotation[2, 1] / r$rotation[1, 1]
intercept <- r$center[2] - slope * r$center[1]
```

討論

正交回歸也稱為總最小平方法(*total least squares*,TLS)。

普通最小平方法(OLS)的演算法有個奇怪屬性:它是不對稱的。換言之,計算
lm(y ~ x) 並非在數學上計算 lm(x ~ y) 的倒數。其原因在於,OLS 假設 x 值為常數,而
y 值為隨機變數。因此,所有的變異皆歸因於 y,而不歸因於 x;因而產生不對稱情況。

圖 13-1 顯示其不對稱性:左上角圖是擬合 lm(y ~ x) 模型的適合度示意圖,OLS 演算法
試圖將垂直距離最小化,如圖中的虛線所示;右上角圖顯示同樣的資料集,但改為擬合
lm(x ~ y) 模型的示意圖,OLS 演算法試圖將水平虛線距離最小化。顯然,由於最小化
的距離不同,得到的結果也不同。

而圖 13-1 最下方圖形是相當不同的。模型使用主要成分分析執行正交迴歸,其最小化的
距離是從資料點到迴歸直線的正交距離。在對稱的情況下,將 x 和 y 的角色互換完全不
會改變其最小化的距離。

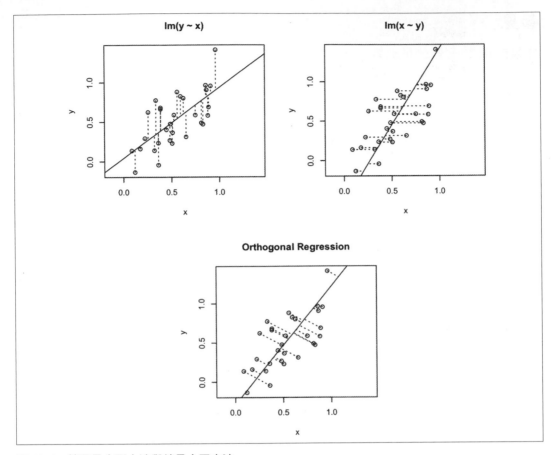

圖 13-1 普通最小平方法與總最小平方法

在 R 中實作基本的正交迴歸非常簡單。首先,請執行主要成分分析:

```
load(file = './data/pca.rdata')
r <- prcomp(~ x + y)
```

接下來,使用轉軸旋轉計算斜率:

```
slope <- r$rotation[2, 1] / r$rotation[1, 1]
```

然後再從斜率計算截距:

```
intercept <- r$center[2] - slope * r$center[1]
```

我們稱之為 "基本" 回歸,因為它只給出斜率和截距的點估計值,而沒有給出信賴區間。當然,我們也會想要回歸統計量。錦囊 13.8 顯示了使用自助重抽法(bootstrap algorithm)估計信賴區間。

參見

主成分分析見錦囊 13.4。本錦囊中的圖形靈感受 Vincent Zoonekynd 的作品以及他的回歸介紹(*http://zoonek2.free.fr/UNIX/48_R/09.html*)啟發。

13.6 在數據中找到集群

問題

您相信您的資料包含集群:即由彼此 "相近" 的點所組成的分組,您想要找出這些集群。

解決方案

您的資料集合 x,可以是 vector、資料幀或 matrix。假設您需要找出的集群數量為 *n*:

```
d <- dist(x)              # 計算觀測值間的距離
hc <- hclust(d)           # 製作階層集群
clust <- cutree(hc, k=n)  # 將找到的集群組成更大的集群
```

產出的結果 clust,是由數字 1 到 *n* 所組成的一個 vector,vector 中的每一個元素對應 x 中的一個觀測值。依這些數字可將其對應的觀測值劃分為 *n* 個集群。

討論

dist 函式計算所有觀測值之間的距離。預設值是歐式距離(Euclidean distance),歐式距離在許多應用程式中都適用,但您也可以選用其他距離度量。

hclust 函式使用這些距離將觀測值做成集群的層次樹狀結構。您可以繪製 hclust 的結果,以視覺化這些層次結構,稱為 *dendrogram*(樹狀圖),如圖 13-2 所示。

最後,cutree 從該樹中擷取集群。您必須指定您想要多少集群數量或樹應該被切割的高度。通常您會不知道集群的數量要指定為多少,在這種情況下,您需要研究在您的應用中怎樣的分群才是有意義的。

我們用一個合成的資料集合示範分群。我們首先生成 99 個正常變數，每個變數的隨機平均數為 –3、0 或 +3：

```
means <- sample(c(-3, 0, +3), 99, replace = TRUE)
x <- rnorm(99, mean = means)
```

出於好奇心，我們可以計算原始分群的真實平均數（在實際情況中，我們不會有 means factor，因此無法執行此計算）。我們可以確定分組的平均數非常接近 –3、0 和 +3：

```
tapply(x, factor(means), mean)
#>     -3      0      3
#> -3.015 -0.224  2.760
```

為了要"發現"集群，我們首先計算所有點之間的距離：

```
d <- dist(x)
```

然後我們建立層次集群：

```
hc <- hclust(d)
```

將 hc 物件傳給 plot 函式來繪製層次樹狀圖（圖 13-2）：

```
plot(hc,
     sub = "",
     labels = FALSE)
```

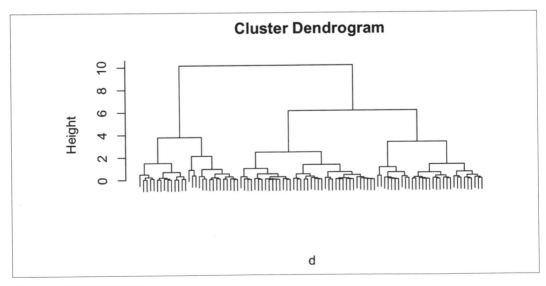

圖 13-2　分層集群樹狀圖

我們現在可以取得三個最大的集群：

```
clust <- cutree(hc, k=3)
```

顯然地，我們有一個很大的優勢因為我們知道集群的真實數量，這一點在現實生活並不容易達成。然而，即使不知道我們正在處理的東西被分為三個主要集群，查看樹狀圖也可以很好地提示我們資料中有三個大集群。

clust 是一個由 1 到 3 之間的整數組成的 vector，樣本中每個觀測值對應一個整數，這個整數代表要將觀測值分配給哪一個集群。以下是前 20 個集群分配：

```
head(clust, 20)
#>  [1] 1 2 2 2 1 2 3 3 2 3 1 3 2 3 2 1 2 1 1 3
```

將集群分配值視為 factor，可計算各統計集群的平均數（請見公式 6.6）：

```
tapply(x, clust, mean)
#>      1      2      3
#>  3.190 -2.699  0.236
```

R 對於分群很在行：平均數明顯不同，一個接近 –2.7，一個接近 0.27，還有一個接近 +3.2（當然，擷取到的平均數的順序不一定與原始組的順序匹配）。擷取到的平均數與原始平均數相似，但不完全相同。利用並排的箱型圖可以看到其原因（參見圖 13-3）：

```
library(patchwork)

df_cluster <- data.frame(x,
                         means = factor(means),
                         clust = factor(clust))

g1 <- ggplot(df_cluster) +
  geom_boxplot(aes(means, x)) +
  labs(title = "Original Clusters", x = "Cluster Mean")

g2 <- ggplot(df_cluster) +
  geom_boxplot(aes(clust, x)) +
  labs(title = "Identified Clusters", x = "Cluster Number")

g1 + g2
```

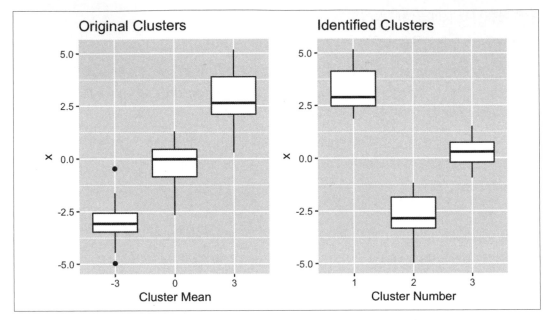

圖 13-3　集群箱型圖

聚類演算法很好地將資料劃分為不重疊的組。原始集群有重疊的部份，但我們找出的集群則沒有重疊。

這個例子使用的是一維資料，但是 dist 函式對於儲存在資料幀或 matrix 中的多維資料同樣有效。資料幀或 matrix 中的每一列都被視為多維空間中的一個觀測值，dist 一樣能計算這些觀測值之間的距離。

參見

這個示範用的是基本套件的分群功能。還有其他一些套件，比如 mclust，提供了替代的分群方法。

13.7 預測二元變數（Logistic 回歸）

問題

您希望執行 logistic 回歸，這是一個預測二元選擇事件發生機率的回歸模型。

解決方案

呼叫 glm 函式，並指定參數 family = binomial 以進行 logistic 回歸。回傳結果是一個模型物件：

```
m <- glm(b ~ x1 + x2 + x3, family = binomial)
```

此處 b 是一個 factor，內含兩個 level（例如：TRUE 和 FALSE、0 和 1），而 x1、x2 和 x3 是預測變數。

請使用回傳的模型物件 m，以及 predict 函式從新資料中預測機率：

```
df <- data.frame(x1 = value, x2 = value, x3 = value)
predict(m, type = "response", newdata = dfrm)
```

討論

在建模時，預測一個二元值結果是一個常見問題。比方說預測治療是否有效？物價會上漲還是下跌？誰將贏得這場比賽，A 隊還是 B 隊？Logistic 回歸對於建模這些情況很有用。本著真正的統計精神，它不會簡單地給出一個「贊成」或「反對」的答案；相反地，它會計算兩種可能結果的機率。

在呼叫 predict 時，我們設定了 type = "response"，使 predict 回傳一個機率。否則，它會回傳勝算比（log-odds），大多數人無法直覺理解這個值。

Julian Faraway 在其未出版的著作《*Practical Regression and ANOVA Using R*》（*http://bit.ly/2FchrZw*）一書中給出了一個預測二元變數的例子：資料集合 pima 中的變數 test，在患者檢測出糖尿病陽性時，test 變數為真。預測變數為舒張壓（diastolic）和體重指數（BMI）。Faraway 使用的是線性回歸，所以我們用 logistic 回歸代替：

```
data(pima, package = "faraway")
b <- factor(pima$test)
m <- glm(b ~ diastolic + bmi, family = binomial, data = pima)
```

產出的結果模型 m，其匯總資訊表明 diastolic 和 bmi 變數的 *p*-value 各別為 0.8 和（幾乎等於）0。因此，我們可以得出只有 bmi 變數才有顯著性：

```
summary(m)
#>
#> Call:
#> glm(formula = b ~ diastolic + bmi, family = binomial, data = pima)
#>
```

```
#> Deviance Residuals:
#>    Min     1Q  Median      3Q     Max
#> -1.913  -0.918  -0.685   1.234   2.742
#>
#> Coefficients:
#>             Estimate Std. Error z value Pr(>|z|)
#> (Intercept) -3.62955    0.46818   -7.75  9.0e-15 ***
#> diastolic   -0.00110    0.00443   -0.25      0.8
#> bmi          0.09413    0.01230    7.65  1.9e-14 ***
#> ---
#> Signif. codes:  0 '***' 0.001 '**' 0.01 '*' 0.05 '.' 0.1 ' ' 1
#>
#> (Dispersion parameter for binomial family taken to be 1)
#>
#>     Null deviance: 993.48  on 767  degrees of freedom
#> Residual deviance: 920.65  on 765  degrees of freedom
#> AIC: 926.7
#>
#> Number of Fisher Scoring iterations: 4
```

因為只有 bmi 變數具統計顯著性，所以我們可以建立這樣一個簡化模型：

```
m.red <- glm(b ~ bmi, family = binomial, data = pima)
```

讓我們用這個模型來計算某位平均 BMI 值為 32.0 的人，被檢測出糖尿病呈陽性的機率：

```
newdata <- data.frame(bmi = 32.0)
predict(m.red, type = "response", newdata = newdata)
#>     1
#> 0.333
```

根據該模型，得到的機率約為 33.3%。同樣地，對於第 90 百分位的人，診斷為陽性的機率為 54.9%：

```
newdata <- data.frame(bmi = quantile(pima$bmi, .90))
predict(m.red, type = "response", newdata = newdata)
#>   90%
#> 0.549
```

參見

運用 logistic 回歸分析方法，透過解釋偏差來判斷迴歸模型的顯著性。我們建議您在試圖從回歸得出任何結論之前，先閱讀一些關於 logistic 回歸的教學文章。

13.8 以自動重抽法估計統計量

問題

您有個資料集和用來計算其統計量的函數;您想要估計該統計量的信賴區間。

解決方案

使用 boot 套件中的 boot 函數來執行以自助重抽法估算統計量:

```
library(boot)
bootfun <- function(data, indices) {
  # ... 使用資料（索引）來計算統計量 ...
  return(statistic)
}

reps <- boot(data, bootfun, R = 999)
```

其中,data 是您的原始資料集合,它可以儲存在 vector 或資料幀中。計算統計量的函式（即本例中的 bootfun）需要兩個參數:data 和 indices,indices 是一個整數索引組成的 vector,功能是用來從 data 中選擇自助重抽樣本。

接下來,使用 boot.ci 函式估計以自助重抽重複抽樣的樣本信賴區間:

```
boot.ci(reps, type = c("perc", "bca"))
```

討論

人人都會計算統計量,但這只是一個片面的估計值。我們想更進一步:算出信賴區間（CI）是多少?對於某些統計量,我們可以用解析式方法計算信賴區間。例如,平均數的信賴區間可由 t.test 函式計算出來。不幸的是,這是一個特例,而不是通用法則。

對於大多數統計量來說,計算信賴區間的數學不是太過複雜,不然就是沒有可用的數學公式,而且沒有已知封閉形式（closed-form）信賴區間的計算公式。即使沒有封閉形式的計算,自助重抽法也可以用來估計信賴區間。自助重抽法的動作原理是,假設您有一個樣本數大小為 N 的樣本和一個計算統計量的函式,並執行以下步驟:

1. 用抽出後放回（*sampling with replacement*）從樣本中隨機選擇 N 元素,這組元素稱為自助重抽樣本。

2. 將計算統計量的函式套用於自助重抽樣本，以進行統計量計算。該值稱為**自助重抽複製量**（*bootstrap replication*）。

3. 多次重複步驟 1 和步驟 2（通常是數千次），生成許多自助重抽複製量。

4. 根據步驟 3 的自助重抽複製量計算信賴區間。

最後一步看起來很神秘，但是有多種演算法可用來計算信賴區間。其中一個簡單的方法是使用自助重抽樣本的百分位數（percentiles），比如取 2.5 個百分位數和 97.5 個百分位數，製成 95% 信賴區間。

我們是自助重抽法的愛用者，因為我們每天都要處理一些模糊的統計資料，知道它們的信賴區間是很重要的，特別是確定沒有已知的公式可以得到這些統計量時。自助重抽法能給我一個很好的近似值。

讓我們舉個例子，在錦囊 13.4 中，我們用正交回歸估計了直線的斜率。這給了我們一個點的估計值，但是我們怎麼才能找到信賴區間呢？首先，我們將斜率的計算放在一個函式中：

```
stat <- function(data, indices) {
  r <- prcomp(~ x + y, data = data, subset = indices)
  slope <- r$rotation[2, 1] / r$rotation[1, 1]
  return(slope)
}
```

需注意的是，該函數使用 `indices` 定義的特定索引，來選擇資料子集，然後以此資料子集計算斜率。

接下來，我們計算 999 個自助重抽樣本的斜率。回顧前述錦囊範例中，使用到兩個 vector，*x* 和 *y*，在這裡我們將它們合併至一個資料幀中，如下所示：

```
load(file = './data/pca.rdata')
library(boot)
set.seed(3) # 為了要產生一樣的隨機值

boot.data <- data.frame(x = x, y = y)
reps <- boot(boot.data, stat, R = 999)
```

其中，選擇設定重抽樣次數為 999 是一個很好的起點，您可以設定更高的重複次數，並查看結果是否有顯著的變化。

此外，**boot.ci** 函式用來估計重抽樣的信賴區間。它的內部有數種不同演算法的實作，您可以使用 **type** 引數選擇執行哪些演算法。對於每個選取的演算法，**boot.ci** 都將回傳結果估計值：

```
boot.ci(reps, type = c("perc", "bca"))
#> BOOTSTRAP CONFIDENCE INTERVAL CALCULATIONS
#> Based on 999 bootstrap replicates
#>
#> CALL :
#> boot.ci(boot.out = reps, type = c("perc", "bca"))
#>
#> Intervals :
#> Level     Percentile           BCa
#> 95%   ( 1.07,  1.99 )   ( 1.09,  2.05 )
#> Calculations and Intervals on Original Scale
```

在這裡，藉由設定 **type = C ("perc"，" bca ")**，我們選擇其中兩個演算法，百分位元數和 BCa。最後得出的兩個估計數位於輸出訊息的最下方，各自演算法名字的下面。請參見 **boot.ci** 的說明頁面，看看其他可用的演算法。

您會發現得到的兩個信賴區間略有不同：(1.068, 1.992) 和 (1.086, 2.050)。這雖然讓人感覺不太舒服，但卻是使用兩種不同演算法不可避免的結果。我們不知道用什麼方法來決定哪個信賴區間更好。如果對您來說這種選擇是一個關鍵問題，您將需要研究參考文獻並瞭解它們之間的差異。同時，我們最好的建議是保守些，選用最小下界和最大上界；在本例中，即選用 (1.068, 2.050)。

在預設情況下，**boot.ci** 估計的信賴區間水準為 95%。您可以透過 **conf** 引數修改它，像這樣：

```
boot.ci(reps, type = c("perc", "bca"), conf = 0.90)
```

參見

斜率計算見公式 13.4。自動重抽演算法的一個很好的指南和參考資料是由 Bradley Efron 和 Robert Tibshirani 編寫的《*An Introduction to the Bootstrap*》（Chapman & Hall/CRC）。

13.9 因素分析

問題

您希望對資料集合執行因素分析，因素分析通常是為了發現變數的共同點。

解決方案

請使用 factanal 函式，並輸入您的資料集合和您想估計的因素數量：

```
factanal(data, factors = n)
```

輸出結果將會包括 *n* 個因素，以及每個變數在因素上的負荷（loading）。

輸出中還包括一個 *p*-value。以本書慣例來說，*p*-value < 0.05 表示因素數目太少，無法完全解釋資料集合的所有維度；若 *p*-value 大於 0.05 表示可能有足夠（或超過足夠）的因素。

討論

因素分析建立變數的線性組合，稱為因素（factor），抽象表示變數的潛在共通性。如果您的 *n* 個變數是完全獨立的，那麼它們就沒有任何共通之處，此時需要用 *n* 因素來描述它們。但是，如果這些變數具有潛在的共通性，那麼只需要較少的因素就可以解釋大部分變異，因此需要的因素量就會小於 *n*。

對於每個因素和變數，我們計算它們之間的相關性，這種相關性被稱為 **負荷**（*loading*）。高負荷的變數代表可以很好地被因素解釋。我們可以把負荷做平方，以知道變數的總變異中可以用因素來解釋的比例有多少。

當幾個因素就能解釋大部分變數的變異時，因素分析是很實用的。因此，它能提醒您注意到資料中的冗餘。在這種情況下，您可以透過組合緊密相關的變數或完全消除冗餘變數來縮減資料集合。

因素分析的一個更微妙的應用是解釋這些因素，以發現變數之間的相互關係。如果兩個變數對同一個因素都有較大的負載，那麼您就知道它們有一些共通點。至於共通點是什麼？這裡沒有制式的答案，您需要自行研究資料及其含意。

因素分析有兩個棘手的環節，第一是選擇因素的數量。幸運的是，您可以使用主要成分分析對因素的數量進行良好的初始估計。第二個棘手的環節則是解釋這些因素。

讓我們用股票價格來說明因素分析，或者更準確地說，用股票價格的變化來說明因素分析。該資料集合包含 12 家公司股票 6 個月期間的價格變化。每個公司都屬於石油和汽油工業。它們的股價可能會同時波動，因為它們受到類似的經濟和市場力量的影響。我們可能會問：需要多少因素才能解釋它們的變化？如果只需要一個因素，那麼所有的股票都是一樣的，所有的股票都是一樣的好。如果需要許多因素才能解釋，我們知道擁有其中幾個因素可以幫我們找出較好的股票。

我們要先對代表價格變化的資料幀 diffs 進行主要成分分析。將主要成分分析結果做成圖，可以看出主成分能解釋變異的比例（圖 13-4）：

```
load(file = './data/diffs.rdata')
plot(prcomp(diffs))
```

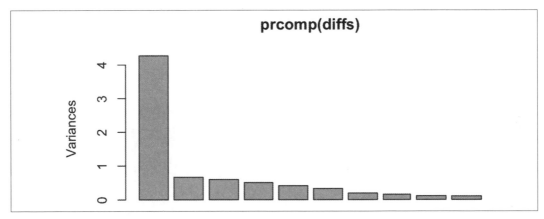

圖 13-4　主成分分析結果圖

我們可以在圖 13-4 中看到，第一個元件捕捉到最多變異，但我們不確定是不是需要更多元件。所以我們要執行初始因素分析，並假定需要 2 個因素：

```
factanal(diffs, factors = 2)
#>
#> Call:
#> factanal(x = diffs, factors = 2)
#>
#> Uniquenesses:
#>   APC    BP   BRY   CVX   HES   MRO   NBL   OXY   ETP   VLO   XOM
```

```
#> 0.307 0.652 0.997 0.308 0.440 0.358 0.363 0.556 0.902 0.786 0.285
#>
#> Loadings:
#>     Factor1 Factor2
#> APC 0.773   0.309
#> BP  0.317   0.497
#> BRY
#> CVX 0.439   0.707
#> HES 0.640   0.389
#> MRO 0.707   0.377
#> NBL 0.749   0.276
#> OXY 0.562   0.358
#> ETP 0.283   0.134
#> VLO 0.303   0.350
#> XOM 0.355   0.767
#>
#>               Factor1 Factor2
#> SS loadings    2.98    2.072
#> Proportion Var 0.27    0.188
#> Cumulative Var 0.27    0.459
#>
#> Test of the hypothesis that 2 factors are sufficient.
#> The chi square statistic is 62.9 on 34 degrees of freedom.
#> The p-value is 0.00184
```

我們可以忽略大部分輸出，因為在最下方的 p-value 非常接近於零（.00184）。這麼小的 p-value 值說明兩個因素不足，所以分析效果不佳。需要更多因素，所以我們再次嘗試用三個因素來代替：

```
factanal(diffs, factors = 3)
#>
#> Call:
#> factanal(x = diffs, factors = 3)
#>
#> Uniquenesses:
#>   APC    BP   BRY   CVX   HES   MRO   NBL   OXY   ETP   VLO   XOM
#> 0.316 0.650 0.984 0.315 0.374 0.355 0.346 0.521 0.723 0.605 0.271
#>
#> Loadings:
#>     Factor1 Factor2 Factor3
#> APC 0.747   0.270   0.230
#> BP  0.298   0.459   0.224
#> BRY                 0.123
#> CVX 0.442   0.672   0.197
#> HES 0.589   0.299   0.434
#> MRO 0.703   0.350   0.167
```

```
#> NBL   0.760    0.249    0.124
#> OXY   0.592    0.357
#> ETP   0.194             0.489
#> VLO   0.198    0.264    0.535
#> XOM   0.355    0.753    0.190
#>
#>                 Factor1  Factor2  Factor3
#> SS loadings      2.814    1.774    0.951
#> Proportion Var   0.256    0.161    0.086
#> Cumulative Var   0.256    0.417    0.504
#>
#> Test of the hypothesis that 3 factors are sufficient.
#> The chi square statistic is 30.2 on 25 degrees of freedom.
#> The p-value is 0.218
```

此處得到較大的 p-value（0.218）證實了三個因素是足夠的，因此我們可以使用此分析結果。

輸出中包括一個因素解釋變異表格，如下圖所示：

```
                 Factor1  Factor2  Factor3
SS loadings       2.814    1.774    0.951
Proportion Var    0.256    0.161    0.086
Cumulative Var    0.256    0.417    0.504
```

由此表可知，各因素解釋的變異比例分別為 0.256、0.161 和 0.086。累積起來，他們解釋了 0.504 的變異數，這使得剩下的 $1 - 0.504 = 0.496$ 仍無法解釋。

接下來我們要解釋這些因素，這更像是巫術（voodoo）而不是科學。讓我們再次看看因素的負荷值：

```
Loadings:
      Factor1  Factor2  Factor3
APC   0.747    0.270    0.230
BP    0.298    0.459    0.224
BRY                     0.123
CVX   0.442    0.672    0.197
HES   0.589    0.299    0.434
MRO   0.703    0.350    0.167
NBL   0.760    0.249    0.124
OXY   0.592    0.357
ETP   0.194             0.489
VLO   0.198    0.264    0.535
XOM   0.355    0.753    0.190
```

每一列都標記了變數名稱（即股票代碼）：APC、BP、BRY 等等。第一個因素有許多大的負荷值，說明它解釋了許多股票的變異。這在因素分析中是常見的現象。我們查看變數通常都有相關性，在此情況下，第一個因素往往解釋它們最基本的關係。在本例中，我們處理的變數是股價，大多數股價與大盤同步移動。這可能是第一個因素。

第二個因素更為微妙。請注意 CVX（0.67）和 XOM（0.75）的值占領主導地位，BP 緊隨其後（0.46），但其他所有股票的負荷值都明顯較小。這表明 CVX、XOM 和 BP 之間存在連接。也許它們是在一個共同的市場中運作（例如，跨國能源），因此傾向於一起變動。

第三個因素也有三個主要的負載：分別是 VLO、ETP 和 HES。這些公司比我們在第二個因素中看到的全球巨頭要小一些。這三家公司可能有相似的市場或風險，因此它們的股票也傾向於一起變動。

總而言之，這裡似乎有三類股票：

- CVX、XOM、BP
- VLO、ETP、HES
- 其他的公司

因素分析是一門藝術，也是一門科學。我們建議您在使用多變量分析之前讀一本關於多變量分析的好書。

參見

有關主要成分分析的更多資訊，請參見錦囊 13.4。

## 第十四章

時間序列分析

隨著量化財務分析與自動化證券交易的興起，時間序列分析已經成為一個熱門主題。本章所描述的許多內容皆來自於金融、證券交易，與投資組合管理領域的實務從業者和研究人員。

在使用 R 開始進行任何時間序列分析之前，一個關鍵的決定是資料呈現方式（物件類別）的選擇。尤其對於 R 這種物件導向語言格外重要。因為這個選擇不僅僅會影響資料儲存的方式，也決定了時間序列在載入、處理、分析、輸出資料，與繪製圖形時可使用的函式（方法）。例如，初次使用 R 時，我將時間序列資料儲存為 vector。這樣的選擇看似自然，然而，我很快就發現，R 軟體中功能強大的時間序列分析工具皆不適用於簡單 vector。所以，我將資料轉換為適用於時間序列分析的物件類別，這也是應用 R 重要函數與分析的必經之門。

本章於第一個錦囊建議讀者使用 zoo 或 xts 套件來呈現時間序列資料。它們是相當普遍的套件，應該能滿足大多數使用者需求。本章後續的錦囊皆假設您使用這兩個套件之一的時間序列呈現方式。

> xts 套件可說是 zoo 套件的超集合（superset）；因此，zoo 套件可達成的功能，使用 xts 套件也可以達成。在本章中，若錦囊適用於 zoo 套件中的物件，您可以放心地假設（除非另有說明），它也適用於 xts 套件中的物件。

其他資料表示形式

在 R 的世界中還有其他時間序列資料的表示形式，包括：

- fts 套件

- 來自 tseries 套件的 irts 類別

- timeSeries 套件

- 在基本發佈中的 ts 類別

- tsibble 套件，一個 tidyverse 風格的時間序列套件

實際上，有一個名為 tsbox 的完整工具套件，用於資料表示形式之間進行轉換。

這其中有兩種資料表示形式值得特別說明。

ts（基本發佈）

R 的基本發佈包括一個名為 ts 的時間序列類別。我們不建議將這種表示形式用於日常用途，因為實現本身太局限、限制也太多。

但是，R 基本發佈中包括一些依賴 ts 的重要時間序列分析，例如自相關函式（acf）和互相關函式（ccf）。如果想對 xts 資料使用這些基本函式，請在呼叫函式之前使用 to.ts，將資料 "降格" 到 ts 表示形式中。例如，如果 x 是一個 xts 物件，您可以這樣計算它的自相關：

```
acf(as.ts(x))
```

tsibble 套件

tsibble 套件是 tidyverse 的最新成員，專門用於處理 tidyverse 中的時間序列資料。我們發現它對於 *cross-sectional*（橫斷面）資料非常有用，也就是說，假設有些觀測資料是按日期分組的，您希望進行各日期內資料分析，而非跨各日期分析。

Date 和 Datetime

時間序列中的每個觀測值都有一個相關的日期或時間。本章使用的物件類別 zoo 和 xts，讓您可以選擇使用 date 或 datetime 格式來表示資料的時間。當然，您可以使用 date 來表示每天的資料，也可以表示每週、每月甚至每年的資料；在這些情況下，日期

給出了觀察值發生的日期。您將對一日內資料使用 datetime，它可以包括觀測值的日期和時間。

在撰寫本章的錦囊時，我們發現自己一直重複地說"日期（date）或日期時間（datetime）"，這非常麻煩。因此，我們簡化了文意，直接假設您的資料是每日的，因此只使用 date。當然，請記住，您可以自由地使用比日期更精密的時間戳記。

參見

R 含有許多實用的時間序列分析函式和套件。您可以在 Time Series Analysis 任務視界中找到指引（*http://cran.r-project.org/web/viewsTmeSeries.html*）。

14.1 呈現時間序列資料

問題

您需要一個能夠表示時間序列資料的 R 資料結構。

解決方案

我們推薦 zoo 和 xts 套件，這兩個套件為時間序列定義了資料結構，並且包含許多用於處理時間序列資料的實用函式。請像下方範例一樣建立一個 zoo 物件，其中 x 為 vector、matrix 或資料幀，dt 為對應日期或日期時間的 vector：

```
library(zoo)
ts <- zoo(x, dt)
```

建立一個 xts 物件，方法如下：

```
library(xts)
ts <- xts(x, dt)
```

使用 as.zoo 以及 as.xts 在時間序列資料的表示形式之間進行轉換。

as.zoo(ts)

　　將 ts 轉換為 zoo 物件

as.xts(ts)

　　將 ts 轉換為 xts 物件

討論

R 至少有 8 種不同的表示時間序列的資料結構實作。雖然我們還沒有全部試用過,但是我們可以說,zoo 和 xts 是處理時間序列資料的優秀套件,而且比我們已經試過的其他套件更好。

這兩種表示形式都假設您有兩個 vector:一個由觀測值(資料)組成的 vector,和一個由觀測日期或時間組成的 vector。zoo 函式的功能是將它們組合成一個 zoo 物件:

```
library(zoo)
#>
#> Attaching package: 'zoo'
#> The following objects are masked from 'package:base':
#>
#>     as.Date, as.Date.numeric
x <- c(3, 4, 1, 4, 8)
dt <- seq(as.Date("2018-01-01"), as.Date("2018-01-05"), by = "days")

ts <- zoo(x, dt)
print(ts)
#> 2018-01-01 2018-01-02 2018-01-03 2018-01-04 2018-01-05
#>          3          4          1          4          8
```

xts 函式功能類似,回傳的是一個 xts 物件:

```
library(xts)
#>
#> Attaching package: 'xts'
#> The following objects are masked from 'package:dplyr':
#>
#>     first, last
ts <- xts(x, dt)
print(ts)
#>            [,1]
#> 2018-01-01    3
#> 2018-01-02    4
#> 2018-01-03    1
#> 2018-01-04    4
#> 2018-01-05    8
```

資料 x 必須是數值型的,而日期或日期時間 vector dt,被稱為**索引**(*index*)。不同套件適用的索引也有差異:

zoo

> 索引可以是任何有序值，比如 Date 物件、POSIXct 物件、整數甚至浮點值。

xts

> 索引必須是受支援的 date 或 time 類別。這包括 Date、POSIXct 和 chron 物件。對於大多數應用來說，這些應該夠用了，但是您也可以使用 yearmon、yearqtr 或 dateTime 物件。xts 套件比 zoo 限制性更多一些，因為它實現了一些很厲害的強大操作，這些操作需要使用到時間索引。

下面的範例建立一個 zoo 物件，該物件包含 2010 年最前面五天 IBM 股票的價格；這裡的索引使用的是 Date 物件：

```
prices <- c(132.45, 130.85, 130.00, 129.55, 130.85)
dates <- as.Date(c(
  "2010-01-04", "2010-01-05", "2010-01-06",
  "2010-01-07", "2010-01-08"
))
ibm.daily <- zoo(prices, dates)
print(ibm.daily)
#> 2010-01-04 2010-01-05 2010-01-06 2010-01-07 2010-01-08
#>        132        131        130        130        131
```

作為比對，下一個範例以一秒為間隔捕捉 IBM 股票的價格。它表示從上午 9:30 開始抓取資料，表示時間的形式是從午夜起算多少小時的時間（1 秒大於等於 0.00027778 小時）：

```
prices <- c(131.18, 131.20, 131.17, 131.15, 131.17)
seconds <- c(9.5, 9.500278, 9.500556, 9.500833, 9.501111)
ibm.sec <- zoo(prices, seconds)
print(ibm.sec)
#>  10  10  10  10  10
#> 131 131 131 131 131
```

這兩個例子使用了一個時間序列，資料都來自一個 vector。無論是 zoo 還是 xts 都可以處理多個平行時間序列。所以，請將多個時間序列儲存在 matrix 或資料幀中，然後再透過呼叫 zoo（或 xts）函式建立一個多變數時間序列：

```
ts <- zoo(df, dt) # 或：ts< - xts(dfrm, dt)
```

其中第二個參數是每個觀測值的日期（或 datetimes）組成的 vector。所有時間序列都只搭配同一個日期 vector；換句話說，matrix 或資料幀的每一行中的所有觀測值必須具有相同的日期。如果資料與日期不匹配，請參閱錦囊 14.5。

資料被放置在 zoo 或 xts 物件中後，可以透過 coredata 取回純粹的資料，它以一個簡單的 vector（或 matrix）型態回傳：

```
coredata(ibm.daily)
#> [1] 132 131 130 130 131
```

您也可以透過 index：

```
index(ibm.daily)
#> [1] "2010-01-04" "2010-01-05" "2010-01-06" "2010-01-07" "2010-01-08"
```

xts 套件與 zoo 套件非常相似。而且，它還針對速度進行了優化，因此特別適合處理大量資料。它還可以巧妙地與其他時間序列形式進行相互轉換。

在 zoo 或 xts 物件中存放資料的一大優點是，可以使用特殊用途的函式進行列印、繪圖、差分、合併、定期採樣、應用滾動函式和其他實用的操作。甚至還有一個函式 read.zoo，專門從 ASCII 檔中讀取時間序列資料。

記住，xts 套件可以做到所有 zoo 套件能做的事情，所以在這一章中只要講到 zoo 物件，您也可以使用 xts 物件替代。

如果您是時間序列資料的忠實使用者，我們強烈建議您閱讀這些套件的文件，以便瞭解它們能夠如何幫助您。它們是具有許多實用功能的豐富套件。

參見

請到 CRAN 網站上閱讀有關 zoo 套件（*http://cran.r-project.org/web/packages/zoo/*）和 xts 套件的說明文件（*http://cran.r-project.org/web/packages/xts/*），這些說明文件包括參考手冊、小品文和快速參考卡。如果套件已經安裝在您的電腦上，請使用 vignette 函式查看它們的小品文：

```
vignette("zoo")
vignette("xts")
```

timeSeries 套件是時間序列物件的另一個很好的實作。它是量化金融專案 Rmetrics 中的一部分。

14.2 繪製時間序列資料

問題

您想繪製一個或多個時間序列資料。

解決方案

請使用 plot(*x*) 函式，這個函式適用於包含單個或多個時間序列的 zoo 物件和 xts 物件。

如果時間序列觀測值被儲存在一個簡單的 vector v 中，則可以使用 plot(v,type = "l") 或 plot.ts(v)。

討論

plot 函式有一個用於 zoo 物件和 xts 物件的版本。它可以繪製包含單個時間序列或多個時間序列的物件。對於後者，它可以在單獨的圖中繪製個別序列，也可以在一個圖中繪製全部序列。

假設 `ibm.infl` 是一個包含兩個時間序列的 zoo 物件。一個序列是 IBM 股票從 2000 年 1 月到 2017 年 12 月的報價，另一個是調整過通貨膨脹的價格。如果直接繪製物件，R 將把兩個時間序列一起繪製在一個圖中，如圖 14-1 所示：

```
load(file = "./data/ibm.rdata")
library(xts)

main <- "IBM: Historical vs. Inflation-Adjusted"
lty <- c("dotted", "solid")

# 繪製 xts 物件
plot(ibm.infl,
  lty = lty, main = main,
  legend.loc = "left"
)
```

圖 14-1　xts 圖範例

plot 函式繪製 xts 物件時，提供了一個預設標題，即 xts 物件的名稱。通常會將 main 參數設定為更有意義的標題，如上面範例中做的那樣。

程式碼指定了兩種線的類型（lty），以便以兩種不同的風格繪製這兩條線，使它們更容易區分。

參見

為了處理財務資料，quantmod 套件包含特殊的繪圖功能，可以生成漂亮的、有型的繪圖。

14.3 擷取最舊或最新的觀測值

問題

您只想看到您的時間序列中最舊或最新的觀測結果。

解決方案

使用 head 查看最舊的觀測值：

```
head(ts)
```

使用 tail 查看最新的觀測值：

```
tail(ts)
```

討論

head 和 tail 函式是泛型函式，因此無論您的資料是儲存在一個簡單的 vector、一個 zoo 物件，還是一個 xts 物件中，都可以正常使用。

假設您有一個儲存多年 IBM 股票價格歷史的 xts 物件，就像前面錦囊中使用的一樣。您無法在螢幕上顯示整個資料集合，因為它們只會從您的螢幕上快速滾動過去。但使用這個方法，您可以看到舊的觀測值：

```
ibm <- ibm.infl$ibm # 只取一欄做示範
head(ibm)
#>              ibm
#> 2000-01-01 78.6
#> 2000-01-03 82.0
#> 2000-01-04 79.2
#> 2000-01-05 82.0
#> 2000-01-06 80.6
#> 2000-01-07 80.2
```

您也可以看到最後的觀測值：

```
tail(ibm)
#>             ibm
#> 2017-12-21 148
#> 2017-12-22 149
#> 2017-12-26 150
#> 2017-12-27 150
#> 2017-12-28 151
#> 2017-12-29 150
```

在預設情況下，head 和 tail 會分別顯示了 6 個最舊的觀測值和 6 個最新的觀測值。透過指定提供第二個參數，您可以看到更多的觀察結果，例如 tail(ibm, 20)。

xts 套件中還有 first 和 last 函式，它們使用日曆週期而不是觀測值的數量。我們可以使用 first 和 last 來選擇要取得幾天、週、月甚至年的資料：

```
first(ibm, "2 week")
#>            ibm
#> 2000-01-01 78.6
#> 2000-01-03 82.0
#> 2000-01-04 79.2
#> 2000-01-05 82.0
#> 2000-01-06 80.6
#> 2000-01-07 80.2
```

乍一看，這個輸出可能令人困惑。我們要求 "2 week"，但 xts 卻回傳 6 天。2 週為何變成 6 天呢？這實在是不太可能，直到我們查看從 2000 年 1 月的日曆（圖 14-2）才瞭解這是怎麼回事。

```
                 January 2000
           Su Mo Tu We Th Fr Sa
                             1
            2  3  4  5  6  7  8
            9 10 11 12 13 14 15
           16 17 18 19 20 21 22
           23 24 25 26 27 28 29
           30 31
```

圖 14-2　2000 年 1 月日曆

從日曆上我們可以看到，2000 年 1 月的第一週只有一天，而那一天是星期六。然後第二週從 2 號持續到 8 號，然而，我們的資料沒有 8 號的值，所以當我們要求 first 給我們那年開始的 "2 week" 時，它回傳前兩個日曆週的所有值。在我們的範例資料集合中，前兩個日曆週只包含 6 個值。

同樣地，我們可以要求 last 給我們上個月的資料值：

```
last(ibm, "month")
#>            ibm
#> 2017-12-01 152
#> 2017-12-04 153
#> 2017-12-05 152
#> 2017-12-06 151
#> 2017-12-07 150
#> 2017-12-08 152
#> 2017-12-11 152
```

```
#> 2017-12-12 154
#> 2017-12-13 151
#> 2017-12-14 151
#> 2017-12-15 149
#> 2017-12-18 150
#> 2017-12-19 150
#> 2017-12-20 150
#> 2017-12-21 148
#> 2017-12-22 149
#> 2017-12-26 150
#> 2017-12-27 150
#> 2017-12-28 151
#> 2017-12-29 150
```

如果我們在這裡使用的是 zoo 物件，那麼在將物件傳遞給 first 或 last 之前，需要將它們轉換為 xts 物件，因為 first 或 last 是 xts 函式。

參見

有關 first 與 last 函式的詳細資訊，請參見 help(first.xts) 和 help(last.xts)。

> tidyverse 的 dplyr 套件，也有名為 first 和 last 的函式。如果您的工作同時載入 xts 和 dplyr 套件，請確保使用 *package::function* 明確聲明呼叫哪個函式（舉例來說：xts::first）。

14.4 時間序列子集合

問題

您希望從時間序列中選擇一個或多個元素。

解決方案

您可以按位置對一個 zoo 或 xts 物件進行索引。根據物件包含一個時間序列還是多個時間序列，使用一個或兩個下標：

ts[_i-]

　　從一個時間序列中，選擇第 *i* 個觀測值

ts[*j,i*]

　　從多個時間序列中，選擇第 *j* 個時間序列中的第 *i* 個觀測值

您可以按日期索引時間序列，或使用相同的物件類型索引時間序列。本範例假設索引中包含 Date 物件：

```
ts[as.Date("yyyy-mm-dd")]
```

您可以透過一系列日期索引它：

```
dates <- seq(startdate, enddate, increment)
ts[dates]
```

window 函式可以指定開始和結束日期範圍：

```
window(ts, start = startdate, end = enddate)
```

討論

還記得我們之前用的 xts 物件吧，以下物件是從前一個錦囊中通貨膨脹調整過的股票價格的範例中取得的：

```
head(ibm)
#>              ibm
#> 2000-01-01 78.6
#> 2000-01-03 82.0
#> 2000-01-04 79.2
#> 2000-01-05 82.0
#> 2000-01-06 80.6
#> 2000-01-07 80.2
```

我們可以透過位置來選取觀測值，就像從 vector 中選擇元素一樣（見錦囊 2.9）：

```
ibm[2]
#>              ibm
#> 2000-01-03   82
```

我們也可以根據位置選取多個觀測值：

```
ibm[2:4]
#>              ibm
#> 2000-01-03 82.0
#> 2000-01-04 79.2
#> 2000-01-05 82.0
```

有時按日期選擇更實用，因為只需使用日期本身作為索引即可：

```
ibm[as.Date("2010-01-05")]
#>            ibm
#> 2010-01-05 103
```

我們的 ibm 資料是一個 xts 物件，所以我們也可以日期來取子集合（zoo 物件不支援這種靈活的功能）：

```
ibm['2010-01-05']
```

```
ibm['20100105']
```

我們也可以透過 vector 選擇 Date 物件：

```
dates <- seq(as.Date("2010-01-04"), as.Date("2010-01-08"), by = 2)
ibm[dates]
#>            ibm
#> 2010-01-04 104
#> 2010-01-06 102
#> 2010-01-08 103
```

若要選擇連續的日期範圍，改用 window 函式更容易：

```
window(ibm, start = as.Date("2010-01-05"), end = as.Date("2010-01-07"))
#>            ibm
#> 2010-01-05 103
#> 2010-01-06 102
#> 2010-01-07 102
```

我們可以選取某年 / 某月的組合，只要合併使用 *yyyymm*，就可以取得子集合：

```
ibm['201001']  # 2010 1 月
```

想要選擇一個年份範圍，請使用 / ：

```
ibm['2009/2011'] # 2009 - 2011 間所有資料
```

/ 也選擇含月份的範圍：

```
ibm['2009/201001'] # 2009 年全年 + 2010 年 1 月
ibm['200906/201005'] # 2009 年 6 月至 2010 年 5 月
```

參見

xts 套件提供了許多其他聰明的方法來索引時間序列，請參見套件文件。

14.5 合併多個時間序列資料

問題

您有兩個或更多的時間序列資料。您希望將它們合併到一個時間序列物件中。

解決方案

請使用一個 zoo 或 xts 物件來表示時間序列資料，然後使用 merge 函式來組合它們：

```
merge(ts1, ts2)
```

討論

當兩個時間序列資料具有不同的時間戳記時，合併兩個時間序列資料是一個令人難以置信的難題。例如以下這兩個時間序列資料，IBM 股票 1999 年至 2017 年的每日價格和同期的每月消費者價格指數（CPI）：

```
load(file = "./data/ibm.rdata")
head(ibm)
#>             ibm
#> 1999-01-04 64.2
#> 1999-01-05 66.5
#> 1999-01-06 66.2
#> 1999-01-07 66.7
#> 1999-01-08 65.8
#> 1999-01-11 66.4
head(cpi)
#>             cpi
#> 1999-01-01 0.938
#> 1999-02-01 0.938
#> 1999-03-01 0.938
#> 1999-04-01 0.945
#> 1999-05-01 0.945
#> 1999-06-01 0.945
```

顯然，這兩個時間序列資料具有不同的時間戳記，因為一個是每日資料，另一個是每月資料。更糟糕的是，我們的 CPI 資料的時間戳記是每月第一天，即使這一天是節假日或週末（比如元旦）也一樣。

感謝 merge 函式，它有能力處理協調由不同日期造成的各種的混亂：

```
head(merge(ibm, cpi))
#>             ibm   cpi
#> 1999-01-01   NA 0.938
#> 1999-01-04 64.2   NA
#> 1999-01-05 66.5   NA
#> 1999-01-06 66.2   NA
#> 1999-01-07 66.7   NA
#> 1999-01-08 65.8   NA
```

在預設情況下，merge 會聯集（*union*）所有日期的資料：輸出會包含來自兩個輸入的所有日期，遺失的觀測值則用 NA 值填充。您可以使用來自 zoo 套件的 na.locf 將這些 NA 值替換為最靠近的觀測值：

```
head(na.locf(merge(ibm, cpi)))
#>             ibm   cpi
#> 1999-01-01   NA 0.938
#> 1999-01-04 64.2 0.938
#> 1999-01-05 66.5 0.938
#> 1999-01-06 66.2 0.938
#> 1999-01-07 66.7 0.938
#> 1999-01-08 65.8 0.938
```

（此處 locf 為 "使用最後一個觀測值向後填充（last observation carried forward）" 的縮寫）請您觀察上面輸出中 NA 被替換後的狀況。然而，na.locf 在第一個觀察日（1999-01-01）中留下了一個 NA，這是因為那天沒有可用的 IBM 的股票價格。

透過設定 all = FALSE，可以得到所有日期的**交集**（*intersection*）：

```
head(merge(ibm, cpi, all = FALSE))
#>             ibm   cpi
#> 1999-02-01 63.1 0.938
#> 1999-03-01 59.2 0.938
#> 1999-04-01 62.3 0.945
#> 1999-06-01 79.0 0.945
#> 1999-07-01 92.4 0.949
#> 1999-09-01 89.8 0.956
```

現在輸出只剩下於兩個檔都**有**的觀測值。

但是，請注意，交集後的第一筆資料開始於 2 月 1 日，而不是 1 月 1 日。這是因為 1 月 1 日是假日，所以那天沒有 IBM 的股票價格，因此與 CPI 資料沒有交集。要解決這個問題，請參閱錦囊 14.6。

14.6 填充或添補時間序列資料

問題

您的時間序列資料缺少觀測值。您希望把資料中遺失日期 / 時間的部份填上資料。

解決方案

請先建立一個零寬度（無資料）的 zoo 或 xts 物件，其中含有您想填充資料的日期 / 時間。然後再將您的資料與零寬度的物件合併，取得所有日期的聯集：

```
empty <- zoo(, dates) # 'dates' 的內容是遺失的日期組成的 vector
merge(ts, empty, all = TRUE)
```

討論

zoo 套件中的 zoo 物件的建構函式擁有一個方便的功能：您可以省略資料並構建一個零寬度的物件。物件不包含資料，只包含日期。我們可以使用這些 "特殊" 物件對其他時間序列物件執行填充和添補等操作。

假設您下載了上一個錦囊中使用的每月 CPI 資料。資料時間戳記為每個月的第一天：

```
head(cpi)
#>            cpi
#> 1999-01-01 0.938
#> 1999-02-01 0.938
#> 1999-03-01 0.938
#> 1999-04-01 0.945
#> 1999-05-01 0.945
#> 1999-06-01 0.945
```

R 知道，我們在這幾個月的其他日子裡沒有觀測值。然而，我們知道每一個 CPI 值都適用到當月月底。所以，我們建立一個以天為單位為期十年的一個零寬度的物件，裡面不含資料：

```
dates <- seq(from = min(index(cpi)), to = max(index(cpi)), by = 1)
empty <- zoo(, dates)
```

我們使用 min(index(cpi)) 和 max(index(cpi)) 從 cpi 資料中得到最小和最大的索引值。因此，我們產出的 empty 物件只是一個每日日期的索引，其索引範圍與 cpi 資料相同。

然後我們將 CPI 資料與零寬度物件進行結合，得到一個含有 NA 值的資料集合：

```
filled.cpi <- merge(cpi, empty, all = TRUE)
head(filled.cpi)
#>              cpi
#> 1999-01-01 0.938
#> 1999-01-02   NA
#> 1999-01-03   NA
#> 1999-01-04   NA
#> 1999-01-05   NA
#> 1999-01-06   NA
```

得到的時間序列包含每個日曆日，其中所有的 NA 處都沒有觀測值。這可能就是您所需要的。然而，一個更常見的需求是將每個 NA 替換為該日期之前最靠近的觀測值。zoo 套件的 na.locf 函式做的就是這件事：

```
filled.cpi <- na.locf(merge(cpi, empty, all = TRUE))
head(filled.cpi)
#>              cpi
#> 1999-01-01 0.938
#> 1999-01-02 0.938
#> 1999-01-03 0.938
#> 1999-01-04 0.938
#> 1999-01-05 0.938
#> 1999-01-06 0.938
```

1 月 1 日的值一直被採用，直到 2 月 1 日為止，改用 2 月份的值向後填充，所以現在每天都有最新的 CPI 資料了。注意，在這個資料集合中，CPI 設定 1999 年 1 月 1 日 = 100%，所有 CPI 值都是相對於該日的值：

```
tail(filled.cpi)
#>              cpi
#> 2017-11-26 1.41
#> 2017-11-27 1.41
#> 2017-11-28 1.41
#> 2017-11-29 1.41
#> 2017-11-30 1.41
#> 2017-12-01 1.41
```

我們可以用這個錦囊來解決 14.5 中提到的問題。在那裡，IBM 股票的日價格和月度 CPI 資料在某些日子沒有交集。我們可以用幾種不同的方法來解決這個問題。其中一種方法是填充 IBM 股價資料，使其包含 CPI 資料日期，然後與 CPI 資料合併取交集（可使用 index(cpi) 函式得到 CPI 時間序列中的所有日期）：

```
filled.ibm <- na.locf(merge(ibm, zoo(, index(cpi))))
head(merge(filled.ibm, cpi, all = FALSE))
#>              ibm   cpi
#> 1999-01-01   NA 0.938
#> 1999-02-01 63.1 0.938
#> 1999-03-01 59.2 0.938
#> 1999-04-01 62.3 0.945
#> 1999-05-01 73.6 0.945
#> 1999-06-01 79.0 0.945
```

如此，我們便可得到每月的觀測值。另一種方法是填補 CPI 資料（方法如前所述），然後與 IBM 資料進行交集，可得到每日觀測值如下：

```
filled_data <- merge(ibm, filled.cpi, all = FALSE)
head(filled_data)
#>             ibm   cpi
#> 1999-01-04 64.2 0.938
#> 1999-01-05 66.5 0.938
#> 1999-01-06 66.2 0.938
#> 1999-01-07 66.7 0.938
#> 1999-01-08 65.8 0.938
#> 1999-01-11 66.4 0.938
```

另一種常見的填充遺失值的方法是使用三次樣條（*cubic spline*）技術，該技術從已知數據中插入平滑的中間值。我們可以使用 zoo 套件中的 na.spline 函式以三次樣條填補我們遺失的值：

```
combined_data <- merge(ibm, cpi, all = TRUE)
head(combined_data)
#>             ibm   cpi
#> 1999-01-01   NA 0.938
#> 1999-01-04 64.2   NA
#> 1999-01-05 66.5   NA
#> 1999-01-06 66.2   NA
#> 1999-01-07 66.7   NA
#> 1999-01-08 65.8   NA

combined_spline <- na.spline(combined_data)
head(combined_spline)
#>             ibm   cpi
#> 1999-01-01  4.59 0.938
#> 1999-01-04 64.19 0.938
#> 1999-01-05 66.52 0.938
#> 1999-01-06 66.21 0.938
#> 1999-01-07 66.71 0.938
#> 1999-01-08 65.79 0.938
```

注意，cpi 和 ibm 中的遺失值都被填滿了。然而，1999 年 1 月 1 日為 ibm 欄填充的值似乎與 1 月 4 日的觀測值不一致。這說明了三次樣條的一個困境：如果插值的值在序列的開頭或結尾時，它們可能變得不可靠。為了克服這種不穩定性，我們可以另外取得 1999 年 1 月 1 日之前的一些資料點，然後再使用 na.spline，或者我乾脆選擇另外一個不同的插值方法。

14.7 時間序列的時間落差

問題

您想要將時間序列在時間上向前或向後移動。

解決方案

請使用 lag 函式，它的第二個參數 k，用來設定時間落差：

```
lag(ts, k)
```

若使用正的 k 值，是將資料向前移動（明天的資料變成今天的資料）。使用負的 k 值則是將資料向後移動（昨天的資料變成今天的資料）。

討論

回顧錦囊 14.1 中，有個包含 5 天 IBM 股票價格的 zoo 物件：

```
ibm.daily
#> 2010-01-04 2010-01-05 2010-01-06 2010-01-07 2010-01-08
#>        132        131        130        130        131
```

為了將資料向前移動一天，我們使用 k = +1：

```
lag(ibm.daily, k = +1, na.pad = TRUE)
#> 2010-01-04 2010-01-05 2010-01-06 2010-01-07 2010-01-08
#>         NA        132        131        130        130
```

我們還設定了 na.pad = TRUE，指定以 NA 去填充最後一筆資料處的遺失值。否則，遺失值會被丟棄，導致時間序列縮短。

相反地，若想將資料向後移動一天，可使用 k = -1。而且，我們再次使用：

```
lag(ibm.daily, k = -1, na.pad = TRUE)
#> 2010-01-04 2010-01-05 2010-01-06 2010-01-07 2010-01-08
#>         NA        132        131        130        130
```

如果您覺得 k 符號的用法很奇怪，那麼您並不孤單，因為很多人都是這麼覺得。

 這個函式被稱為 lag，但是 k 為正值時實際上生成的是超前（*leading*）資料，而不是滯後資料，必須使用負的 k 才能得到滯後（*lagging*）資料。是的，這很奇怪，也許這個函式名稱應該被改為 lead。

使用 lag 時，還有另一件事要注意，dplyr 套件還包含一個同名的 lag 函式。dplyr::lag 的參數與基本 R lag 函式的參數並不完全相同。而且，dplyr 使用參數 n 而不是 k：

```
dplyr::lag(ibm.daily, n = 1)
#> 2010-01-04 2010-01-05 2010-01-06 2010-01-07 2010-01-08
#>         NA        132        131        130        130
```

 如果您想使用的是 dplyr 套件中的函式，您應該使用名稱空間來明確指定您想使用的 lag 函式。以 stats::lag 指定基本 R 函式，指定 dplyr::lag 使用 dplyr 函式。

14.8 計算逐次差分

問題

若給定一個時間序列 x，您想計算連續觀測值的差分：$(x_2 - x_1), (x_3 - x_2), (x_4 - x_3), ...$

解決方案

請使用 diff 函式：

```
diff(x)
```

討論

diff 函式是泛型函式，所以它適用於 vector、xts 物件以及 zoo 物件。對 zoo 或 xts 物件進行差分計算的美妙之處在於，產出的物件類型仍然是原來的類型，而且物件中還會標注正確的日期。在下面的範例中，我們計算 IBM 股票價格的連續差分：

```
ibm.daily
#> 2010-01-04 2010-01-05 2010-01-06 2010-01-07 2010-01-08
#>        132        131        130        130        131
diff(ibm.daily)
#> 2010-01-05 2010-01-06 2010-01-07 2010-01-08
#>      -1.60      -0.85      -0.45       1.30
```

標記為 2010-01-05 的差分是前一天（2010-01-04）的變動量，這答案通常就是您想要的形式。當然，計算後得到的差分項目數量比原來的項目少一個元素，這是因為 R 無法計算 2010-01-04 的變化量。

在預設情況下，diff 的行為是計算連續的差分。您可以使用它的 lag 參數指定要計算的間隔。假設您有每月的 CPI 資料，想計算與 12 個月前的差異，求得同期相比變化量。此時請指定 lag 為 12：

```
head(cpi, 24)
#>              cpi
#> 1999-01-01 0.938
#> 1999-02-01 0.938
#> 1999-03-01 0.938
#> 1999-04-01 0.945
#> 1999-05-01 0.945
#> 1999-06-01 0.945
#> 1999-07-01 0.949
#> 1999-08-01 0.952
#> 1999-09-01 0.956
#> 1999-10-01 0.957
#> 1999-11-01 0.959
#> 1999-12-01 0.961
#> 2000-01-01 0.964
#> 2000-02-01 0.968
#> 2000-03-01 0.974
#> 2000-04-01 0.973
#> 2000-05-01 0.975
#> 2000-06-01 0.981
#> 2000-07-01 0.983
#> 2000-08-01 0.983
#> 2000-09-01 0.989
```

```
#> 2000-10-01 0.990
#> 2000-11-01 0.992
#> 2000-12-01 0.994
head(diff(cpi, lag = 12), 24)  #計算同期相比差分
#>             cpi
#> 1999-01-01   NA
#> 1999-02-01   NA
#> 1999-03-01   NA
#> 1999-04-01   NA
#> 1999-05-01   NA
#> 1999-06-01   NA
#> 1999-07-01   NA
#> 1999-08-01   NA
#> 1999-09-01   NA
#> 1999-10-01   NA
#> 1999-11-01   NA
#> 1999-12-01   NA
#> 2000-01-01 0.0262
#> 2000-02-01 0.0302
#> 2000-03-01 0.0353
#> 2000-04-01 0.0285
#> 2000-05-01 0.0296
#> 2000-06-01 0.0353
#> 2000-07-01 0.0342
#> 2000-08-01 0.0319
#> 2000-09-01 0.0330
#> 2000-10-01 0.0330
#> 2000-11-01 0.0330
#> 2000-12-01 0.0330
```

14.9 對時間序列執行計算

問題

您希望對時間序列資料使用算術或常用函式。

解決方案

沒有問題，R 對 zoo 和 xts 物件的操作非常聰明。您可以使用算術運算子（+、-、*、/ 等等）以及常用函式（sqrt、log 等等），通常可以得到您期望的結果。

討論

當您對 zoo 或 xts 物件執行算術時，R 會根據日期對物件進行對齊，以產生有意義的結果。假設我們想計算 IBM 股票的百分比變化。我們需要用每天的變化量除以價格，但是這兩個時間序列並不是自然對齊的——它們有不同的開始時間和不同的長度。以下是一個 zoo 物件的示範：

```
ibm.daily
#> 2010-01-04 2010-01-05 2010-01-06 2010-01-07 2010-01-08
#>        132        131        130        130        131
diff(ibm.daily)
#> 2010-01-05 2010-01-06 2010-01-07 2010-01-08
#>      -1.60      -0.85      -0.45       1.30
```

幸運的是，當我們將一個序列除以另一個序列時，R 會為我們對齊序列並回傳一個 zoo 物件：

```
diff(ibm.daily) / ibm.daily
#> 2010-01-05 2010-01-06 2010-01-07 2010-01-08
#>   -0.01223   -0.00654   -0.00347    0.00994
```

我們可以將結果縮放 100 來計算百分比變化，產出另一個 zoo 物件：

```
100 * (diff(ibm.daily) / ibm.daily)
#> 2010-01-05 2010-01-06 2010-01-07 2010-01-08
#>     -1.223     -0.654     -0.347      0.994
```

若要使用函式也沒問題，如果我們計算一個 zoo 物件的對數或平方根，產出會是一個帶有時間戳記的 zoo 物件：

```
log(ibm.daily)
#> 2010-01-04 2010-01-05 2010-01-06 2010-01-07 2010-01-08
#>       4.89       4.87       4.87       4.86       4.87
```

此外，在投資管理領域中，計算價格對數的差分是很常見的一件事，這對 R 來說太容易了：

```
diff(log(ibm.daily))
#> 2010-01-05 2010-01-06 2010-01-07 2010-01-08
#>   -0.01215   -0.00652   -0.00347    0.00998
```

參見

有關計算連續差分的特殊情況，請參閱錦囊 14.8。

14.10 計算移動平均

問題

您想計算時間序列的移動平均。

解決方案

請使用 zoo 套件的 rollmean 函式計算期間為 k（k-period）的移動平均：

```
library(zoo)
ma <- rollmean(ts, k)
```

此處的 ts 是時間序列資料，存放在一個 zoo 物件中，而 k 是期間。

對於大多數金融應用程式，您希望 rollmean 僅使用歷史資料計算平均數；也就是說，對於每一天，您只使用當天以前的資料。為此，請指定 align = right。否則，rollmean 將 "偷偷" 使用當時實際上不可用的未來資料：

```
ma <- rollmean(ts, k, align = "right")
```

討論

交易員喜歡用移動平均線來消除價格的波動。正式名稱是**滾動平均**（*rolling mean*）。您可以使用錦囊 14.12 所述，結合 rollapply 函式和 mean 函式來計算滾動平均數，但是直接使用 rollmean 要快得多。

除了執行速度比較快之外，rollmean 的美妙之處在於它會回傳與傳入引數相同類型的時間序列物件（即 xts 或 zoo）。回傳物件中的每個元素，其日期是計算平均數的 "截止日期"。由於產出的是一個時間序列物件，您可以輕鬆地合併原始資料和移動平均線，然後將它們繪製在同一張圖上，如圖 14-3 所示：

```
ibm_year <- ibm["2016"]
ma_ibm <- rollmean(ibm_year, 7, align = "right")
ma_ibm <- merge(ma_ibm, ibm_year)
plot(ma_ibm)
```

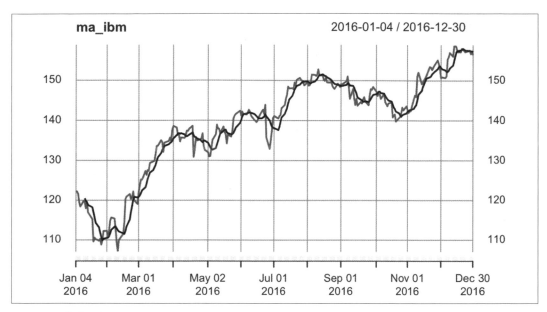

圖 14-3　移動平均圖

輸出通常會缺少一些前面的資料點，這是因為 rollmean 需要 k 個觀測值來計算平均數。因此，輸出比輸入短。如果這構成您的困擾，請指定 na.pad = TRUE；然後 rollmean 將用 NA 值填充缺少的資料點。

參見

有關 align 參數的更多資訊，請參見錦囊 14.12。

這裡描述的移動平均線是一個簡單的移動平均線。quantmod、TTR 和 fTrading 套件包含計算和繪製多種移動平均線的功能，其中也包括簡單的移動平均線。

14.11 依日曆週期套用函式

問題

假設有一個時間序列，您希望按日曆週期（例如，週、月或年）對內容進行分組，然後對每個組套用一個函式。

解決方案

xts 套件支援依天、週、月、季、年處理時間序列的功能：

```
apply.daily(ts, f)
apply.weekly(ts, f)
apply.monthly(ts, f)
apply.quarterly(ts, f)
apply.yearly(ts, f)
```

此處的 ts 是一個 xts 時間序列，f 是要套用於每天、每週、每月、季度或年度的函式。

如果您的時間序列是一個 zoo 物件，那麼請先將它轉換為一個 xts 物件，這樣您就可以一樣使用這些函式了；例如：

```
apply.monthly(as.xts(ts), f)
```

討論

依日曆週期處理時間序列資料是一種常見的需求，但計算日曆週期是很繁瑣的工作，讓我們用這些函式來完成繁重的工作。

假設我們在一個 xts 物件中儲存了 IBM 股票價格的五年歷史：

```
ibm_5 <- ibm["2012/2017"]
head(ibm_5)
#>             ibm
#> 2012-01-03 152
#> 2012-01-04 151
#> 2012-01-05 150
#> 2012-01-06 149
#> 2012-01-09 148
#> 2012-01-10 148
```

如下所示，若搭配 apply.monthly 和 mean，我們可以按月計算平均價格：

```
ibm_mm <- apply.monthly(ibm_5, mean)
head(ibm_mm)
#>             ibm
#> 2012-01-31 151
#> 2012-02-29 158
#> 2012-03-30 166
#> 2012-04-30 167
#> 2012-05-31 164
#> 2012-06-29 159
```

注意，IBM 資料從一開始就位於 xts 物件中。如果資料在 zoo 物件中，我們需要使用 as.xts 將其轉換為 xts 物件。

另一個更有趣的應用是計算每月股價的波動率。波動率是根據日收益率取對數後的標準差來衡量。計算日收益率對數的差分如下所示：

```
diff(log(ibm_5))
```

我們可逐月計算它們的標準差，如下所示：

```
apply.monthly(as.xts(diff(log(ibm_5))), sd)
```

我們可以乘上日數估計年化波動率，如圖 14-4 所示：

```
ibm_vol <- sqrt(251) * apply.monthly(as.xts(diff(log(ibm_5))), sd)
plot(ibm_vol,
  main = "IBM: Monthly Volatility"
)
```

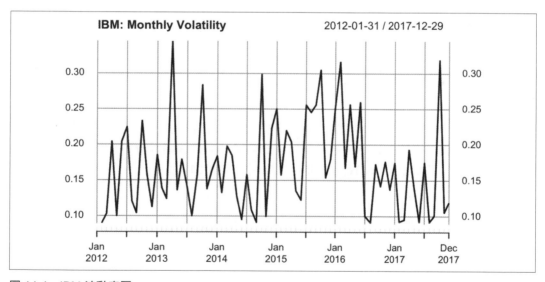

圖 14-4　IBM 波動率圖

14.12 套用滾動函式

問題

您希望以滾動的方式將函式套用於時間序列：函式使用圍繞某點的時間視窗中的資料，計算該資料點處的數值。計算完成後，再移動到下一個資料點，以同樣方式計算，然後，再移動到下一個資料點，以此類推。

解決方案

請使用 zoo 套件中的 rollapply 函式，其參數 width 定義了函式（f）要使用多少資料點，這些資料點是函式在每一點要用多少時間序列（ts）資料點：

```
library(zoo)
rollapply(ts, width, f)
```

對於許多應用，建議您設定 align = "right"，以避免 f 誤用不可用的歷史資料進行計算：

```
rollapply(ts, width, f, align = "right")
```

討論

rollapply 函式從時間序列中擷取一段 "視窗" 範圍資料，並用該資料呼叫函式，最後儲存結果，接著，再移動到下一個視窗，以此類推，對整個輸入資料都重複此模式。讓我們示範一下，例如呼叫 rollapply 時，設定視窗寬度 21：

```
rollapply(ts, 21, f)
```

rollapply 會重複地取得滑動視窗內的資料，然後呼叫函式 f，如下圖所示：

1. f(ts[1:21])

2. f(ts[2:22])

3. f(ts[3:23])

4. ... etc. ...

該函式只想要一個引數，這是一個由觀測值構成的 vector。rollapply 將儲存回傳的值，然後將它們打包到一個 zoo 物件中，並為每個值加上一個時間戳記。時間戳記的選擇取決您指定給 rollapply 的 align 參數：

align="right"
　　時間戳記取自最右邊的值。

align= "left"
　　時間戳記取自最左邊的值。

align= "center"（預設）
　　時間戳記取自中間值。

在預設情況下，rollapply 將對下一個資料點重新執行計算函式。相反地，您可能希望在每隔 *n* 的資料點處才重新執行計算。此時請使用 by = *n* 參數讓 rollapply 在結束一次函式計算後，移動 *n* 個點後才再次執行。例如，當我們計算一個時間序列的滾動標準差時，我們通常希望每個資料視窗是分開的，而不是重疊的，所以我們將 by 值設為視窗大小：

```
ibm_sds <- rollapply(ibm_5, width = 30, FUN = sd, by = 30, align = "right")
ibm_sds <- na.omit(ibm_sds)
head(ibm_sds)
```

在預設情況下，rollapply 函式將回傳一個物件，該物件擁有的觀測值與您的輸入資料一樣多，遺失的值則被填入 NA。在以前的例子中，我們使用過 na.omit 來刪除 NA 值，讓我們產出的物件只記錄我們有值的日期。

14.13 繪製自相關函式

問題

要繪製時間序列的自相關函式（ACF）。

解決方案

請使用 acf 函式：

```
acf(ts)
```

討論

自相關性函數是個檢視時間序列內部關係的重要工具。它是一組自相關性係數的集合，即 ρ_k（且 $k = 1$、2、$3\cdots$），其中 ρ_k 是所有相隔 k 期距離的自相關性係數。

相較於直接列出自相關性係數值，將其視覺化更加有用，所以，可用 acf 函式依每個 k 值繪製自相關性係數圖。下面的範例顯示兩個時間序列的自相關性函數圖；其中一個存在自相關性（圖 14-5），另一個不存在自相關性（圖 14-6）。圖中的虛線代表自相關性係數是否顯著的分隔線：在虛線上方的值具統計顯著性（虛線的高度由資料數量決定）。我們可以用以下的程式進行繪圖：

```
load(file = "./data/ts_acf.rdata")

acf(ts1, main = "Significant Autocorrelations")

acf(ts2, main = "Insignificant Autocorrelations")
```

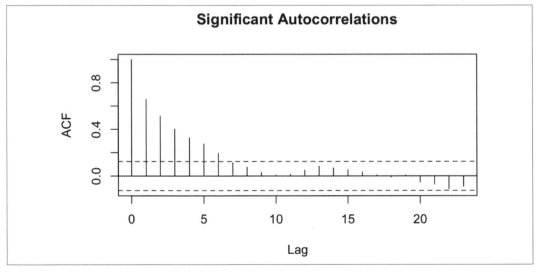

圖 14-5　滯後時的自相關性：ts1

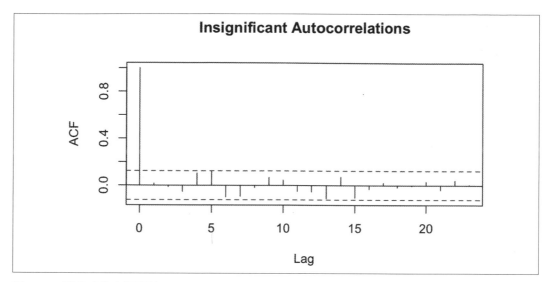

圖 14-6 滯後時的自相關性：ts2

自相關性一個指標，表示自相關性整合移動平均（ARIMA）模型可用來建立時間序列模型。從 ACF 中您可以計算顯著自相關性的期數，依據此資訊進而估計模型中移動平均（MA）係數之期數。例如，圖 14-5 顯示了 7 個顯著的自相關性係數，所以我們估計，其 ARIMA 模型將需要 7 個 MA 係數，即（MA(7)）。此模型估計只是一個起點，然而，它仍須經過模型擬合與診斷來驗證。

14.14 測試時間序列資料的自相關性

問題

您想測試您的時間序列是否存在自相關性。

解決方案

使用 Box.test 函式，執行自相關性的 Box-Pierce 檢定：

```
Box.test(ts)
```

輸出包括一個 p-value，在本書慣例中，p-value < 0.05 表示資料存在顯著的自相關性，而 p-value 大於 0.05 則不存在這樣的證據。

討論

繪製自相關函式的圖表對於瞭解資料非常有用。然而，有時候您只需要知道資料是否存在自相關，此時，統計測試（如 Box–Pierce 測試）可以提供您答案。

我們可以對錦囊 14.13 中繪製的自相關函式的資料進行 Box–Pierce 檢定，其檢定結果顯示，兩個時間序列的 *p*-value 分別接近 0 和 0.79：

```
Box.test(ts1)
#>
#>  Box-Pierce test
#>
#> data:  ts1
#> X-squared = 100, df = 1, p-value <2e-16

Box.test(ts2)
#>
#>  Box-Pierce test
#>
#> data:  ts2
#> X-squared = 0.07, df = 1, p-value = 0.8
```

p-value 接近於 0 表明第一個時間序列具有顯著的自相關性（我們不知道哪些自相關是顯著的；我們只知道它們存在）。*p*-value 值 0.8 表示檢定在第二時間序列中未檢測到自相關。

Box.test 函式也可以執行 Ljung–Box 檢定，適合對於小樣本使用。該檢定計算出的 *p*-value，解釋方式與 Box–Pierce 得到的 *p*-value 相同：

```
Box.test(ts, type = "Ljung-Box")
```

參見

參見錦囊 14.13 來繪製自相關函數，用視覺檢查自相關性。

14.15 繪製偏自相關函數圖

問題

要為時間序列繪製偏自相關函數（PACF）圖。

解決方案

請使用 pacf 函式：

```
pacf(ts)
```

討論

偏自相關（partial autocorrelation）函數是揭示時間序列相互關係的另一種工具。然而，它的解釋遠不如自相關函式的解釋直觀。關於偏自相關的數學定義，請參閱統計學課本。這裡，我們僅略為解釋。假設有兩個隨機變數 X 和 Y，它們之間的偏相關是指，當刪除由其他變數導致的 X 和 Y 相關性後，仍然存在有未解釋的相關性。對於時間序列而言，延遲 k 期的偏自相關性（partial autocorrelation at lag k）為，考慮時間落差為 k 期的資料點，於刪除 k 期之間資料導致的相關性後，仍存有未解釋的相關性。

PACF 的實用價值在於幫助您界定 ARIMA 模型中自相關性（AR）係數的期數。下面的例子繪出錦囊 14.13 中使用的兩個時間序列的 PACF 圖。一個時間序列存在偏自相關性，另一個時間序列則不存在偏自相關性。此外，超出水平虛線的偏自相關性係數是具有統計顯著性的。圖 14-7 顯示，有兩個符合此條件的值，分別在 $k = 1$ 與 $k = 2$。所以，我們最初的 ARIMA 模型將有兩個 AR 係數，即 AR(2)。然而，如同自相關性一樣，這只是初步估計，仍必須進一步配適與診斷模型的合理性。然而，第二個時間序列（圖 14-8）則沒有顯示這種自相關模式。繪圖程式碼如下：

```
pacf(ts1, main = "Significant Partial Autocorrelations")

pacf(ts2, main = "Insignificant Partial Autocorrelations")
```

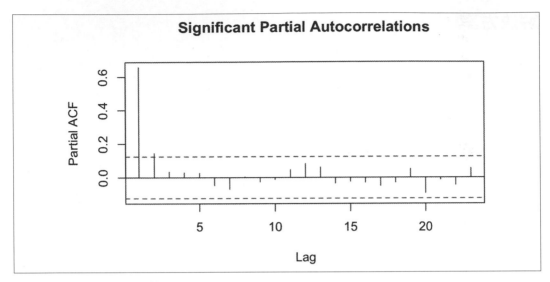

圖 14-7　滯後時的自相關性：ts1

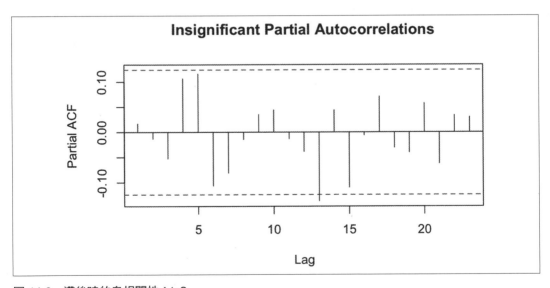

圖 14-8　滯後時的自相關性：ts2

參見

請參考錦囊 14.13。

14.16 找出兩個時間序列之間的滯後相關性

問題

您有兩個時間序列資料,您想知道它們之間是否有滯後相關性。

解決方案

請使用 forecast 套件中的 Ccf 函式繪製時差交叉相關函數(cross-correlation function)圖,這張圖將告訴我們滯後相關是否存在:

```
library(forecast)
Ccf(ts1, ts2)
```

討論

差交叉相關函數幫助您找出兩個時間序列資料之間的滯後相關性。當一個時間序列資料中的今天值與另一個時間序列中的將來值或過去值相關時,代表發生滯後相關。

假設考慮商品價格和債券價格之間的關係。一些分析師認為,這些價格之間存在關聯,因為大宗商品價格的變化是通貨膨脹的晴雨表,而通貨膨脹是債券定價的關鍵因素之一。我們能發現它們之間的關聯性嗎?

圖 14-9 為債券價格每日變化與商品價格指數[1]的差交叉相關函數圖:

```
library(forecast)
load(file = "./data/bnd_cmty.Rdata")
b <- coredata(bonds)[, 1]
c <- coredata(cmdtys)[, 1]

Ccf(b, c, main = "Bonds vs. Commodities")
```

---

[1] bonds 變數為 Vanguard Long-Term Bond Index Fund(VBLTX)的收益率對數值;而 cmdtys 變數為 Invesco DB Commodity Tracking Fund(DBC)的收益率對數值。此時間序列資料收集期間為 2007-01-01 至 2017-12-31。

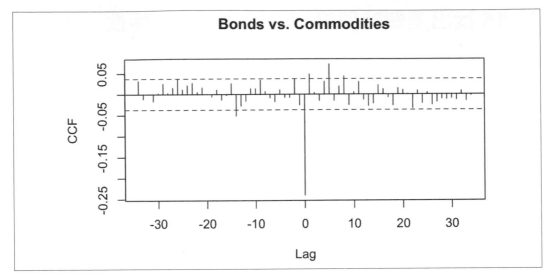

圖 14-9　差交叉相關函數

注意，由於我們用的物件 bonds 和 cmdtys，都是 xts 物件，所以我們使用 coredata()[1]
從每個資料 vector 中擷取資料。這是因為 Ccf 函式期望輸入是簡單的 vector。

每條垂直線都顯示了兩個時間序列在一定滯後下的相關性，滯後期數如 x 軸所示。如果
相關性超出或低於虛線，則代表具有統計顯著性。

請注意，滯後 0 處的相關係數為 −0.24，這個值代表兩個變數之間的簡單相關性：

```
cor(b, c)
#> [1] -0.24
```

引人注意的是滯後 1、5 和 8 的相關性，因為它們具有統計顯著性。顯然，債券和大宗
商品的日常價格存在一些 "漣漪效應"，因為今天的變化與明天的變化是相關的。發現
這種關係對市場分析師和債券交易員等短期預測者很有用。

14.17 去除時間序列資料的趨勢

問題

您的時間序列資料包含您想要刪除的趨勢。

解決方案

請用線性回歸確定帶有趨勢的元件，然後從原時間序列中減去趨勢元件。這兩行程式碼示範了如何去除 zoo 類型物件 ts 中的趨勢，並將結果放入 detr 中：

```
m <- lm(coredata(ts) ~ index(ts))
detr <- zoo(resid(m), index(ts))
```

討論

一些時間序列資料包含趨勢，這代表它會隨著時間逐漸向上或向下傾斜。假設我們的時間序列物件（本例使用 zoo 型態物件）yield，包含如圖 14-10 所示的趨勢。

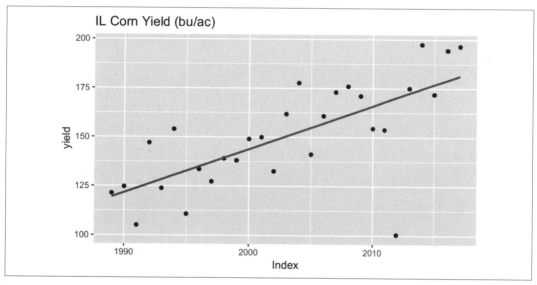

圖 14-10　帶有趨勢的時間序列資料

我們可以分兩步刪除趨勢元件。首先，利用線性模型函式 lm 確定總體趨勢。模型將 x 變數當作時間序列索引，將 y 變數視為時間序列資料：

```
m <- lm(coredata(yield) ~ index(yield))
```

其次,我們透過減去 lm 找到的直線,從原始資料中去除線性趨勢。這很簡單,因為我們可以得到線性模型的殘差,殘差的定義即為原始資料與擬合直線之間的差值:

$$r_i = y_i - \beta_1 x_i - \beta_0$$

公式中 r_i 是第 i 個殘差,β_1 和 β_0 分別是模型的斜率和截距。我們可以使用 resid 函式從線性模型中擷取殘差,然後將殘差嵌入到一個 zoo 物件中:

```
detr <- zoo(resid(m), index(yield))
```

注意,我們使用與原始資料相同的時間索引。當我們繪製 detr 時,明顯沒有趨勢,如圖 14-11 所示:

```
autoplot(detr)
```

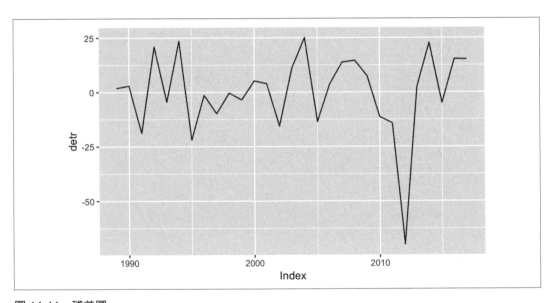

圖 14-11　殘差圖

這個資料是美國伊利諾斯州每英畝玉米的平均產量(bu/ac),所以 detr 是代表實際產量和趨勢之間的差異。有時,在進行刪去趨勢時,您可能想要確定偏離趨勢的百分比,在這種情況下,您可以除以初始度量值(參見圖 14-12):

```
library(patchwork)
# y <- autoplot(yield) +
#   labs(x='Year', y='Yield (bu/ac)', title='IL Corn Yield')
d <- autoplot(detr, geom = "point") +
```

```
    labs(
      x = "Year", y = "Yield Dev (bu/ac)",
      title = "IL Corn Yield Deviation from Trend (bu/ac)"
    )
  dp <- autoplot(detr / yield, geom = "point") +
    labs(
      x = "Year", y = "Yield Dev (%)",
      title = "IL Corn Yield Deviation from Trend (%)"
    )

  d / dp
```

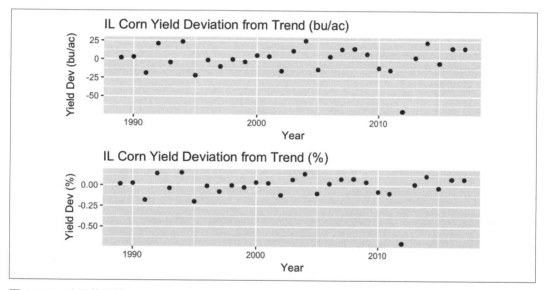

圖 14-12　去除趨勢圖

圖 14-12 上方圖顯示了 bu/ac（原始單位）的產量偏離趨勢，而下方的圖顯示了偏離趨勢的百分比。

14.18 擬合 ARIMA 模型

問題

您希望將您的時間序列資料相匹配擬合到 ARIMA 模型。

解決方案

forecast 套件中的 auto.arima 函式可以自動選擇正確的 ARIMA 模型階數（order），並將模型與您的資料進行擬合：

```
library(forecast)
auto.arima(x)
```

如果您已經知道模型的階數 (p, d, q)，可直接使用 arima 函式擬合模型：

```
arima(x, order = c(p, d, q))
```

討論

建立 ARIMA 模型需要三個步驟：

1. 識別模型階數。

2. 將時間序列資料擬合模型，並提供模型係數。

3. 應用診斷衡量指標來驗證模型。

模型的階數通常用三個整數來表示，即 (p, d, q)，其中 p 是自回歸係數的階數，d 是差分階數，q 是移動平均係數的階數。

構建 ARIMA 模型時，我們通常對適當的階數一無所知。與其費力尋找 p、d、q 的最佳組合，建議使用 auto.arima 函式處理此程序：

```
library(forecast)
library(fpp2) # 為範例資料匯入

auto.arima(ausbeer)
#> Series: ausbeer
#> ARIMA(1,1,2)(0,1,1)[4]
#>
#> Coefficients:
#>          ar1      ma1     ma2     sma1
#>        0.050   -1.009   0.375   -0.743
#> s.e.   0.196    0.183   0.153    0.050
#>
#> sigma^2 estimated as 241:  log likelihood=-886
#> AIC=1783    AICc=1783    BIC=1800
```

在本例中，`auto.arima` 函式確定最階數為 (1, 1, 2)，即先對資料進行一次差分（$d = 1$）之後，再選擇 AR 係數為 1（$p = 1$）以及兩個 MA 係數（$q = 2$）的模型。而且，`auto.arima` 函式確定我們的資料具有季節性，所以引入了季節項次 $P = 0$、$D = 1$、$Q = 1$ 以及週期 $m = 4$。季節性項次與非季節性 ARIMA 項次相似，只是和模型的季節性元件有關。m 項告訴我們季節性的週期為何，在本範例中是一季一次的。如果我們繪製 ausbeer 中的資料，如圖 14-13 所示，我們可以更容易地看到這一點：

```
autoplot(ausbeer)
```

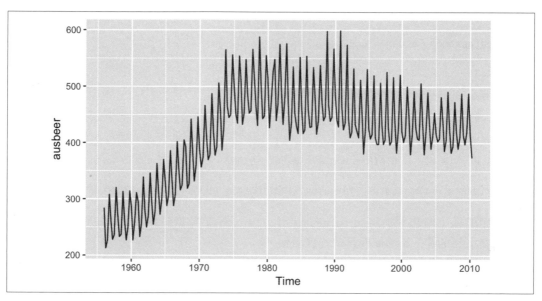

圖 14-13　澳大利亞啤酒消費量

預設情況下，`auto.arima` 函式限制 p 和 q 的範圍在 $0 \le p \le 5$ 和 $0 \le q \le 5$。如果您確信您的模型需要的係數少於五個，請使用 `max.p` 和 `max.q` 參數進一步限制搜尋範圍；這使得函數可以執行得更快。同樣地，如果您認為您的模型需要更多的係數，也請使用 `max.p` 和 `max.q` 擴展搜尋限制。

如果想要關閉 `auto.arima` 函式的季節性元件，可以設定 `seasonal = FALSE`：

```
auto.arima(ausbeer, seasonal = FALSE)
#> Series: ausbeer
#> ARIMA(3,2,2)
#>
#> Coefficients:
```

```
#>            ar1     ar2     ar3     ma1     ma2
#>        -0.957  -0.987  -0.925  -1.043   0.142
#> s.e.    0.026   0.018   0.024   0.062   0.062
#>
#> sigma^2 estimated as 327:  log likelihood=-935
#> AIC=1882   AICc=1882   BIC=1902
```

但是請注意，由於模型適用於非季節性模型，所以係數與季節性模型中的係數不同。

如果您已經知道您的 ARIMA 模型的階數，arima 函式可以快速地將您的資料擬合到模型：

```
arima(ausbeer, order = c(3, 2, 2))
#>
#> Call:
#> arima(x = ausbeer, order = c(3, 2, 2))
#>
#> Coefficients:
#>            ar1     ar2     ar3     ma1     ma2
#>        -0.957  -0.987  -0.925  -1.043   0.142
#> s.e.    0.026   0.018   0.024   0.062   0.062
#>
#> sigma^2 estimated as 319:  log likelihood = -935,  aic = 1882
```

這裡得到的輸出看起來與將 auto.arima 函式 seasonal 參數設定為 FALSE 時相同。而您在這裡看不到的是，arima 執行的速度更快。

auto.arima 函式和 arima 函式的輸出包括擬合過係數和各係數的標準誤差（s.e.）：

```
Coefficients:
         ar1      ar2      ar3      ma1      ma2
     -0.9569  -0.9872  -0.9247  -1.0425   0.1416
s.e.  0.0257   0.0184   0.0242   0.0619   0.0623
```

ARIMA 模型儲存到一個物件中，然後使用 confint 函式，就可以得到係數的信賴區間：

```
m <- arima(x = ausbeer, order = c(3, 2, 2))
confint(m)
#>        2.5 % 97.5 %
#> ar1 -1.0072 -0.907
#> ar2 -1.0232 -0.951
#> ar3 -0.9721 -0.877
#> ma1 -1.1639 -0.921
#> ma2  0.0195  0.264
```

這個輸出顯露了 ARIMA 建模的一個令人頭痛的問題：並非所有的係數都是重要的。如果其中有一個區間包含零，則真實係數本身可能為零，在這種情況下，該項是不必要的。

如果您發現您的模型包含不重要的係數，請使用錦囊 14.19 刪除它們。

 auto.arima 函式和 arima 函式提供了用於擬合最佳模型的實用功能。例如，您可以強制它們包含或排除趨勢元件。有關詳細資訊，請參閱說明網頁。

最後一個警告：auto.arima 函式的危險之處，是它使得 ARIMA 建模看起來很簡單。但 ARIMA 建模並不簡單。與其說它是科學，不如說它是藝術。自動生成的模型只是一個初階模型，在您確定模型完成之前，我們強烈建議您閱讀一本關於 ARIMA 建模的好書。

參見

若要對 ARIMA 模型執行診斷檢驗，請參閱錦囊 14.20。

說到時間序列預測的教材，我們強烈推薦 Rob J. Hyndman 和 George Athanasopoulos 合著的《Forecasting: Principles and Practice》第二版（*https://otexts.org/fpp2/*）。

14.19 去除不顯著的 ARIMA 係數

問題

ARIMA 模型中的一個或多個係數在統計上是無關緊要的，您想要移除它們。

解決方案

arima 函式有一個叫 fixed 的參數，它是一個 vector。對於模型中的每個係數，vector 中都有一個對應元素，包括漂移項次（如果有的話）。它的每個元素若不是 NA，就是 0。NA 表示保留係數，0 表示刪除係數。這個例子展示了一個 ARIMA (2, 1, 2) 模型，其中第一個 AR 係數和第一個 MA 係數被設定為 0：

```
arima(x, order = c(2, 1, 2), fixed = c(0, NA, 0, NA))
```

討論

fpp2 套件包含一個名為 euretail 的資料集合，該資料集合是歐元區的季度零售指數。
讓我們對該資料集合執行 auto.arima 函式，並查看結果中 98% 的信賴區間：

```
m <- auto.arima(euretail)
m
#> Series: euretail
#> ARIMA(0,1,3)(0,1,1)[4]
#>
#> Coefficients:
#>         ma1    ma2    ma3    sma1
#>       0.263  0.369  0.420  -0.664
#> s.e.  0.124  0.126  0.129   0.155
#>
#> sigma^2 estimated as 0.156:  log likelihood=-28.6
#> AIC=67.3   AICc=68.4   BIC=77.7
confint(m, level = .98)
#>          1 %    99 %
#> ma1  -0.0246  0.551
#> ma2   0.0774  0.661
#> ma3   0.1190  0.721
#> sma1 -1.0231 -0.304
```

在這個例子中，我們可以看到 ma1 參數的 98% 信賴區間包含 0，我們可以合理地得出結
論，這樣的信賴區間表示這個參數是無關緊要的。我們可以使用 fixed 參數將這個參數
設定為 0：

```
m <- arima(euretail,
                 order = c(0, 1, 3),
                 seasonal = c(0, 1, 1),
                 fixed = c(0, NA, NA, NA)).
m
#>
#> Call:
#> arima(x = euretail,
                 order = c(0, 1, 3),
                 seasonal = c(0, 1, 1),
                 fixed = c(0,
#>     NA, NA, NA))
#>
#> Coefficients:
#>       ma1    ma2    ma3    sma1
#>         0  0.404  0.293  -0.700
```

```
#> s.e.     0  0.129  0.107    0.135
#>
#> sigma^2 estimated as 0.156:  log likelihood = -30.8,  aic = 69.5
```

看到 ma1 係數現在變成 0，而其他係數（ma2、ma3、sma1）仍然顯著，一如其信賴區間所提供的資訊，因此現在我們有一個合理的模型了：

```
confint(m, level = .98)
#>          1 %   99 %
#> ma1       NA     NA
#> ma2   0.1049  0.703
#> ma3   0.0438  0.542
#> sma1 -1.0140 -0.386
```

14.20 對 ARIMA 模型執行診斷

問題

您已經使用 forecast 套件構建了一個 ARIMA 模型，您希望執行診斷測試來驗證模型。

解決方案

請使用 checkresiduals 函式。下面的例子使用 auto.arima 函式擬合 ARIMA 模型，並將模型放入 m 中，然後對該模型執行診斷：

```
m <- auto.arima(x)
checkresiduals(m)
```

討論

checkresiduals 的執行結果是三張的組圖，如圖 14-14 所示。一個好的模型應該產生類似這樣的結果：

```
#>
#>  Ljung-Box test
#>
#> data:  Residuals from ARIMA(1,1,2)(0,1,1)[4]
#> Q* = 5, df = 4, p-value = 0.3
#>
#> Model df: 4.   Total lags used: 8
```

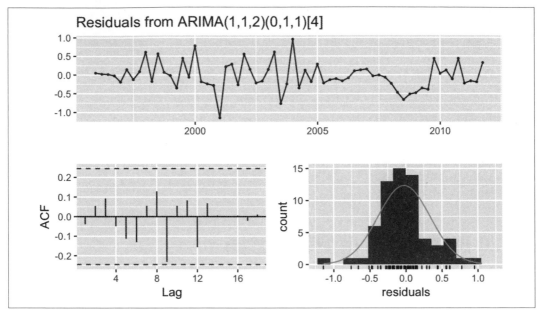

圖 14-14　殘差圖：良好模型

以下是這些圖表中顯示的優點：

- 標準化過的殘差沒有顯示出波動的集群。

- 自相關函式（ACF）顯示殘差之間沒有顯著的自相關。

- 殘差看起來像鐘形，說明它們相當對稱。

- Ljung–Box 檢定出來的 *p*-value 很大，說明殘差是無模式的，即模型已經擷取了所有資訊，剩下的都只是雜訊。

相比之下，圖 14-15 是有問題的診斷圖表：

```
#>
#>  Ljung-Box test
#>
#> data:  Residuals from ARIMA(1,1,1)(0,0,1)[4]
#> Q* = 20, df = 5, p-value = 5e-04
#>
#> Model df: 3.   Total lags used: 8
```

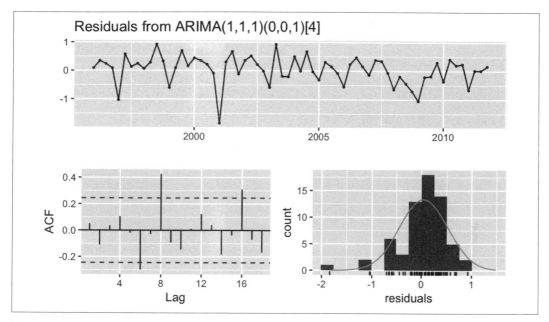

圖 14-15　殘差圖：問題模型

以下是這些圖表中顯示的問題：

- ACF 顯示殘差之間存在顯著的自相關性。

- Ljung–Box 統計量的 p-value 很小，表明殘差中存在某種模式（即，資料中仍然有資訊未被擷取）。

- 殘差看起來是不對稱的。

這些都是基本的診斷，但它們是一個好的開始。請找一本關於 ARIMA 建模的好書，在確定您的模型是可靠的之前請執行推薦的診斷測試。對殘差的額外檢查還可以有：

- 測試常態性

- Quantile-quantile（Q–Q）圖

- 根據擬合過的值繪製散點圖

14.21 使用 ARIMA 模型進行預測

問題

您已經使用了 forecast 套件，為您的時間序列資料構建了一個 ARIMA 模型。您希望預測時間序列資料未來幾個觀測值。

解決方案

請將模型儲存在物件中，然後對該物件套用 forecast 函式。這個範例將錦囊 14.19 中的模型儲存在物件中，並預測八個觀察結果：

```
m <- arima(euretail, order = c(0, 1, 3), seasonal = c(0, 1, 1),
  fixed = c(0, NA, NA, NA))
forecast(m)
#>         Point Forecast Lo 80 Hi 80 Lo 95 Hi 95
#> 2012 Q1          95.1  94.6  95.6  94.3  95.9
#> 2012 Q2          95.2  94.5  95.9  94.1  96.3
#> 2012 Q3          95.2  94.2  96.3  93.7  96.8
#> 2012 Q4          95.3  93.9  96.6  93.2  97.3
#> 2013 Q1          94.5  92.8  96.1  91.9  97.0
#> 2013 Q2          94.5  92.6  96.5  91.5  97.5
#> 2013 Q3          94.5  92.3  96.7  91.1  97.9
#> 2013 Q4          94.5  92.0  97.0  90.7  98.3
```

討論

forecast 函式能根據模型計算接下來的幾個觀測值及其標準差。它回傳一個包含 10 個元素的 list。當我們像剛才那樣印出模型資訊時，forecast 回傳了它所預測的時間序列點，即預測結果，以及兩組信賴區間：高 / 低 80% 和高 / 低 95%。

如果我們只是想取得預測結果，我們可以將預測結果賦值給一個物件，然後取得名為 mean 的 list：

```
fc_m <- forecast(m)
fc_m$mean
#>      Qtr1 Qtr2 Qtr3 Qtr4
#> 2012 95.1 95.2 95.2 95.3
#> 2013 94.5 94.5 94.5 94.5
```

取得的是一個 Time-Series 物件，其中包含由 forecast 函式建立的預測結果。

14.22 繪製預測

問題

您已經使用 forecast 套件建立了一個時間序列預測結果,您想要繪製預測結果。

解決方案

對於 forecast 套件所建立的時間序列模型來說,這種模型擁有一個繪圖方法,這個繪圖方法使用 ggplot2 來繪製圖形,如圖 14-16 所示:

```
fc_m <- forecast(m)
autoplot(fc_m)
```

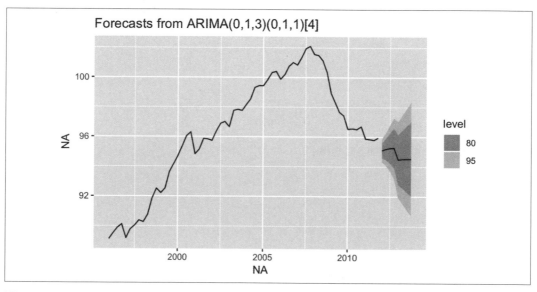

圖 14-16　不確定性預測錐:預設

討論

autoplot 函式畫出一個非常合理的圖,如圖 14-16 所示。由於得到的圖屬於 ggplot 物件,所以我們可以調整繪圖參數,就與我們處理任何其他 ggplot 物件的方法相同。在這裡我們添加標籤和標題並更改主題,如圖 14-17 所示:

```
autoplot(fc_m) +
  ylab("Euro Index") +
  xlab("Year/Quarter") +
  ggtitle("Forecasted Retail Index") +
  theme_bw()
```

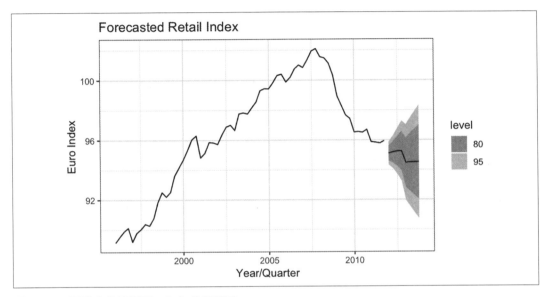

圖 14-17　不確定性預測錐：加上各種標示

參見

有關使用 ggplot 圖的更多資訊，請參見第 10 章。

14.23 檢驗均數復歸

問題

您想知道您的時間序列資料是否存在均數復歸（mean reversion）現象。

解決方案

檢驗均數復歸的一個常見測試是 Augmented Dickey–Fuller（ADF）檢定，可使用 tseries 套件中的 adf.test 函式執行：

```
library(tseries)
adf.test(ts)
```

adf.test 函式的輸出中包含一個 p-value。按照本書慣例，如果 $p < 0.05$，則時間序列很可能存在均數復歸現象，而 $p > 0.05$ 則沒有提供這樣的證據。

討論

當一個時間序列資料存在均數復歸現象時，它往往會回歸到其長期平均水準。雖然它可能會暫時偏離，但最終它還是會回來。如果一個時間序列資料不存在均數復歸現象，表示偏離長期平均值後，可能再也不會返回長期平均值。

圖 14-18 看起來排徊向上走，再也不回頭。adf.test 函式計算結果是一個大的 p-value 值，所以確認它不存在均數復歸現象：

```
library(tseries)
library(fpp2)
autoplot(goog200)
adf.test(goog200)
#>
#>    Augmented Dickey-Fuller Test
#>
#> data:  goog200
#> Dickey-Fuller = -2, Lag order = 5, p-value = 0.7
#> alternative hypothesis: stationary
```

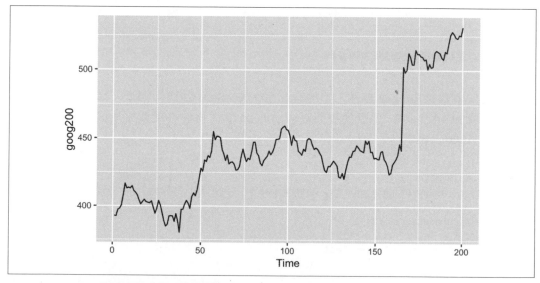

圖 14-18　不存在均數復歸的時間序列資料

然而，圖 14-19 中的時間序列資料一直圍繞其平均數上下跳動。計算結果也呈現一個較小的 *p*-value（0.01）證實存在均數復歸現象：

```
autoplot(hsales)
adf.test(hsales)
#>
#>  Augmented Dickey-Fuller Test
#>
#> data:  hsales
#> Dickey-Fuller = -4, Lag order = 6, p-value = 0.01
#> alternative hypothesis: stationary
```

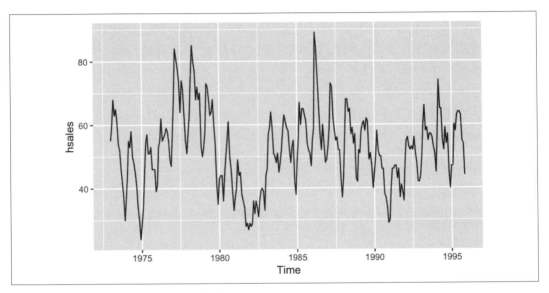

圖 14-19　存在均數復歸的時間序列資料

這裡的範例資料來自 `fpp2` 套件，型態全都是 `Time-Series` 物件類型。如果您的資料儲存在 zoo 或 xts 物件中，那麼您需要呼叫 `coredata` 從物件中擷取原始資料，然後再將資料傳遞給 `adf.test`：

```
library(xts)
data(sample_matrix)
xts_obj <- as.xts(sample_matrix, dateFormat = "Date")[, "Close"] # 由資料組成的 vector

adf.test(coredata(xts_obj))
#>
#>  Augmented Dickey-Fuller Test
#>
```

```
#> data:  coredata(xts_obj)
#> Dickey-Fuller = -3, Lag order = 5, p-value = 0.3
#> alternative hypothesis: stationary
```

adf.test 函式在執行 ADF 測試之前會對資料進行一些處理。首先，它會自動消除資料的趨勢，然後重新對齊資料使其平均數為零。

如果您的應用不需要去除趨勢或對齊的話，請使用 fUnitRoots 套件中的 adfTest 函式：

```
library(fUnitRoots)
adfTest(coredata(ts1), type = "nc")
```

當指定 type = "nc" 時，函式既不刪除趨勢也不重新對齊資料。使用 type = " C "，函式將重新對齊資料，但不取消資料的趨勢。

adf.test 和 adfTest 函式允許您指定一個滯後值，該滯後值控制它們計算的確實統計量。這些函式提供了合理的預設值，但是認真謹慎的使用者應該研究 ADF 檢定的教科書描述，以確定使用了適當的滯後值。

參見

urca 和 CADFtest 套件也能進行單位根（unit root）檢定，即均數復歸的檢定。但是，在比較來自幾個套件的檢定結果時要小心，因為每個套件的假設可能稍微不同，這可能導致一些令人困惑的結果差異。

14.24 時間序列平滑處理

問題

您有一個充滿雜訊的時間序列資料，您想要使用平滑數據來消除雜訊。

解決方案

KernSmooth 套件內含平滑函式，請使用 dpill 函式選擇初始頻寬參數，然後使用 locpoly 函式平滑資料：

```
library(KernSmooth)

gridsize <- length(y)
bw <- dpill(t, y, gridsize = gridsize)
```

```
lp <- locpoly(x = t, y = y, bandwidth = bw, gridsize = gridsize)
smooth <- lp$y
```

上面的 t 是時間變數，y 是時間序列。

討論

KernSmooth 套件是 R 標準發佈的一部份，它包含 locpoly 函式，該函式會根據每個資料點周圍的資料點，建構一個多項式。這個多項式叫做 *local polynomials*（局部多項式）。將局部多項式串連在一起，就可以得到原始資料序列的平滑版本。

該演算法需要一個頻寬參數來控制平滑程度。小頻寬代表平滑程度較小，在這種情況下，結果更接近原始資料。大頻寬代表更平滑，因此結果中的雜訊更少。比較棘手的問題，是如何選擇合適的頻寬：不要太小，也不要太大。

幸運的是，KernSmooth 套件中還包含了用於估計適當頻寬的 dpill 函式，並且效果很好。我們建議您從 dpill 函式提供的值開始，然後對該起始點上下的值進行實驗。這裡沒有神奇的公式，您需要自行決定最適合您應用的平滑效果。

下面是進行平滑的一個範例。我們將建立一些範例資料，這些資料由簡單的正弦波和常態分佈 "雜訊" 相加合成：

```
t <- seq(from = -10, to = 10, length.out = 201)
noise <- rnorm(201)
y <- sin(t) + noise
```

dpill 函式和 locpoly 函式都需要設定網格大小（grid size）──也就是設定局部多項式使用多少點的數量。我們經常將網格大小設定成與資料點數量相同，這可以產生較平順的結果，得到非常平滑的時間序列。如果您想要一個較不平順的結果，或者您有一個非常大的資料集合，您可能會選擇使用較小的網格尺寸：

```
library(KernSmooth)
gridsize <- length(y)
bw <- dpill(t, y, gridsize = gridsize)
```

locpoly 函式執行平滑動作，並回傳一個 list，該 list 中的 y 元素為平滑處理過的資料：

```
lp <- locpoly(x = t, y = y, bandwidth = bw, gridsize = gridsize)
smooth <- lp$y

ggplot() +
  geom_line(aes(x = t, y = y)) +
  geom_line(aes(x = t, y = smooth), linetype = 2)
```

在圖 14-20 中，經過平滑處理的資料顯示為虛線，而實線是我們的原始範例資料。從圖中可以看出，locpoly 把原始資料中正弦波擷取的很不錯。

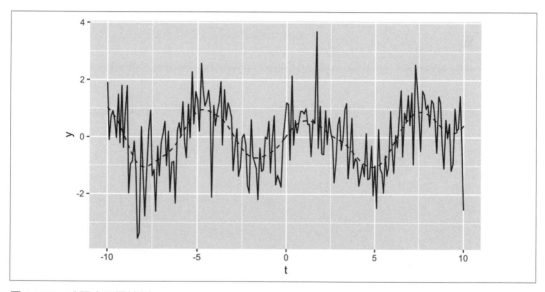

圖 14-20　時間序列圖範例

參見

R 基礎發佈中的 ksmooth、lowess 以及 HoltWinters 函式也可以進行平滑工作。而 expsmooth 套件能進行指數平滑。

## 第十五章

簡單的程式設計概念

R能讓您在完全不懂程式設計的情況下完成很多工作。然而，程式設計可為您實現更多目標，大多數使用者最終都會執行某種程度的程式設計，從簡單的程式設計開始，後來可能變得相當熟練。雖然這不是一本程式設計書，但這一章列出了一些R使用者在開始他們的學習旅程中經常會使用的實用程式設計方法。

如果您已經熟悉程式設計和程式設計語言，這裡的一些小提示可以幫助您快速上手（如果您不熟悉以下這些術語，可以跳過這一節）。以下是R需要注意的一些技術細節：

無型態變數

與C和Java等型態化語言不同，R中的變數沒有固定的型態，比如整數或字元。一個變數可先用來裝一個數字，等一下用來裝一個資料幀。

回傳值

所有函式都會回傳一個值。通常，函式回傳其主體程式中最後一個運算式的值。您還可以使用 return(*expr*) 在任何位置進行回傳。

傳值參數

函式的參數是 "傳值呼叫" ── 換句話說，參數必定是區域變數，更改這些變數的值不會影響呼叫者的值。

區域變數

若要建立一個區域變數，只需為該區域變數賦值即可。不需要手動宣告。當函式退出時，區域變數將消失。

全域變數

全域變數儲存在使用者的工作區中。若想在函式中修改它，可以使用 `<<-` 賦值運算子來更改全域變數，但我們不鼓勵您這樣做。

條件執行

R 語法中有一個 `if` 語句，詳細資訊請見 `help(Control)`。

迴圈

R 語法中還包括 `for` 迴圈、`while` 迴圈以及 `repeat` 迴圈。相關詳細資訊請參見 `help(Control)`。

***Case* 或 *switch* 述句**

一個名為 `switch` 的特殊函式，提供了一個基本的條件分支。我這麼說可能讓您覺得很怪，請詳見 `help(switch)`。

延後執行（*lazy evaluation*）

當一個函式被呼叫時，R 不會立即處理該函式的引數。相反地，它會等到函式實際使用到該引數時才去計算它。這個特性使得 R 語言具有特別豐富和強大的語義。大多數情況下，您不會注意到延後執行這件事，但有時它會導致一些情況，這些情況讓只熟悉 "立即（eager）" 計算的程式設計師感到困惑，在 "立即（eager）" 計算情況下，當函式被呼叫時會立刻處理引數。

函式的語義

函式也是所謂的 "一等公民"，可以像對待其他物件一樣對待函式：分配給變數、傳遞給函式、列印、檢查等等。

物件導向

R 支援物件導向程式設計。事實上，物件導向有幾種不同的種類，如果您的個性喜歡有很多選擇，那這就是件好事；如果您不喜歡，它就變成一件令人困擾的事。

15.1 在兩個選項中進行選擇：if/else

問題

您希望撰寫一個條件分支（*conditional branch*），它將根據一個簡單的測試在兩條路徑之間進行選擇。

解決方案

if 透過測試一個簡單的條件實現條件邏輯：

```
if (condition) {
   ## 如果條件為真，則執行此操作
} else {
   ## 如果條件為 FALSE，則執行此操作
}
```

注意條件周圍有小括號（小括號是必需的）和後面兩個程式碼塊周圍有大括號。

討論

if 結構讓您可以先測試某些條件，例如 x == 0 或 y > 1，再根據測試結果，在兩個可選程式碼路徑之間進行選擇，然後選擇其中一個路徑。例如下面的 if 會先檢查負數，然後才計算平方根：

```
if (x >= 0) {
  print(sqrt(x))           # 如果 x >= 0，則執行此操作
} else {
  print("negative number")   # 否則執行此操作
}
```

您可以串連多個 if/else 結構，就可以做出一系列決策。假設我們想讓一個值維持在 0 之上（沒有負值）並以 1 為上限。我們可以這樣寫程式：

```
x <- -0.3

if (x < 0) {
  x <- 0
} else if (x > 1) {
```

```
  x <- 1
}

print(x)
#> [1] 0
```

重要的是，條件測試（即 if 後面的運算式）必須是一個簡單（*simple*）測試；也就是說，它必須回傳一個邏輯值 TRUE 或 FALSE。一個常見的問題是錯誤地使用邏輯值組成的 *vector*，如下例所示：

```
x <- c(-2, -1, 0, 1, 2)

if (x < 0) {
  print("values are negative")
}
#> Warning in if (x < 0) {: the condition has length > 1 and only the first
#> element will be used
#> [1] "values are negative"
```

當 x 身為一個 vector 時，問題就出現了，因為 x< 0 的語義無法判斷：您到底是想測試所有值都為負，還是*一些*值為負呢？ R 提供了輔助函式 all 和 any 來處理這種情況。它們的輸入是一個邏輯值組成的 vector，並將其簡化為一個單一的值：

```
x <- c(-2, -1, 0, 1, 2)

if (all(x < 0)) {
  print("all are negative")
}

if (any(x < 0)) {
  print("some are negative")
}
#> [1] "some are negative"
```

參見

這裡給出的 if 結構是用於程式設計的，另外還有一個名為 ifelse 的函式，它能提供一個向量化的 if/else 結構，在轉換整個 vector 時很實用。請參考 help(ifelse)。

15.2 迴圈迭代

問題

您希望對 vector 或 list 的元素進行迭代。

解決方案

for 結構是一種常見的迭代技術,假設下面的 v 是一個 vector 或 list,此處的 for 迴圈將依次選擇 v 中的每個元素,並將元素賦值給 x,以進行處理:

```
for (x in v) {
  # 用 x 做點什麼事
}
```

討論

熟悉 C 和 Python 的程式設計師對 for 迴圈不陌生。for 迴圈在 R 中不太常被使用,但偶爾仍然有用。

作為展示,下面的 for 迴圈輸出前五個整數及其平方值,程式碼會依次執行迴圈主體,其中的 x 被依次設定為 1、2、3、4 以及 5:

```
for (x in 1:5) {
  cat(x, x^2, "\n")
}
#> 1 1
#> 2 4
#> 3 9
#> 4 16
#> 5 25
```

我們還可以迭代 vector 或 list 的 *subscript*(下標),這個動作對於更新資料來說非常實用。這裡,我們用 vector 1:5 初始化 v,然後將每個元素更新為其平方值:

```
v <- 1:5
for (i in 1:5) {
  v[[i]] <- v[[i]] ^ 2
}
print(v)
#> [1]  1  4  9 16 25
```

但是，坦白地說，這也說明了為什麼迴圈在 R 語言中不如在其他程式設計語言中常見的一個原因。因為 R 的 vector 化操作快速而簡單，常常完全消除了迴圈的需要。下面程式是前一個例子的向量化版本：

```
v <- 1:5
v <- v^2
print(v)
#> [1]  1  4  9 16 25
```

參見

迴圈很少見的另一個原因是，像 map 或類似的函式可以同時處理整個 vector 和 list，而且通常比迴圈更快更容易。有關使用 purrr 套件將函式套用於 list 的詳細資訊，請參見錦囊 6.1。

15.3 定義函式

問題

您想定義一個新的 R 函式。

解決方案

請使用 function 關鍵字，後面跟著參數名稱 list，然後建立函式主體：

```
name <- function(param1, ..., paramN) {
        expr1
        .
        .
        .
        exprM
      }
```

請在參數名稱前後加上小括號，在函式主體周圍加上大括號，函式主體是一個或由多個運算式依序組成。R 將按順序對每個運算式求值，並回傳最後一個運算式的值，範例中最後一個運算式標示為 *exprM*。

討論

函式定義的功能是告訴 R「如何計算一個東西」。例如，R 沒有計算變異係數的內建函式，但我們可以建立這樣一個函式，我們把它稱為 cv：

```
cv <- function(x) {
  sd(x) / mean(x)
}
```

該函式有一個參數 x，函式主體為 sd(x) / mean(x)。

當我們帶著引數呼叫該函式時，R 會將參數 x 設為該引數值，然後對函式主體進行求值：

```
cv(1:10)      # 設定 x = 1:10，求 sd(x)/mean(x)
#> [1] 0.550482
```

請注意，參數 x 與任何其他名為 x 的變數不同。例如，如果您的工作區中有一個全域變數 x，那麼全域變數 x 與這個 x 不同，並且全域變數不會受到 cv 的影響。此外，參數 x 只在執行 cv 函式時存在，執行結束後消失。

一個函式可以有多個引數，下面的這個函式有兩個引數，兩個引數都是整數，功能是以歐幾里德演算法來計算兩個引數的最大公約數：

```
gcd <- function(a, b) {
  if (b == 0) {
    a                   # 將 a 回傳給呼叫者
  } else {
    gcd(b, a %% b)    # 遞迴呼叫自己
  }
}

# 14 和 21 的最大公因數是什麼？
gcd(14, 21)
#> [1] 7
```

（這個函式是一個遞迴（recursive）函式，因為當 b 是非 0 時，它會呼叫自己。）

一般來說，函式回傳函式主體中最後一個運算式的值。但您可以撰寫 return(expr) 更早地回傳一個值，但是，這樣寫了之後會強制函式停止並立即回傳 expr。為了說明這一點，我們可以用手動指定 return 的方式撰寫 gcd 函式：

```
gcd <- function(a, b) {
  if (b == 0) {
    return(a)     # 停止執行並回傳 a
  }
  gcd(b, a %% b)
}
```

當參數 b 的值是 0 時，gcd 會執行 return(a)，立即將 a 值回傳給呼叫者。

參見

函式是 R 程式設計的核心組成部分，因此在 Hadley Wickham 和 Garrett Grolemund 的《R for Data Science》（O'Reilly）（繁體中文版《R 資料科學》由碁峰資訊出版），和 Norman Matloff 的《The Art of R Programming》（No Starch Press）等書中都有詳細介紹。

15.4 建立區域變數

問題

您想要建立一個只能在函式內區域（local）使用的變數——也就是說，一個在函式內部建立的變數，只在函式內部使用，並在函式完成時刪除。

解決方案

在函式內部，只需將一個值指定給一個名稱。則該名稱將自動成為一個區域變數，並將在函式完成時刪除。

討論

下面這個函式將一個 vector x 映射到各單位的區間，這個動作需要兩個中間值 low 和 high：

```
unitInt <- function(x) {
  low <- min(x)
  high <- max(x)
  (x - low) / (high - low)
}
```

賦值述式會自動建立 low 和 high 變數，由於這個賦值發生在函式內部，所以變數是函式的**區域**（*local*）變數，這件事帶來了兩個重要的優點。

首先，名為 low 和 high 的區域變數與工作區中名為 low 和 high 的全域變數是不同的。因為它們是不同的，所以不存在 "衝突"：對區域變數的修改不會影響全域變數。

其次，當函式完成時，區域變數會消失。這樣可以防止雜亂，並自動釋放它們使用的空間。

15.5 多個可行選項的選擇：switch

問題

假設某變數可以有幾個不同的值，您希望程式根據值分別處理每種情況。

解決方案

switch 函式將根據一個值進行分支，讓您選擇如何處理每種情況。

討論

switch 的第一個引數是 R 要用來分支的值，其餘的引數代表如何處理每個可能的值。例如，下面的呼叫中，switch 會查看 who 的值，然後回傳三個可能的結果之一：

```
hair_type = switch(who,
                    Moe = "long",
                    Larry = "fuzzy",
                    Curly = "none")
```

注意，在第一行 who 之後的每個運算式，都有一個 who 的可能值標籤。如果 who 值是 Moe、switch 會回傳 "long"；如果值是 Larry，則 switch 回傳 "fuzzy"；如果值是 Curly，則回傳 "none"。

通常，您無法預測所有可能值，因此 switch 允許您在沒有任何標籤成功匹配的情況下，使用預設值。只需將預設值放在最後，不帶標籤。例如，下面這個 switch，將 s 的內容從 "one"、"two" 或 "three" 轉換成相應的整數。對於任何其他值，則回傳 NA：

```
num <- switch(s,
              one = 1,
```

```
        two = 2,
        three = 3,
        NA)
```

當標籤是整數時，switch 會出現一個惱人的怪癖，而且不會執行您想要的行為，例如：

```
switch(i,              # 不會按照您期望的方式工作
       10 = "ten",
       20 = "twenty",
       30 = "thirty",
       "other")
```

面對這種情況，有一個變通方法——將整數轉換為字串，然後使用字串標籤：

```
switch(as.character(i),
       "10" = "ten",
       "20" = "twenty",
       "30" = "thirty",
       "other")
```

參見

更多相關資訊，請見 help(switch)。

這種功能在其他程式設計語言中非常常見，通常稱為 *switch* 或 *case* 述句。

switch 函式只搭配常量使用，若是要搭配資料幀使用，情況就會變得複雜。請查看 dplyr 套件中的 case_when 函式，以瞭解處理這種情況的強大機制。

15.6 為函式參數定義預設值

問題

您希望為函式定義預設參數，即呼叫方不提供引數時使用的值。

解決方案

R 透過在 function 定義中設定參數的預設值：

```
my_fun <- function(param = default_value) {
  ...
}
```

討論

讓我們建立一個簡單的範例函式，用名字來問候某人：

```
greet <- function(name) {
  cat("Hello,", name, "\n")
}

greet("Fred")
#> Hello, Fred
```

如果我們呼叫 greet，但不提供一個 name 引數，我們得到這個錯誤：

```
greet()
#> Error in cat("Hello,", name, "\n") :
#>   argument "name" is missing, with no default
```

不過，我們可以更改函式定義來定義預設問候名字。在下面範例中，我們將預設使用名稱 world：

```
greet <- function(name = "world") {
  cat("Hello,", name, "\n")
}
```

現在如果我們省略引數的話，R 會提供一個預設值：

```
greet()
#> Hello, world
```

這種預設機制很方便。儘管如此，我們還是建議明智地使用它。我們已經看到太多類似這樣的情況：函式 *creator* 定義了預設值，而函式**呼叫者**（*caller*）沒有經過太多考慮就用了預設值，導致結果出現問題。例如，如果您使用的是 *k*-nearest neighbors（KNN）演算法，那麼 *k* 的選擇是至關重要的，並且提供一個預設值是沒有意義的。有時候，強迫呼叫者做出選擇會更好。

15.7 發出錯誤

問題

當您的程式碼遇到嚴重問題時，您希望停止並警告使用者。

解決方案

請呼叫 stop 函式,該函式將印出您指定的訊息並終止所有處理。

討論

當您的程式碼遇到致命錯誤時,停止處理是非常重要的,例如檢查帳戶是否仍然有正餘額:

```
if (balance < 0) {
  stop("Funds exhausted.")
}
```

呼叫 stop 將顯示訊息,終止處理,並將使用者帶回到終端機提示:

```
#> Error in eval(expr, envir, enclos): Funds exhausted
```

有各式各樣的原因可能導致問題:糟糕的資料、使用者操作錯誤、網路故障和程式碼中的 bug 等等。這樣的例子不勝枚舉。重要的是,您要預見到潛在的問題,並適當撰寫程式碼:

檢測

> 至少,檢測可能的錯誤。如果無法進一步處理,則停止。未檢測到的錯誤是程式失敗的主要原因。

報告

> 如果您必須停止,請給使用者一個合理的解釋,這將幫助他們診斷和解決問題。

恢復

> 在某些情況下,程式碼能夠糾正錯誤並繼續。但是,我們仍然建議向使用者提出警告,警告中說明您的程式碼遇到了問題並進行了糾正。

錯誤處理是 *defensive programming*(防禦性程式設計)的一部分,這是提升程式碼強壯性的一種實作。

參見

stop 函式的另一種替代方法是 warning 函式,該函式印出訊息並繼續執行而不停止。但是,請確保繼續執行下去在實務上是合理的。

15.8 錯誤防治

問題

您預期可能出現致命錯誤，並且希望處理這些錯誤，而不是完全停止程式執行。

解決方案

使用 possibly 函式 "封裝" 可能有問題的程式碼，這個函式將捕獲錯誤並讓您對其作出回應。

討論

purrr 套件包含一個名為 possibly 的函式，該函式接受兩個參數。第一個參數是一個函式，possibly 將防止該函式中的失敗。第二個參數是一個名為 otherwise 的值。

讓我們舉一個具體的例子，假設我們用 read.csv 函式嘗試讀取一個檔，但是如果檔不存在，它就會停止。我們不想要程式停止，我們想要程式恢復並繼續執行下去。

我們可以將 read.csv 函式 "封裝" 在保護層中，像這樣：

```
library(purrr)
safe_read <- possibly(read.csv, otherwise=NULL)
```

這可能看起來很奇怪，possibly 的函式會回傳一個新函式。這個新函式名為 safe_read，其行為與舊函式 read.csv 非常相似，但有一個非常重要的區別，若碰到 read.csv 執行失敗並停止的情況，safe_read 將回傳 otherwise 值（NULL）並讓您繼續執行程式（如果 read.csv 成功，您將得到它正常的回傳結果：一個資料幀）。

您可以像這樣使用 safe_read 來處理檔案：

```
details = safe_read("details.csv")      # 嘗試讀取 details.csv 文件
if (is.null(details)) {                 # NULL 表示讀取 .csv 失敗
  cat("Details are not available\n")
} else {
  print(details)                        # 成功得到檔案內容！
}
```

如果 *details.csv* 檔存在，則 safe_read 會回傳檔案內容，此程式碼將印出內容。如果不存在，導致 read.csv 失敗，safe_read 會回傳 NULL，此程式碼印出一條訊息。

在本例中，設定給 otherwise 的值是 NULL，但它可以是任何值。例如，它可以是一個提供預設值的資料幀。在這種情況下，當 *details.csv* 檔案不可使用時，safe_read 將回傳預設值。

參見

purrr 套件包含其他錯誤防治的功能，請查看 safely 和 quietly 函式。

如果您需要更強大的工具，可以使用 help(tryCatch) 來查看 possibly 背後的機制，在這個機制中擁有一些處理錯誤和警告的複雜功能。它可以類比於其他程式設計語言中大家熟悉的 try/catch。

15.9 建立匿名函式

問題

您正在使用 tidyverse 的一些函式，例如 map 或 discard 這類需要另一個函式作為引數的函式，您想要一個快捷方式來定義所需的函式。

解決方案

請使用 function 關鍵字來定義一個帶有參數和主體的函式，但此時不要給函式一個名稱，而是簡單地使用 inline 定義它。

討論

建立一個沒有名稱的函式看起來很奇怪，但它可能非常方便。

在錦囊 15.3 中，我們定義了一個名為 is_na_or_null 的函式，並使用它從 list 中刪除 NA 和 NULL 元素：

```
is_na_or_null <- function(x) {
  is.na(x) || is.null(x)
}

lst %>%
  discard(is_na_or_null)
```

有時候，撰寫一個像是 `is_na_or_null` 這種很小而且只用一次的函式是很煩人的。您可以直接定義匿名函式來避免這個麻煩：

```
lst %>%
  discard(function(x) is.na(x) || is.null(x))
```

這種函式被稱為**匿名函式**，原因很明顯，因為它沒有名稱。

參見

錦囊 15.3 中描述函式的定義。

15.10 建立可重複使用函式集合

問題

您希望跨多個 Script 重用一個或多個函式。

解決方案

請將函式儲存在本地檔案中，例如 *myLibrary.R*，然後使用 **source** 函式將這些函式載入到 Script 中：

```
source("myLibrary.R")
```

討論

您常會寫到一種在數個 script 中都能使用的函式（例如，可用來載入、檢查和清理資料的函式），現在，您希望在每個需要處理資料的 Script 中重複使用該函式。

大多數初學者只是簡單地將要重複使用的函式剪下貼上到每個 Script 中，造成多份重複的程式碼。這就產生了一個嚴重的問題。如果您在重複的程式碼中發現了一個 bug 怎麼辦？或者，如果必須更改程式碼以適應新的執行環境，該怎麼辦？您必須查找每個副本，並在每個地方進行相同的更改，這是一個令人討厭且容易出錯的過程。

另外一個做法，是建立一個檔，例如 *myLibrary.R*，並將函式定義儲存在該檔案中。檔案內容可以是這樣的：

```
loadMyData <- function() {
  # 寫一些載入、檢查或清理資料的程式碼
}
```

然後，在每個 Script 中，使用 source 函式從檔案中讀取程式碼：

```
source("myLibrary.R")
```

當您執行 Script 時，source 函式讀取指定的檔案，就像您在 Script 的那個位置輸入了檔案內容一樣。它比剪下和貼上好，因為您已經將函式的定義存放到一個已知的位置。

> 雖然我們用的範例在引用的原始檔案中只有一個函式，但是這個檔案當然可以包含多個函式。我們建議將相關函式收集到各自的檔案中，將可重複使用函式分組存放。

參見

這是一種非常簡單的程式碼重用方法，適用於小型專案。一個更強大的方法是建立自己的 R 函式套件，這個方法在與他人協作時特別實用。套件的建立是一個很大的主題，但是要起個頭並不難。我們推薦 Hadley Wickham 的優秀著作《*R Packages*》（O'Reilly），它有紙本印刷版本或線上版本（*http://r-pkgs.had.co.nz*）。

15.11 自動縮排程式碼

問題

您希望重新排列程式碼，使其整齊地排列並且有一致的縮排。

解決方案

若想要讓程式碼區塊有一致的縮排，請在 RStudio 中選取程式碼，然後按 Ctrl-I（Windows 或 Linux）或 Cmd-I（Mac）。

討論

RStudio IDE 的許多功能之一是，它能幫忙做日常的程式碼維護，比如重新排列。當您編寫程式碼時，很容易出現縮排不一致和有點混亂的情況。IDE 可以解決這個問題。以下面的程式碼為例：

```
for (i in 1:5) {
    if (i >= 3) {
  print(i**2)
} else {
  print(i * 3)
}
    }
```

雖然這是合法的程式碼，但由於縮排比較奇怪，比較不容易閱讀。如果我們在 RStudio IDE 中選取這些程式碼並按 Ctrl-I（或 Mac 上的 Cmd-I），那麼我們的程式碼縮排將會變得整齊一致：

```
for (i in 1:5) {
  if (i >= 3) {
    print(i**2)
  }
  else {
    print(i * 3)
  }
}
```

參見

RStudio 有幾個實用的程式碼編輯功能。您可以透過按一下 Help → Cheatsheets 或直接進入 *https://www.rstudio.com/resources/cheatsheets/* 查看備忘單。

## 第十六章

R Markdown 和發佈

雖然 R 本身是一個非常強大的資料分析和視覺化工具，但幾乎所有人在進行分析之後，都需要將結果傳達給其他人。我們可以透過發表論文、部落格文章、PowerPoint 報告或書籍來做到這一點。R Markdown 是幫助我們從進行 R 分析、視覺化到發佈文件的工具。

R Markdown 是一個套件（也是一個工具生態系統），它允許我們用一些 Markdown 格式將 R 程式碼添加到純文字檔中。然後可以將文件以許多不同的輸出格式呈現，包括 PDF、HTML、Microsoft Word 和 Microsoft PowerPoint。在顯示時（也稱為 *knitting*（編織））R 程式碼會被執行，其結果輸出和數值會出現在最終文件中。

在本章中，我們將為您提供一些方法，幫助您開始建立 R Markdown 文件。在您瀏覽了這些錦囊之後，若想瞭解更多關於 R Markdown 的話，最好方法之一是查看原始檔案和其他人的 R Markdown 的最終輸出。您正在閱讀的這本書本身就是用 R Markdown 寫的。您可以在 Github（*https://github.com/Cerebralmastication/R-Cookbook*）上看到這本書的原始程式碼。

此外，Yihui Xie、J. J. Allaire 以及 Garrett Grolemund 寫了一本《*R Markdown: The Definitive Guide*》（*https://bookdown.org/yihui/rmarkdown/*）（Chapman & Hall/CRC），並在 *https://github.com/rstudio/rmarkdown-book* 提供了 R Markdown 原始程式碼。

許多書籍都是以 R Markdown 撰寫，您可以在網路上隨意取得它們（*https://bookdown.org/*）。

我們提到 R Markdown 是一個生態系統，也是一個套件。有一些專門的套件可以擴展 R Markdown，例如用於部落格（blogdown）、書籍寫作（bookdown）和製作格狀圖形儀表板（flexdashboard）的套件。生態系統中的最基本初始套件名為 knitr，所以我們仍然將 R Markdown 轉換為最終格式的過程稱為 "編織" 文件。R Markdown 生態系統支援許多輸出格式，要全部將它們都介紹完是不可能的。在本書中，我們將主要著重在四種常見的輸出格式：HTML、LaTeX、Microsoft Word 和 Microsoft PowerPoint。

RStudio IDE 包含許多用於建立和編輯 R Markdown 文件的實用功能。雖然我們將在下面的錦囊中使用這些功能，但是 R Markdown 並不是依賴著 RStudio 才這麼地好用。您可以使用您喜歡的文字編輯器編輯純文字 R Markdown 檔，然後使用 R 的命令列介面編織文件。但是，RStudio 工具非常實用，我們也將介紹它們。

16.1 建立新文件

問題

您想要建立一個新的 R Markdown 文件來講述您資料的故事。

解決方案

建立一個新的 R Markdown 文件最簡單的方法是使用 RStudio IDE 中的 File → New File → R Markdown... 功能表選項（參見圖 16-1）。

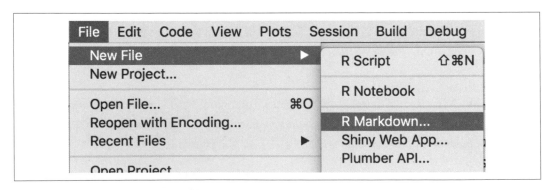

圖 16-1　建立新的 R Markdown 文件

選取 "R Markdown..." 後，將引導您進入 New R Markdown 對話方塊，您可以在其中選擇想要建立的輸出文件類型（參見圖 16-2）。預設選項是 HTML，如果您想在網路上或電子郵件中發佈您的作品，或者還沒有決定如何輸出最終文件，那麼 HTML 是一個不錯的選擇。稍後若想再變更為另一種格式，通常只需要在文件中加一行文字，或在 IDE 中點幾下即可。

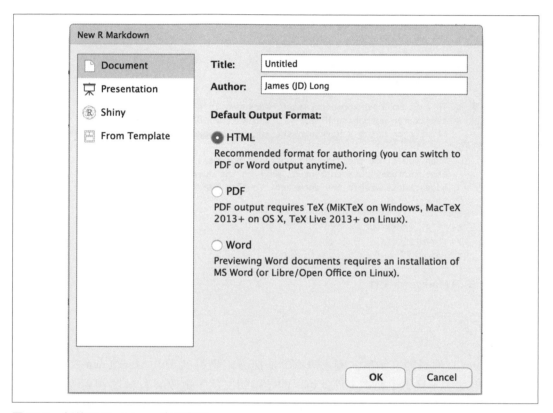

圖 16-2　新的 R Markdown 文件選項

選項選好並按下 OK 後，您將得到一個包含一些描述資料和範例文字的 R Markdown 範本（參見圖 16-3）。

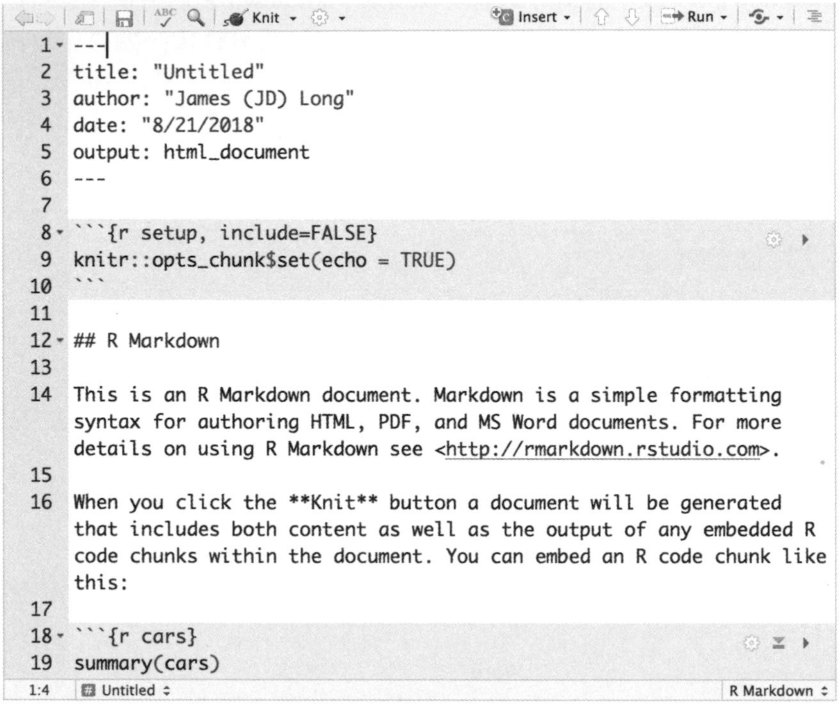

圖 16-3 新的 R Markdown 文件

討論

R Markdown 文件是純文字檔。剛才概述的快捷方式是得到新 R Markdown 文字文件範本的最快方法。一旦有了範本，您就可以開始編輯文字、更改 R 程式碼和更改任何您想要的內容。本章其他錦囊將會說明您會想在 R Markdown 文件中做的事，但如果您只是想看到一些輸出是長成怎樣，請點擊 RStudio IDE 中的 Kint 按鈕，R Markdown 文件將依您想要的輸出格式呈現。

16.2 添加標題、作者或日期

問題

您希望更改文件的標題、作者或日期。

解決方案

在 R Markdown 文件的頂部是一個特殊格式的文字區塊，以 --- 開始和結束。此區塊包含關於文件的重要描述資料。在這個區塊中，您可以設定標題、作者和日期：

```
---
title: "Your Title Here"
author: "Your Name Here"
date: "12/31/9999"
output: html_document
---
```

您還可以設定輸出格式（例如，output: html_document）。稍後，我們將在後面的錦囊中討論不同的輸出格式。

討論

當您編織 R Markdown 文件時，R 將執行每個區塊，為每個區塊的輸出建立 Markdown（不是 R Markdown），並將完整的 Markdown 文件傳遞給 Pandoc。Pandoc 是一個軟體，它從中繼 Markdown 建立最終的輸出文件。大多數時候，您甚至不需要考慮這些步驟，除非在編寫文件時遇到問題。

在您 R Markdown 文件頂部 --- 標記之間的文字，是一種名為 YAML（另一種標記語言）的格式。此區塊用於描述資料將如何傳遞給 Pandoc 軟體，讓 Pandoc 軟體構建輸出文件。title、author 和 date 欄位會被 Pandoc 讀取並插入到大多數輸出文件格式的頂部。

將這些值格式化並插入輸出文件的方法，是基於輸出的範本的一個功能。HTML、PDF 和 Microsoft Word 的預設範本，對於格式化 title、author，和 date 欄位都很相似（參見圖 16-4）。

Your Title Here

Your Name Here

8/23/2018

圖 16-4　示範標題

您可以將其他鍵 / 值對添加到 YAML 標頭中，但是如果您的範本沒有設定要如何使用這些值，它們就會被忽略。

參見

有關建立自己範本的資訊，請參見《*R Markdown: The Definitive Guide*》一書中的第 17 章 "Document Templates"（*https://bookdown.org/yihui/rmarkdown/document-templates.html*）。

16.3 格式化文件文字

問題

您希望格式化文件的文字，例如將文字轉換為斜體或粗體。

解決方案

R Markdown 文件的主體是純文字，允許使用 Markdown 符號格式化文字。您可能也為文字添加格式，例如將文字改為粗體或斜體。也許您還需要添加小節、清單和表格，這些將在後面的錦囊中介紹。這些選項都可以透過 Markdown 來實現。

表 16-1 簡要總結了一些最常見的格式語法。

表 16-1　常見的標記格式語法

Markdown	輸出
plain text	plain text
italics*	*italics*
*bold**	**bold**
`code`	code
sub~script~	sub$_{script}$
super^script^	super^{script}
~~strikethrough~~	~~strikethrough~~
endash: --	連接號：–
emdash: ---	破折號：—

參見

RStudio 發佈了一個實用的參考表（*https://www.rstudio.com/wp-content/uploads/2015/03/rmarkdown-reference.pdf*）。

請參閱插入各種結構的錦囊，如錦囊 16.4、錦囊 16.5 和錦囊 16.9。

16.4 插入文件標題

問題

您的標記檔需要小節標題。

解決方案

您可以在行首放置一個 #（井字號）字元插入小節標題，最高層標題使用一個井號字元，第二層標題使用兩個井號字元，以此類推：

```
# Level 1 Heading
## Level 2 Heading
### Level 3 Heading
#### Level 4 Heading
##### Level 5 Heading
###### Level 6 Heading
```

討論

Markdown 和 HTML 都支援多達 6 個標題級別，R Markdown 也支援 6 個標題級別。在 R Markdown（以及一般的 Markdown）中，標題格式不包括指定字體；它只與負責格式化文字的類別進行溝通。每個類別的細節由輸出格式和每個輸出格式使用的範本定義。

16.5 插入清單

問題

您希望在文件中包含項目符號或編號清單。

解決方案

要建立符號項目清單,請以星號(*)開始每一行,如下所示:

```
* first item
* second item
* third item
```

要建立一個編號清單,請以 1 開始每一行。如下:

```
1. first item
1. second item
1. third item
```

R Markdown 將會把 1 替換掉,以 1.、2.、3. 序列取代,以此類推。

清單的規則有點嚴格:

- 清單*之前*必須有一個空行。

- 清單*之後*必須有一個空行。

- 前導星號後面必須有空格字元。

討論

清單的語法很簡單,但是要注意解決方案中列出的規則。如果您違反了其中一個,輸出將是一些亂七八糟的東西。

清單有一個重要特性,是清單允許擁有子清單。以下這個符號清單的子清單包含三個項目:

```
* first item
  * first subitem
  * second subitem
  * third subitem
* second item
```

其輸出如下：

- first item
  - first subitem
  - second subitem
  - third subitem
- second item

而且，有一條也很重要的規則：子清單必須比上層級別相對縮排兩個、三個或四個空格。不能更多，也不能更少，否則，結果將會一片混亂。

解決方案中說過建議使用前置編碼 `1.` 來做編號清單，除此之外，您還可以使用 `a.` 和 `i.`，它將分別生成小寫字母和羅馬數字序列。這對於格式化子清單來說很方便：

```
1. first item
1. second item
   a. subitem 1
   a. subitem 2
      i. sub-subitem 1
      i. sub-subitem 2
   a. subitem 2
1. third item
```

輸出結果如下：

1. first item
2. second item
   a. subitem 1
   b. subitem 2
      i. sub-subitem 1
      ii. sub-subitem 2
   c. subitem 2
3. third item

參見

清單的語法比這裡描述的更靈活，功能更豐富。有關詳細資訊，請參閱參考資料，例如 Pandoc 的 Markdown guide（*https://pandoc.org/MANUAL.html#pandocs-markdown*）。

16.6 顯示 R 程式碼輸出

問題

您希望執行一些 R 程式碼並在輸出文件中顯示結果。

解決方案

可以在 R Markdown 文件中插入 R 程式碼。它將被執行,並將輸出包含在最終文件中。

插入程式碼有兩種方法,如果是小段程式碼,將它們以 inline 的方式撰寫在兩個標記之間(``),如:

```
The square root of pi is `r sqrt(pi)`.
```

這可產生如下輸出:

```
The square root of pi is 1.772.
```

對於較大的程式碼區塊,定義一個*程式碼區塊*(*code chunk*),方法是將該程式碼區塊放置在成對的三個標記之間(```)。

```
```{r}
# 程式碼區塊寫在這裡
```
```

注意在第一個三個標記之後的 {r}:這個用來告訴 R Markdown,我們希望它執行程式碼。

討論

在文件中嵌入 R 程式碼是 R Markdown 最強大的特性。事實上,如果沒有這個特性,R Markdown 就只是普通的舊式 Markdown。

在解決方案開頭中描述了 inline 格式的 R,在想將少量資訊直接拉入報表文字中時很實用——例如日期、時間或小型計算的結果。

程式碼區塊是用來做繁重工作的。預設情況下,程式碼區塊顯示在文字中,結果直接顯示在程式碼下面。結果前面會標示前綴碼,預設為雙井號標記:##。

如果我們的 R Markdown 檔案中有這樣一個程式碼區塊：

```{r}
sqrt(pi)
sqrt(1:5)
```

它將會產出這樣的輸出：

```
sqrt(pi)
## [1] 1.77
sqrt(1:5)
## [1] 1.00 1.41 1.73 2.00 2.24
```

如果輸出前面有 ## 的話，讀者直接將程式碼和輸出貼到自己的 R session 中，就可以馬上執行程式。R 會認為 ## 是注釋，而忽略掉原有的輸出。

> 三個標記（```）後的 {r} 非常重要，因為 R Markdown 也支援來自其他語言的程式碼區塊，比如 Python 或 SQL。如果您在多語言環境中工作，這是一個非常強大的功能。相關詳細資訊，請參閱 R Markdown 文件。

參見

要控制輸出中顯示哪些內容，請參閱錦囊 16.7。

有關可用語言引擎的詳細資訊，請參見《*R Markdown: The Definitive Guide*》（*https://bookdown.org/yihui/rmarkdown/language-engines.html*）中的 "Other language engines"。

16.7 控制顯示哪些程式碼和結果

問題

您的文件中包含 R 程式碼區塊，現在您希望控制最終文件中顯示的內容：只顯示結果，或只顯示程式碼，或者兩者都不顯示。

解決方案

程式碼區塊支援多個選項，這些選項控制最終文件中出現的內容。請在區塊的頂部設定這些選項，例如，下面的區塊將 echo 設定為 FALSE：

```
```{r echo=FALSE}
# ... 這裡的程式碼不會出現在輸出中 ...
```
```

有關可用選項的列表，請參見討論小節。

討論

可用的顯示選項有很多種，例如 echo，它控制程式碼本身是否出現在最終輸出中；以及 eval，它控制程式碼是否被執行。

表 16-2 列出了一些最常用的選項。

表 16-2 控制最終文件中顯示內容的選項

區塊的選項	執行程式碼	顯示程式碼	顯示輸出文字	顯示資料
results='hide'	X	X		X
include=FALSE	X			
echo=FALSE	X		X	X
fig.show='hide'	X	X	X	
eval = FALSE		X		

您可以混搭選項，以得到您想要的結果。以下是一些常見的使用範例：

- 您希望顯示程式碼的輸出，而不是程式碼本身：echo=FALSE。

- 您希望程式碼出現，但不執行：eval=FALSE。

- 您想執行程式碼的副作用（例如，載入套件或載入資料），但程式碼或任何附帶的輸出都不應該出現：include=FALSE。

對於 R Markdown 文件的第一個程式碼區塊，我們經常使用 include=FALSE，在第一個程式碼區塊中，我們通常會呼叫 library、初始化變數，以及執行其他一些帶有惱人輸出的準備工作。

除了剛才描述的輸出選項外，還有幾個選項控制程式碼生成的錯誤訊息、警告訊息和資訊訊息的處理：

- `error=TRUE` 即使程式碼區塊中有錯誤，也允許您的文件完全建完。當您建立一個希望在輸出中看到錯誤的文件時，這將非常好用。預設值是 `error=FALSE`。

- `warning=FALSE` 抑制警告訊息。預設值是 `warning=TRUE`。

- `message=FALSE` 抑制一般訊息。當您的程式碼使用在載入的套件很喜歡生成大量訊息時，這非常方便。預設值是 `message=TRUE`。

參見

RStudio 的 R Markdown 備忘錄（*http://bit.ly/2XLuKrb*）列出了許多可用選項。

knitr 的作者 Yihui Xie 將選項說明放在他的網站中（*https://yihui.name/knitr/options/*）。

16.8 插入圖形

問題

您想要在輸出文件中插入一個圖形。

解決方案

只需建立一個程式碼區塊來建立圖形，並將該程式碼區塊插入到 R Markdown 文件中。R Markdown 將捕獲該繪圖並將其插入到輸出文件中。

討論

下面是一個 R Markdown 程式碼區塊，它建立了一個名為 **gg** 的 **ggplot** 圖形，然後"印出"它：

````
```{r}
library(ggplot2)
gg <- ggplot(airquality, aes(Wind, Temp)) + geom_point()
print(gg)
```
````

還記得 print(gg) 的功能是畫出圖形吧。如果我們將這個程式碼區塊插入到 R Markdown 文件中，R Markdown 將捕獲結果並將其插入到輸出中，像這樣：

```
library(ggplot2)
gg <- ggplot(airquality, aes(Wind, Temp)) + geom_point()
print(gg)
```

得到的圖形如圖 16-5 所示。

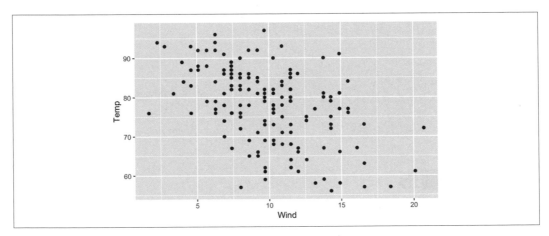

圖 16-5　R Markdown 中的 ggplot 範例

只要是能在 R 中生成的任何圖形，幾乎都可以呈現到輸出文件中。我們可以使用程式碼區塊中的選項控制呈現的結果，比如設定輸出的大小、解析度和格式。讓我們用剛剛建立的 gg 圖形物件，來看一些例子。

我們可以使用 out.width 縮小輸出：

```
```{r out.width='30%'}
print(gg)
```
```

產出的結果如圖 16-6：

```
print(gg)
```

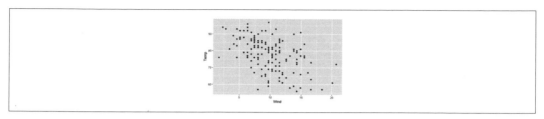

圖 16-6　縮小寬度圖

或者我們可以將輸出放大到占滿頁面全部寬度：

```{r out.width='100%'}
print(gg)
```

產出的結果如圖 16-7 所示：

```
print(gg)
```

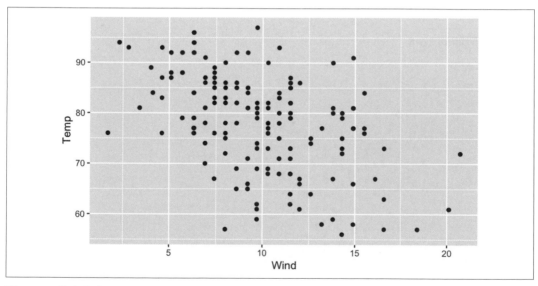

圖 16-7　放大寬度圖

一些常見的圖形輸出設定是：

out.width 和 out.height

　　設定以頁面大小的百分比作為輸出圖形的大小。

dev

　用於建立圖形的 R 圖形設備，對於 HTML 預設使用 'png' 輸出，對於 LaTeX 預設使用 'pdf' 輸出。另外，您還可以指定使用 'jpg' 或 'svg'。

fig.cap

　圖形的標題。

fig.align

　圖形對齊方法："left"、"center" 或 "right"。

讓我們使用這些設定來建立一個寬度為 50%、高度為 20%、帶有標題和向左對齊的圖形：

```{r out.width='50%',
    out.height='20%',
     fig.cap='Temperature versus wind speed',
     fig.align='left'}
print(gg)
```

產出的圖形如圖 16-8：

```
print(gg)
```

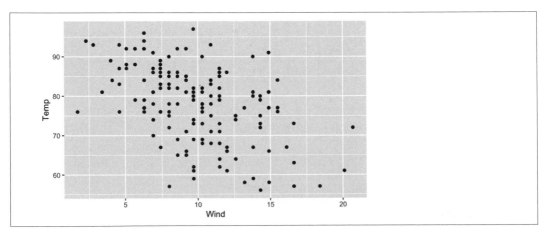

圖 16-8　氣溫與風速關係圖

16.9 插入表格

問題

您希望將一個格式漂亮的表格插入到文件中。

解決方案

請在文字表格中輸入內容，並使用管道字元（|）分隔各欄，使用破折號"底線"標示欄標題。R Markdown 將把它格式化成好看的輸出。例如，這樣一個輸入表格：

```
| Stooge | Year | Hair?           |
|--------|------|-----------------|
| Moe    | 1887 | Yes             |
| Larry  | 1902 | Yes             |
| Curly  | 1903 | No (ironically) |
```

將產生如下輸出：

Stooge	Year	Hair?
Moe	1887	Yes
Larry	1902	Yes
Curly	1903	No (ironically)

您**必須**在表的前後放置空行。

討論

表格的語法允許您使用 ASCII 字元"繪製"表，由破折號組成的"底線"是向 R Markdown 提示上方的列是欄標題。如果沒有"底線"，R Markdown 將把第一列理解為內容，而不是標題。

表格格式可以比解決方案中講的多一些彈性。例如，下面這個（醜陋的）輸入將產生與解決方案中相同的（漂亮的）表格輸出：

```
| Stooge | Year | Hair? |
|--------|------|-----------------|
| Moe | 1887 | Yes |
| Larry | 1902 | Yes |
| Curly | 1903 | No (ironically) |
```

電腦只關心管道字元（|）和破折號，空白是可任意填或不填。使用空白的目的只是使輸入更容易閱讀而已。

有一個方便的功能是使用冒號（：）來控制欄資料的對齊方向。在破折號 "底線" 上以冒號設定欄的對齊。下面的表格為四列中的三列定義了對齊方向：

```
|Left    |Right  | Center   | Default  |
|:-------|-----:|:--------:|----------|
| 12345  |12345 | 12345    | 12345    |
| text   | text | text     | text     |
| 12     | 12   | 12       | 12       |
```

得到結果如下：

Left	Right	Center	Default
12345	12345	12345	12345
text	text	text	text
12	12	12	12

在欄標題的 "底線" 內使用冒號的方法如下：

- 冒號放在最左邊表示向左對齊。
- 冒號放在最右邊表示向右對齊。
- 在兩端放冒號表示中央對齊。

參見

實際上，R Markdown 支援多種表格語法 —— 有些人可能會說令人超混亂語法數量。為了簡單起見，這個錦囊只展示了其中一種語法。有關替代方案的相關資訊，請參閱 Markdown 參考資料。

16.10 插入資料表

問題

您希望在輸出文件中包含電腦生成的資料表。

解決方案

請使用 knitr 套件中的 kable 函式，在下面的程式中我們拿它來格式化一個名為 dfrm 的資料幀：

```
library(knitr)
kable(dfrm)
```

討論

在錦囊 16.9 中，我們展示了如何使用純文字將靜態表格放入文件。這裡，我們在資料幀中儲存著表格內容，我們希望在文件輸出中顯示表格中的資料。

我們只需要印出表格，它就會以未格式化的形式輸出：

```
myTable <- tibble(
  x=c(1.111, 2.222, 3.333),
  y=c('one', 'two', 'three'),
  z=c(pi, 2*pi, 3*pi))
myTable
#> # A tibble: 3 x 3
#>       x y         z
#>   <dbl> <chr> <dbl>
#> 1  1.11 one    3.14
#> 2  2.22 two    6.28
#> 3  3.33 three  9.42
```

但我們通常想要有更漂亮、格式化更好的表格，所以，最簡單的實現方法是使用 kable 函式，該函式來自 knitr 套件（圖 16-9）：

```
library(knitr)
kable(myTable, caption = 'My Table')
```

My Table		
x	y	z
1.11	one	3.14
2.22	two	6.28
3.33	three	9.43

圖 16-9　kable 表格

kable 函式的引數，是一個資料幀和一些格式參數，它會回傳一個適合顯示的格式化表格。

kable 函式的輸出非常漂亮，但是很多人覺得他們想要對輸出做更多的調整控制。幸運的是，kable 函式可以與另一個 kableExtra 套件互相搭配，以擴增 kable 的功能。

這裡，我們先使用 kable 設定小數捨入和標題，然後我們使用 kable_styling 讓表格不要使用全寬度，在 LaTeX 輸出中添加斑馬紋，並將表格置中顯示（圖 16-10）：

```
library(knitr)
library(kableExtra)
#>
#> Attaching package: 'kableExtra'
#> The following object is masked from 'package:dplyr':
#>
#>     group_rows

kable(myTable, digits = 2, caption = 'My Table') %>%
    kable_styling(full_width = FALSE,
                  latex_options = c('hold_position', 'striped'),
                  position = "center",
                  font_size = 12)
```

My Table		
x	y	z
1.11	one	3.14
2.22	two	6.28
3.33	three	9.42

圖 16-10　kableExtra 表格

kable_styling 函式的引數是一個 kable 表格（不是資料幀），加上一些格式化參數，然後回傳一個格式化的表。

根據輸出格式的不同，kable_styling 中的一些選項對輸出有不同的影響。在前面的範例中，full_width = FALSE 設定不會更改 LaTeX（PDF）格式中的表格，因為 LaTeX 輸出中的表格本來預設值就不是使用全寬度。然而，對於 HTML 來說，kable 表格的預設行為是全寬度，所以這個選項對 HTML 輸出格式造成影響。

類似地，`latex_options = C ('hold_position'、'stripe ')` 選項只適用於 LaTeX 輸出，而不適用於 HTML。`'hold_position'` 確保表格最終會被放置在原始檔案中的位置，而不是頁面的頂部或底部，而在 LaTeX 中常常發生這種事。`'stripes'` 選項幫我們的表格加上斑馬紋，使得表格具有交替的亮行和暗行，便於閱讀。

為了更好地控制 Microsoft Word 表格，我們建議使用函式 `flextable::regulartable`，如錦囊 16.14 所述。

16.11 插入數學方程式

問題

您想在文件中插入一個數學方程式。

解決方案

R Markdown 支援 LaTeX 的數學方程式標記法，在 R Markdown 中有兩種加入 LaTeX 的方法。

如果要加入的是簡短的公式，請將 LaTeX 記號寫在兩個美元符號（`$`）的中間。解決線性回歸的符號可以表示為 `$\beta = (X^{T}X)^{-1}X^{T}{\bf{y}}$`，這會將公式 $\beta = \left(X^T X\right)^{-1} X^T \mathbf{y}$ 嵌入文字中。

如果要加入的是較大的公式區塊，可以寫在雙美元符號之間（`$$`），如下所示：

```
$$
\frac{\partial \mathrm C}{ \partial \mathrm t } + \frac{1}{2}\sigma^{2}
    \mathrm S^{2} \frac{\partial^{2} \mathrm C}{\partial \mathrm C^2}
    + \mathrm r \mathrm S \frac{\partial \mathrm C}{\partial \mathrm S}\ =
    \mathrm r \mathrm C
    \label{eq:1}
$$
```

可生成以下輸出：

$$\frac{\partial C}{\partial t} + \frac{1}{2}\sigma^2 S^2 \frac{\partial^2 C}{\partial C^2} + rS\frac{\partial C}{\partial S}\ = rC$$

討論

數學方程標記語法是一種起源於 TeX 的 LaTeX 標準。基於該標準，R Markdown 可以在 PDF、HTML、MS Word 和 MS PowerPoint 文件中呈現數學運算式。PDF 和 HTML 格式支援全部的 LaTeX 數學方程式。然而，Microsoft Word 和 PowerPoint 只支援部份的語法。

LaTeX 方程式標記法的細節超出了本書的範圍，不過，因為 TeX 已問世 40 多年，所以在網路上和印刷中都有很多很好的資源，其中一個非常好的線上資源是 Wikibooks.org 的 LaTeX/Mathematics 介紹（*https://en.wikibooks.org/wiki/LaTeX/Mathematics*）。

16.12 生成 HTML 輸出

問題

您希望從 R Markdown 文件建立 HTML（HyperText Markup Language，超文字標記語言）文件。

解決方案

在 RStudio 中，按一下程式碼編輯視窗頂部標記為 Knit 的按鈕旁邊的向下箭頭。當您這樣做時，您將得到一個下拉清單，裡面顯示當前文件可用的所有輸出格式。請選擇 "Knit to HTML" 選項，如圖 16-11 所示。

圖 16-11　Knit to HTML 選項

當您選擇 "Knit to HTML" 時，RStudio 會將 html_document: default 移動到位於文件最上方的 YAML 輸出區塊的最上面，接著儲存檔案，然後執行 rmarkdown::render(./*YourFile.Rmd*)。如果把您的檔編織成三種不同的格式，那麼您的 YAML 可能會長成這樣：

```
output:
  html_document: default
  pdf_document: default
  word_document: default
```

若想對您的 R Markdown 檔執行 render(./*YourFile.Rmd*)，請用實際檔案名替換其中的 *YourFile.Rmd*，預設情況下，它將編織到最上面那一個輸出格式（在本例中是 HTML）。

 如果您正在編織到 HTML，那麼您的 R Markdown 文件就不應該包含任何 LaTeX 專用的格式，因為那些格式將無法在 HTML 中正確編織。如前所述，唯一的例外是 LaTeX 數學方程式，因為 MathJax JavaScript 函式庫的存在，所以它能在 HTML 中正確顯示。

參見

請參考錦囊 16.11。

16.13 生成 PDF 輸出

問題

您希望從 R Markdown 文件建立一個 PDF（Adobe Portable Document Format）文件。

解決方案

請在 RStudio 中按一下程式碼編輯視窗頂部，標記為 Knit 的按鈕旁邊的向下箭頭。當您這樣做時，您將得到一個下拉清單，裡面顯示當前文件可用的所有輸出格式。請選擇 "Knit to PDF" 選項，如圖 16-12 所示。

這個動作會將 pdf_document 移到您的 YAML output 選項的最上面：

```
---
title: "Nice Title"
output:
  pdf_document: default
  html_document: default
---
```

接著將文件編織成 PDF。

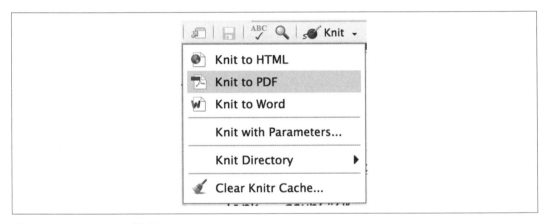

圖 16-12　Knit to PDF 選項

討論

編織到 PDF 使用 Pandoc 和 LaTeX 引擎生成 PDF 文件。如果您的電腦上還沒有安裝 LaTeX 發佈套件，最簡單的方法是安裝 tinytex 套件。請在 R 中安裝 tinytex 套件，然後呼叫 install_tinytex()，tinytex 套件將在您的電腦上安裝一個小巧高效的 LaTeX 發佈：

```
install.packages("tinytex")
tinytex::install_tinytex()
```

LaTeX 的選項很豐富，幸運的是，我們想做的大多數事情都可以用 R Markdown 表示，並透過 Pandoc 自動轉換為 LaTeX。由於 LaTeX 是一種強大的排版工具，所以可以用它來做一些 R Markdown 做不到的事情。礙於篇幅我們無法在這裡列出所有的可能性，但是我們可以討論直接從 R Markdown 傳遞參數到 LaTeX 的方法。請您記住，您使用的任何 LaTeX 專用的選項都無法正確地編織成其他格式，比如 HTML 或 MS Word。

從 R Markdown 傳遞資訊到 LaTeX 引擎有兩種主要方式：

1. 將 LaTeX 直接傳遞給 LaTeX 編譯器。

2. 在 YAML 標頭中設定 LaTeX 選項。

如果希望將 LaTeX 命令直接傳遞給 LaTeX 編譯器，可以使用 LaTeX 命令開頭 \。這麼做有一個限制是，如果您將文件轉換為 PDF 之外的任何格式，在輸出中斜線後面的命令將會完全被省略。

舉例來說，如果我們把這個短語放入我們的 R Markdown 原始檔中：

```
Sometimes you want to write directly in \LaTeX !
```

它被呈現的樣子如圖 16-13 所示。

Sometimes you want to write directly in LaTeX!

圖 16-13　LaTeX 排版

但是，如果您將文件輸出為 HTML，那麼 \LaTeX 命令將被完全刪除，導致文件中留下一個討人厭的空白。

如果您想為 LaTeX 設定全域設定，可以在 R Markdown 文件中的 YAML 標頭裡添加參數。YAML 標頭包含最上層的描述資料和一些選項的附屬資料。由於在不同的縮排級別適用不同的參數，因此我們通常會在《R Markdown: The Definitive Guide》（https://bookdown.org/yihui/rmarkdown/）中查找這些參數以確保正確。

例如，如果您有一些以前編寫的 LaTeX 內容，並且希望將其包含在文件中，您可以在文件的三個可能的位置添加這些預先編寫的內容：它們分別是在標題中、正文內容之前或正文內容之後。如果您想在三個部分都添加您的外部內容，您的 YAML 標頭看起來應該是這樣的：

```
---
title: "My Wonderful Document"
output:
  pdf_document:
    includes:
      in_header: header_stuff.tex
      before_body: body_prefix.tex
      after_body: body_suffix.tex
---
```

另一個常用的 LaTeX 選項是用於格式化文件的 LaTeX 範本。網路上有很多可用的範本
（*https://www.sharelatex.com/templates*），一些公司和學校也有自己的範本。如果您想使
用一個現有的範本，您可以在 YAML 標題這樣參照它：

```
---
title: "Poetry I Love"
output:
  pdf_document:
    template: i_love_template.tex
---
```

您也可以打開或關閉頁碼和章節編號：

```
---
title: "Why I Love a Good ToC"
output:
  pdf_document:
    toc: true
    number_sections: true
---
```

不過，有些 LaTeX 選項是使用最上層 YAML 描述資料設定的：

```
---
title: "Custom Report"
output: pdf_document
fontsize: 12pt
geometry: margin=1.2in
---
```

因此，當您設定 LaTeX 選項時，請參考 R Markdown 文件，以確定您設定的選項是
output：參數的子選項，還是最上層的 YAML 選項。

參見

請參見《*R Markdown: The Definitive Guide*》（*http://bitly/31t3Hmv*）中的 "PDF document"
小節。

請參見 Pandoc 的樣板文件（*http://bit.ly/2IN0wxB*）。

16.14 生成 Microsoft Word 輸出

問題

您希望從 R Markdown 文件建立 Microsoft Word 文件。

解決方案

在 RStudio 中,按一下程式碼編輯視窗頂部標記為 Knit 的按鈕旁邊的向下箭頭。當您這樣做時,您將看到一個下拉清單,內容是當前文件可用的所有輸出格式。請選擇 "Knit to Word" 選項,如圖 16-14 所示。

圖 16-14　Knit to Word 選項

這個動作將會把 word_document 移到您的 YAML output 選項的最上面,接著編織您的 R Markdown 檔到 Word:

```
---
title: "Nice Title"
output:
  word_document: default
  pdf_document: default
---
```

討論

編織到 Microsoft Word 這件事，在企業和學術環境中非常實用，在這些環境中，主管和協作者會希望文件採用 Word 格式。大多數 R Markdown 功能在 Word 中運作良好，但我們發現，在使用 Word 輸出時，有一些適當的調整是有幫助的。

微軟有自己的方程式編輯工具。Pandoc 將強制把您的 LaTeX 方程式轉到 MS 方程式編輯器中，該編輯器可以良好地處理大多數基本方程式，但它不支援所有 LaTeX 方程式選項。其中一個問題是，MS 方程式編輯器不支援為方程式中的一部分更改字體。因此，帶有分數的矩陣和其他需要不同字體的公式，在 Word 中看起來會有點奇怪。

下面是一個矩陣的例子，這個矩陣在 HTML 和 PDF 中看起來很好：

```
$$
M = \begin{bmatrix}
    \frac{1}{6} & \frac{1}{6} & 0          \\[0.3em]
    \frac{7}{8} & 0           & \frac{2}{3} \\[0.3em]
    0           & \frac{7}{9} & \frac{7}{7}
  \end{bmatrix}
$$
```

下面是它呈現在這些輸出格式中的樣子：

$$
M = \begin{bmatrix}
    \frac{1}{6} & \frac{1}{6} & 0 \\[0.3em]
    \frac{7}{8} & 0 & \frac{2}{3} \\[0.3em]
    0 & \frac{7}{9} & \frac{7}{7}
  \end{bmatrix}
$$

但在 MS Word 中，看起來會像圖 16-15。

$$M = \begin{bmatrix} \dfrac{1}{6} & \dfrac{1}{6} & 0 \\[2mm] \dfrac{7}{8} & 0 & \dfrac{2}{3} \\[2mm] 0 & \dfrac{7}{9} & \dfrac{7}{7} \end{bmatrix}$$

圖 16-15　MS Word 中的矩陣

只要是有用到字元縮放的公式在 Word 中看起來都不正常。例如這個：

```
$( \big( \Big( \bigg( \Bigg($
```

在 HTML 和 LaTeX 中看起來像是這樣的：

但在 MS 方程式編輯器中將會被簡化成如圖 16-16：

圖 16-16　MS Word 中的方程式字體縮放

最簡單的解法是先在 Word 中試一下您的方程式，如果您不喜歡它的輸出，請將 LaTeX 方程放到一個免費的線上方程式編輯器（*http://www.sciweavers.org/free-online-latex-equation-editor*），在那裡輸出方程式，並將它儲存為一個影像檔。然後再將該影像檔包含在 R Markdown 文件中，以確保 Word 文件呈現的方程式與 HTML 或 LaTeX 文件一樣好。此情況下，建議您還是將 LaTeX 方程式原始程式碼儲存在文字檔中，以確保稍後可以方便地修改它。

Word 輸出的另一個問題是，圖形通常看起來不像 HTML 或 PDF 格式那麼好。讓我們用一個線形圖作為範例：

```{r}
mtcars %>%
  group_by(cyl, gear) %>%
  summarize(mean_hp=mean(hp)) %>%
  ggplot(., aes(x = cyl, y = mean_hp, group = gear)) +
    geom_point() +
    geom_line(aes(linetype = factor(gear))) +
    theme_bw()
```

在 Word 文件中，該圖如圖 16-17 所示。

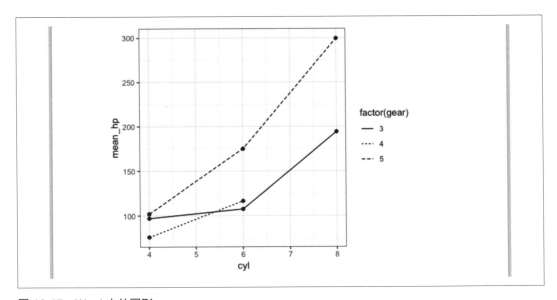

圖 16-17　Word 中的圖形

這張圖看起來很好，但是當您列印它的時候，圖形看起來會有點格狀，不清晰。

這個問題可以藉由增加編織輸出時使用的每英寸點數（dpi）來改進這一點。這將有助於使輸出更流暢和清晰：

```{r, dpi=300}
mtcars %>%
  group_by(cyl, gear) %>%
  summarize(mean_hp=mean(hp)) %>%
  ggplot(., aes(x = cyl, y = mean_hp, group = gear)) +
  geom_point() +
  geom_line(aes(linetype = factor(gear))) +
  theme_bw()
```

為了比較外觀上的改進，我們在圖 16-18 中，將兩張圖像拼接在一起，左邊顯示預設的低 dpi 輸出，右邊顯示較高的 dpi 輸出。

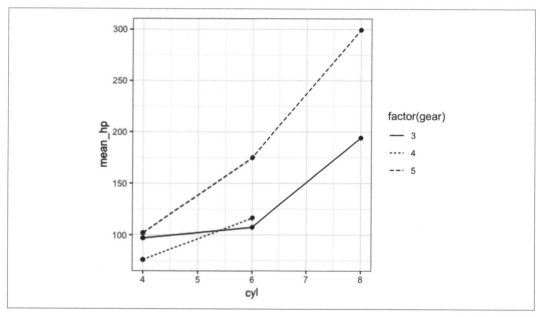

圖 16-18　Word 中圖形的解析度（左側為預設低解析度，右側為高解析度）

除了圖形外，表格在 Word 的輸出有時並不容易做到我們想要的客製化。此時請使用 kable，如前面的錦囊中所描述的，可在 MS Word 中生成一個良好的、簡單的表格（參見圖 16-19）：

```
library(knitr)
myTable <- tibble(x = c(1.111, 2.222, 3.333),
                  y = c('one', 'two', 'three'),
                  z = c(5, 6, 7))
kable(myTable, caption = 'My Table in Word')
```

My Table in Word

x	y	z
1.111	one	5
2.222	two	6
3.333	three	7

圖 16-19　Word 中的表格

Pandoc 將表格放在 Word 文件中的 Microsoft 表格結構中。但是，就像 PDF 或 HTML 中的表格一樣，我們也可以對 Word 使用 flextable 套件：

```
library(flextable)
regulartable(myTable)
```

這讓我們得到如圖 16-20 中的表格。

x	y	z
1.111	one	5.000
2.222	two	6.000
3.333	three	7.000

圖 16-20　Word 中的整齊表格

我們可以利用 flextable 豐富的格式化功能和管道鏈來調整欄寬，為標題添加背景顏色，設定標題字體為白色：

```
regulartable(myTable) %>%
   width(width = c(.5, 1.5, 3)) %>%
   bg(bg = "#000080", part = "header") %>%
   color(color = "white", part = "header")
```

這讓我們可以在 Word 中得到的東西如圖 16-21 所示。

x	y	z
1.111	one	5.000
2.222	two	6.000
3.333	three	7.000

圖 16-21　Word 中客製化過的整齊表格

有關 flextable 中的所有可客製化選項的詳細資訊，請參閱 flextable 小品文和 flextable 線上文件。

"Knit to Word" 選項允許用範本控制 Word 輸出的格式，若您要使用範本，請添加 reference_docs: template.docx 到 YAML 標頭：

```
title: "Nice Title"
output:
  word_document:
      reference_docx: template.docx
```

當您使用範本將 R Markdown 檔編織成 Word 時，knitr 將來源文件中的元素格式映射到範本中的樣式。因此，如果您希望修改正文的字體，可以將 Word 範本中的正文樣式設定為想要的字體。然後 knitr 就會在新文件中套用範本樣式。

第一次使用範本時，一個常見的做法是先將文件編織成沒有範本的 Word，然後打開生成的 Word 文件，根據自己的喜好調整每個部分的樣式，並在將來使用調整後的 Word 文件作為範本。這樣，您就不必去猜測 knitr 到底對每個元素使用什麼樣式。

參見

請使用 vignette('format','flextable') 查看 flextable 關於格式的小品文，和 flextable 的線上文件（*http://bit.ly/2WHvuw2*）。

16.15 生成投影片輸出

問題

您希望從 R Markdown 文件建立投影片文件。

解決方案

R Markdown 和 knitr 支援從 R Markdown 文件建立投影片文件。最常見的投影片格式是 HTML（使用 ioslides 或 Slidy HTML 範本）、PDF（Beamer）或 Microsoft PowerPoint。R Markdown 文件和 R Markdown 投影片文件之間最大的區別是，投影片文件預設為橫向佈局（寬，不長），每次在建立一個以 ## 開始的第二級標題時，knitr 將建立一個新的 "頁面" 或投影片。

使用 R Markdown 開始製作投影片文件最簡單的方法是使用 RStudio 並選擇 File → New File → R Markdown...，然後從圖 16-22 中的對話方塊所提供的四種投影片格式中選擇一種。

這四類投影片與前面的文件錦囊中討論的三大類文件相對應。

當需要將文件編織成輸出格式時，在 RStudio 中按一下 Knit 按鈕旁邊的向下箭頭，並從下拉清單中選擇希望生成的輸出類型，如圖 16-23 所示。

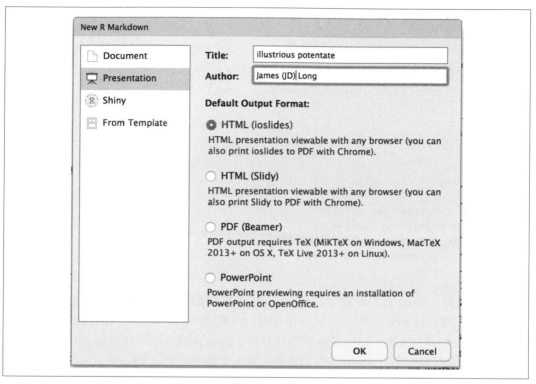

圖 16-22　新 R Markdown 投影片文件對話方塊

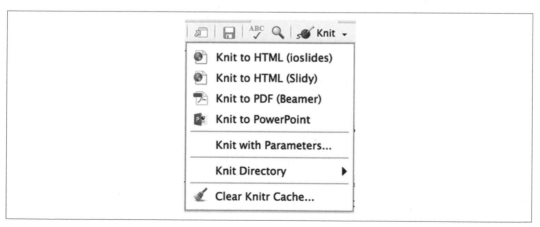

圖 16-23　Knit：投影片

討論

編織到投影片格式與編織到一般文件非常相似，只是輸出名稱不同。當您在 RStudio 中使用 Knit 按鈕選擇輸出格式時，RStudio 會將選定的輸出格式移動到 YAML 標頭的頂端，然後執行 rmarkdown::render("*your_file.Rmd*")，依 YAML 最上方的格式進行編織動作。

例如，如果我們選擇 "Knit to PDF(Beamer)"，那麼投影片用的標頭可能會長的像這樣：

```
---
title: "Best Presentation Ever"
output:
  beamer_presentation: default
  slidy_presentation: default
  ioslides_presentation: default
  powerpoint_presentation: default
---
```

在前面的錦囊中討論的大多數 HTML 選項都適用於 Slidy 和 ioslides HTML 投影片。Beamer 是一種基於 PDF 的格式，因此在之前的錦囊中討論的大多數 LaTex 和 PDF 選項都適用於 Beamer。最後，但也很重要的一點是，PowerPoint 是一種屬於 Microsoft 的格式，因此前面討論的關於 Word 文件的警告和選項也適用於 PowerPoint。

參見

與 R Markdown 輸出相關的其他錦囊可能會有幫助：請參閱錦囊 16.12、錦囊 16.13 和錦囊 16.14。

16.16 建立參數化報告

問題

您希望定期執行相同的報告，每次執行使用不同的輸入。

解決方案

YAML 標頭中的參數不僅可在建立 R Markdown 文件時使用，也可以將這些參數當作文件主體中的變數使用。想這麼用時，請將參數以命名項的形式儲存在一個名為 params 的清單中，您可以在您的程式碼區塊中存取該清單：

```
---
output: html_document
params:
  var: 2
---
```{r}
print(params$var)
```
```

稍後，如果您想更改參數，您有三個方法：

- 編輯 R Markdown 文件，然後再次輸出。

- 使用命令 rmarkdown:: render 從 R 中輸出文件，以 list 形式傳遞參數：

  ```
  rmarkdown::render("test_params.Rmd", params = list(var=3))
  ```

- 使用 RStudio 選擇 Knitr → Knit with Parameters，RStudio 會在編織前提示您輸入參數。

討論

如果您有一個需要定期使用不同設定執行的文件，那麼在 R Markdown 中使用參數是非常實用的解法。一個常見的用例，是產生只更改日期設定和標籤的一份報告。

下面是一個 R Markdown 範例文件，展示如何將參數傳遞到文件的文字中：

```
---
title: "Example of Params"
output: html_document
params:
  effective_date: '2018-07-01'
  quarter_num: 2
---

## Illustrate Params
```{r, results='asis', echo=FALSE}
cat('### Quarter', params$quarter_num,
    'report. Valuation date:',
    params$effective_date)
```
```

產出的 R Markdown 結果如圖 16-24 所示。

Example of Params

1   Illustrate Params

1.1   Quarter 2 report. Valuation date: 2018-07-01

圖 16-24   參數輸出

在標頭區塊中，我們設定 results='asis'，是因為我們的程式碼區塊將直接生成 Markdown 文字。我們想直接將該 Markdown 轉存到文件中，同時不要有 ## 在程式輸出開頭處（通常程式碼區塊會需要這種處理）。此外，在程式碼區塊中，我們使用 cat 將文字連接在一起。這裡我們使用 cat 而不是 paste，因為和 paste 比起來，cat 執行的文字轉換比較少。這可以確保文字會簡單地放在一起並傳遞到 Markdown 文件中，不會被修改。

如果希望使用其他參數輸出文件，可以在 YAML 標頭中編輯預設值，然後進行編織，或者使用 Knitr 功能表（圖 16-25）中的 Knit with Parameters。

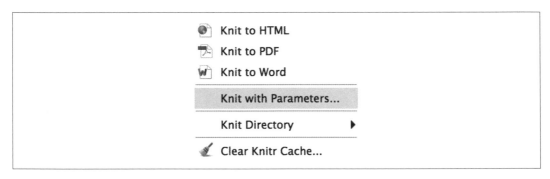

圖 16-25   Knit with Parameters... 選單選項

Knit with Parameters 選項會提示我們輸入參數，如圖 16-26 所示。

或者我們可以從 R 中編織文件，以 list 的形式傳遞新參數：

```
rmarkdown::render("example_of_params.Rmd",
params = list(quarter_num=2, effective_date='2018-07-01'))
```

類似於使用 Knitr 功能表，我們還有另一種選擇，如果我們想要得到參數提示對話框，我們可以設定 params="ask"，在我們呼叫 rmarkdown::render 時，R 將提示對話框讓我們輸入參數：

```
rmarkdown::render("example_of_params.Rmd", params="ask")
```

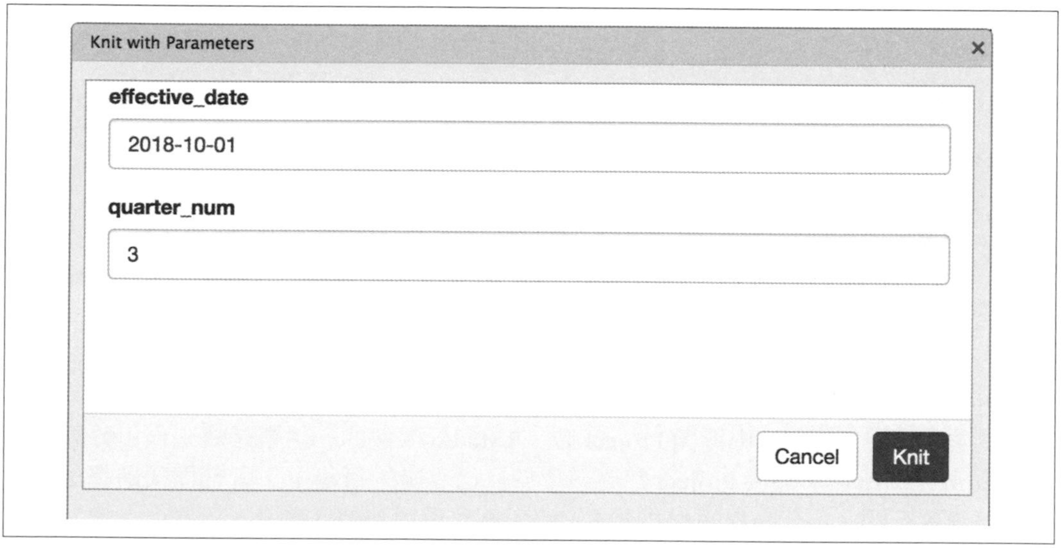

圖 16-26　Knit with Parameters 對話框

參見

請參見《*R Markdown: The Definitive Guide*》書中的〝Parameterized reports〞（*https://rmarkdown.rstudio.com/developer_parameterized_reports*）小節。

16.17 編排 R Markdown 工作流程

問題

您希望組織您的 R Markdown 專案，使其效率高、靈活和富有成效。

解決方案

控制專案的最佳方法是編排工作流程。但因為編排工作流程需要一些努力,所以如果您的 R Markdown 文件只有一頁的輸出和三個小程式碼區塊,那麼擁有一個高度結構化的專案可能是多餘的。然而,大多數人覺得編排工作流程值得花費額外努力。

以下是編排工作流程的四個技巧,讓您的工作在未來更容易閱讀、編輯和維護:

1. 使用 RStudio 專案。

2. 直觀地命名目錄。

3. 為可重用程式碼建立一個 R 套件。

4. 在 R Markdown 中把注意力集中在內容和原始程式上。

使用 RStudio 專案

RStudio 包含 RStudio Project 的概念,RStudio Project 是一種儲存描述資料與專案相關設定的方法。在 RStudio 中打開 Project 時,RStudio 要做的一件事是將工作目錄設定為 Project 所在的路徑。每個 Project 都應該位於自己專屬的目錄中。所有程式碼都是從該工作目錄執行的,這代表您的程式碼永遠都不應該使用 setwd 命令,這些命令會防礙您的分析程式在其他人的電腦上執行。

直觀地命名目錄

將 Project 目錄中的檔案好好地組織到子目錄中,為這些目錄中的檔案細心的命名是一個好習慣。隨著專案中檔案數量的增加,組織和良好命名的重要性也隨之增加。Software Carpentry 團隊(*https:// software-carpentry.org/*)推薦的一個常見結構是:

```
my_project
 |- data
 |- doc
 |- results
 |- src
```

在這個結構中,原始輸入資料放在 *data* 目錄中,文件放在 *doc* 中,分析結果放在 *results* 中,R 原始程式碼放在 *src* 中。

一旦您有了一個目錄結構來存放您的工作之後，也應該以人類和電腦都可讀的方式去命名各個檔案。這有助於您將來的程式碼維護工作，並省去許多麻煩。我們在檔案命名方面看到的一些最好的建議來自於 Jenny Bryan（*http://bit.ly/2HVL0jY*）：

- 在檔案名中使用底線而不是空格；空格會給您帶來很多麻煩。

- 如果要在檔案名中加入日期，請使用 ISO 8601 日期：*YYYY-MM-DD*。

- 在 Script 檔案名稱使用前綴，這樣它們就可以被正確排序 —— 例如，*00_start_here.R*、*01_data_scrub.R*、*02_report_output.Rmd*。

指定 Script 檔案名稱數值前綴，以及使用 ISO 8601 日期格式，有助於確保您的檔案在預設情況下以有意義的方式排序。當其他人，甚至是未來的您，試圖瞭解您的專案時，這是非常有用的。

為可重用程式碼建立一個 R 套件

一旦您有了一個良好的目錄結構和合理的命名，您就應該考慮一下程式碼要怎麼處理。如果您有一些程式碼，在三個以上不同的專案中被使用的話，您應該考慮為這些程式碼構建一個 R 套件。R 套件是函式和其他程式碼的集合，它們提供 Base R 未提供的功能。在本書中，我們也使用過許多套件，沒有什麼可以阻止您為高度重複使用的函式編寫一個套件。雖然構建一個套件超出了本書的範圍，但是 Jim Hester 的介紹（*http://bit.ly/2IhtrLl*）是對這個主題最好的介紹之一。

在 R Markdown 中把注意力集中在內容和原始程式上

我們大多數人開始一個專案，都會做出一個大 *.Rmd* 檔，裡面以程式碼區塊的形式包含了我們所有的程式邏輯。隨著文件的增長和程式碼區塊的擴展，這種模式可能變得難以管理。您可能會發現，您的程式碼架構中混合了多種功能的程式碼，有些用於重新構建資料，有些從檔案和資料庫中獲取資料。將程式邏輯、架構和輸出用的程式碼混合在一起會使以後修改程式碼變得困難，甚至使其他人更難理解程式碼。我們建議將內容、表和圖形程式碼區塊儲存在主要輸出 *.Rmd* 檔案中，並將您的操作邏輯儲存在 **.R* 中，再用 source 函式匯入 **.R* 檔案。

若要使用 source 來匯入外部 R 程式碼，需要將 R 檔的檔案名稱傳遞給 source 函式：

```
source("my_logic_file.R")
```

執行上面那一行之後，R 將會在您呼叫 source 的那個地方，執行 `my_logic_file.R` 的全部內容。有一種好的設計模式是將擷取資料幀的程式碼、重新塑造資料（重塑成要用來生成圖形和表的形式）程式碼放在各別的原始碼檔案中。然後，在您的主要 *.Rmd* 檔中，放置要用來繪圖和表格的程式碼。

請記住，這是一種用於管理大型、充斥許多 R Markdown 檔案的設計模式。如果您的專案不是很大，也許您應該將所有程式碼儲存在 *.Rmd* 檔案中。

參見

實用的參考資料包括：

- tidyverse 的 "Project-oriented workflow" 文件（*http://bit.ly/2KQVRNU*）
- Software Carpentry 的《*Project Management with RStudio*》（*http://bit.ly/2IffhdI*）
- Hadley Wickham 的《*R Packages*》（*http://r-pkgs.had.co.nz/*）（O'Reilly）
- Jenny Bryan 的《*Naming Things*》（*http://bit.ly/2KicdQh*）
- Greg Wilson 等人所著的 "Good Enough Practices in Scientific Computing"（*http://bit.ly/2XLhO4P*）

索引

N

關於作者

J.D. Long 是一位被放錯位置的南方農業經濟學家,目前在紐約市的 Renaissance Re 公司任職。J.D. 熱衷於 Python、R、AWS 和 colorful metaphor,他是芝加哥 R 使用者群組發起人,也經常在 R 研討會上發表演說。他和身為辨護律師的妻子以及 11 歲的女兒,居住在紐約紐澤西市。

Paul Teetor 是一位量化分析程式開發者,擁有統計學與電腦科學雙碩士學位。他擅長分析技術和軟體工程,並將專長應用於投資管理、證券交易,與風險管理領域。他目前與芝加哥地區避險基金市場經理人、投資組合經理人共事。

出版記事

本書封面上的動物是角鵰(*Harpy eagles/Harpia harpyja*),隸屬於世界五十種鷹類的其中一種。角鵰原產於熱帶雨林中部與南美,喜歡築巢於上層林冠層。牠的屬和物種名稱源自古希臘神話的鳥身女妖(Harpy)——有著女人面孔與鷹身的邪惡神話生物。

雖然雌性角鵰通常比雄性角鵰高大,平均而言,牠們重約 18 磅,身長約 36~40 英吋,而且展開翼長約 6~7 英呎。雌性與雄性角雕的羽毛基本上是相同的,然而,牠們的上半身大部分是黑羽毛,下半身則是白或淺灰色。牠們淺灰色的頭部襯托雙波峰的大羽毛更顯突出,當顯示敵意時,牠們會豎立起雙波峰的羽毛。

角雕是一夫一妻制,牠們平均每二到三年只養育一隻後代。角雕每次生育會孵兩個蛋,而且在孵育第一個蛋之後,另一個就會被忽略而不繼續孵育。雖然雛雕在六個月內會長出羽毛,父母雙方仍繼續照顧、餵養雛雕至少一年。角雕特別容易因為棲息地被破壞,或因人類捕獵而無法生存,而導致其物種之低成長率。此外,角雕的保育狀態已從受到威脅,到面臨嚴重瀕臨絕種的危機。

O'Reilly 書籍封面上的許多動物都面臨瀕臨絕種的危機,牠們都是這個世界重要的一份子。

封面圖片取自 J. G. Wood 所著的《*Animate Creation*》一書。

R 錦囊妙計第二版

作　　者：JD Long, Paul Teetor
譯　　者：張靜雯
企劃編輯：蔡彤孟
文字編輯：王雅雯
設計裝幀：陶相騰
發 行 人：廖文良

發 行 所：碁峰資訊股份有限公司
地　　址：台北市南港區三重路 66 號 7 樓之 6
電　　話：(02)2788-2408
傳　　真：(02)8192-4433
網　　站：www.gotop.com.tw
書　　號：A600
版　　次：2019 年 12 月初版
建議售價：NT$880

國家圖書館出版品預行編目資料

R 錦囊妙計 / JD Long, Paul Teetor 原著；張靜雯譯. -- 二版. --
　臺北市：碁峰資訊，2019.12
　　面；　　公分
　譯自：R Cookbook, 2nd Edition
　ISBN 978-986-502-355-3(平裝)
　1.數理統計
319.5　　　　　　　　　　　　　　　　　　　108020346

讀者服務
- 感謝您購買碁峰圖書，如果您對本書的內容或表達上有不清楚的地方或其他建議，請至碁峰網站：「聯絡我們」\「圖書問題」留下您所購買之書籍及問題。（請註明購買書籍之書號及書名，以及問題頁數，以便能儘快為您處理）
  http://www.gotop.com.tw

- 售後服務僅限書籍本身內容，若是軟、硬體問題，請您直接與軟體廠商聯絡。

- 若於購買書籍後發現有破損、缺頁、裝訂錯誤之問題，請直接將書寄回更換，並註明您的姓名、連絡電話及地址，將有專人與您連絡補寄商品。